中国地质学

李守军　杨仁超　赵秀丽
倪金龙　孟凡雪　曹玉亭　编著

中国石化出版社

图书在版编目(CIP)数据

中国地质学 / 李守军等编著. —北京 ：中国石化出版社，2019.4
ISBN 978-7-5114-5254-2

Ⅰ. ①中… Ⅱ. ①李… Ⅲ. ①地质学-研究-中国 Ⅳ. ①P5

中国版本图书馆 CIP 数据核字(2019)第 051592 号

中国石化出版社出版发行

地址:北京市朝阳区吉市口路 9 号
邮编:100020 电话:(010)59964500
发行部电话:(010)59964526
http://www.sinopec-press.com
E-mail:press@sinopec.com
北京科信印刷有限公司印刷
全国各地新华书店经销

*

787×1092 毫米 16 开本 17.25 印张 424 千字
2019 年 6 月第 1 版 2019 年 6 月第 1 次印刷
审图号:GS(2019)1996 号
定价:68.00 元

前 言

进入21世纪以来，地质学的发展非常迅速，分支学科越来越多，它们之间的相互联系和融合越来越密切。编写本书的理念就是为了使从事地质学相关工作的读者拓宽地质专业基础知识面，把握各分支学科的发展热点和难点，从理论和方法的进展中寻找今后的发展方向，培养开拓创新的科研态度和能力。本书可作为高等院校地质类专业的研究生教材，也可供从事地质学相关工作的其他人员使用。

本书首先阐述了地质学的发展历史、现状与发展方向，然后着重论述了中国范围内构造地质学、地层学、矿物岩石学(岩浆岩、变质岩和沉积学)的发展现状和最新成果，并介绍了中国能源现状、前景和科技前沿。本书试图反映国内外最新的研究成果，所以引用的公开文献和使用的国际、国内标准截至2018年年底，统计数据截至2017年年底。

本书由李守军统稿，具体分工如下：第一章由李守军编写，第二章由倪金龙编写，第三章由孟凡雪编写，第四章由曹玉亭编写，第五章由赵秀丽编写，第六章由李守军编写，第七章由杨仁超编写，第八章第一节和第三节由李守军编写、第二节由赵秀丽编写、第四节和第五节由杨仁超编写。初稿完成后，由李守军负责审阅、修改并最终定稿提交审查。中国地质大学(武汉)龚一鸣教授作为主审认真审阅了本书的提纲和全文，并提出了很好的修改意见和建议，在此基础上编者再次进行了相应的补充和修改。在此对龚一鸣教授的辛勤付出和热情帮助表示衷心的感谢!

本书每章后附有思考题和主要的参考文献，希望对研究生的发散性和研究性学习起到积极的促进作用。书中部分文字、图件、表格和数据等内容引自相关文献，但由于篇幅所限，本书不能将所有引用的文献一一列出，特此说明，并对所有原作者的贡献表示感谢。本书责任编辑宋虹玉同志在编辑出版过程中给予了很大的帮助，在此表示感谢!

本书由山东省研究生教育优质课程建设项目(编号：SDYKC17030)提供资助。

目　录

1 地质科学的发展历史、现状与展望

1.1 地质科学的三大变革阶段

任何科学的发展必须服从于社会，否则就得不到发展，地质科学也不例外。从历史上看，地质科学经历了三个重要阶段的变革。

1. 地质知识革命阶段

这一阶段也称为地质—生物知识革命阶段。这一阶段主要通过 J. Hutton、莱伊尔(C. Lyell)和达尔文(C. Darwin)等人的研究，改变了人类的思维方式，对各时代地层和古生物的研究建立了地层系统及地层表，一部划时代的巨著——莱伊尔的《地质学原理》，成为发展地质学的重要理论基础。其后，显微镜在地质科学上的应用，建立了地质学的岩石学基础，打开了研究地球组成之路，使人类对地球、生命及其历史的认识发生了革命性的变化，为工业革命的高度发展和矿产的开发提供了理论基础。

2. 矿产资源—能源阶段

第二阶段为最近 100 多年的矿产资源—能源阶段。这一阶段通过地质学家的努力，为工业的高度发展提供了充足的矿产和能源，创造了今天的物质文明，使人类的生活方式和社会行为发生了重大而深刻的变化，但是对人类思维影响并不大。

3. 对人类思维和生活方式产生重大影响的阶段

21 世纪以来，地质科学进入了第三阶段，在社会生活中将起到知识先导作用，并全面参与解决世界面临的人口、资源和环境三大难题。地质科学将渗透到人类活动的各个领域，成为一门社会性强、应用前景广阔的学科。

1.2 地质科学发展时期的重要事件

地质科学在发展的过程中经历了多次事件，其中三次重要事件是十分引人注目的，分别是水成论与火成论之争、均变论与灾变论之争、固定论与活动论之争。

1.2.1 水成论与火成论之争

18 世纪与 19 世纪之交，地学史上爆发了一场水成论与火成论的激烈争论。水成论学派以德国地质学家魏纳(A. G. Werner，1749—1817)为代表，火成论学派以英国地质学家郝屯(J. Hutton，1726—1797)为代表。

魏纳 1749 年出生于德国萨克森地区的一个矿业世家，20 岁时进入弗莱堡采矿学校学习，1771 年进入莱比锡大学学习法律、文学并研究矿物学，1775 年毕业后在著名的弗莱堡采矿学校任教 40 余年，直到退休。他认为，所有地层都是地球在原始洪水期沉积而成的，水是地壳形成与变化的唯一动力，而地下火的作用是次要的、局部的。花岗岩、片麻岩等是深水沉积物；灰岩和砂岩等为浅水沉积物；沙、砾石为陆地沉积物。地下火由煤产生从而引起火山喷发等现象，但规模很小，火的作用是很次要的因素。魏纳将萨克逊地区地层从老到新划分为：①原生岩，含花岗岩、片麻岩、云母板岩、蛇纹岩、玄武岩、斑岩、正长岩。②过渡岩，含硬砂岩、砂质板岩、灰岩。③盖层岩，含砂岩、灰岩、石膏、岩盐、煤。④冲积岩，含现代粉砂、黏土、沙、砾石、泉华、泥炭。魏纳由此推论，这个程序适用于全球，称之为“万有建造”（universal formations）。水成论得到了一些学者特别是他的学生们的拥护，并在各国传播。1808 年詹姆逊在英国发起成立“魏纳自然史学会”。此外，由于水成论与圣经中的洪水相似，也得到了教会的支持。

火成论的代表郝屯 1726 年生于苏格兰爱丁堡，毕业于英国爱丁堡大学，学过法律、医学，后自学地质与矿物学，逐步形成火成论观点，1785 年在爱丁堡哲学学会发表第一篇论文《地球学说》，但受到爱尔兰皇家学会主席、古生物学家、矿物学家柯文（R. Kirwan）的严厉攻击。尖刻的批评反而帮助了郝屯，迫使他长期到野外搜集地质资料，论证自己的观点，1795 年郝屯重新发表《地球学说》，震动了地学界：花岗岩是熔融岩浆冷却的产物，岩浆充满了地球内部，岩浆上涌形成山脉，而流水长期剥蚀又使高山夷为平地，地面下沉到水面以下接受新的沉积。他认为被水成论学派列为第一类岩石的花岗岩、片麻岩等不可能在洪水中形成。郝屯的朋友霍尔爵士从熔融的玻璃慢慢冷却形成不透明的结晶体而迅速冷却形成透明玻璃的现象中得到启发，他从意大利的维苏威火山取来一些典型的火山岩，将它熔化后慢慢冷却得到了类似于玄武岩的结晶体，证实了玄武岩是岩浆慢慢冷却形成的，并在皇家学会通报上发表了《关于暗色岩和熔岩的实验》，这对火成论学派是极有力的支持，从而也开创了实验岩石学。

火成论并不认为火是地质变化的唯一动力因素，而认为水与火都起作用。这一点与水成论认为水是唯一的动力因素有所不同。火成论是在与水成论争论中形成的，主要争论有：①魏纳认为“不整合”是偶见的，是沉积物在一个倾斜面上沉积形成的，而郝屯认为所有地层沉积都是水平的，倾斜是后来地层抬升的结果，而抬升力主要是岩浆侵入岩体产生的挤推力。②魏纳认为，原始海洋沉积的岩层是原始层，花岗岩是地球上最古老的岩层，叫原生岩层，而郝屯认为，凡沉积地层总是由已存在的岩层破碎、搬运、沉积而形成，也就是说，最古老的沉积层之前必有更古老的岩层。③魏纳认为，深海沉积是由于沉积物本身中粒与海水重量固结而成岩的，而郝屯认为上覆重量并不重要，关键是地内热使深海沉积物熔融成岩，强调玄武岩是火成成因。

从 18 世纪 70 年代起，经过近半个世纪的激烈争论，人们逐渐认识到地壳中有两类不同的岩石——水成岩和火成岩，且初步认识了第三类岩石——变质岩。此后，生物学、化学和物理学甚至数学等逐步渗透到地质学中，使地质学的内容越来越丰富，日趋完善。

1.2.2 均变论与灾变论之争

在开发地下矿藏和发展交通的过程中，人们掌握了大量古生物化石的材料。借助于对化石的分析和比较，人们逐渐认识了地壳运动和变化的历史。但是在地壳运动变化的方式上，却存在着均变论与灾变论之争。

1. 由灾变到均变

1）居维叶的灾变论

法国地质学家、古生物学家居维叶(Georges Cuvier，1769—1832)，可以看作是那个年代灾变论最有影响力的代表人物。根据灾变论的观点，地球上的绝大多数变化是突然、迅速和灾难性地发生的。居维叶认为，在整个地质发展的过程中，地球经常发生各种突如其来的灾害性变化，并且有的灾害是具有很大规模的。例如，海洋干涸成陆地，陆地又隆起成山脉，反过来陆地也可以下沉为海洋，还有火山爆发、洪水泛滥、气候急剧变化等。当洪水泛滥时，大地的景象都发生了变化，许多生物遭到灭顶之灾。每当经过一次巨大的灾害性变化时，就会使几乎所有的生物灭绝。这些灭绝的生物就沉积在相应的地层，并变成化石而被保存下来。这时，造物主又重新创造出新的物种，使地球又重新恢复了生机。原来地球上有多少物种，每个物种都具有什么样的形态和结构，造物主已不记得十分准确了。所以造物主只是根据原来的大致印象来创造新的物种。这也就是新的物种同旧的物种有少许差别的原因。如此循环往复，就构成了我们在各个地层看到的情况。

居维叶的灾变论看似科学，但也不难发现其中浓厚的宗教色彩，因而遭到尊重客观事实的科学家的反对。这其中有进化论先驱拉马克(Jean-Baptiste Lamarck，1744—1829)、居维叶青年时代好友圣提雷尔(E. Saint-Hilaire，1772—1844)，但给灾变论以最沉重打击的是英国著名地质学家莱伊尔(Sir Charles Lyell，1797—1875)。用恩格斯的话说是：“只有莱伊尔才第一次把理性带进地质学中，因为他以地球的缓慢变化这样一种渐进作用代替了由于造物主的一时兴发所引起的突然革命。”灾变论从此逐渐趋向沉寂。

2）均变论观点异军突起

被誉为“现代地质学之父”的莱伊尔对均变论的形成和确立做出了重要的贡献。他坚持并证明地球表面的所有特征都是由难以觉察的、作用时间漫长的自然过程形成的。他指出，地壳岩石记录了亿万年的历史，可以客观地解释出来，而无须求助于圣经或灾变论，要认识地球的历史，不需要求助超自然的力和灾变，因为通常看来是“微弱”的地质作用力(大气圈降水、风、河流、潮汐等)，在漫长的地质历史中慢慢起作用，即可使地球的面貌发生很大的变化。莱伊尔强调“现在是认识过去的钥匙”，这一思想被发展为“将今论古”的现实主义原理，这种“将今论古”的科学方法对达尔文的影响很大。在莱伊尔逐步取代了居维叶之后，均变论在长达近一个世纪的时间里成为地质学的信条，奠定了现代地质学的科学基础。

2. 由均变到灾变

随着历史的不断发展，古生物学的研究也日益深入。科学家发现，他们在地层中找不到连续的生物缓慢进化的证据，相反却在化石中常常发现有些物种突然出现以及有些物种突然消失，而且地球上还发生过许多不同种类的动物或植物全部或大部分一起绝灭的现象，即“大灭绝”或称“集群绝灭”现象。以上这些现象用均变观点解释显然行不通，均变观点存在破绽，受到挑战。

地球灾变史的研究结果显示，地球生物界至少有五次大绝灭事件是由地外物体撞击而引起的。两亿多年来，生物的集群绝灭有周期性，地球上已发现的碰撞陨石坑的年代也有周期性，且与集群绝灭发生的时间相同。这些科研成果基本上肯定了地球上曾发生过大灾变的事实。20世纪80年代初地层中富含铱元素沉积层的发现，使得许多人相信外星体撞击理论。因为地壳中铱元素含量微乎其微，丰富的铱极大可能是外星体带来的。在富含铱的地层中发现地球上不应有的锇的同位素、微粒陨石和冲击石英，更使人们相信外星体撞击理论的正确性。当科学家在沉积物中又发现地球上不曾有而某些外星体却大量存在的氨基酸时，以上稀有元素来自火山爆发说也趋于破灭。外星体撞击的充足证据的发现是对现代达尔文主义均变理论的有力挑战。

科学家从地层中遗留的远古遗迹中发现了地球历史上的五大灾变事件。第一次大灾变发生在距今4.3亿年前奥陶纪和志留纪之交。40%的海生无脊椎动物绝灭，大量的脊椎动物——鱼类取而代之。第二次大灾变发生在距今3.7亿年前的晚泥盆世弗拉斯期和法门期之交。造礁珊瑚、海绵动物、腕足动物和许多浮游生物绝灭，取而代之的是陆地上裸蕨的繁盛和两栖动物的兴起。第三次大灾变发生在距今2.5亿年前古生代和中生代之交。海洋绝大部分菊石动物类、腕足类等动物绝灭。第四次大灾变发生在距今2亿年前的三叠纪和侏罗纪之交。繁盛一时的两栖动物、二齿兽类和槽齿动物灭绝，取而代之的是热血的哺乳动物和巨大的恐龙家族。第五次大灾变发生在距今6600万年前的中生代白垩纪末期，即中生代和新生代之交。恐龙全部绝灭，爬行动物中只有蜥蜴、蛇、龟和鳄幸存，裸子植物大量衰减，哺乳动物和新生被子植物取而代之。五大灾变事件中有的为外来物体(行星)撞击引起，有的由大陆解体、漂移等众多其他因素导致，如用均变论或进化论中的渐变观点进行阐释是很难做到的。实际上，目前的科学界已不得不承认这是事实上的灾变。

3. 新灾变论脱颖而出

体现灾变论影响的，则是近些年出现的新灾变学。20世纪80年代，美国科学家阿尔瓦雷斯等发现中生代与新生代界线黏土层铱元素异常，以此为依据又提出了小行星撞击地球导致生物大灭绝。这些关于生物大灭绝的基本思想是：在宇宙和地球演化中出现过一系列诸如超新星爆炸、外星体撞击地球、地球磁极倒转、大规模火山爆发等灾变事件，引起了生物大灭绝。为了表示与居维叶提出的灾变论不同，他们将这些理论称为新灾变论。

科学家发现，周期性的大灾变导致地球上的生物集群绝灭周期性地发生，每次集群绝灭后地球上的生物处于萧条阶段，种类与数量都很少，短暂的萧条过后，一批新的、更进步的种类突然出现，在数量和种类上迅速增长，大幅度发展，代替古老的绝灭种类而重新占领海陆空。地球上的生物正是以这种模式从低级到高级、从简单到复杂地发展。

1.2.3 固定论与活动论之争

各大陆究竟是怎样漂移的呢？德国地球物理学家魏格纳(Alfred Lothar Wegener，1880—1930)，关于板块构造的形成和移动的理论一开始就受到怀疑，现在，这种理论又引起了一场大规模的内部争论。这很可能将是一场富有成果的争论，因为争论的双方都提出了一些有价值的论据。

一方由“活动论者”组成，他们提出的假设是，最初只有一整块大陆，即联合古陆，这块古陆破裂才诞生了现在的几块大陆。后来这些大陆又分裂为一些大的构造板块，各板块也在岩石圈上移动，有时一些板块会上下交错在一起。活动论者认为，机会到来的时候，某一板块嵌入另一板块下面而造成隆起，就会导致火山的形成。

作为对活动论理论的证实，人们测量了美洲大陆的漂移(美洲大陆确实正以每年约5cm的速度漂离欧洲)以及非洲向欧洲的靠近。

同样是作为对活动论理论的证实，人们进行了古生物学和地质学方面的研究。结果表明，在一个大陆与另一个大陆的古生动物之间明显地存在着亲缘关系。一些大陆的边缘断层的地质特点与另一些大陆的边缘断层地质特点也十分相似。1965 年，在大西洋两岸的加蓬沿海与巴西沿海的石油钻井表明，从地质角度出发，可以把非洲和南美洲看作是一张纸撕裂成的两块碎片。

由“固定论者”组成的另一方，他们否定已被接受的板块构造学的设想，试图以深部的垂直运动来解释所有的大陆移动现象。固定论的证据是，那些看来与板块构造无关的却发生了陆地的上升和下沉(塌陷)。例如，高加索山脉每年平均升高 15.5mm，而乌拉尔山脉每年却下沉 6mm。这种运动的力源于根据板块构造学原理提出的那种理论滑动面之下，也就是说在地壳以下的上地幔中。在上地幔里，物质并非凝固不动，而是处于各种根本变化之中。

于是，荷兰人范贝梅伦从固定论出发提出假设说，构造形变是由一种与离子和原子的辐射有关的地球化学变化引起的。这种变化表现为原碱性岩石的花岗岩化。随之而来的是这种古老的碱性岩石密度减小，变得越来越轻，并逐渐往上升。这就是与固定论相关联的一个理论，即所谓造陆波动论的基础。

根据动力模拟实验，范贝梅伦提出假设，认为地球的变迁是从地球内部向外表发生的一种能量释放的结果。这种能量可能是纯物理性质的，它借助了重力的作用和地球自转时的惯性作用，它也可能是物理—化学性质的，这种能量会引起物质密度的变化而不改变其质量，它还有可能是地球化学性质的，在这种情况下，玄武岩岩浆逐渐脱离地球软流层，产生混合掺杂的现象，即低密度、高温和流动的玄武岩与主要由含铝硅酸盐岩石组成的已熔化的地壳部分互相掺杂。各种能量(地心引力、地球化学作用、热能等)相互作用就能产生长久的、大规模的和各种不同程度的连锁反应。总之，地球就像是一块融化的混合点心，酒、葡萄干和面团在这块点心内部造成了各种起伏波动。必须指出，板块构造学说曾经走到臆造其系统化的地步。比如，为了解释某些局部的现象，一些想入非非的构造学者就推测板块分为次板块，而次板块又分成微板块等，并提出一些无比复杂的动力学方面的设想，其中有老的移动也有新的移动，还有所谓“化石消减带”的重叠、交错、倒置等。况且，人们从来就不是很确切地知道大陆为什么会漂移，如果把它们想象成放在一块倾斜的漆布上的糕点，未免有些简单。最近，某些固定论者对于到处滥用板块构造学说而感到的不快达到了无以复加的程度，一位荷兰人还发表了一篇关于岩心构造学的学术报告。

同样，人们也没有解释清楚有关弧形排列的岛屿的某些现象。如果说大陆真在漂移，如果真像解释所说的那样除了大陆漂移之外别无其他，那为什么相隔很近的基克拉季斯群岛和卡拉布里亚—西西里群岛的两个弧形的方向夹角却成 90°，即一个向左而另一个却向右呢？如果说一个板块嵌入到了另一个板块的下方，那么就很难解释为什么在蒂勒尼安海下会出现一个直插入软流层的长达 700km 的岩坝。看来，对于这个特殊的情况，固定论学派的假设反而能提供确切的解释。

此外，美国圣海伦斯火山的重新爆发也是很难解释的，因为它远离活动论者们所设想的那种板块接触区，不可能是由于一个板块嵌入北美板块下方而引起它的爆发。

活动论者走了极端，而那些固定论者也并不是白玉无瑕，他们太草率地忽略了关于等时线的许多精确的研究，这些等时线反映了海底的等时情况，是根据磁场异常的记录和海底年龄的研究画出的。这些研究表明了板块构造学是有其根据的，无论是关于大西洋断陷谷还是关于太平洋断陷谷，情况都是这样。此外，那些固定论者也没有考虑到一个明显存在的事实：西亚地区的火山与太平洋上的火山几乎完全沿着断裂带排列。这一事实大大地支持了活动论者的观点。

此外，那些活动论者忽视了古地磁学方面的很多证据，而古地磁学为他们的理论提供着基础材料。他们的推论似乎倾向于认为古代的地球根本没有两极磁场，这种说法是没有任何根据和证明的。再说，地壳碱化作用的详细过程也一直有待解释清楚。

最后，这场辩论并非与政治无关，因为美国人大多倾向于活动论，而(前)苏联人则多主张固定论。但从这场争论中也可能得出一种更令人满意的解释来说明地壳内大陆神秘移动的原因。

1.3 地质科学面临的社会挑战

近代地质科学历经200多年的发展进程，通过认识自然到利用自然，正在揭开改造和保护自然的新的历史篇章。地质科学技术的发展与社会的关系日益密切，地质科技工作的社会责任比以往更加严肃和广泛，由此给当代地质科技工作提出了多方面的严重挑战。

1.3.1 认识自然方面：局限性

迄今人类在地质科学范围所达到的认识自然的深度和广度，总的说来还有很大程度的局限性。地质科技工作的智力挑战正是来自这方面的不足以及地球本身组成和结构的复杂性。看来进一步揭示地球形成的形式与作用过程，尤其是了解地球各层圈之间的联系和相互作用，是建立新一代地学知识体系，为人类深入认识自然、更好利用自然以及有效改造和保护自然提供知识基础的重要课题。另外，地质科学在不断向海底、极地、空间和深部延伸的同时，对大陆地壳浅层大量宏观与微观地质特征和现象也仍处在不断加深认识与反思的过程中。

1.3.2 自然资源方面：压力巨大

为维护社会—经济发展所需数量日益增长的自然资源，如矿产、能源矿产和水资源，其压力对于像我们这样处于经济高速增长中的国家来说尤为明显。例如，我国已找到170种以上的矿产，探明了大量可用储量，像煤、钨、锡等许多矿产储量已列世界前茅。但因我国人口众多，经济建设规模巨大，已探明储量中，许多还满足不了当前建设需求，有的缺口很大，而且随着建设的发展，难以满足需求的矿种将越来越多。据预测，如果近期内在矿产勘查方面没有重大的突破，到2010年以后，我国仅有十多种矿产能保证需要。因此，继续提供充足的矿产、能源矿产和地下水资源，仍然是地质科学维持社会—经济发展的核心任务，主要涉及对下述问题的研究：

(1) 区域成矿背景和成矿作用的研究，为深部矿、隐伏矿、难找矿的预测、发现、勘查和评价提供理论指导。

(2) 对多组分矿产以及难选矿石和贫矿的物质成分与综合利用研究，不断提高选矿的回收率和精矿品位。这里还涉及矿物学和选矿的基础理论研究。

(3) 已知矿产的新用途及其综合利用研究。

(4) 岩石、矿物的物理和化学性能的研究和开发利用，以及由此带来的新材料、新能源的发现。

(5) 资源开发与环境协调发展研究，可提供环境上安全可靠的矿产资源开发的不同方法。

(6) 矿产资源的有限性和承载能力研究，为社会—经济的持续发展提供战略依据。

1.3.3 地质灾害方面：制约社会—经济发展

我国是世界上发生灾害种类最多、受灾最严重的国家之一，其中仅地质灾害造成的损失每年就可达百亿元级规模，同时造成重大的人员伤亡，从而成为制约我国社会—经济发展的主要因素之一。除前述自然地质灾害以外，人类活动也可引起像滑坡和地面沉降这样的地质灾害。为了监控和预测灾害的发生和规模，减轻灾害造成的后果，必须了解控制灾害的作用过程，开展多方面的工作：

(1) 各种地质灾害的实时监控和基础数据、资料的积累、存储、分析、处理、解释和传播。

(2) 重大工程建设诱发的地质灾害的调查与监控研究。对已建成或规划中的重大工程建设，如山区铁路干线、大江大河重大水电工程以及三峡工程、南水北调工程等，重点开展各种有关的地质灾害以及坝基稳定性、坝基或库区渗漏、库岸浸没、诱发地震、水库淤积、生态环境等的调查与监控研究。

(3) 地质灾害发生的机理与趋势研究，为灾害的预防和减轻提供理论指导。

(4) 地质灾害防护工程和实用治理技术研究。

(5) 地质灾害风险性评价和可承受风险的水平研究。

1.3.4 环境方面：对人类的威胁

土壤侵蚀、水源污染、生态恶化、不适当采掘活动和废物处置等造成的危害，已对人类本身及其生存环境产生了极大的威胁。避免扰动地质环境、减轻环境恶化的危险，已成为地质科学面临的现实挑战，主要涉及以下内容：

(1) 人类活动作为一种重要地质营力的研究。人类活动对自然作用的叠加加速了自然作用过程，并不同程度地改变着地球的气候和环境，以致危及到人类在地球上的可居住性。这就把人类活动纳入了地球表面演变过程的研究，因而扩大了地质科学研究的广度和深度，促进了自然科学与社会科学的联姻，并开始成为人类认识自然的新出发点。

(2) 土地利用与规划的地质研究。详细了解地质条件对住房、运输、工程和工业发展规划以及对于与巨量物质(矿产、建材等)开采有关的规划管理。

(3) 废物处置地质学。现代社会产生大量废物，其中有些还是化学、物理和生物复合物。我们需要研究妥善处理这些废物的地质条件，提供具体建议，以免危害子孙后代。

(4) 城市(环境)地质研究。主要包括三废污染、水资源开发所产生的环境负效应，如水源枯竭、地面沉降、海水入侵以及地基沉陷、城市垃圾处理等问题。此外，还应开展城市环境质量评价与趋势预测，为城市规划、建设服务。

(5) 环境地球化学研究。由于天然痕量有害金属和放射性物质对人类健康、动物和植物的危害，使得环境地球化学对卫生和农业有着社会性的影响。

(6) 农业地质研究。如区域地质—生态背景与农业布局、水土流失的地质评价与治理、土壤中痕量元素与农作物生长、土壤的地质分布与改良、岩石矿物新肥料、土壤中有效矿物资源改善农业生态环境效应等的研究。

1.3.5 全球变化方面：过去、现代、未来

全球变化计划的研究目的，是了解和描述控制整个地球系统的各种物理的、化学的、生物的作用过程及其相互之间的作用，提高人类预测全球环境变化的能力，并重点阐明地球系统在几十到几百年内发生的主要相互作用和变化。由于地质记录中蕴含着大量过去全球变化的信息，为了预测连续的环境变化及其对地球生物圈的影响，我们必须通过再造过去的自然变迁而获得历史观。结合人类活动的影响，可以推断未来可能发生变化的趋势，并以此验证和核对其他方面研究提出的各种区域性或全球性预测模型。这一课题对于以往擅长长尺度地质演变的地质科学来说，既是严峻的挑战，又是难逢的机遇。根据当前的认识，地质科学技术在下述领域将可发挥应有的作用：

(1) 深海沉积、黄土和红土古土壤、湖泊沉积、岩溶堆积、冰芯等古气候和古环境的记录与高精度再造。

(2) 岩石圈及地内作用对地球气候和环境的影响研究。

(3) 重要地史时期的古气候和古环境再造。

(4) 全球水文循环与古气候旋回的相互作用与物质—能量交换等。

1.4 现代地质科学的发展方向

随着社会的发展，地质科学的社会功能、社会地位、社会作用也发生了划时代的变化，地质科学的发展方向也相应改变。

1.4.1 综合化：矿产型向社会型转变

1992 年在里约热内卢召开了环境与发展大会，通过了《里约宣言》，各国首脑签署了《21 世纪议程》，发起“人类要生存，地球要拯救，环境与发展必须协调”的号召，树立起“可持续发展战略”思想。从此，地质科学的社会功能性日趋提高。

21 世纪，环境成为人类生存的重要因素。人与环境的关系、人类活动与自然环境的关系成为各学科关注的热点，环境科学与各自然科学相互渗透，促进了各学科知识结构体系的调整。人类生存环境和社会经济的需求对地质科学提出了更高的要求，地质科学由原先以找矿为主的“矿产型”知识结构概念，拓展到现在以服务于社会环境为主的解决当代社会发展重大问题的“社会型”知识结构概念，地质科技扩展到了“自然与人类社会相互作用”的范畴，扩展到了高层次的“人—地关系、人—地结构”系统。这是地质科学的一个重大的飞跃转折。地球孕育了生命，地球是人类赖以生存和繁衍的唯一栖身之地，人类只有一个地球。当代科学中，天体、地球、生命、人类起源和演化的四大理论问题都与地质科学相关，因此，有科学家预言“地学能征服 21 世纪”。地质科学能在为解决人类生存环境和持续发展的重任中得到新生。

地质概念社会化的转变给地质科技人才的培养提出了新的更高的要求：要有地学领域与社会领域、自然科学与社会科学相融合的人—地关系知识结构体系，要有宽广知识面和科技

工作技能的知识储备，要培养以地质为基础的地质—工程—社会复合型知识结构的人才。这也就需要改变社会上长期以来根深蒂固的对地质狭隘的偏见和守旧的地质矿产观念。当前，地质已从“矿产型”低谷中解脱出来，成为面向社会、环境、可持续发展的前沿科学。

地质概念社会化的转变为地质专业的学生提供了广阔的就业领域和新的机遇。这也要求学生从地质的狭隘概念怪圈中解脱出来，完成现代地质科技综合知识的储备，培养良好的心理(人文)素质和科技素质双重素质结构，适应社会对“社会型”地质人才的选择。

1.4.2 系统化：动态演化观

地球科学之所以从传统地质学拓宽成综合学科，除地质学自身发展规律外，还体现出时代的需要和社会经济发展的需要，这是地球科学在未来经济社会发展的功能和地位所决定的。

21 世纪，人类面临人口、粮食、资源、能源以及环境等诸多重大难题，地球科学正是解决人类生存环境的关键学科，肩负着人类社会持续发展的使命。为了适应和保证经济社会发展的需要，就必须建立起新的学科群，形成地球科学的新知识体系，建立具有特色的、资源环境与社会持续协调发展的天—地—人系统观。

1989 年在美国华盛顿召开的第 28 届国际地质大会上，强调地质学家是地球的“护卫者”，地质学家有为全社会和子孙后代负责的态度，积极“探宝防灾”，以促进经济和社会的发展。

1992 年在日本京都召开的第 29 届国际地质大会上，虽然以岛弧地质为大会主题，却围绕着地球起源、演化历史与人类生存，具体讨论了当代世界地质科学的前沿课题，对世纪之交的地质科学现状与展望做了高度概括：当代人类生存的环境、资源问题已是各国乃至世界经济持续发展的瓶颈，能源和资源的匮乏、人口膨胀、环境恶化已成为社会发展的制约因素。在解决这些问题的过程中，地质学家应起突出作用，有责任以自己的学科优势和经验向政策制定者、政府决策人以及社会公众阐明与地球有关的知识和理论，充分发挥地球科学在解决当前社会前沿问题的作用。在提出地质学未来发展的趋势中指出，地质学本身也有可能脱离现在半封闭的状态，把人类赖以生存的地球作为一个大自然系统，推动学科的繁荣，使人类生存获得一个崭新的环境与空间。

1996 年 8 月在北京召开了第 30 届国际地质大会，来自五大洲的 6000 多名中外地质学家欢聚一堂。大会具有总结 20 世纪地质科学成就，展望 21 世纪地质科学发展趋势的光荣使命，主题为大陆地质。围绕大陆地质相关的地质构造、能源、资源矿产、环境保护、地质灾害以及人类生存和持续发展的关系问题；贯穿当前地学面临的诸如全球地质环境变化与未来保护、21 世纪能源资源、地学与人类生存、社会可持续发展的关系等重大问题；同时对综合性、多学科、反映现代科学跨学科性的课题，诸如岩石圈结构及深部作用、地球起源与历史以及地学与人类文明建设中的重大课题等进行了广泛的学术交流。

2000 年 8 月在巴西里约热内卢召开了第 31 届国际地质大会，大会内容主要包括地质年代表、生物地层学、事件地层学、层序地层学、磁性地层学、同位素地层学、综合地层学、沉积相与沉积古地理、生物古地理、构造古地理十个方面。这些研究可以明显反映出国际地层学研究的现状和发展趋势。地层学研究不断深入，特别是一些经典地区和关键层段的研究依然在不断深入，这些经典地区和关键层段在研究理论和研究方法上的突破带动了整个地层学研究的发展；地层学研究领域不断扩大，服务范围也不断扩大，地层学与其他学科相互渗透，为地层学这门古老的学科注入了新的生命力；地层学各分支学科相互结合，向多学科综合研究的综合地层学方向发展。

2004 年 8 月在意大利的佛罗伦萨召开了第 32 届国际地质大会，会议的内容主要分为三大部分：第一部分为特别专题讨论会，分为 14 个分支，几乎包括了地球科学的各个方面，如地质学、意大利地区的深部地震探测、全球构造新概念、深部地质资源、地质灾害、铀矿资源、地质时限、地质与环境、深部地质、地中海地区古地理演化、TRANSHED 计划以及国际地质计划进展等。第二部分为专题讨论会，分为 38 个分支，包括增生契与混杂堆积、碳酸盐、水文和全球环境系统、地球早期演化、造山带、地球物理勘探、资源与能源、地理信息、全球地质、陆缘地质、地球物理技术在地质学中的应用、海洋钻探计划、地质学与酒、大陆增生、地质工艺、医学地质、海洋岩石圈与蛇绿岩、全球变化、岩石蚀变、海平面变化、超高压变质岩、铀矿地质等。第三部分为普通专题讨论会，分为 24 个分支，包括地球内部、工程地质、环境地质、地球化学、地球动力学、地磁学、地貌学、地学教育、水文学、火成和变质岩、同位素化学、海洋地质、数学地质 、矿床 、新构造和古地震、行星地质、第四纪地质、区域地质、沉积岩、地层学、构造地质和火山学等。

2008 年 8 月第 33 届国际地质大会在挪威首都奥斯陆召开，来自 113 个国家的 6300 多名代表参加了本次大会。此次大会的主题为“同一个地质计划”，会议纪要概括起来主要有以下 4 点：①在今后一年半的时间里，英国地质调查局和法国地质矿产局继续承担临时操作管理和技术支撑的任务，每年各提供 300 万欧元左右的经费来支持同一个地质计划，并且经费预算已经正式纳入英国地质调查局和法国地质矿产局年度经费计划。②同一个地质计划的参加单位主要是各国的地质调查局，世界编图委员会、国际行星地球年、国际地质科学联合会、联合国教科文组织、全球编图指导委员会等国际组织。③同一个地质的指导小组成员将由全球各大区的代表组成。全球分区方案由伊恩 · 杰克逊负责提出，经各国地质调查局局长及有关人员同意后确定。各大区的代表将由各大区推荐产生。欧洲地质调查局局长将是欧洲大区的代表，但是在利益纠纷事件上局长将发挥作用。④在同一个地质的指导小组正式成立之前，由英国地质调查局和法国地质矿产局负责组织协调工作，伊恩 · 杰克逊作为指导小组临时的执行秘书长全权负责，操作管理小组继续工作，继续起到组织协调的作用。

2012 年 8 月在澳大利亚布里斯班召开的第 34 届国际地质大会，吸引了世界范围内的行业领军科学家交流讨论了地学信息领域取得的进展、成果和发展趋势。从本届地质大会来看，计算机技术、数据库技术、网络技术、虚拟技术等现代化的技术深入应用到了地学众多专业领域，地学信息产品服务成为了信息化时代各国为公众提供公益性服务的主流渠道，地学信息逐步突破孤立的专题、地区、国家的限制，跨专业、跨学科、跨国乃至跨大洲级别的数据共享将逐步达成共识。当前，全球的地学信息科学家都在朝着同一方向努力，让地学知识能够快速、便捷、高效地为变化的地球服务。

2016 年 8 月第 35 届国际地质大会在南非共和国开普敦召开。大会的宗旨是：与国际地质科学联合会合作，为各国地质学家的学术交流提供集会场所，为地质科学的基础研究和应用研究的发展做贡献。

1.4.3 全球化：由区域性向全球性(圈层)转化

今后世界地质科学主要围绕着以下两大主题开展研究：一是岩石圈研究，旨在通过地质、地球物理、地球化学与空间大地测量等的综合研究，建立全球岩石圈的结构、成因和演化模式，建立油气、矿产资源、地质灾害和地质环境的评价及预测模型；二是全球变化的研究，目的是描述和了解控制地球独特生存环境并且相互影响的物理、化学和生物作用过程，以及由岩石圈—水圈—大气圈—生物圈构成的地球系统中正发生的变化和这些变化受人类影响的程度。过去，地质学以研究岩石圈为主，全球变化的研究则把岩石圈、水圈、气圈、生物圈联系起来，成为地球系统科学，这不仅使地质科学前进到把地球作为一个整体，参与全面研究大气圈、生物圈、水圈、岩石圈和人类活动的相互作用、相互影响的全过程，而且使表生地质作用、常温常压地球化学、低温地球化学等研究成为今后地质科学研究的重要方面。因此地质科学不断在扩大它研究的时空范围，向未知领域进军，可以用"上天、入地、下海、登极"来概括，这就要求地质科学实行学科的联合、交叉、综合和协调。

地质构造与资源分布的全球性有两层含义：第一，无论是地质构造还是矿产资源分布，全球是一个整体。所谓整体，既包括地壳演化的整体性，也包括所有层圈演化的整体性。任何事物，从局部看局部，不容易看清楚；从整体看局部，则容易看清楚。从水平尺度(地壳)、垂直尺度(圈层)和时间尺度(年代)进行全球研究，将使我们更清晰地了解区域的、局部的地质现象。以矿产资源为例，全球的含油气盆地、含煤盆地、金属成矿带具有整体分布格局，这种格局是全球地质构造的时空演化产物，其形成过程、资源规模和特征具有强烈的全球性。我们应该立足于我国在全球地质构造格局中的位置来认识我国矿产资源的分布特征，如环太平洋成矿带、特提斯成矿带、中亚—蒙古成矿带等都是构成全球性成矿格局的大型、超大型成矿带，探索我国在这些全球性成矿带中的位置和特征，是矿产地质工作注重全球性成矿规律的重要体现。第二，一个区域、一个国家的重大地质矿产问题具有全球意义。例如，我国的青藏高原大陆动力学、黄土高原地质、岩溶地质、燕山运动、南岭多金属成矿作用、陆相生油理论等，虽然是区域性问题，但它们对全球的地质、矿产格局产生了重要影响，具有重要的全球意义。越是具有独特区域性、国家性的重大地质问题，就越是具有全球意义。列宁在谈到世界文化时有一句名言："越是民族的，就越是世界的。"他指的是世界文化是由民族文化的贡献形成的，只有传承、发展和传播本民族文化才是对世界文化的真正贡献。这个观点可用于解释地质学的全球性：全球地质格局是由各种重大的区域地质格局贡献而形成的总和，一个重大的、区域的或局部的地质问题在研究全球问题时具有不可替代的重要性，从这个观点出发，我国的地质学家应立足于我国独特的区域地质构造条件，系统地、深入地开展我国重大地质问题研究，为全球地质学的发展做出重要的理论贡献。

1.4.4 科学化：由定性向定量转化，向新技术体系转化

当代地球科学正处于建立新知识体系的重大转折时期，地质学理论发展趋势正朝着纵深发展。在深度上已从陆壳进入地幔，向地球更深处钻进；在广度上包括了大陆海洋及其边缘，面向全球；在微观上向原子、质子更深层发展；在宏观上已从地球进入太阳系，构成了一个宇宙空间、固体地球(气圈、水圈)以及生物圈的自然综合体的研究系列。而各圈层之间相互交叉、渗透、互为作用、彼此协调统一，建立了一个又一个新的学科领域，形成当代

地球科学的大系统，涌现出一些多学科交叉、渗透的横断学科，诸如地球系统科学、地球物理科学、深部地质学、环境地质学、全球变化地质学、预测地质学、流体地质学、表层系统地质学、全球动力学、大陆动力学、深部地球化学、地球化学动力学、地球化学热力学、流体地质学、幔岩地质学等，朝着定量性研究方向发展。

这些综合的新兴横断学科，可以代表地球科学未来发展的方向，构成21世纪地球科学的发展基点，也是未来地球科学进步繁荣的重要标志。

当代地质学研究方法论的建立，充分考虑地球动力作用在时间坐标上的演化序列(《国际地球动力学计划》的成就)，以及不同地质体在空间上的相互关系(《国际岩石圈研究计划》及天体地质学的成就)，使传统的研究方法受到了严峻的挑战，诸如"将今论古"的方法等。

随着地球观、认识论的转变，一个崭新的方法系列逐步形成。除充分发挥当代地球物理学、地球化学新方法的优势外，还采用了相邻学科(近代物理学、化学、数学等)的新成就和新方法手段，使地质学自身走向现代化。

当前，在地质学领域内正在应用耗散结构理论、协同学的综合以及熵增熵减理论等，在探讨地质体之间内在联系、捕捉地质社会功能、探求其结构和机理、特别是在探索成矿理论方面，都是具有特色的研究方法，并取得了可喜的成就。

根据当前地质科学研究方法的现状和对一些文献资料的分析发现，今后地质科学研究方法将朝着观测与探测技术革新、模拟与实验技术的现代化方向发展，构成地质科学独特的研究方法体系，不断丰富地质科学的方法论。主要表现在以下几方面：①建立和完善地质信息的计算机系统及信息网络；②大力开展超深钻进，探索地球深部结构；③加强卫星遥感法在地质学中的应用；④加强地球物理学方法(包括多波段光谱扫描、激光、多普勒雷达等)；⑤深化地球化学方法(包括同位素地球化学法，应用地球化学和有机地球化学法)，以及潜水器与深海机器人的设计和使用等。

本章思考题

1. 均变论和灾变论争论的核心问题是什么？
2. 固定论和活动论各自有哪些主要支持的证据？
3. 试分析地质科学面临的现状、社会挑战和发展方向。
4. 以你所从事的研究领域为例，分析该领域面临的形势，提出发展的设想和需要的条件。

本章主要参考文献

[1] 陈旭，Michaell C E，张元动，等．中奥陶统达瑞威尔阶及其全球层型剖面点(GSSP)在中国的确立[J]．古生物学报，1997，36(4)：23-31.

[2] 程裕淇，贾跃明，李廷栋．我国跨世纪的地质科学技术工作与社会发展[J]．中国地质，1994(10)：3-5.

[3] 董树文，赵逊，张彦英，等．21世纪地质科学展望——31届国际地质大会学术启示[J]．地球学报，2001，27(1)：1-4.

[4] 侯鸿飞，季强，吴祥和，等．贵州睦化泥盆—石炭系界线[M]．北京：地质出版社，1985.

[5] 江富建，周朝晖，周天驹．当代地质科学的发展与展望[J]．河南大学学报，1995，25(4)：71-75.

[6] 姜衍文，吴智勇，石宝珩．世纪之交的中国地质科学——回顾与展望[J]．江汉石油学院学报，1999，21

(3)：9-14.
[7] 李武中．大陆漂移说——“活动论学派”与“固定论学派”之间的争论[J]．国际地震动态，1982，766(8)：28-29+32.
[8] 廖立兵．从第 32 届国际地质大会看矿物材料研究进展[J]．现代地质，2004，12(4)：487-492.
[9] 刘荣梅，严光生，夏庆霖．从第 34 届国际地质大会看地学信息技术发展趋势[J]．地质通报，2013，3(4)：685-692.
[10] 刘凤山．从第 33 届国际地质大会看《同一个地质计划》的现状及新进展[J]．地质通报，2008，27(12)：2138-2140.
[11] 余达淦．处于重大历史转折阶段的地质科学[J]．华东地质学院学报，1996，12(4)：301-307+314.
[12] 滕吉文．参加 2004 年第 32 届国际地质大会的点滴见闻与思虑[J]．地球物理学进展，2005，20(03)：577-583.
[13] 王根厚，胡玲．第 32 届国际地质大会构造地质研究进展综述[J]．现代地质，2004，18(4)：423-428.
[14] 王训练，史晓颖．从第 31 届国际地质大会看地层学研究进展[J]．地质科技情报，2002，21(3)：35 -42.
[15] 王舟．地质演化突变论与渐变论的争鸣发展及其哲学思考[J]．科技创新导报，2009，10(30)：169 -170.
[16] 吴凤鸣．20 世纪地质科学发展历史的回顾及 21 世纪地质科学的展望[J]．吉林地质，1998，3(1)：10 -23.
[17] 吴俊华，袁训红．谈谈现代地质学的思维结构[J]．湖南地质，1995，14(04)：259-260.
[18] 吴冲龙，刘刚，张夏林，等．地质科学大数据及其利用的若干问题探讨[J]．科学通报，2016，61(16)：1797-1807.
[19] 杨遵仪，吴顺宝，殷鸿福，等．华南二叠—三叠纪过渡期地质事件[M]．北京：地质出版社，1991，1-183.
[20] 尹福光，潘桂棠，朱弟成．全球大地构造与沉积关系研究进展——第 32 届国际地质大会综述[J]．沉积与特提斯地质，2005，25(Z1)：219-221.
[21] 杨世瑜，王瑞雪．地质社会化与地质科技人才素养——论现代地质科技人才的培养[J]．昆明理工大学学报(社会科学版)，2002，2(1)：99-102.
[22] 张文佑．地质科学的展望[J]．地球科学，1982，18(3)：1-4.
[23] 中国地质学会．展示成果、共襄盛举——中国地质学会组团参加第 35 届国际地质大会[J]．地质论评，2016，62(6)：1378.
[24] Berker L, Poreda R J, Hunt A G, et al. Impact event at the Permian-Triassic boundary: Evidence from extra terrestrial terressrial noble gases in fullerenes [J]. Science, 2001, 291(5508): 1530-1533.
[25] Cox A V. Magnetic reversal time scale [M]. Cambridge University Press, 1982, 1-128.
[26] Rampino M R, Prokoph A. Tempo of the end-Permian event: High-resolution cyclostratigraphy at the Permian-Triassic boundary [J]. Geology, 2000, 28(7): 643-646.

2　中国大地构造格局与演化

2.1　地槽与地台的概念

地槽与地台说最早在1859年由美国地质学家霍尔(J. Hall)提出，后来又经过美国地质学家丹纳(J. D. Dana)、苏联地质学家阿尔汉格列斯基(Ю. А. Архангельский)和中国地质学家黄汲清等不断发展完善，成为一门影响颇深的大地构造学说，即槽台说。

2.1.1　地槽与地台的基本概念

1. 地槽

地槽又称地向斜(相当于弧后盆地、海沟、大洋盆地的一部分)，指长期持续沉降并接受巨厚沉积的带状地壳活动构造单元。目前关于地槽的一般理解为：①地槽的早期形成深坳陷，可以接受巨厚的沉积物而形成沉降带，也可以无沉降物而形成海盆地，晚期褶皱形成山系；②时间上指古生代以来曾经有过强烈活动的地带；③地槽主要位于大陆边缘，少数位于两个大陆之间。

地槽被划分为冒地槽和优地槽(图2.1)。冒地槽主要靠近大陆，基底属于陆壳，活动性较弱，沉积物以陆缘碎屑岩及碳酸盐岩为主，其中没有或很少存在火山物质。优地槽通常靠大洋一侧，基底属于洋壳，活动性较强，有蛇绿岩套，沉积物以浊流及火山碎屑岩为主，夹火山熔岩。

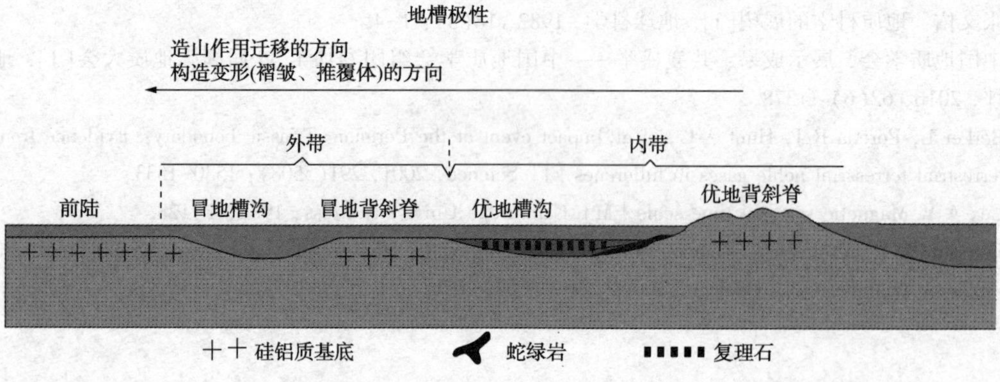

图2.1　一对优地槽-冒地槽的结构图式(据Aubouin，1965，修改)

2. 地台

1883年，俄罗斯人卡尔宾斯基发现俄罗斯平原的基岩有上、下构造层。1885年，奥地利地质学家休斯在《地球的面貌》中首次使用地台概念，表示地壳上稳定的、自形成后不再遭受褶皱变形的地区。

经过多年的研究与发展，人们把地壳上稳定的、具有双层结构特征、形成后未受褶皱或微弱褶皱的地区称为地台。目前关于地台的一般理解为：①地台具有双层结构，即上层为沉积盖层，下层为结晶基底或褶皱基底；②盖层与基底之间为区域性角度不整合；③把寒武纪以前结束活动的稳定地区称为地台，把古生代以来结束活动转化为稳定区的，称为褶皱带。

2.1.2 地槽与地台的基本特征

1. 地槽的基本特征

地槽是地壳上强烈活动的构造单元，掌握地槽的特征是认识地槽和划分地槽的重要依据。地槽特征主要有以下几点：

(1) 形态特征。地槽形态呈狭长带状展布，长达数百至数千千米，宽仅数十至数百千米。如秦岭、天山等地槽褶皱系以及瓦拉尔山地槽等都呈带状展布。

(2) 地貌特征。地槽在地貌上的特征表现为宏伟的长条形山脉，地形切割强烈。如横断欧亚大陆的阿尔卑斯地槽和喜马拉雅地槽褶皱系及贯穿美洲的科迪勒拉地槽和安第斯地槽，都表现为宏伟的长条形山脉。

(3) 地质特征。地槽以海相地层为主，厚度巨大。典型地槽型建造有：复理石建造、细碧角斑岩建造、磨拉石建造等。在优地槽中除巨厚沉积外还有火山岩建造。优地槽常常发育有由基性和超基性铁镁质岩石、火山喷发的玄武熔岩和海相放射虫硅质岩“三位一体”组成的蛇绿岩套；而冒地槽则缺少火山岩建造，更没有蛇绿岩套。如北祁连山地槽褶皱系就属于优地槽，而北秦岭地槽褶皱系属于冒地槽褶皱系。构造运动强烈，主要表现在褶皱构造强烈。紧闭的线型褶皱、倒转褶皱、向斜褶皱断裂构造发育，多为走向逆断层、逆掩断层，区域变质作用明显。岩浆活动强烈，主要表现在有不同时期的侵入岩和喷出岩。早期以基性和超基性小型侵入岩和海底火山喷出岩为主；中期以中酸性、酸性大型侵入岩为主；晚期以碱性喷出岩和小型侵入岩为主。

(4) 地球物理特征。地槽褶皱带本身就是地壳活动带，也是地震多发地带；重力异常、磁异常呈带状分布，与地槽带状延伸方向一致，热流值高。

(5) 矿产。矿产资源主要为金属矿产，以铁、铬、铂、钨、钼等金属矿产为主。

2. 地台的基本特征

自地台形成以后，地壳处于相对稳定发展阶段，与地槽活动性形成鲜明的对比，表现出的特征主要有以下五点：

(1) 形态特征。地台从平面上看呈近等轴形或不规则面状，其长宽可达数百或数千千米。

(2) 地貌特征。地形起伏较小，以平原、盆地、高原为主，仅在地台的边缘或局部有较高的山脉。

(3) 地质特征。主要表现在岩石、沉积建造、构造活动、岩浆活动和变质作用等方面。岩石成分简单，主要表现为分选性及磨圆度好的碎屑岩和较纯的碳酸盐岩，且厚度不大。具有典型的地台建造，如石英砂岩建造、碳酸盐岩建造、含煤建造等。构造变动简单、微弱。岩层产状平缓，褶皱为宽缓的短轴褶皱。断裂不发育，主要发育在地台与地槽的分界地带。岩浆活动微弱，无区域变质作用。

(4) 地球物理特征。重力异常呈低负值，不规则形状，变化平缓，磁异常宽缓不规则，异常幅度变化小，热流值低。

(5) 矿产。以外生铁、锡、锰、煤矿为主。

2.1.3 地槽与地台的内部构造

1. 地槽的内部构造单元

地槽系是地壳上活动强烈的部分，其二级构造单元在造山期前主要有优地槽、冒地槽和中间地块，造山后期主要为造山带、边缘坳陷和山前坳陷。

优地槽相当于海沟、大洋盆地一部分，在坳陷过程中伴有强烈的海底岩浆喷溢，以细碧角斑岩建造为特征。它的沉积物巨厚，且多为深水相的浊流沉积。

冒地槽相当于弧后盆地的一部分。位于优地槽和克拉通之间，以浅海成因碳酸盐沉积占优势，一般以缺乏由喷溢的火山岩构成的巨厚岩系为特征，而且在造山过程中，缺少大规模的中—酸性岩浆侵入活动。

中间地块相当于微型板块，是指被地槽包围的面积较大的相对稳定的地区。与地槽相比，地槽下降接受巨厚沉积时它却相对隆起、接受很少的沉积，地槽上升很少接受沉积时，它却接受巨厚沉积。

边缘坳陷相当于周缘前陆盆地。伴随地槽褶皱隆起，在它与地台交界地带形成大型坳陷。其内部结构通常是不对称的，并为独特的建造(近海含煤建造、磨拉石建造、含盐建造)所充填。岩浆活动不明显。

山前坳陷相当于山前坳陷盆地。地槽褶皱隆起以后，形成于造山带前缘的坳陷。它与边缘坳陷的主要区别在于：它不是地槽褶皱隆起之后立即产生的，而是间隔了一段时间后才形成的大型带状坳陷；山前坳陷中堆积了大量的粗碎屑岩，构成类磨拉石建造。

造山带曾被称为褶皱带，相当于板块构造的造山带。在槽台说中它是褶皱回返的产物，它与克拉通并列，分别代表地壳活动和稳定的两类构造单元。

2. 地台的内部构造单元

地台的二级构造单元包括地盾、台背斜、台向斜和台褶带。

地盾相当于大陆板块构造的核心。大面积出露于克拉通中的前寒武纪结晶基底周缘被有盖层的地台所环绕，平面形态呈盾状。地盾是地台中相对隆起的单元，原先可能沉积有盖层，只是厚度明显小于相邻部分，在地盾上看不到盖层的原因与后期剥蚀作用有关。所以就构造性质而言，它与地台并无本质差别。

台背斜相当于热点之上的穹隆构造。由于长期的隆起，在台背斜的顶部各时代的沉积地层厚度往往变薄，且沉积间断较多。和相邻的台向斜中同时代完整的岩系和沉积建造相比，这里的地层常常缺失。台背斜总体上呈宽阔而平缓的隆起构造，平面上通常呈不规则的圆形或椭圆形。

台向斜相当于热点引起的穹隆构造间的坳陷区。直径为数千米至数千千米。台向斜是地台上的相对坳陷区，沉积盖层厚度大，但褶皱宽缓，总体构成一个巨型向斜。

台褶带相当于板内造山带，是地台内部长条状、活动性相对较大的地带。台褶带在其发展历史中，早期以强烈坳陷、接受巨厚沉积为特征，有的还伴有火山喷发。后期发生过比较强烈的构造变形，形成过渡型褶皱，有时伴有中、酸性岩浆侵入。

2.2 板块构造理论基础

2.2.1 板块构造学说的概念

板块构造学说是20世纪60年代中期由威尔逊(Wilson，1965)、McKenzie(1967)、摩根(Morgan，1968)、勒皮雄(Le Pichon，1968)等人提出的大地构造学说。它是大陆漂移和海底扩张说的自然引申，还包括了岩石圈、软流圈、转换断层、板块俯冲、大陆碰撞和地幔对流等一系列概念，有人称为全球构造学说。

位于软流圈之上的刚性岩石圈，被一些构造活动带分割成很多既不连续，又互相“镶嵌”的球面块体，每个块体的厚度相对于地球半径来说是很薄的，呈板状，故称为岩石圈板块，简称板块。由于对流的带动，每个板块都在不停地运动着。板块与板块之间彼此分离、相对滑动或俯冲。板块边界是地球表面活动性最强的地带，大多数地震、火山都分布在这里。板块间的相互作用，即板块运动是形成地表各种构造活动和变形的根本原因。

依据构成板块的岩石圈类型，板块可分为大洋板块和大陆板块。岩石圈顶层为大洋地壳的板块为大洋板块，如太平洋、大西洋、菲律宾海等板块；岩石圈顶层的大部分为大陆地壳的板块是大陆板块，如欧亚、北美、南美、非洲等板块。

板块构造学说就是关于这些岩石圈板块相互作用，并认为这种相互作用是大地构造活动基本原因的学说。初期的板块构造说的基本论点包括：①固体地球上层在垂向上分成黏弹性的岩石圈和黏性的软流圈，下垫黏弹性的中圈，岩石圈在软流圈表面做相对运动；②岩石圈在侧向上分成数量有限的刚性和相对稳定的大、小板块，它们按球面运动规律不断改变着彼此之间的相对位置；③板块边界分为离散型、俯冲汇聚型和平移剪切型(或转换型)三种类型；④板块在离散边界处的扩张增生得到汇聚边界处俯冲消减的完全补偿，地球体积保持不变；⑤地幔中的热对流是板块运动的驱动力。

2.2.2 板块边界类型和板块运动

板块边界的存在是板块划分的依据。板块边界通常以具有强烈的构造活动性为标志，具体表现为强烈的岩浆活动、地震活动、构造变形、变质作用以及深海沉积作用等。根据板块之间的相对运动方式，可将板块边界划分为三种基本类型：离散型边界、汇聚型边界和转换型边界(图2.2)。

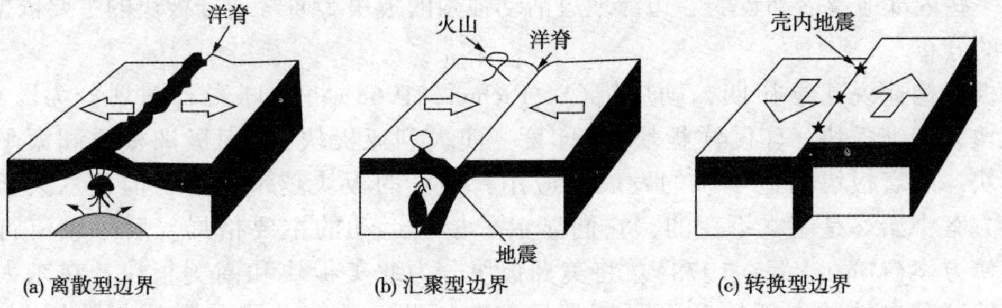

图2.2 板块边界的三种类型

1. 离散型边界

离散型边界相当于大洋中脊轴部，其两侧板块相背运动。其形成主要是拉张作用的结果，张应力产生断裂，地幔部分熔融产生的玄武质岩浆沿着这些裂隙侵入或喷出，岩浆冷却之后形成新的洋底岩石圈，并添加到两侧板块的后缘上。因此，离散型边界也称为增生型边界或建设型边界，如大西洋中脊、印度洋中脊均是离散型板块边界。东非大裂谷被认为是初期离散型板块边界，以裂谷及火山活动为特点，其进一步发展可成为规模更大的红海裂谷，几乎能将沙特阿拉伯完全从非洲分离出去。

2. 汇聚型边界

汇聚型边界相当于海沟及板块碰撞带，其两侧的板块相向运动，在板块的边界常造成挤压、对冲和碰撞。它以岩浆作用、构造变形及变质作用为特征，又可以分成两种亚型：俯冲型边界和碰撞型边界。

俯冲型边界相当于海沟或贝尼奥夫带，相邻的大洋与大陆板块发生相互叠覆。俯冲型边界两侧的板块中有一侧板块俯冲到软流圈，并受热熔融最终成为地幔的一部分。由于陆壳物质的密度较小，洋壳的密度较大，发生俯冲的板块通常是大洋板块。俯冲边界主要分布于太平洋周缘，沿这些边界大洋板块潜没、消亡于地幔之中，因而也称为消减带。

碰撞型边界又称地缝合线，是指两个大陆板块之间的碰撞带或焊接线。当大洋板块向大陆板块不断俯冲时，大洋板块可能会逐渐消减乃至消亡，最后位于大洋板块两侧的大陆板块之间发生碰撞并焊接为一体，从而形成高大的山系并伴随有强烈的构造变形、岩浆活动及区域变质作用。阿尔卑斯—喜马拉雅山造山带就是现代板块碰撞带的典型代表，其中，喜马拉雅山部分的碰撞边界沿印度河—雅鲁藏布江分布，即印度河—雅鲁藏布江缝合线，是印度板块与欧亚板块的碰撞边界。

3. 转换型边界

转换型边界位于相邻板块相互错动的地方，沿转换断层发育，在边界处既没有物质的增生，也没有物质的削减。转换断层以不同的形式将汇聚板块和离散型板块连接起来，转换型边界与板块运动的方向平行。

2.2.3 板块的划分

1. 板块划分的方案

板块的划分与地震研究密切相关。全球地震活动的空间分布很不均匀，95%以上的地震集中在环太平洋、阿尔卑斯—喜马拉雅和大洋中脊等狭长的地震带内。这些地震带把岩石圈分成了一些内部地震活动较弱、边缘地震活动强烈的板块。通常划分板块的主要依据就是地震活动的分布。

在板块构造说建立初期，勒皮雄(Le Pichon，1968)将全球岩石圈划分为欧亚板块、非洲板块、美洲板块、印度洋板块(或印度—澳大利亚板块)、南极洲板块和太平洋板块六大板块。随着板块构造学说的发展和应用，划分的板块越来越多，但这六大板块在各种划分方案中始终是基本不变的，它们显示了板块运动的主要格局。后来较流行的还有十二板块方案(Minster 等，1978)：将美洲板块分为北美板块和南美板块；在东太平洋中隆以东地区分出纳兹卡板块和可可斯板块；在加勒比地区分出加勒比板块；在琉球弧、菲律宾弧与马里亚纳弧之间分出了菲律宾海板块；在红海、亚丁湾裂谷系与扎格罗斯山系之间分出了阿拉伯板块。在全球震中分布图上可以看出，这些板块确实也是地震带所围限的区域，在板块运动的全球分析中也常用到它们。20世纪90年代以来，开始流行十四个板块的划分方案(DeMets等，1990)：将印度—澳大利亚板块分为印度板块和澳大利亚板块，并增加北美西缘的让德富卡板块(图2.3)。在不同的全球板块分布图中，更次一级的板块还有南美洲与南极洲之间的斯科舍板块，东非裂谷带与印度洋脊之间的索马里板块，太平洋中的斐济板块、所罗门板块和俾斯麦板块等。迪茨在六大板块基础上，将美洲板块分为南、北板块，将东太平洋单独划分为一个板块，称纳兹卡板块。在大板块内又分出许多小板块，如东南亚、菲律宾、俾斯麦、所罗门、阿拉伯、希腊、伊朗、可可斯、郭达、加勒比板块等(图2.3)。

图2.3　世界主要岩石圈板块(据万天丰，2011)

2. 板块的主要特征

欧亚板块(Eurasian plate)。全球六大板块之一。其范围包括西太平洋海沟以西、阿尔卑斯—喜马拉雅山脉以北、大西洋中脊以东和北冰洋中脊以南的广大地区。新生代早期该板块与印度板块和非洲板块沿阿尔卑斯—雅鲁藏布江带碰撞。白垩纪晚期与北美洲板块分离，与太平洋板块发生汇聚的时代不晚于侏罗纪。

非洲板块(African plate)。全球六大板块之一。其范围包括大西洋中脊南段以东、印度洋中脊以西、印度洋中脊西南支以北和阿尔卑斯山以南地区。该板块在早白垩世同南美板块分离。在大西洋中脊扩张的推动下，非洲板块向北漂移，与欧亚板块碰撞，形成了欧洲南部的阿尔卑斯造山带。地震和大地测量等资料表明，目前非洲板块仍然在向欧亚板块之下俯冲。

美洲板块(American plate)。全球六大板块之一。其西部边界为圣安德烈斯转换断层、中美海沟、秘鲁—智利海沟等，东部边界为大西洋中脊。后来又被进一步划分为南美板块(South American plate)和北美板块(North American plate)。南美板块包括南美洲和南大西洋的西部，其东以大西洋中脊的南段与非洲板块相邻，西界为南美滨太平洋的智利(或阿塔卡玛)深海沟，北与加勒比板块相接，南与南极洲板块以转换断层毗邻，该板块向西运动，在南美洲西部形成了高耸的安第斯造山带；北美板块包括北美洲和北大西洋的西部，其东界为大西洋中脊北段，西界为东太平洋海隆，南部以开曼左行转换断层与加勒比板块分界，该板块因大西洋中脊的扩张而向西运移，北美板块与欧洲板块的分离时间晚于南美板块与非洲板块分离的时间，大致发生于距今1亿年前。北美洲西部的山脉形成于更新世初，而落基山脉形成于上新世。

印度洋板块(Indian Ocean plate)。又称印度—澳大利亚板块(Indian-Australian plate)，全球六大板块之一。包括大洋洲、印度次大陆及印度洋的北部和东部，南以东南印度洋海岭与南美板块接壤，东侧和北侧的东段以海沟与太平洋板块分界，北界西段沿爪哇海沟和喜马拉雅造山带与欧亚板块为邻，西侧以中印度洋海岭与非洲板块相接。

南极洲板块(Antarctic plate)。全球六大板块之一。以南极洲大陆为中心，包括四周海盆的大型板块。由于南极洲板块与相邻板块之间几乎全以洋中脊离散型边缘分界，同时南极洲板块又位于地球旋转轴上，相对固定，因此常被当作参照系来计算其他板块运动的速度矢量。

太平洋板块(Pacific plate)。全球六大板块之一。东以圣安德烈斯转换断层和东太平洋中脊为界，分别与北美板块和纳兹卡板块相邻，北、西南都为深海沟，分别与欧亚板块、菲律宾海板块和印度—澳大利亚板块毗邻，南部以海岭与南极洲板块分开。该板块是一个主要由大洋岩石圈构成的板块。

阿拉伯板块(Arabia plate)。以阿拉伯半岛为主体的小板块，新元古代为非洲板块东北部增生陆缘的一部分，新生代初因红海和亚丁湾裂谷型洋盆在其间生成而从非洲板块裂离。西以红海型裂谷为界与非洲板块接壤，南界为亚丁湾扩张中心和欧文断裂带。阿拉伯板块的东界为扎格罗斯山脉，这里是世界上最年轻的碰撞带，海水到中新世晚期才退出，激烈的构造变形目前正沿阿拉伯与伊朗块体的边界进行着。

加勒比板块(Caribbean plate)。以加勒比海为主体的一个东西向小板块。北界是开曼左行转换断层，南界是伸入委内瑞拉北部的法尔康右行转换断层，东界沿小安德烈斯弧以东的波多黎各海沟延伸。这一部分的大西洋洋壳现在正向西俯冲。高质量的折射地震表明加勒比海板块为一海台，地壳厚度可达16km，比正常洋壳厚两倍以上。它最西部的尼加拉瓜隆起实际上是中美洲陆壳的一部分。加勒比海台向南仰冲的断片还可以在哥伦比亚见到，剖面以层状辉长岩为主，向下出现苦橄岩和镁铁质堆晶岩。一般认为加勒比海是中生代大西洋张开过程中继白垩纪墨西哥湾裂陷以后出现的。现在的构造格局是新生代以来南、北美洲与大西洋三者之间汇聚和走滑作用的产物。

菲律宾海板块(Philippines Sea plate)。又称菲律宾板块，整个板块由洋壳和过渡型地壳组成。日本海沟往南延伸分为东西两支，东支为马里亚纳深海沟，西支为菲律宾海沟，这两个海沟之间的菲律宾海即是本板块的主体所在。该板块的现今地貌为深海平原，其中分布有大量海山，中间有一条近南北走向的帕里西维拉海岭属残余弧性质。

纳兹卡板块(Nazca plate)。位于东太平洋中隆与南美大陆之间的一个中型大洋板块，北以加拉帕戈斯洋脊与可可斯板块接壤，南以北西向的智利海岭洋脊系与南极洲板块分界，它向东面南美大陆下的俯冲消减，导致安第斯山的众多火山活动，其中厄瓜多尔境内的科托帕希活火山海拔5896m，是全球最高的活火山，1742年的一次喷发把当时的基多城毁掉，最近一次喷发发生在1975年。

法拉隆板块(Farallon plate)。晚中生代时位于太平洋东北部的古大洋板块(图

2.4)。早侏罗世(约185Ma前)在库拉、法拉隆和菲尼克斯板块三联点生成以后，法拉隆板块向东北移动并向北美大陆下俯冲。北美西海岸附近的让德富卡、戈尔达、可可斯和里维拉板块等可能就是法拉隆板块的残余。

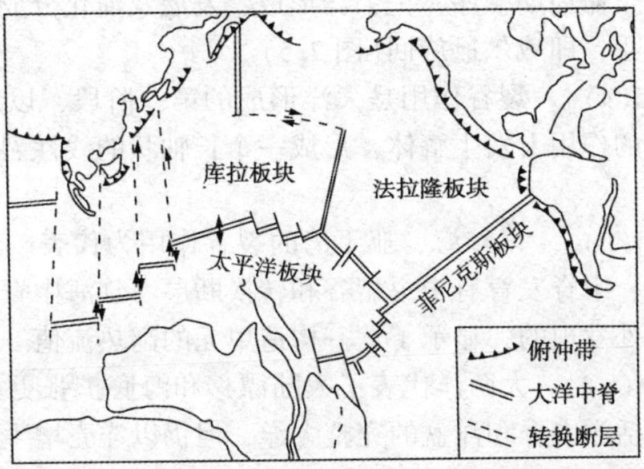

图2.4 太平洋地区早白垩世的板块构造(转引自《地球科学大辞典》，2006)

让德富卡板块(Juan De Fuca plate)。西以洋中脊与现代太平洋板块为界，向北延入加拿大南部的外海，南以转换断层和戈尔达板块为界。1980年圣海伦斯火山爆发和让德富卡板块的向东消减有关。

戈尔达板块(Garda plate)。南以门多西诺断裂与圣安德烈斯断裂交接，西以洋中脊与太平洋板块为界。

可可斯板块(Cocos plate)。是残留法拉隆板块中面积最大的部分，位于里维拉板块以南的中美洲西海岸外，其西界为东太平洋中脊，南以加拉帕戈斯洋脊与纳兹卡板块交界。可可斯板块与太平洋板块、纳兹卡板块的交界是典型的RRR型三联点。

里维拉板块(Rivera plate)。加利福尼亚湾以南墨西哥西海岸外的一个小残留板块，西北以洋中脊和太平洋板块为界，西南边界是一转换断层，以东为中美洲海沟。

库拉板块(Kula plate)。晚中生代位于太平洋西北部的一个古大洋板块(图2.4)。早侏罗世(约185Ma)在库拉、法拉隆和菲尼克斯板块的三联点生成。随着现代太平洋板块的生成和增大，库拉板块向北运动，最终消减到亚洲大陆下面。一些学者认为白令海和鄂霍次克海的部分洋壳是新岛弧生成以后被捕获残余的古库拉洋板块。

斯科舍板块(Scotia plate)。南美大陆南端与南极半岛之间的一个东西向小型大洋板块，北以马尔维纳斯左行走滑断层与南美板块毗邻，南以南斯科舍脊右行走滑断层与南极洲板块分开，东界为向东突出的南桑德维奇岛弧，西界为北西向的转换断层带，是由于南美板块与南极洲板块做反方向运动时拖曳而成的，安第斯—科迪勒拉正是通过斯科舍板块的转换在南极半岛上再现的。

土耳其—爱琴海板块(Turkish-Aegean Sea plate)。介于欧亚和非洲大陆之间，包括土耳其和爱琴海地域在内的小板块，其北界为向北突出的安纳托里亚弧形断层，南界为向南突出的海伦尼克弧形俯冲带。安纳托里亚断层的右行特征指示该板块往西运动，而海伦尼克俯冲带往北倾斜则表明该板块是一个往南仰冲的板块。

2.2.4 威尔逊旋回

板块构造学说的创立，对一些全球构造问题给予了合理的解释。最为典型的是加拿大学者威尔逊按照大洋盆的生命周期顺序，把大洋形成、发展及演化分成六个阶段，概括了大洋从张开到闭合的整个过程，即威尔逊旋回(图2.5)。

(1) 萌芽期[图2.5(a)]。裂谷作用是大洋形成的第一阶段，以东非大裂谷为代表。大陆板块在下部地幔对流的作用下发生解体，形成一个长轴状的线性裂谷，裂谷中火山作用比较强烈。

(2) 幼年期[图2.5(b)]。以红海、亚丁湾的裂谷作用为代表。其特征是具有典型增生边界的大洋中脊的存在，中脊发育有中央裂谷和转换断层。红海中脊发育的高温卤水区就是在中央裂谷和转换断层处发现的，显示了这一构造单元的高热流值。

(3) 成熟期[图2.5(c)]。大西洋代表了大陆漂移和海底扩张更为高级的阶段。此时大洋已发育成熟，形成包括洋中脊和洋盆的完整大洋，但仍以洋壳增生为主，未出现俯冲消减作用。

(4) 收缩期[图2.5(d)]。太平洋是处于该时期的典型代表，虽然太平洋目前仍是世界上最大的海洋，但比起中生代它所具有的规模已经小了很多。这一阶段最明显的特征是大洋的增生与消减并存，但俯冲消减的速度大于增生的速度。

(5) 结束期[图2.5(e)]。地中海是该时期的典型代表。这一阶段大洋已不再增生，在俯冲的作用下，大洋的规模急剧缩小。今天的地中海是古特提斯大洋的残余，不久的将来会完全闭合。

(6) 大陆碰撞期[图2.5(f)]。大洋演化的最后阶段就是完全闭合，留下一条古大洋的遗迹，结束了大洋的演化。喜马拉雅山北侧的蛇绿岩带，代表了印度板块与欧亚板块的碰撞缝合带，也就是古特提斯洋的遗迹。

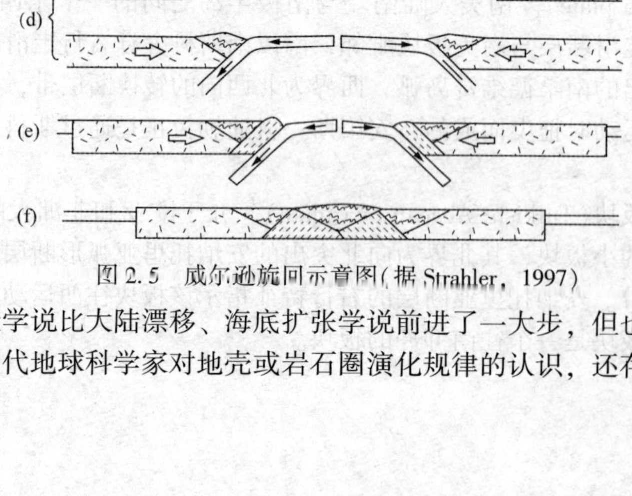

图2.5 威尔逊旋回示意图(据Strahler，1997)

尽管板块构造学说比大陆漂移、海底扩张学说前进了一大步，但也并不是尽善尽美的终极理论，它只是当代地球科学家对地壳或岩石圈演化规律的认识，还存在很多未能解决的问题。但可以预料，随着科技的进步，板块构造理论学说将会更加完美。

2.2.5 板块俯冲和板块碰撞

1. 板块俯冲

板块俯冲是指一个岩石圈板块的全部或一部分向下潜入相邻的另一个岩石圈板块之下，包括B型俯冲、A型俯冲和C型俯冲三种类型，它们之间的特征具有明显的差别(表2.1、图2.6)。

B型俯冲是指大洋岩石圈板块在岛弧或山弧外侧的海沟处向大陆岩石圈板块或另一个大洋岩石圈板块之下的俯冲消减作用[图2.6(a)]。B型俯冲表现为从海沟向岛弧或向大陆震源深度增加，构成一条面状震源倾斜带，即贝尼奥夫带，在构造上则是一条巨大的俯冲断裂带。B型俯冲是以贝尼奥夫(H. Benioff)的名字命名的。

表2.1 三种俯冲的特征对比表(据巫建华等，2008)

特　征	B型俯冲	A型俯冲	C型俯冲
大地构造位置	俯冲造山带的大洋一侧	火山岛弧大陆一侧或陆-陆碰撞造山带一侧	大陆褶皱带和山前坳陷盆地结合部位
发育阶段	板块俯冲阶段	板块碰撞阶段	板块拼合之后
俯冲带的发育程度	冲断带宽度大于100~200km		冲断带宽度仅20~60km
俯冲前的构造背景	太平洋型大陆边缘	火山弧后盆地	大陆褶皱带
中浅部构造形态	倾向大陆的叠瓦状消减带	倾向造山带的冲断带	老褶皱山系前缘，俯冲带倾向褶皱山系
深部地壳结构	洋壳向大陆边缘俯冲	基底与盖层滑脱形成薄皮构造	地壳深部成上地幔多层次的塑性层发生滑脱
动力学特点	由于洋脊扩张迫使洋壳向陆壳发生俯冲	由于B型俯冲在大陆一侧形成的配套俯冲	由于山前盆地沉积和构造负载，和邻区板块活动触发形成的复合作用
沉积盆地	形成弧背前陆盆地，由陆相沉积到海相沉积	形成周缘前陆盆地，以海相过渡相沉积为主	形成山前坳陷盆地，以厚度巨大的陆相沉积为主

A型俯冲是指一个大陆岩石圈板块向另一个大陆岩石圈板块之下的俯冲作用[图2.6(b)]。A型俯冲是以著名学者安普费勒尔(Ampferer)的名字命名的，以纪念他研究阿尔卑斯所做的贡献。当两个大陆型岩石圈板块汇聚时，在陆缘新形成的热而较轻的火山弧有可能逆冲于冷而较重的稳定大陆岩石圈板块之上，或者伴随继续的挤压过程，随后发生一个大陆岩石圈板块俯冲于另一个大陆岩石圈板块之下。A型俯冲作用往往发生于伴生的B型俯冲作用之后或同时发生。A型俯冲作用会导致山系后方挤压和地壳缩短，沿俯冲带出现叠瓦状逆冲带和复杂的推覆体，并伴随前陆盆地生成。

C型俯冲是指内陆盆地边缘坳陷向古老造山带之下的俯冲作用[图2.6(c)]，之所以称为C型俯冲是因为这类俯冲在中国内陆的发育最为典型。C型俯冲表现为早期为正断层，后期转化为逆断层，成为盆地坳陷边缘向山系潜滑的俯冲断层。

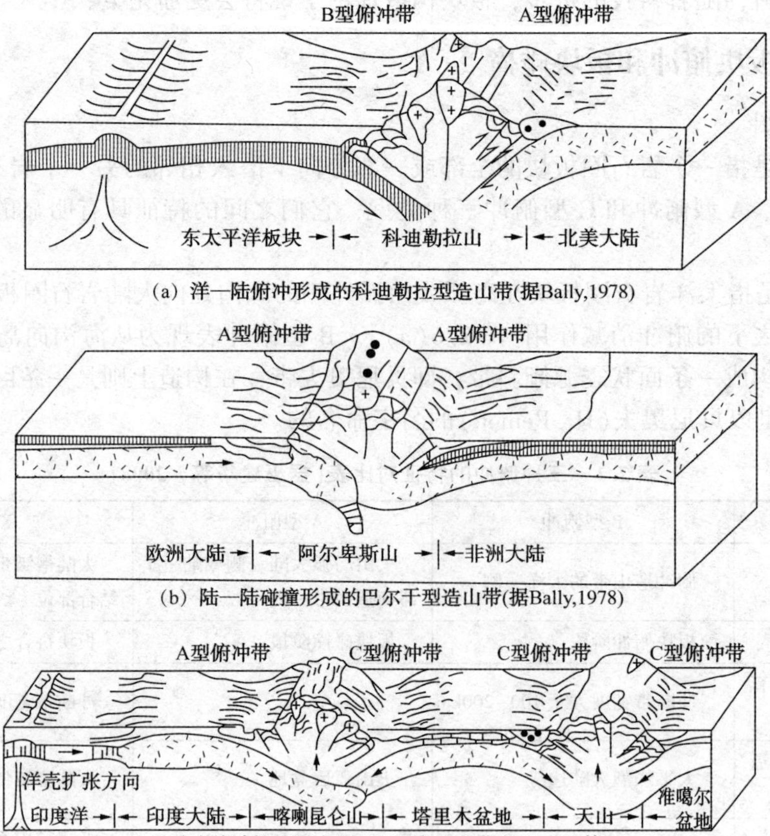

（a）洋—陆俯冲形成的科迪勒拉型造山带(据Bally,1978)

（b）陆—陆碰撞形成的巴尔干型造山带(据Bally,1978)

（c）陆内俯冲抬升形成的天山型内造山带(据罗志立等,1995)

图 2.6 板块构造造山作用的不同阶段

2. 板块碰撞

板块碰撞是指两板块相向运动发生俯冲消减，当其间的洋壳全部损耗以后，陆壳因浮力不能下潜而导致碰撞。根据两侧陆壳的性质，板块碰撞可分为弧—弧碰撞、弧—陆碰撞和陆—陆碰撞三种类型。千岛和日本岛弧正沿北海道南部碰撞，台湾东海岸山脉是吕宋弧与欧亚大陆之间弧—陆碰撞的产物，中国的秦岭—大别山、昆仑山、喜马拉雅山等山脉都是不同地质时期陆—陆碰撞的产物。弧—弧碰撞、弧—陆碰撞和陆—陆碰撞所形成的带状构造带称为碰撞带，其中包括由洋盆残余物质(蛇绿岩)形成的、代表已消亡古大洋的缝合带，以及因强烈挤压和收缩作用而形成的造山带。如喜马拉雅碰撞造山带和新几内亚碰撞造山带。弧—弧碰撞是两列岛弧的汇聚和拼接。如苏禄弧与菲律宾弧沿棉兰老岛碰撞，小笠原弧与日本弧沿伊豆半岛碰撞等。东南亚的哈马黑拉岛就是以东菲律宾弧和以西桑义赫弧相向俯冲、交汇碰撞的产物，形成了马鲁古海碰撞带。同样由于太平洋板块沿千岛海沟向西俯冲，拖拽弧前板片，造成弧前板片与日本弧首尾相撞，在北海道日高山南部产生强烈变形并使千岛弧的下地壳出露地表。一般情况下弧—弧碰撞多发生在板块汇聚的早期阶段，后继的弧—陆和陆—陆碰撞作用往往把它破坏或掩盖掉，因此从地质记录中识别出这些早期事件对于完整认识造山带的构造演化是重要的。弧—陆碰撞是岛弧与大陆拼接，是边缘海或弧后盆地因反向消减而封闭的结果。西太平洋地区弧—陆碰撞正在多处发生，如班达海弧与澳大利亚大陆沿帝汶岛碰撞，美拉尼西亚弧与澳大利亚沿新几内亚岛北部碰撞等。由于南海洋盆沿吕宋弧向东消减，欧亚大陆前缘目前正沿台湾纵谷与菲律宾弧碰撞，台湾海岸山脉带由此生成，使这里成为研究正在进行的弧—陆碰撞的典型地区。1999 年台湾 7.6 级地震表明这一碰撞拼接仍在活跃地进行中。陆—陆碰撞又称陆—陆碰撞造山作用，在通常情况下，一个大陆的大陆边缘移动到俯冲带时，陆—陆碰撞作用就开始了。这种碰撞作用导致在两个大陆之间形成一个代表陆—陆碰撞型造山带的逆冲系统。在这一系统中，洋壳碎片(蛇绿岩)、复理石组合沉积等被挤压、冲断，而在其核心部分甚至还有陆壳基底岩系卷入。

2.2.6 显生宙的板块运动

所有大陆(板块)漂移的理论都假定，在大约 2 亿年前(古生代末期至三叠纪)各大陆曾聚合成一个(联合古陆)或两个(劳亚古陆和冈瓦纳古陆)块体。2 亿年后，这个统一的古大陆解体成大小不同的块体，各自向不同方向漂移，形成今天的四大洋七大洲。

一些证据表明，联合古陆作为一个完整的块体曾经存在于距今 17 亿~2 亿年之间；另外一些证据表明，在距今大约 3.4 亿~2.5 亿年之间，由于几块分离大陆块体的碰撞与结合，才产生了联合古陆，但是各大陆在各个时期的确切位置并不是很清楚。

迪茨和霍尔登(1970)、史密斯(Smith A. G.)、布里登(Briden J. C.)和德鲁里(Drewry G.)(1973)等人根据古地磁学、古气候学的研究成果和几何学、地质学的拟合，追溯了从寒武纪到现代大陆分裂—聚合—再分裂的历史(图 2.7)。

1. 早古生代的板块运动

在 5.1 亿年以前[图 2.7(h)]，冈瓦纳大陆已具雏形，而北美、欧洲和亚洲大陆却相距甚远。此时，苏格兰和爱尔兰的北部属于美洲大陆的一部分，而南部和现今纽芬兰的一部分则与欧洲相连。

在距今 5.1 亿~3.8 亿年之间，欧洲与北美洲之间的古大西洋关闭，原先苏格兰、爱尔兰和纽芬兰分离的各个部分已结合起来，并形成阿巴拉契亚—加里东褶皱山系。在此期间，冈瓦纳古陆曾发生急剧转动，同以前位置相比，非洲和南美洲几乎颠倒过来了[图 2.7(g)]。

2. 晚古生代的板块运动

在距今 3.8 亿~3.4 亿年之间，冈瓦纳古陆静止未动，而劳亚古陆的亚洲部分和美欧部分却发生了顺时针方向的转动。美欧与冈瓦纳大陆和亚洲大陆的距离均有所缩短[图 2.7(f)]。

在距今 3.4 亿~2.25 亿年之间，美欧大陆块体与亚洲大陆块体相撞，形成乌拉尔山脉和劳亚大陆。冈瓦纳大陆和劳亚大陆均已旋转，北美洲和非洲之间的大洋闭合起来，形成联合古陆[图 2.7(e)]。

3. 中生代的板块运动

在距今 2 亿~1.8 亿年之间，联合古陆又开始逐渐发生分裂。首先从北大西洋南部和古地中海西部开始分裂，继而南美—非洲与冈瓦纳大陆其余部分分裂，印度与澳大利亚—南极洲分裂。沿裂缝带喷出大量熔岩，裂隙进一步形成洋脊。分裂后的劳亚大陆做顺时针方向旋转，而南美—非洲大陆则做逆时针方向旋转，二者沿着特提斯海的一条海沟(图中以点线表示)不断汇聚[图 2.7(d)]。

在距今 1.8 亿~1.35 亿年之间，海底不断扩张，使大西洋北部和印度洋扩展开来。特提斯海

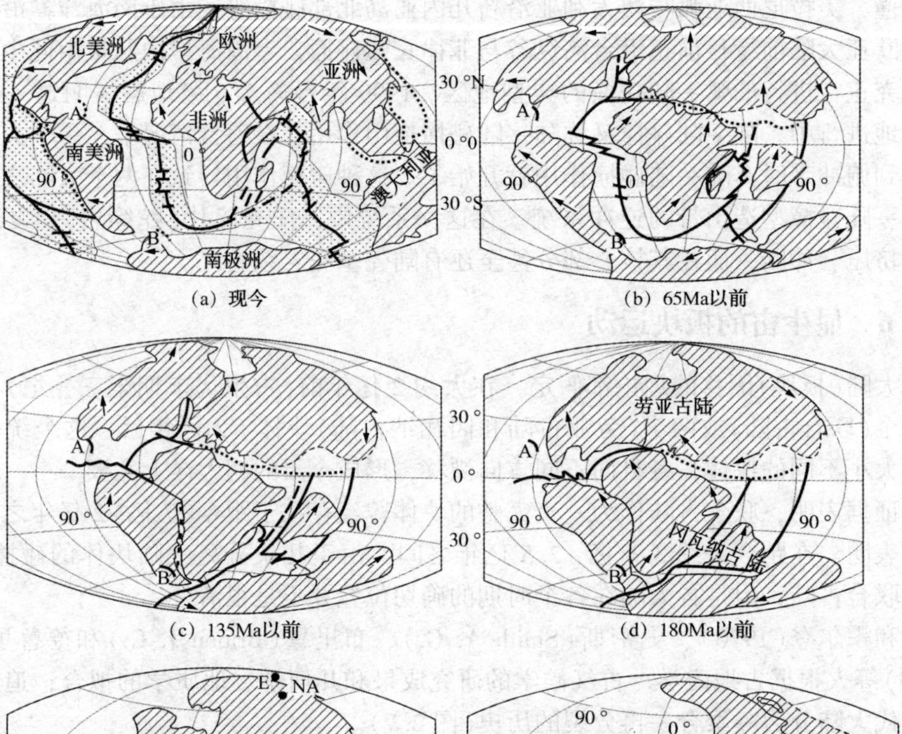

(a) 现今　(b) 65Ma以前　(c) 135Ma以前　(d) 180Ma以前　(e) 225Ma前　(f) (340 ± 30)Ma前　(g) (380 ± 30)Ma前　(h) (510 ± 40)Ma前

图 2.7　显生宙的大陆漂移(据 P. J. 怀特，1980)

带影线的 A 和 B 表示加勒比的安德烈斯弧和南大西洋斯科舍弧的现今位置；黑点表示古地磁极位置；NA—北美洲；E—欧亚大陆；In—印度；SA—南美洲；Af—非洲；Au—澳大利亚；发散边界；汇聚边界

不断闭合，堆积在特提斯海中的沉积物随之发生褶皱和隆起，最终将形成阿尔卑斯山脉和喜马拉雅山脉。南美洲与非洲之间出现类似于现今东非裂谷、红海一样的裂谷—窄海[图 2.7(c)]。

4. 新生代的板块运动

在65Ma以前，南大西洋已经展宽，北大西洋继续向北扩展。特提斯海几乎闭合，引起强烈造山运动。马达加斯加与非洲分开，印度继续北移[图2.7(b)]。

65Ma以后，大西洋中脊北延进入北冰洋，澳大利亚从南极大陆分裂出去，向北漂移，南、北美洲被主要由火山喷发造成的地峡连接起来，特提斯东端闭合，形成地中海，印度洋脊分支的延伸造成红海，印度与亚洲相碰撞，形成喜马拉雅山和青藏高原[图2.7(a)]。

板块运动至今并没有停止。预测大西洋继续扩张，澳大利亚向亚洲板块移动，地中海因非洲板块向北漂移而将完全闭合起来，在加勒比海地区，由于挤压力和因此引起的隆起，将出现新陆地。墨西哥的下加利福尼亚和圣安德烈斯断层带西面加利福尼亚一块裂片正与太平洋板块一起向着西北方向漂移，据迪茨和霍尔登估计，大约在10Ma内，洛杉矶将与圣弗朗西斯科并列起来；大约在60Ma内，洛杉矶将开始滑入阿拉斯加以南的阿留申海沟。北美板块则向西漂移，太平洋的面积将缩小，几亿年之内，有可能再次形成一个被全球海洋所环绕着的新的"联合古陆"。

上述看法只是对全球板块运动的一种初步设想，说明当今各个大陆都是在运动中发展和变化着的。地壳的发展历史就是一部大陆不断离合和海陆不断交替演化、发展的历史，地球表面的各种地质作用与此密切相关。

2.3 中国板块构造

2.3.1 中国板块构造基本格局

中国板块构造格局的研究始于20世纪80年代，李春昱(1982)把中国及其邻区分为四个古板块：中国板块、西伯利亚板块、印度板块和菲律宾板块。王荃(1986)把中国及其邻区划分为六个板块：西伯利亚古板块、塔里木—华北古板块、华南—东南亚古板块、哈萨克斯坦古板块、东欧古板块、土耳其—中伊朗—冈底斯古板块。任纪舜(2000)把中国古生代划分为五个构造域：亲西伯利亚构造域、中朝构造域、扬子构造域、西域构造域、亲冈瓦纳构造域。车自成(2002)把中国及邻区划分为五个板块：西伯利亚板块、巴尔喀什—南蒙古—佳木斯联合板块、卡拉库母—塔里木—中朝板块、华南板块、伊朗—藏滇—印支联合板块。以上这些划分虽然有不同，但也有许多共同之处。

迄今为止，对中国板块构造单元的划分，地质界尚有不同意见。程裕淇先生(1994)从区域地质资料出发，将板块构造说与槽台构造说相结合，对中国大地构造格局进行了综合性讨论，并借鉴李春昱(1982)关于显生宙以来的板块划分方案，在中国及邻区较全面、详细地划分出六个板块(一级构造单元)和若干二级板块构造单元以及五条大洋板块结合带(图2.8)。

我国及邻区板块单元划分系统如表2.2所示。其中，以塔里木—华北板块、华南板块、藏滇板块为主体，还有一小部分地区包含在西伯利亚板块、印度板块和菲律宾板块中。在板块内还可划分出二级构造单元：陆块(地台)、活动带(地槽)、地块、板片等，以及更次一级的板块构造单元。五条板块结合带分别是依连哈比尔尕—西拉木伦板块结合带、康西瓦—商南—荣成板块结合带、空喀拉—澜沧江板块结合带、雅鲁藏布江板块结合带和台湾纵谷板块结合带。

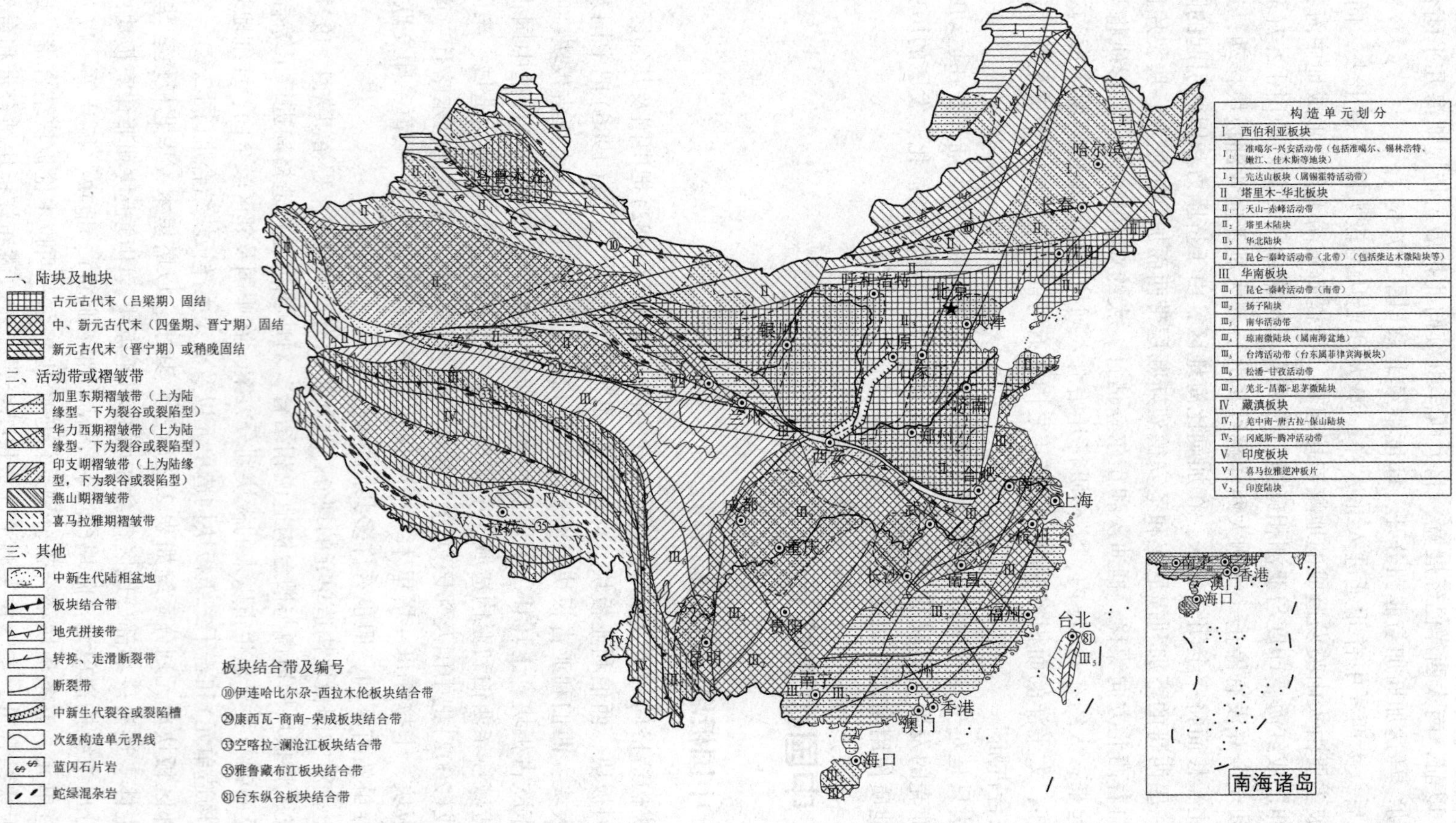

图2.8 中国大地构造略图（据潘桂棠，2007，修改）

表 2.2 中国板块构造单元分级统计表

板块(一级构造单元)	代号	二级构造单元
Ⅰ 西伯利亚板块	$Ⅰ_1$	准噶尔—兴安活动带(包括准噶尔、锡林浩特、嫩江、佳木斯等地块)
	$Ⅰ_2$	完达山板片(属锡霍特活动带)
Ⅱ 塔里木—华北板块	$Ⅱ_1$	天山—赤峰活动带
	$Ⅱ_2$	塔里木陆块
	$Ⅱ_3$	华北陆块
	$Ⅱ_4$	昆仑—秦岭活动北活动带(北带)(包括柴达木微陆块等)
Ⅲ 华南板块	$Ⅲ_1$	昆仑—秦岭活动南活动带(南带)
	$Ⅲ_2$	扬子陆块
	$Ⅲ_3$	南华活动带
	$Ⅲ_4$	琼南微陆块(属南海盆地)
	$Ⅲ_5$	台湾活动带(台东属菲律宾海板块)
	$Ⅲ_6$	松潘—甘孜活动带
	$Ⅲ_7$	羌北—昌都—思茅微陆块
Ⅳ 藏滇板块	$Ⅳ_1$	羌中南—唐古拉—保山陆块
	$Ⅳ_2$	冈底斯—腾冲活动带

2.3.2 中国主要地块的基本特征

1. 西伯利亚板块(Ⅰ)

西伯利亚板块主体位于俄罗斯境内，是欧亚板块的一部分。依连哈比尔尕—西拉木伦板块结合带以北的中国部分，属于西伯利亚板块。

该区原为西伯利亚古陆、塔里木古陆和华北古陆之间广阔的古亚洲洋，我国北方处于古亚洲洋的南部。这个区域的基本特点是几个微陆块与褶皱造山带形成镶嵌的构造格局。这些微陆块自震旦纪从塔里木古陆和华北古陆拆解离散出去后向北漂移，如准噶尔微陆块、锡林浩特微陆块、佳木斯微陆块和嫩江微陆块等。古亚洲洋通过洋壳的消减或大陆增生使该地区形成了古陆陆缘增生褶皱带，使古亚洲洋关闭。最终西伯利亚大陆与塔里木—华北大陆碰撞，对接缝合形成统一的亚洲北部大陆。西伯利亚板块与塔里木—华北板块之间的依连哈比尔尕—西拉木伦板块结合带是亚洲北部大陆最重要的构造分界线。此界线以北为西伯利亚板块，西伯利亚板块的中国部分可进一步划分出两个二级构造单元：准噶尔—兴安活动带($Ⅰ_1$)和锡霍特褶皱带($Ⅰ_2$)(完达山板片)。

1) 准噶尔—兴安活动带($Ⅰ_1$)

准噶尔—兴安活动带是西伯利亚大陆和塔里木—华北大陆之间的褶皱山区，包括亚洲北部一系列著名的山系和大型盆地，如阿尔泰山、天山、兴安岭、长白山和准噶尔、伊犁、吐鲁番—哈密、二连、嫩江等盆地，总体特征显示出在南、北两大陆的夹持下由一些微陆块和不同时期的褶皱造山带交织镶嵌的构造格局。此带由不同时期陆缘增生褶皱带和微陆块组成，这些增生褶皱带原是古亚洲洋分别向北(西伯利亚板块)、向南(塔里木—华北板块)俯冲所形成的。分布在这些增生褶皱带中的古老微陆块最迟于震旦纪开始，分别由塔里木古陆、华北古陆向北离散出去，分布于古亚洲洋中。随大洋关闭，碰撞拼贴组合在一起。

2）锡霍特褶皱带（$Ⅰ_2$）（完达山板片）

该板片位于黑龙江东北角，是在滨太平洋构造域的形成过程中由锡林霍特褶皱带推覆而来，呈板片出现于古亚洲构造域的佳木斯地块之上，主要由中三叠统十八响地组含放射虫硅质岩，上三叠统大坝北山组和大佳河组放射虫硅质岩、泥质粉砂岩和上三叠统大岭桥组硅质岩、泥岩、浊积岩、混杂岩组成。岩浆岩不甚发育，为印支晚期陆壳重熔型的花岗闪长岩、云英闪长岩。该板片断裂构造十分复杂，呈南北向，使褶皱构造遭受严重破坏，但仍显示线型紧闭和小型褶曲异常发育的特点。断裂构造以逆冲和推覆为主，伴有东西向、北西向正断层和剪切断层。混杂岩分布很广，超镁铁岩、基性岩、石炭系—二叠系外来岩块和三叠系硅质岩块等不同时代、不同壳源物质大规模混杂形成板片构造是该带最突出的特征。

2. 塔里木—华北板块（Ⅱ）

塔里木—华北板块的主要部分原是由塔里木古陆、华北古陆及其南北的陆缘活动带组成。而中间两个古陆，即塔里木古陆和华北古陆同属于稳定区。塔里木古陆和华北古陆北侧为天山—赤峰活动带，南侧为昆仑—秦岭北活动带（北带），共同组成了塔里木—华北板块。该板块西起塔里木盆地东至华北平原横贯中国中部，在中国构造格架中起着控制区域构造骨架的作用。塔里木—华北板块可进一步划分为：天山—赤峰活动带（$Ⅱ_1$）、塔里木陆块（$Ⅱ_2$）、华北陆块（$Ⅱ_3$）和昆仑—秦岭北活动带（$Ⅱ_4$）。

1）天山—赤峰活动带（$Ⅱ_1$）

此带位于依连哈比尔尕—西拉木伦板块结合带以南，塔里木陆块、华北陆块以北。这是一条塔里木古陆和华北古陆北缘的古陆增生褶皱带。在古陆增生褶皱中，有微陆块或地块。在一些褶皱带中伴生有蛇绿岩套、花岗岩类、高压变质带和双变质带。

该活动带共有五个三级构造单元，分别是依连哈比尔尕—党罗塔格古生代陆缘增生褶皱带、伊犁—伊塞克湖微陆块、中天山地块、北山裂谷带、温都尔庙—西拉木伦古生代陆缘增生褶皱带。

2）塔里木陆块（$Ⅱ_2$）

塔里木陆块地处亚洲腹地，为镶嵌于天山、昆仑山显生宙陆缘活动带之间的菱形块体。南北分别以塔里木北缘断裂、南缘断裂为界，向东呈楔形连接于华北陆块，总面积约750000km²。中部塔里木盆地，新生界约占总面积70%，基底埋深8～15km，是我国埋藏最深的盆地。

塔里木陆块由三部分组成：①基底。为前震旦纪结晶基底。②盖层。主要为震旦系未变质的陆缘裂谷型复理石沉积；古生界地层发育齐全，主要为碎屑—碳酸盐建造，其中下寒武统夹较多的基性火山岩，表现出由过渡型—稳定型转化的特点；二叠系为海陆交互相碎屑岩—碳酸盐岩，上部夹大量火山岩，说明陆块由相对稳定向相对活动转化。③中生界盆地沉积：除塔里木西南缘和库车一带有少量上白垩统—古近系海相地层外，均为河湖沼泽相沉积，富含煤、石膏和油气。新生界陆相分布广泛，类型繁多。塔里木区以往一直被称为“塔里木地台”，现划为塔里木—华北板块的一部分。

3）华北陆块（$Ⅱ_3$）

华北陆块主要位于华北地区，还包括辽宁、陕西、宁夏、安徽等地，呈三角形东西向展布，处于中国中东部的核心部位，原称为华北地台，对中国构造格架的形成发展具有重要作用。华北陆块是由最古老结晶基底组成的、相对稳定的克拉通。盖层是中、新元古界海相、海陆交互相，中、新生界是裂谷盆地和陆相火山岩系。加里东、华力西、印支构造阶段虽受相邻的南北板块活动影响和大幅度差异性升降，但基本上仍保留稳定状态。直到燕山阶段，才进入以开裂为特征的新的发展时期，这时，华北陆块处于太平洋古板块俯冲以后的裂解状态，属滨太平洋构造域。构造运动具有明显的伸展作用，构造样式表现为盆岭构造、裂谷构造、断块升降及与其配套的板内(陆内)造山运动、逆掩构造等，岩浆活动明显。新生代构造继承燕山运动继续发展，均属板内构造活动，大体上东强西弱。

4) 昆仑—秦岭北活动带($Ⅱ_4$)

昆仑—秦岭地区横贯于中国的东部，主要由昆仑山、祁连山、秦岭、北大巴山和大别山组成，西跨帕米尔，东接胶东丘陵。它是不同构造期影响下的陆缘活动带，简称为昆仑—秦岭活动带。它处于塔里木陆块、华北陆块和扬子陆块之间。昆仑—秦岭活动带中间有一条康西瓦—商南—荣成板块结合带。结合带以北属于塔里木—华北陆块的南缘称为昆仑—秦岭北活动带(北带)，结合带以南为华南板块的北缘，称为昆仑—秦岭南活动带(南带)。

秦祁昆仑山系实质是原始秦昆洋、古秦祁洋形成演化和塔里木、华北、扬子、藏滇四大陆块碰撞拼贴等因素叠加改造的结果。

昆仑—秦岭北活动带位于昆仑山—华北板块的南缘，昆仑山、祁连山、北大巴山和胶南—苏北地区，西端和田向西延出国境，向东延伸到郯庐断裂。属于康西瓦—商南—荣成板块结合带以北，称昆仑—秦岭北活动带，此活动带北为塔里木陆块、华北陆块，南为华南板块北部的昆仑—秦岭南活动带。

昆仑—秦岭北活动带，构造复杂，不同构造改造叠加在一起，矿产资源分布，在中国地质上占有十分重要的地位，对此带尚存在不同的认识和看法，有待进一步深入研究。

3. 华南板块(Ⅲ)

华南板块位于呈东西向贯穿中国中部的著名的康西瓦—商南—荣成板块结合带以南，空喀拉—澜沧江板块结合带西段以北和南段以东地区。包括湖北、湖南、广东、广西、江苏、浙江、福建、台湾、海南以及四川羌北、松潘等地。

1) 昆仑—秦岭南活动带($Ⅲ_1$)

它位于康西瓦—商南—荣成板块结合带以南的昆仑—秦岭活动带，称为昆仑—秦岭南活动带，这是华南古陆最北部的一条大致近东西向的较窄的陆缘活动带，原是古秦祁昆海洋的南部陆缘活动带，是在前寒武系基底基础上演化的古生代至中生代不同时期的陆缘活动带。此带有些构造单元研究不够，特别是昆仑—秦岭南活动带的南界，目前界线难以确定，是研究程度较低的地区，仅供参考。

2) 扬子陆块($Ⅲ_2$)

扬子陆块是华南板块的核心部分，位于湖南、江西、浙江、江苏、四川、云南、贵州等地，过去称为扬子古陆，在古陆边缘有陆缘活动带，即扬子古陆边缘增生带，西侧是松潘—甘孜活动带，东南为南华活动带，北侧是昆仑—秦岭南活动带(南带)($Ⅲ_1$)。

扬子陆块是华南板块克拉通化程度稍高的一块，但仍有较大的活动性。其基底由变质程度不一的变质岩组成，它的固结经过了多次构造活动，始于四堡运动，又经历了晋宁运动。扬子陆块盖层发育，震旦纪—中三叠世发育浅海相沉积盖层；中、新生代发育陆相沉积盖层构造运动、火山活动比较强烈。

3）南华活动带(Ⅲ$_3$)

主要分布于江苏、浙江、福建、广东、广西、四川、湖南以及台湾和海南的一部分地区。

南华活动带是扬子古陆边缘的活动带，为加里东期增生褶皱带，它经加里东运动与扬子陆块连为一体，组成古华南大陆，晚古生代—中三叠世为相对稳定发展阶段，中、新生代处于太平洋陆缘活动带，有强烈的构造运动和岩浆活动。是一个兼有活动带和年轻陆块特征的构造单元，其组成包括元古宙—早古生代基底、晚古生代—中三叠世浅海沉积盖层和中、新生代陆相盆地沉积等三个大的构造层。

4）琼南微陆块(Ⅲ$_4$)

琼南微陆块，属于海南盆地的一部分，位于海南岛南端，崖县地区和西沙群岛一带，可能是印支—海南联合古陆分离出的残留微陆块。它的基底为前寒武纪的中深变质岩，盖层为下古生界陆源碎屑、碳酸盐等沉积岩和火山喷发岩等，中沙、南沙岛区也可能是离散的微陆块。

5）台湾活动带(Ⅲ$_5$)

台湾活动带以台东纵谷板块结合带为界。板块结合带以西为华南板块中的台湾活动带，又称为中央山脉褶皱带(属于喜马拉雅期褶皱带)，其范围包括台湾岛大部和台湾海峡东部，西邻台西断陷盆地，北与钓鱼岛隆起带相连。板块结合带以东为菲律宾板块。

6）松潘—甘孜活动带(Ⅲ$_6$)

松潘—甘孜活动带是扬子古陆西缘活动带，该活动带北与昆仑—秦岭南活动带相邻，南以地壳拼合带为界，东部以近南北向的龙门山—红河推覆带断裂为界。主要分布在青海玉树、四川康定、西藏甘孜等地。

由于本区研究程度低，诸多地质问题尚处于探索阶段，对于一些重大地质问题有不同认识。程裕淇(1994)和黄汲清(1985)认为松潘—甘孜褶皱系是一个印支地槽褶皱系，印支期和喜马拉雅期由海相向陆相过渡，新生代以升降强烈为特征。全区几乎尽被三叠系地槽沉积所覆盖，古生界仅出露于邻接扬子陆块东部边缘地带，褶皱带由优地槽及冒地槽形成。它是扬子古陆西部增生褶皱带。

该区受到塔里木—华北板块、华南板块和印度板块的影响或干扰，构造演化复杂，研究程度又低，资料缺乏，是有待于进一步探索的地区。

7）羌北—昌都—思茅微陆块(Ⅲ$_7$)

本微陆块北邻松潘—甘孜活动带Ⅲ$_6$，南界为空喀拉—澜沧江板块结合带，呈北西西向长条状分布，到昌都一带开始呈北西向进入澜沧江流域、横断山一带，往南进入东南亚地区。地跨西藏、新疆、青海、四川、云南五省区，在新疆境内变窄而延入帕米尔地区，为扬子古陆西缘与冈瓦纳古陆(印支古陆)结合部位。

这一地区构造演化十分复杂。前寒武系为本区的结晶基底，早古生代属于扬子古陆的西部增生部分，为大陆边缘冒地槽褶皱带，晚古生代为地槽型沉积，中三叠世末古特提斯海关闭，中、新生代以陆相为主，属稳定盖层沉积。

4. 藏滇板块(Ⅳ)

藏滇板块位于雅鲁藏布江板块结合带与空喀拉—澜沧江板块结合带之间，板块西段近东西向，东段北西西向展布，自腾冲转向南北向。主体部分在西藏、云南等地，向西南方向延伸到国外。

它属于土耳其—中伊朗—冈底斯中间板块的中国部分，称为藏滇中间板块，简称为藏滇板块。它是从冈瓦纳大陆北缘分离出来的一部分，其地质特征与冈瓦纳大陆印度古陆相似。此板块可以中部的地壳结合带为界，进一步划分为以下两个二级构造单元，北部为羌中南—唐古拉—保山陆块(Ⅳ_1)，南部为冈底斯—腾冲活动带(Ⅳ_2)。

1）羌中南—唐古拉—保山陆块(Ⅳ_1)

该陆块位于空喀拉—澜沧江板块结合带以南，呈狭长的带状分布，西部呈北西西向、东部呈南北向展布。

羌中南—唐古拉—保山陆块是藏滇古陆的主体，区内南部前寒武纪变质基底广泛出露，北部属古生代以来的大陆边缘沉积，泥盆纪—三叠纪期间有数次海底火山喷发，具边缘海性质，为新生界陆相沉积。

2）冈底斯—腾冲活动带(Ⅳ_2)

该活动带属冈瓦纳大陆陆缘活动带，南界为雅鲁藏布江板块结合带，北以羌中南—唐古拉—保山陆块相邻，主体呈近东西向展布，其东部急转向南，滇西怒江一带呈南北向展布，向西南延伸出国境。

本区前寒武纪结晶岩系的原岩，是一套含少量火山岩和碳酸盐的陆源碎屑建造组成的基底，反映了类似大陆边缘的沉积环境，属于冈瓦纳大陆的一部分。古生界盖层大都属于较为稳定的一套浅海沉积，火山岩发育厚度大，属于陆缘盆地沉积，显示出陆缘沉积带特征。中生界为巨厚地槽型沉积，新生界为陆相沉积，伴有火山活动，中、新生代也显示出活动带沉积的特征。

2.4 中国大陆构造变形特征及其构造演化

几十年来的地质调查与研究表明，中国大陆内部在地史时期发生了大量强度不等、规模不同的构造作用，出现了一系列强烈的褶皱、断层，也发育了大量微弱的构造变形(如仅发育张、剪节理)，这些强度不同的构造变形常常混杂地组合在一起。仅发育微弱的构造变形在中国大陆的大部分地区是十分稀少的(万天丰，2004)。当然，中国大陆内部变形的强度明显地低于板块之间的俯冲带或陆—陆碰撞带。

2.4.1 中元古代—古生代构造演化与板块的运移

大地构造、古地磁学和生物古地理资料证实，在早古生代晚期，北美板块与波罗的板块发生碰撞，形成加里东碰撞带(阿巴拉契亚—纽芬兰—苏格兰—挪威)。晚古生代晚期发生了波罗的板块与非洲板块之间的拼合，形成华力西碰撞带。俄罗斯板块在石炭纪—早二叠世末期与西伯利亚板块拼合，形成乌拉尔碰撞带，从而使劳亚大陆(北美、欧亚等板块)与冈瓦纳大陆(包括南美、非洲、南极洲、印度和澳大利亚等板块)在西半球拼合成一个全球性的泛大陆——潘基亚超级大陆(Pangea)，但是中国大陆及邻区的多数陆块基本上仍游离在东特提斯洋—多岛洋之中。

从中元古代蓟县纪末期到早二叠世末期(1000~257Ma)，中国大陆各板块既保持总体上的离散状态，又处在不断运动的过程中。在此期间，中国大陆可划分成四大构造域，即亲西伯利亚构造域(阿尔泰、准噶尔—东哈萨克斯坦、伊犁—巴尔喀什、吐鲁番—星星峡、红石山、雅干、托托尚—锡林浩特、额尔古纳、松嫩—哈尔滨、佳木斯—布列亚、兴凯等)、中朝构造域(主要指华北、朝鲜等地块)、扬子构造域(扬子、川西、秦岭—大别和华夏等地块)和亲冈瓦纳构造域(羌塘、冈底斯、喜马拉雅和中缅马苏等地块)。塔里木、柴达木、阿拉善等地块原先属于中朝板块，但是，从新元古代开始，它们就先后转变成具有亲扬子构造域特征的地块。

亲西伯利亚构造域各地块从南半球向北半球漂移。佳木斯—布列亚和兴凯地块于早寒武世形成统一结晶基底，阿尔泰、准噶尔—东哈萨克斯坦、额尔古纳地块和蒙古中部地块一起，在奥陶纪开始与西伯利亚的外贝加尔带碰撞拼合，形成中国大陆最北部阿尔泰—准噶尔—额尔古纳早古生代碰撞带。早石炭世—早二叠世末期，天山构造事件中把上述构造域中尚未拼合的地块都并入天山—兴安碰撞带，即全部并入劳亚大陆板块。

整个古生代，华北板块从南纬15°移动到北纬15°附近，最后，在早二叠世晚期拼合成为劳亚大陆(Laurasia)板块的一部分。

奥陶纪—志留纪，塔里木、柴达木、阿拉善、西昆仑和化隆等地块转入扬子构造域，但仍处于离散状态，直到志留纪晚期形成祁连—阿尔金碰撞带，它们才一起拼合而成独立的西域板块。早石炭世西域板块向北东方向运移，与西伯利亚构造域碰撞，形成天山—兴安碰撞带，也同中朝板块一起并入劳亚大陆板块。

古生代时期，亲冈瓦纳构造域的地块一直处在南半球中、低纬度，并保持浅海沉积环境，保持着南半球的寒、温带气候特征，它们是冈瓦纳大陆北缘的离散地块，未与中国大陆相连。

扬子板块在中元古代末期(四堡期)由北扬子与南扬子板块拼合而成。在三叠纪扬子构造域各地块(扬子、华夏和川西等地块)和羌塘地块，先后向北拼贴到欧亚大陆上。

2.4.2 印支期(257~205Ma)构造演化及板内变形特征

印支构造阶段，随着澜沧江、金沙江、秦岭—大别和绍兴—十万大山等碰撞带完成拼合，中国大陆3/4以上的面积并入了欧亚大陆，构成欧亚大陆的东南部。此后，中国大陆进入了板块内部变形阶段，形成了不同时期的构造变形特征和演化过程。中国大陆的沉积盖层首次广泛发育了板内褶皱和断裂，从而形成了印支构造体系(图2.9)。

澜沧江、金沙江、绍兴—十万大山和秦岭—大别山四个碰撞带在三叠纪先后形成，这是印支期最重要的构造表现。①澜沧江带为昆仑—昌都—兰坪—思茅等地块和羌塘—唐古拉—保山地块之间的碰撞拼接带，碰撞作用从晚二叠世开始延续到晚三叠世，表现为由构造混杂带、增生楔和高、中角度褶皱—逆冲带所组成。②金沙江带是北羌塘—昌都—思茅等地块和松潘—甘孜、扬子板块间的拼接带，三叠纪以前的岩石均遭受强烈的构造变形和变质。扬子板块上地壳向西仰冲，而扬子板块下地壳和上地幔的岩石圈向西俯冲，下插到250km深处(钟大赉，1992)，好像扬子板块张开鳄鱼嘴把兰坪—思茅地块吃进去一样，类似的现象在天山、喜马拉雅山、龙门山、秦岭、阿尔金山等处均已被发现，看来在碰撞带深部，鳄鱼构造(楔状构造)具有普遍意义(万天丰，2004)。③秦岭—大别带是中朝与扬子板块之间，由一系列断层和高压—超高压变质岩带(含柯石英、金刚石、榴辉岩、蓝闪石等)所组成的碰撞带。④绍兴—十万大山带是扬子和华夏(也称华南)板块碰撞带，形成于中三叠世末期的印支构造事件，沿该带及两侧近南北向张剪性断裂和许多同碰撞期的花岗岩侵入。

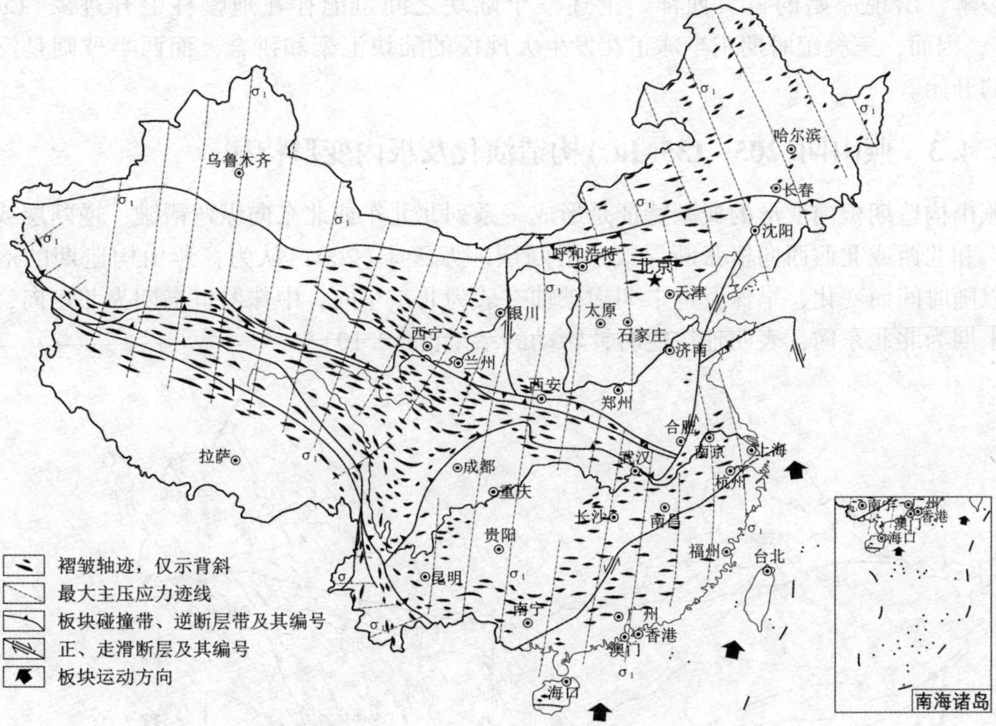

图 2.9　中国大陆印支期构造阶段构造简图(据万天丰，2007，简化)

印支构造阶段，北起黑龙江，南到广东，广泛发育着轴向近东西的褶皱。在澜沧江、金沙江、绍兴—十万大山和秦岭—大别山四个印支期碰撞带或古断裂带附近褶皱很强，形成同斜、倒转的全形褶皱，并伴有岩浆、变质作用。在华北、扬子、塔里木等古板块边部和松嫩等微古板块内部，大多形成过渡型褶皱，常见箱形背斜和槽形向斜。在华北、扬子古板块的中央部分(如鄂尔多斯、上扬子地区)，则几乎未发生褶皱。在新疆准噶尔、甘肃靖远县、安徽怀宁县和西藏日土等地区构造变形也较微弱，晚古生代刚刚发生过强烈褶皱和岩浆活动的塔里木及其以北地区几乎未发生褶皱，当时还处在南半球尚未拼入中国大陆的冈底斯和喜马拉雅等微板块也没有发生褶皱变形。

对于华北与扬子板块的多数地区来说，印支期褶皱的重要性在于它是沉积盖层形成以后的第一次最广泛的褶皱。华北板块边部，参与印支期褶皱的地层最多，包括中、新元古界，古生界和三叠系。扬子板块北部和东部，由于志留系的坟头组页岩和中三叠统的膏盐层常常构成滑脱面，使其上、下的地层表现出截然不同的褶皱形态和构造样式。华夏板块参与印支褶皱的地层主要为上古生界和下、中三叠系；在华北古板块以北的东北、兴安岭地区，参与印支褶皱的地层仅为二叠系和三叠系。

在印支期构造应力场作用下，除了形成四条碰撞带和板内褶皱外，还发育着一系列走向近东西的逆断层和逆掩断层。如康西瓦—塔里木南缘逆断层带、东昆仑中央逆断层带、龙门山逆断层带等，与此同时，在南北向缩短作用下，近南北向的走滑断层强烈活动，如郯城—庐江左行走滑断层带、敦化—密山左行断层带、贺兰山—六盘山(华北板块西缘)断裂带。

对于中国大陆来说，印支期是古大陆基本形成的关键时期，这也是特提斯洋内一部分离散地块朝北东方向会聚和碰撞的重要时期。而北美洲、南美洲和非洲等陆块正是在三叠纪末发生裂解，出现原始的古大西洋。上述三个陆块之间可能存在地幔柱上升迹象（Condie，2001），因而，三叠纪时期东半球正在发生大规模的陆块汇聚和拼合，而西半球则是泛大陆裂解的开始。

2.4.3 燕山期（205~135Ma）构造演化及板内变形特征

燕山构造期板内变形的典型特征是形成一系列北北东或北东向纵弯褶皱、逆断层或逆掩断层，和北西或北西西向横张断层或走滑断层。万天丰（2004）认为，燕山构造期的褶皱轴向可以随时间而变化，早侏罗世末期褶皱轴一般为北东东向，中侏罗世末期为北东向，晚侏罗世末期为北北东向，表明地块逆时针转动的结果（图2.10）。

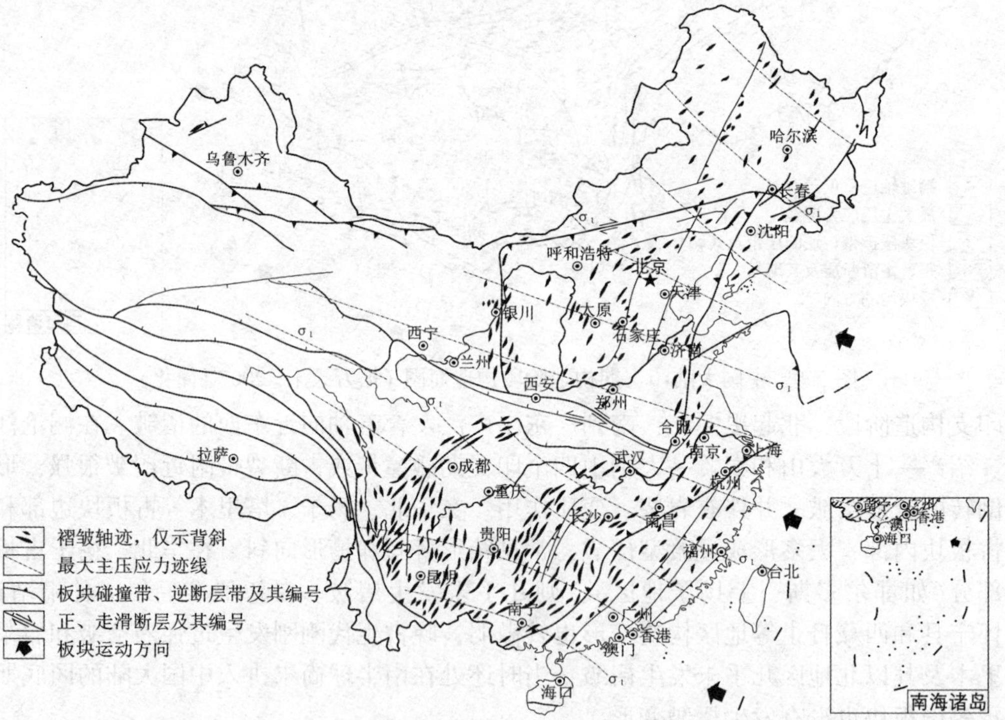

图2.10　中国大陆燕山期构造阶段构造简图（据万天丰，2007，简化）

地层沉积厚度和速率对板块内部的变形具有一定影响。例如，同处华北板块东部的燕山和鲁西地区，沉积厚度差异极大，燕山地区中生代地层厚度累计35435m，因而褶皱强烈，发生较大规模的逆掩断层，地壳内部或地幔之间滑脱，诱发中酸性岩浆活动，板内构造—岩浆活动十分强烈；鲁西地区中生代地层沉积厚度很小，虽然同样经受燕山构造事件的影响，但沉积盖层仅发生了十分微弱的变形，甚至几乎不发育褶皱。

在燕山构造应力场的作用下，发育了一系列北北东—北东向逆断层或逆掩断层，这些北北东或北东向的逆断层带，多数是由古弱化带或小断层发育起来的，也有印支体系的走滑断层转变而来的逆断层。在早期褶皱作用比较明显的地区，通常不易叠加燕山构造阶段褶皱，而表现为形成切断早期褶皱的断层。印支构造体系中的近东西向逆断层，在燕山构造阶段均转变为以走滑—正断层为主的特征。

一般来说，在板块边界附近构造变形比较强烈，板块内部的构造变形比较微弱。但是，中国大陆燕山构造阶段的板块内部构造变形特征不完全如此，例如柴达木盆地东部、吉林磐石县、燕山地区的北京西山坨里、四川盐源、福建中部煤田等地区都属于板块内部，但褶皱、断裂和岩浆活动都比较强烈，属强构造变形地区。这些地区构造变形强烈的原因，可能与它们处在沉积地层厚度较大、又位于古弱化带和基底断裂附近有关。相比之下，长庆油气田(鄂尔多斯西部)、山东西部的蒙阴盆地、广西东部等地区板内变形就相当微弱，可能与沉积盖层较薄、结晶基底强度较大，当时在其附近没有构造弱化带有关。

中国大陆在侏罗纪时期发生显著的逆时针转动，与北美板块朝西和伊佐奈岐板块朝西北方向运移、俯冲或碰撞有关。板块呈放射状运动模式，即伊泽奈歧板块朝西北方向运移，太平洋板块向西南方向运移，法拉龙板块向东北方向运移，凤凰板块向东南方向运移，这种运移模式，很容易产生在上述四板块之间可能存在超级地幔柱的上升从而诱发板块向四周运动的假说(Pavoni，1997；Condie，2001)。

2.4.4 四川期(135~52Ma)构造演化及板内变形特征

四川期的构造变形以形成轴向北西西的宽缓褶皱、北西西向逆掩断层、北北东向正断层、北东或北西向的走滑断层为主要特征，在四川构造阶段构造应力场的作用下，形成了四川构造体系(图 2.11)。

在中国大陆西北地区，四川期构造作用相当不明显，地层间均表现为连续沉积和整合接触，只在断裂带附近才有明显的构造变形和沉积间断。显然，中国大陆四川期的褶皱是西南

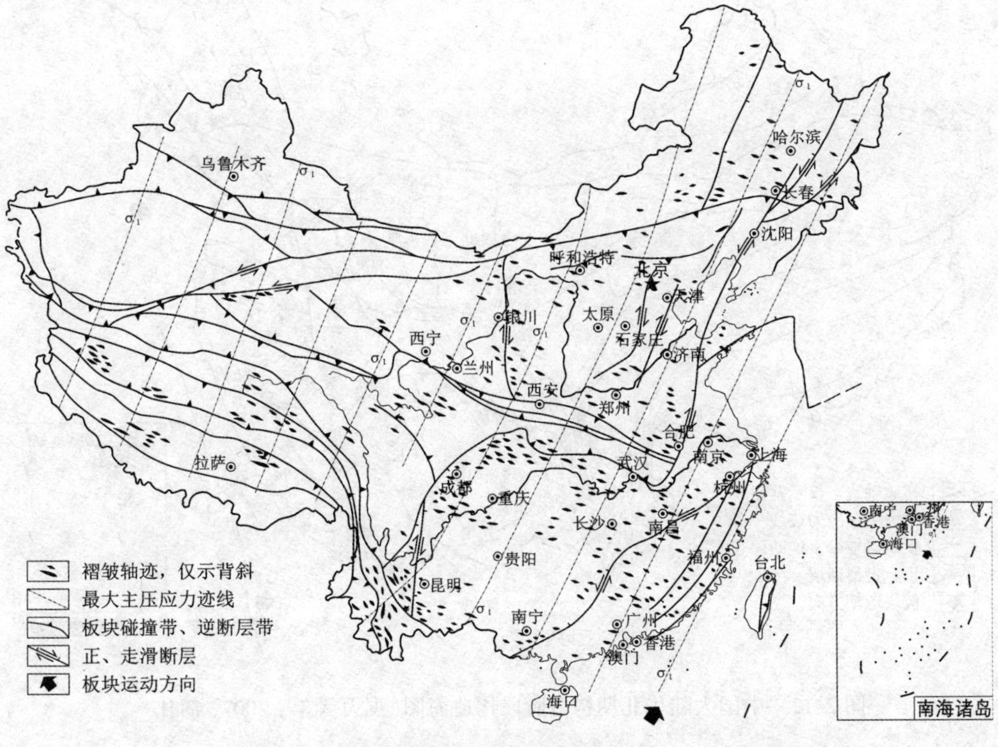

图 2.11 中国大陆四川期构造阶段构造简图(据万天丰，2007，简化)

强烈，东北、西北微弱。四川构造体系中国大陆构造应力场以北北东—南南西向近水平的缩短作用和南东东—北西西向的水平伸展作用为主要特征。

四川构造阶段北北东向正断层发育的重要结果是形成盆岭构造，这一时期是中国东部现代地貌发育的萌芽时期，也就是说白垩纪形成的盆地至今还是沉积盆地。此阶段发育的盆地是在北北东向缩短和近东西向伸展作用影响下形成的断陷盆地，此外，在华南还有中、小型红色盆地。

整个白垩纪时期，中国大陆普遍向北运移，华北板块从北纬 34. 3°移到 42. 3°，北移了 8°(约 800km)；扬子板块从北纬 23. 9°移到北纬 31. 3°；西伯利亚板块从北纬 55. 7°移到 61. 1°；塔里木板块从北纬 22. 9°移到 25. 4°；印度板块从南纬 43. 8°移到南纬 35. 1°，北移了 8. 7°(大约 860km)，在白垩纪末期运移速度高达 17cm/a。白垩纪末期不仅中国大陆附近的板块在向北移动，而且全球板块大致上都在向北运移，这应该说是以南极附近为中心的放射状板块运动。

2. 4. 5　华北期(52~23. 5 Ma)构造演化及变形特征

华北构造期构造变形相当强烈，发育了一系列北北东或南北向的褶皱和逆断层带、北东向右行走滑断裂、北西向左行走滑断裂以及北西西—东西向的伸展拆离断裂带构成了华北构造体系。华北构造体系中国大陆构造应力场以北西西—南东东向近水平的缩短作用和北北东—南南西向的水平伸展作用为主要特征(图 2. 12)。

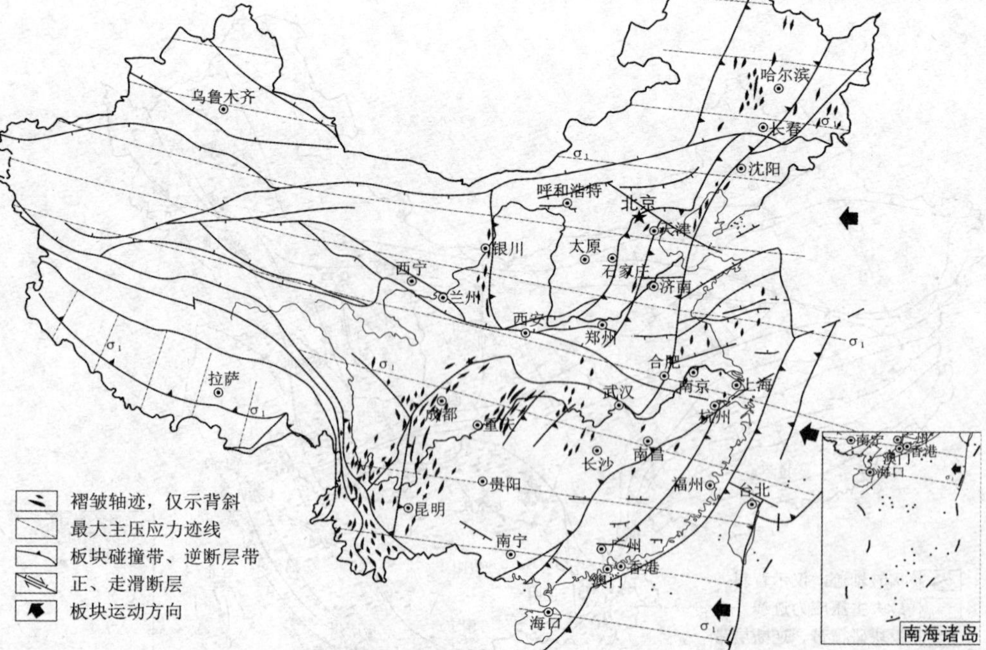

图 2. 12　中国大陆华北期构造阶段构造简图(据万天丰，2007，简化)

华北构造阶段陆内发育了一系列北北东或南北向的褶皱，大庆油田著名的长垣构造，下辽河—辽东湾、冀中、苏北—南黄海等盆地内近南北向的小背斜，渐新统及其下伏的地层都卷入了褶皱，褶皱两翼的倾角一般都小于10°。在滇西地区，常形成与逆掩断层相伴紧闭倒转的褶皱，为华北构造阶段褶皱作用最强烈的地区。在四川东部的北北东向隔挡式褶皱系，褶皱幅度较大，两翼倾角一般都为30°。研究表明，该隔挡式褶皱系形成于古近纪末期，与深部存在志留系坟头组页岩和三叠系膏盐层两个滑脱面有关。在受到不太强的构造应力作用时，沿膏盐层就可发生滑脱，当作用力和岩石材料不均一时，便可引起局部的褶皱与小型逆掩断层，从而发育成隔挡式褶皱系。

伴随北北东向褶皱系，发育了一系列北北东向的逆断层。如六盘山—贺兰山逆断层带两侧的高角度逆断层，使六盘山—贺兰山地块得以抬升。大陆东部地区，逆断层活动一般较弱，但是，走向北东的先存断层此时表现为走滑性质，一般走滑断距为数千米。如辽东湾右行走滑断距最大可达10km，同时发生伸展作用(漆家福，1995)。

在近北西西—南东东向缩短和北北东—南南西向伸展作用的影响下，中国大陆华北构造阶段的陆内变形还有一种十分重要的类型，就是发育了一系列走向近东西或北西西向的正断层带(即伸展、拆离断层)，从而构成了许多走向近东西的单断、箕状盆地，发育了巨厚的陆相含油气沉积碎屑岩石或膏盐层和含煤岩系，如山东济阳的胜利油田。

华北构造期的构造特点和动力来源，是受两大板块对欧亚板块作用的影响，在中国东部太平洋板块第一次向欧亚大陆东部俯冲、挤压。在渐新世中期形成阿留申—日本—琉球—台湾—菲律宾俯冲带(西太平洋俯冲带)，在中国大陆西部受到印度洋板块朝北运移、挤压和碰撞的强烈影响。随着印度板块北部的洋壳向欧亚大陆俯冲、下插难度的加大，在60～45Ma，板块朝北东向运移的速度由原来的17cm/a降为10cm/a，在45Ma以后时期，板块朝北东向运移的速度降为6cm/a，这时还是一个洋壳逐渐消失的过程，真正的陆陆碰撞作用只是发生在渐新世以来(Aitchison 和 Davis ，2001)，形成雅鲁藏布江—印度河碰撞带。

2.4.6 喜马拉雅期(23.5～0.78Ma)构造演化与变形特征

喜马拉雅构造运动最早是由黄汲清(1945、1965)提出来的，他认为整个新生代的构造事件都应归属于喜马拉雅运动。事实上，属于新生代的四川期和华北期发生运动时，喜马拉雅构造及其附近地区仍处在特提斯洋中。喜马拉雅山脉的形成及其强烈构造变形是发生在新近纪—早更新世时期，因而将这个时期称为喜马拉雅构造期才名副其实(万天丰，1993)。

喜马拉雅构造阶段，中国大陆西部地区的构造变形相当强烈，形成了喜马拉雅逆掩断层带和规模巨大的青藏薄皮构造，导致青藏高原的形成(图2.13)。中国大陆东部地区的构造变形比较微弱，以大面积的沉积和坳陷为特征，各大盆地内均发育上千米的沉积物，地层产状十分平缓，多数地区无显著的构造变形。但是在局部地区，尤其在先存断层附近，可形成轴向近东西向开阔的褶皱，两翼产状一般都小于10°。喜马拉雅阶段中国大陆构造应力场以南北向近水平的缩短作用和近东西向的水平伸展作用为主要特征，可能是印度板块与欧亚大陆在古近纪末期发生碰撞之后进一步汇聚和缩短的结果。

在印度板块朝北东方向俯冲挤压的应力作用下，形成了一个规模巨大的青藏薄皮构造体系，该薄皮构造主要发育在上地壳，以中地壳低速层(深度20～30km)为主要滑脱、拆离面，滑脱的距离小则上万米，最大达上百千米(Burchfiel 等，1989、1992；Royden 等，1997)。阿尔金断层带新近纪以来左行走滑总量达80～100km(陈正乐，2001)。青藏薄皮构造体系是在老断层的基础上，在印度板块朝北东方向俯冲、挤压的应力作用下发育起来的，在薄皮构造内部还形成一系列的褶皱，主要发育在藏南和柴达木地区。

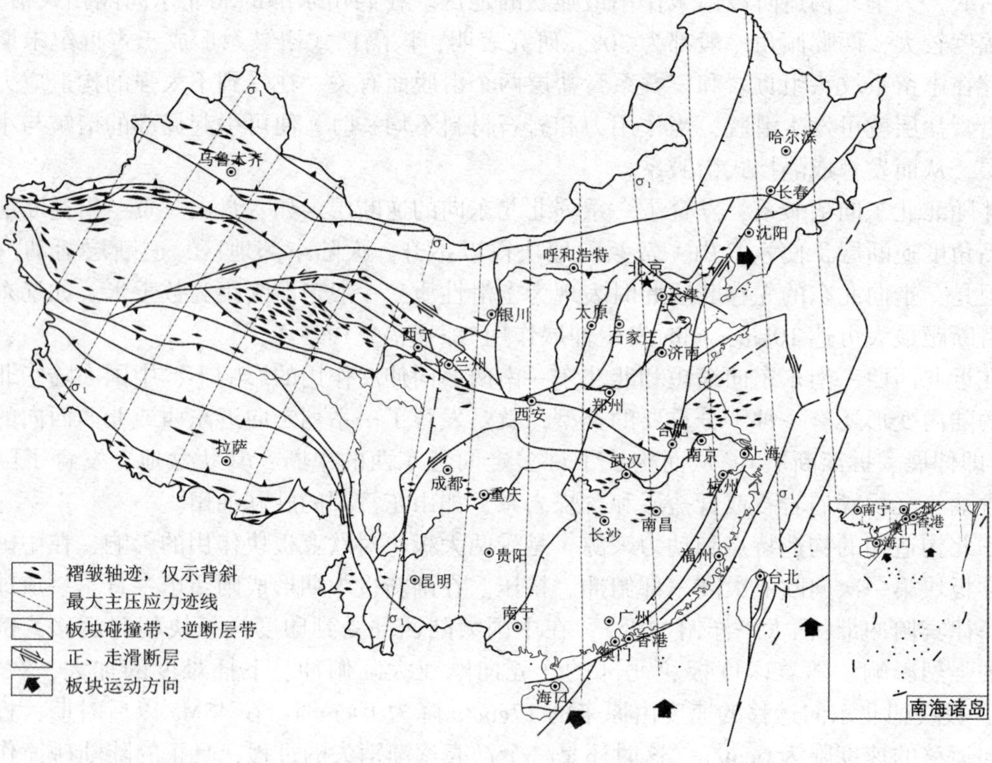

图 2.13　中国大陆喜山期构造阶段构造简图(据万天丰，2007，简化)

中国大陆东部地区喜马拉雅构造阶段构造变形的主要表现是使先存的近南北向的断层发生张裂，许多断裂带中常被基性岩墙充填。同时，北北东向断层还表现出一定程度的左行走滑，东部地区走滑断距可达万米。这些断裂切割深度加大，很多断裂都已经切穿地壳，到达上地幔，古近纪—早更新世沿断层贯入并喷出的碱性玄武岩，常伴有纯橄榄岩和二辉橄榄岩的幔源包体，它们的$(^{87}Sr/^{86}Sr)_i$初始值小于 0.705，表明断裂已切过岩石圈(池际尚等，1996)。

根据已发现的含橄榄岩幔源包体玄武岩的出露，一般认为大兴安岭东侧—太行山东侧—武陵山—大明山正断层带，活动时间为 14Ma 前后，郯城—庐江左行走滑—正断层带主要活动时间为 19.79~1.14Ma，闽粤沿海 50m 等深线正断层等断裂带的主要活动时间为 2.2~1.8Ma(这也是台湾海峡发生张裂作用的主要时期)，它们在古近纪—早更新世曾经属于岩石圈断裂。由于大量玄武岩的贯入，这些断裂在早更新世末期已经基本愈合。大雪山东缘—小江正断层带是印度洋 90°东海岭断裂带向北延伸在大陆内的表现。90°东海岭断裂带是一条重要的右行走滑断裂带，它从白垩纪以来，分隔了印度和澳大利亚板块(Klootwijk 等，1991、1992)。在喜马拉雅构造阶段，印度板块仍以较快的速度向北运移，而澳大利亚板块以较低的速度运移，从而造成中国大陆西部强烈缩短，而东部变形微弱。因此，大雪山东缘—小江正断层带及其北延部分六盘山断裂带就成为中国大陆构造活动性分区的主要界线。

在中国大陆东部地区，大雪山东缘—小江正断层带、大兴安岭东侧—太行山东侧—武陵山—大明山正断层、郯城—庐江左行走滑—正断层带、闽粤沿海 50m 等深线以及其他一些次级北北东向正断层系，就形成一系列北北东向条块。因此，在喜马拉雅构造旋回，中国东部的主要构造带以近南北向延展为主要特征。在喜马拉雅构造期最明显的地貌特征是喜马拉雅山脉的隆升，后发生伸展，垮塌(万天丰，1994)。

喜马拉雅构造阶段，青藏高原强烈隆升与地形大阶梯的形成促成了中亚季候风的成型，使中国西北地区逐渐荒漠化，形成了特有的黄土高原。印度洋潮湿气团的影响范围局限在喜马拉雅山脉以南和横断山脉地区。由于西北—内蒙古—黄土—云贵高原逐渐抬升，太平洋的夏季潮湿气团难以深入西部高原，相反西伯利亚的冬季寒潮却可长驱直入，从而使大陆西北地区趋向荒漠化，生态环境逐渐恶化。这就是喜马拉雅构造事件对中国大陆生态环境所造成的严重后果。

2.4.7 新构造期(0.78Ma 以来)构造演化及变形特征

根据地震波的断层面解译资料，可确定新构造阶段各个区域构造应力场的主应力方向。由图 2.14 可以看出，现代构造应力场中最大主压应力轴的方向在全国各地不相同，东北地区以北东向为主，华北地区为北东东向，山东—河南—陕西一带为近东西向，华南地区主要为北西向，海南岛地区为近东西向，青藏南部地区为南北向，向北在柴达木一带逐渐转为北东向，而在新疆西部地区主应力方向则逐渐转为北北西向。总体上来讲，中国大陆东部地区呈现为以近东西向为主，向东主应力迹线逐渐撒开，呈放射状散布；而西部地区则以南北向

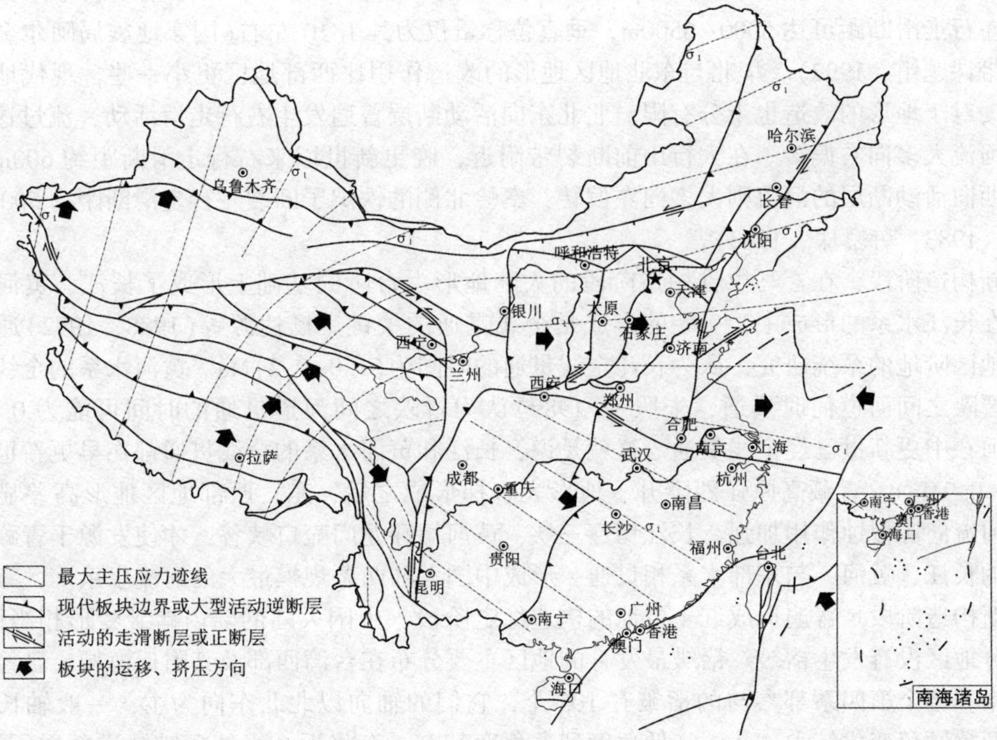

图 2.14 中国大陆新构造期构造阶段构造简图(据万天丰，2007，简化)

为主，向北逐渐撒开，也表现出放射状散布的特点。上述构造应力场是新构造阶段所特有的，在中更新世以前的地史时期从未出现过。

在新构造阶段构造应力场的作用下，先存的断层经常重新活动，由于此时中国大陆大多数先存的陡倾斜断层都几乎与最大主压应力方向垂直或呈大角度相交，因而断层面挤压得比较紧。它们的活动常常因为断层面与最大主应力方向之间的夹角不同而表现出一定的左行或右行走滑特征。

新构造阶段的活动断层分布十分广泛，它们大部分是在老断层基础上重新活动的，活动方式与老的断裂经常不同。广东的雷琼地区火山群及其控制性活断层火山口受近东西向活断层所控制，火山活动主要发生在7.5Ma以来，一直延续到现代，至今仍受到近东西向缩短作用的控制；东部的郯庐断裂带活动断层，变为右行走滑—逆断层，垂直断距为2~3m，右行水平走滑断距为100~200m（Wan等，1996；Lin等，1998），与喜马拉雅构造阶段的运动方式完全不同；黑龙江五大连池火山口中心排列方向与其控制性活断层的展布均为走向NE 45°，为张性断裂，说明该处新构造阶段受到北东—南西向的缩短作用影响。新疆北部北北西向的富蕴地震断层，1931年8级大地震形成长达180km的断层，在近南北向缩短作用的影响下，最大右行走滑断距达14m（新疆地震局，1985）。青海东昆仑近东西向的断层，晚更新世以来的左行水平滑移断距在1000~1500m（任金卫等，1999）；走向290°的宁夏海原活动断层为左行走滑—逆断层，在北东—南西向缩短作用的控制下，晚更新世以来最大左行走滑量达600m（邓起东等，1987）；云南丽江—保山附近活动断层，新近纪夷平面被切断800~1000m左右，其北部中甸垂直断距可达2000余米，南部（梁河）则仅为30m，该区中更新世以来普遍具有大于1km的左行水平走滑断距（何科昭等，2001）；阿尔金断裂带中更新世以来左行走滑断距可达5000~6500m，垂直位移量仅为其1/10左右（国家地震局阿尔金活动断裂带课题组，1992）。华北与东北地区地形的改造作用比西部地区更小一些，现代地震构造活动对于地形的改造也十分有限。北北东向活动断层普遍发生右行走滑活动，流过这些断层的河流大多向右偏转。在太行山前断裂带附近，晚更新世以来右行走滑断距约600m。穿过北西向活动断层的河流则大多向左偏转，秦岭北侧的铁炉子断裂左行走滑断距为500m（杨景春，1983；韩慕康，1983）。

新构造阶段，在喜马拉雅构造阶段的大陆地形大台阶的基础上形成了长江、黄河等水系。在长江水系的形成中，三峡的形成是全线贯通的关键。杨达源等（1988、1992）通过对三峡地区阶地的系统研究，认为长江全线贯通的时间为（1.0±0.2）Ma。黄河水系的全线贯通在于晋陕之间河道何时贯通，朱照宇（1989）认为晋陕之间河道贯通的时间可能为0.9Ma，即黄河在中更新世已经全线贯通。这就是说，长江和黄河水系的全线贯通都在早更新世晚期（1.0~0.9Ma）。青藏高原强烈隆升、地形大阶梯形成之后，东、西部地区地形高差显著加大，河流向源侵蚀作用加强，长江切穿三峡，黄河切穿龙门壶口峡谷，才使发源于青藏高原中部的长江、黄河，与东部水系相贯通，形成中国大陆两条规模最大的河流水系。

新构造阶段是普遍形成红土台地的构造稳定阶段，中国大陆的陆内褶皱变形相当微弱，大部分地区没有发生褶皱。褶皱最发育的地区主要分布在台湾西部及其附近海域，已经发现新近系和整个第四系都参与的褶皱有105个，它们的轴向以北北东向为主，一般轴长几千米，两翼倾角变化较大，从中、低角度到高角度都有。有将近一半的褶皱被逆断层所切断，逆断层还带有左行走滑的特征。

本章思考题

1. 论述地槽与地台的区别。
2. 论述全球板块的划分。
3. 槽台学说与板块构造学说有什么关系和区别?
4. 中国主要的大地构造分区有哪些?
5. 论述不同构造阶段的主要应力场及其动力来源。

本章主要参考文献

[1]《地球科学大辞典》编委会．地球科学大辞典[M]．北京：地质出版社，2006.
[2] 车自成，刘良，罗金海．中国及其邻区区域大地构造学[M]．北京：科学出版社，2002.
[3] 陈正乐，张岳桥，陈宣华，等．阿尔金断裂中段晚新生代走滑过程的沉积响应[J]．中国科学(D辑：地球科学)，2001，(S1)：90-96.
[4] 程裕淇．中国区域地质概论[M]．北京：地质出版社，1994.
[5] 池际尚，路凤香．华北地台金伯利岩及古生代岩石圈地幔特征[M]．北京：科学出版社，1996.
[6] 冯明，梁慧社，蔺心全，等．大地构造与中国区域地质简明教程[M]．北京：地质出版社，2009.
[7] 韩慕康，朱世龙，赵景珍，等．太行山东麓断裂带南段第四纪构造应力场的地貌表现[J]．地理学报，1983，38(4)：348-357+452-453.
[8] 黄汲清．中国大地构造及其演化[M]．北京：科学出版社，1983.
[9] 李春昱．中国板块构造的轮廓[J]．地质与勘探，1981(8)：7-14.
[10] 罗志立，宋鸿彪，赵锡奎．C-俯冲带及对中国中西部造山带形成的作用[J]．石油勘探与开发，1995(2)：1-7+97
[11] 漆家福，杨桥，陈发景，等．辽东湾—下辽河盆地新生代构造的运动学特征及其演化过程[J]．现代地质，1994(1)：34-42.
[12] 任纪舜．新一代中国大地构造图——中国及邻区大地构造图(1∶5000000)附简要说明：从全球看中国大地构造[J]．地球学报，2003(1)：1-2.
[13] 任金卫，汪一鹏，吴章明．青藏高原北部东昆仑断裂带第四纪活动特征和滑移速率．见：活动断层研究编委会编，活动断层研究[M]．北京：地震出版社，1999.
[14] 万天丰，曹瑞萍．中国中始新世—早更新世构造事件与应力场[J]．现代地质，1992，6(3)：275-285.
[15] 万天丰．中国大地构造学纲要[M]．北京：地质出版社，2004.
[16] 万天丰．中国第四纪的构造事件与应力场[J]．第四纪研究，1994，14(1)：48-55.
[17] 王荃．内蒙古中部中朝与西伯利亚古板块间缝合线的确定[J]．地质学报，1986(1)：31-43.
[18] 巫建华，刘帅．大地构造学概论与中国大地构造学纲要[M]．北京：地质出版社，2008.
[19] 杨达源．长江三峡的起源与演变[J]．南京大学学报，1988(3)：466-474.
[20] 杨景春．中国北部和东北部构造地貌发育和第四纪构造应力状态的关系[J]．地理学报，1983，38(3)：218-227.
[21] 钟大赉，丁林，张进江，等．中国造山带研究的回顾和展望[J]．地质论评，2002，48(2)：147-152.
[22] 朱照宇．黄河中游河流阶地的形成与水系演化[J]．地理学报，1989，44(4)：429-440.
[23] Aitchison J C, Davis A M. When did the India-Asia collision really happen[J]. Gondwana Research, 2001, 4(4): 560-561.
[24] Briden J C, Drewry G E, Smith A G. Phanerozoic Equal-area world maps[J]. Journal of Geology. 1974, 82

(5): 555-574.

[25] Burchfiel B C, Chen Z L, Hodges K V. The south Tibetan detachment system. Himalayan Orogen: extension contemporaneous with and parallel to shortening in a collisional mountain belt[J]. 1992, Special Paper-GSA, 269: 41.

[26] Burchfiel B C, Deng Q D, Molnar P. Intracrustal detachment within zones of continental deformation[J]. Geology (Boulder), 1989. 17(8): 748-752.

[27] Klootwijk C T, Gee J S, Peirce J W, et al. An early India-Asia contact: paleomagnetic constraints from Ninety east ridge, ODP leg 121[J]. Geology, 1992, 20: 395-398.

[28] Condie K C. Mantle plumes and their record in earth history[M]. London: Cambridge University Press, 2001.

[29] Lin A M, Miyata T, Wan T F. Tectonic characteristics of the central segment of the Tancheng-Lujiangfault zone, Shandong Peninsula, eastern China[J]. Tectonophysics, 1998, 293(1-2): 85-104.

[30] Mckenzie D P. Some remarks on heat flow and gravity anomalies[J]. Journal of Geophysical Research, 1967, 72(24): 6261-6273.

[31] Minster J B, Jordan T H. Present-day plate motions[J]. Journal of Geophysical Research Solid Earth. 1978, 83 (B11): 5331-5354.

[32] Pavoni N. Geotectonic bipolarity: Evidence of bicellular convection in the Earth's mantle[J]. South African Journal of Geology. 1997, 100(4): 291-299.

[33] Richard G G, Charles D, Donald F A. Kinematic Constraints on Distributed Lithospheric Deformation in the Equatorial Indian Ocean from Present Motion between the Australian and Indian Plates[J]. Tectonics, 1990, 9 (3): 409-422.

[34] Royden L H, Burchfiel B C. Surface deformation and lower crustal flow in eastern Tibet[J]. Science, 1997, 276 (5313): 788-790.

[35] Wan T F, Zhu H, Zhao L. Formation and Evolution of the Tancheng-Lujiang Fault Zone[M]: Whhan: Press of China University of Geosciences, 1996.

[36] Wilson J T. Anew class of faults and their bearing on continental drift[J]. Nature, 1965, 207(4995): 343-347.

[37] Windley B F. The crust-mantle boundary in space and time[J]. Journal of the Geological Society, 1977, 134 (2): 99-102.

[38] Xavier L P. Sea-floor spreading and continental drift[J]. Journal of Geophysical Research. Part-B: Solid Earth. 1968, 73(12): 3661-3697.

3 中国的岩浆岩和岩浆作用

3.1 岩浆形成条件及构造环境

岩浆的形成指固体岩石变成岩浆的过程。因为现今壳幔的热状况不允许全部熔融，所以岩浆是部分熔融的结果。部分熔融有两种产物——熔体和残余，熔体代表源岩中易熔组分，而残余是难熔组分，与源区相比较，熔体向富 SiO_2、贫 MgO 且 MgO/FeO 较低的趋势演化，同时富含“不相容”元素，而残余则正好相反。岩浆侵入到地壳或喷出地表冷凝固结后形成岩浆岩(又叫火成岩)。

理论上讲，固体岩石发生部分熔融形成岩浆有四种可能的机制(Niu，2005)：①增温；②减压；③加入挥发分；④加压(牛耀龄，2013)。不同构造环境有不同的形成机制，形成不同类型的岩浆。例如，加热形成岩浆是最容易理解的，但这对于玄武质岩浆形成不是特别重要，加压导致地幔岩发生熔融在热力学上合理，并对地幔化学分异很有意义，但对岩石学研究的意义尚未引起重视(Niu，2005；Niu 等，2011)，因此地幔橄榄岩熔融形成玄武岩最主要的机制是减压和加入挥发分。

前三种机制在 *P*–*T* 相图中很容易理解(图 3.1)：①对源岩加热，即水平地把源岩从 *A* 右移到“干”固相线之上($\Delta T>0$)；②对源岩减压，即垂直地把源岩从 *A* 位移到“干”固相线以上($\Delta P<0$)；③固相线反映地幔源岩的物理性质，它在 *P*–*T* 相图中的位置和形态取决于它的化学组成。对于处在 *A* 位置的岩石，在无水条件下是固态的，但当源区加水或其他挥发分后，处于 *A* 位置的源岩位于“湿”固相线之上而发生熔融，产生岩浆。

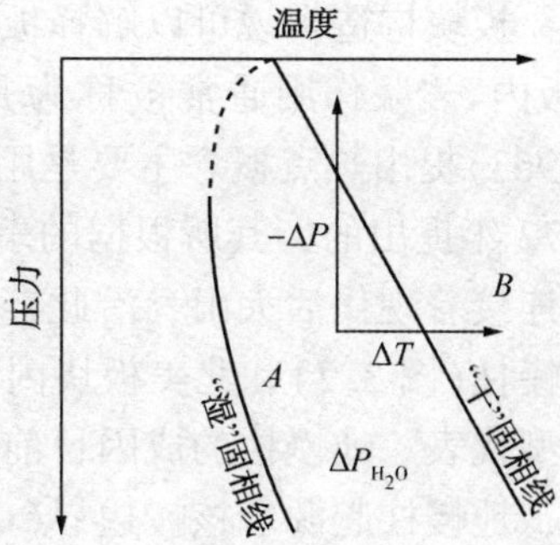

图 3.1 固体岩石部分熔融形成岩浆可能机制示意图

根据板块构造理论，刚性岩石圈可以划分为若干不同的板块，其中，板块边界以具有强烈的构造活动为标志，表现为强烈的岩浆活动、地震活动、构造变形、变质作用等。不同构造环境具有不同类型的岩浆活动(图 3.2)。板块边界包括三种基本类型：离散型、汇聚型和转换型，其中转换型边界岩浆活动仅在发生相对位移的部分产生。大洋中脊是典型的离散型板块边界，板块扩张引起洋脊下软流圈地幔被动上升，通过“减压熔融”产生岩浆，最终通过冷凝结晶形成洋壳。这一过程同样可以解释弧后盆地扩张中心、大陆裂谷环境岩浆的产生。汇聚型板块边界可进一步划分为俯冲型和碰撞型。俯冲边界如太平洋西缘，与其有关的岩浆作用被认为是“加水熔融”的结果，即大洋岩石圈板片脱水，水进入地幔楔，导致地幔源岩熔点降低，产生“岛弧”玄武岩浆，或冷却演化到温度较低的安山质甚至流纹质熔岩。这一过程可同样解释东太平洋大陆弧，如安第斯山脉岩浆的成因。但值得注意的是，此处形成的源于地幔楔的玄武质岩浆受到大陆地壳强烈同化混染，多产出中酸性岩浆。碰撞型边界是两个大陆板块之间的碰撞带，例如阿尔卑斯—喜马拉雅造山带，该处主要为大陆地壳重熔产生的酸性岩浆。

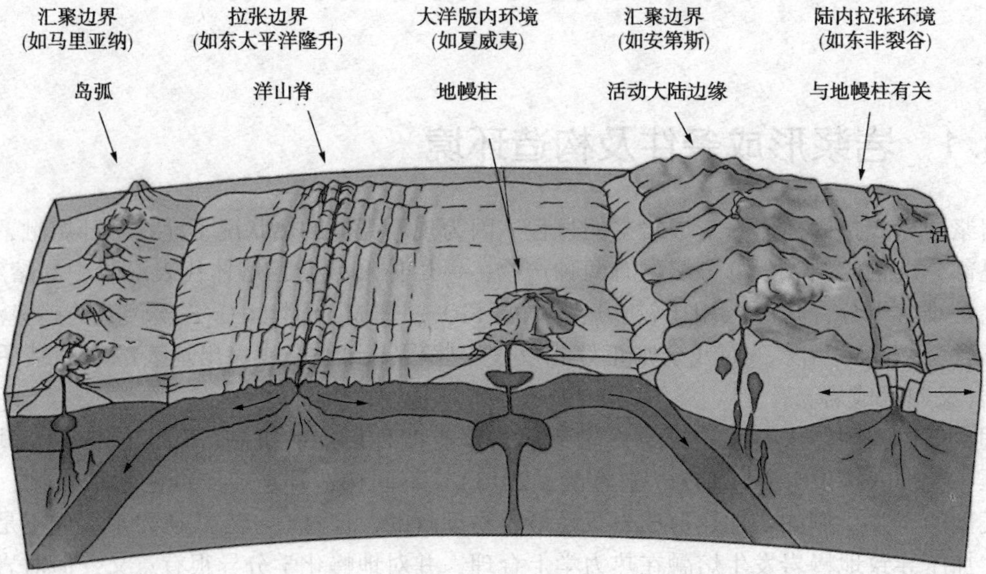

图 3. 2　岩浆起源的重要大地构造环境示意图(据 Davidson 等, 1996)

板块构造学说可以解释板块边界岩浆类型和成因，但难以解释部分板块内部岩浆成因。“板内”岩浆作用通常被称为是“热点岩浆作用”，即深源地幔柱的地面表现形式。Wilson (1963)提出热点概念主要是用于解释夏威夷火山岛链的成因。地幔柱概念是由 J. Morgan 在 1972 年提出的，其所根据的事实是：洋底有一系列海山，即呈链状分布的死火山脉，它一端连接着现代活火山，沿此链距离活火山越远，其年龄越老。位于太平洋板块内部的夏威夷地幔柱(图 3. 2)和北美板块内部的黄石地幔柱分别是大洋板内和大陆板内玄武质岩浆作用的典型代表。地幔柱的成因目前争论激烈(Niu, 2005; Davies, 2005; Foulger, 2005)。一般认为，地幔柱起源于核幔边界(CMB)的热边界层，以固态上升到上地幔软流圈深度发生减压熔融，产生玄武岩浆(Campbell 和 Davies, 2006)。与洋脊地幔的被动上升不同，地幔柱是因热浮力而主动上升，上升的地幔柱头在岩石圈底面造成局部熔融，产生大规模岩浆活动，例如大陆溢流玄武岩或洋底高原。但是，有些板内岩浆作用明显与地幔柱无关，包括许多分散在大洋板内的海山(Batiza, 1982)和横跨大西洋—非洲被动大陆边缘的喀麦隆火山链(Halliday 等, 1998)等大陆板内岩浆活动。中国东部中、新生代岩浆活动是岩石圈板块演化的产物，可能与古太平洋板块俯冲脱水、软流圈地幔减压熔融等有关。

结合我国的区域构造演化，上述不同构造环境岩浆活动在我国均有分布，详见本章第四节。

3.2 中国岩浆岩的时空分布规律

中国的岩浆活动十分频繁，从太古宙至今都有发育，不同构造阶段的火山岩和侵入岩构成了不同板块变质基底和各造山带的重要组成部分。中国的岩浆活动经历了长期复杂的演化过程，具有明显的阶段性，可划分出迁西、阜平、五台、吕梁、四堡、晋宁、兴凯、祁连、天山、印支、燕山和喜山等岩浆活动期。相对稳定的华北板块、塔里木板块等在太古宙已出现强烈的岩浆活动，元古宙相对稳定的始板块和多数活动带普遍发生岩浆活动；祁连期除滇藏古板块之外，几乎在各个活动带都有岩浆活动，并一直持续到印支期；燕山期以来，在中国东部地区岩浆活动十分频繁，形成环太平洋独特的火山—侵入岩带，而在中国西南部地区随着特提斯洋的消亡，形成了以喜马拉雅期为主体的火山—侵入岩带。迁西、阜平、五台、吕梁、祁连、天山期岩浆活动在中国昆仑秦岭以北地区最为强烈，晋宁、兴凯期在中国南部较为强烈，印支和燕山期在中国大兴安岭—太行山—武陵山以东地区最为发育，喜马拉雅期在滇藏地区和南部海域尤为重要。这种岩浆岩时空分布的宏观特点，从一个侧面反映了中国境内的地壳开合、洋陆消长的大趋势。

据统计，中国陆地岩浆岩出露总面积为 $182\times10^4km^2$，占陆地面积的 19%，其中火山岩出露面积约为 $89\times10^4km^2$，占陆地面积的 9.3%，侵入岩出露面积约为 $93\times10^4km^2$，占陆地面积的 9.7%。火山岩主要为海相基性火山岩和陆相中—酸性火山岩，面积分别为 $37\times10^4km^2$ 和 $43.5\times10^4km^2$ 左右，各占火山岩面积的 41% 和 49%，其次为陆相基性火山岩（面积约为 $8.7\times10^4km^2$，占火山岩的 10%）；侵入岩主要为中—酸性侵入岩，约为 $90.9\times10^4km^2$，占侵入岩的 97.8%，以及少量碱性岩（约为 $499km^2$，占侵入岩的 0.1%）和超镁铁质岩—基性岩（约为 $2.03\times10^4km^2$，占侵入岩的 2.1%）。此外，中国海域尚有 $10\times10^4km^2$ 左右的岩浆岩，主要分布在南海，其中濒大陆架为花岗岩和流纹岩，在深海中为大洋玄武岩（程裕淇，1994）。

3.2.1 太古宙岩浆活动

迁西期、阜平期、五台期岩浆岩以及吕梁期岩浆岩是我国变质基底中的岩浆岩，主要指伴随华北、塔里木和扬子板块多次汇聚、裂解阶段的岩浆活动产物。迁西期、阜平期、五台期火山活动主要出现在华北陆块的北部，是太古宙高级变质岩系的重要组成部分。

1. 迁西期岩浆岩

目前，已知中国最古老的基性火山喷出物是迁西岩群中的拉斑玄武岩，Sm-Nd 等时线年龄约为 3500Ma。近年，在辽宁鞍山附近还发现 3804Ma 和大于 3300Ma 的花岗质岩石，在河北迁西曹庄一带发现大于 3300Ma 的英云闪长岩等。华北板块曹庄岩系下部的斜长角闪岩，原岩为铁镁质火山岩—拉斑玄武安山岩，其 Sm-Nd 等时线年龄为（3470±107）Ma；迁西杏山铁矿体南侧斜长角闪岩的角闪石 $^{40}Ar-^{39}Ar$ 年龄指示曹庄岩系老于 3500Ma（王松山，1985）；曹庄—黄柏峪一带的斜长角闪岩 Sm-Nd 全岩等时线年龄为（3500±80）Ma 和（3495±15）Ma（黄萱、乔广生，1986、1987），英云闪长岩单颗粒锆石 $^{207}Pb/^{206}Pb$ 年龄为 3300Ma（刘敦一等，1990），说明华北始板块存在着更早期的花岗质岩浆活动。鞍山陈台沟花岗岩，露头面积约 $7km^2$，岩体由中细粒花岗岩和斑状花岗岩组成，中细粒花岗岩 SHRIMP 锆石 U-Pb 年龄为 3360Ma、斑状花岗岩 SHRIMP 锆石 U-Pb 年龄为 3300Ma（刘敦一等，1992），两者成渐变关系，其 Nd 模式年龄多在 3230~3390Ma 之间，平均为 3310Ma（万渝生等，1997），与锆石 SHRIMP 年龄相近，ε_{Nd}变化在 1.34~4.22，平均值为 2.70，具明显的正值，代表其地幔来源。

此外，在塔里木始板块阿格塔什塔格地区研究发现，奥长花岗（片麻）岩亏损地幔 Nd 模式年龄（T_{DM}）为 3460Ma，花岗（片麻）岩 TIMS 锆石 U-Pb 年龄为（3605±43）Ma、T_{DM}为 3528 Ma，结合 Nd 同位素地球化学资料，说明阿格塔什塔格地区在太古宙 3.5~3.6Ga 存在一次大陆地壳生长事件（陆松年，2002）。

2. 阜平期岩浆岩

阜平期是中国大陆一次十分重要的大陆地壳生长事件，岩浆活动十分强烈。火山活动主要出现在华北板块的北部，如五台—太行地区的阜平岩群底部黑云斜长片麻岩锆石 U-Pb 年龄为（2800±190）Ma、辽宁鞍山和清原的鞍山岩群下部（3186~2819Ma）、辽西建平的建平岩群下部、吉林南部的龙岗岩群（2970Ma）、燕山的迁西岩群（3000Ma）、鲁西的沂水岩群（Sm-Nd 全岩等时线年龄为 2997Ma），阿拉善的叠布斯格岩群（Rb-Sr 全岩等时线年龄>3220Ma；万天丰，2004）等。这些岩群的原岩为富铁拉斑玄武岩、科马提岩、玄武岩、安山岩、安山质凝灰岩、英安质凝灰岩、流纹岩以及辉绿岩和少量沉积岩，火山岩多属于海底中性—基性火山岩组合，少数为基性—酸性火山岩组合，反映当时火山活动比较强烈。在阴山、燕山、辽东、山东、太行山、豫西等发育大小不一的火山-沉积盆地，大体上以基性及中酸性火山碎屑岩为主，夹少量火山熔岩和浅海正常沉积岩（程裕淇，1994）。由于阜平构造阶段晚期的深变质作用，这些火山岩现今大多已构成古老表壳岩的组成部分，多呈斜长角闪岩、斜长角闪片麻岩、变粒岩、麻粒岩及绿片岩等，形成片麻岩—麻粒岩组合。

阜平期岩浆侵入活动主要有侵入迁西岩群的席状花岗岩、阜平岩群下部的斜长角闪岩、辽吉古陆核的花岗岩、汞丹山古陆核的斜长角闪岩以及塔里木板块阿尔金山阿格塔什塔格的二长花岗岩。主要分布在水厂—平林镇—娄子山一带和北京密云水库周边的迁西古陆核内（侵入迁西岩群的迁安羊崖山席状花岗岩中的锆石 U-Pb 年龄为 2960Ma，羊崖山含紫苏辉石花岗岩中基性麻粒岩包体的 Sm-Nd 模式年龄为 3280Ma 和 3230Ma）；太行山北段阜平—涞源—唐县—平山一带的阜平古陆核内，如侵入于阜平岩群的东城铺黑云角闪片麻岩（原岩为花岗闪长岩）LA-ICP-MS 锆石 U-Pb 年龄为 2.69 Ga（关鸿等，1998）；辽吉古陆核龙岗山卵形穹窿内的斜长角闪岩 Sm-Nd 等时线年龄为（3018±20）Ma，平均 Nd 模式年龄为 3494Ma（李俊建等，2000），铁架山花岗岩 SHRIMP 锆石年龄为 2970Ma，立山、东鞍山花岗岩 SHRIMP 锆石年龄为（3142±7）Ma 和（2994±8）Ma（伍家善等，1998）；汞丹山古陆核二辉斜长角闪岩 Sm-Nd 等时线年龄为（2997±78）Ma（沈其韩等，2000）。阿尔金山阿格塔什塔格的二长花岗（片麻）岩 TIMS 锆石年龄为（3096±17）Ma，T_{DM}为 2978Ma；花岗闪长（片麻）岩 TIMS 锆石年龄为（2604±102）Ma，T_{DM}为 3063Ma（陆松年，2002）。

3. 五台期岩浆岩

五台构造阶段早期，华北始板块受深断裂控制的古活动带内形成了火山—沉积岩系，其岩石组合具有绿岩带的性质，原岩具有明显的地层旋回，一般都呈现出基性火山岩—中酸性火山岩—沉积岩的系列；基性火山岩底部有时可见成分相当于科马提岩的超镁铁质岩石，基性火山岩多类似于现代聚敛板块边缘的钙碱性系列火山岩，中酸性火山岩也以钙碱性系列为主。塔里木始板块五台构造阶段的岩浆岩包括库鲁克塔格的托克拉克布拉克岩群和敦煌—阿尔金的米兰岩群，托克拉克布拉克岩群花岗质片麻岩的单颗粒锆石 U-Pb 年龄为(2592±11) Ma(陆松年等，2006)，米兰岩群变基性岩的 Sm-Nd 等时线年龄为(2792±208) Ma、各类片麻岩和变基性岩的 Sm-Nd 等时线年龄为(2787±151) Ma(车自成等，1996)，云英闪长片麻岩锆石 U-Pb 年龄为(2604±102) Ma，奥长花岗片麻岩锆石 U-Pb 年龄为(2670±12) Ma(陆松年等，2006)。五台构造阶段末期，托克拉克布拉克岩群和米兰岩群发生强烈的褶皱和区域变质作用，变质程度可达高级角闪岩相—麻粒岩相，并伴有强烈的混合岩化、花岗岩化和许多花岗岩脉、伟晶岩脉的侵入，形成片麻岩—麻粒岩组合的主要组成部分。

扬子始板块五台构造阶段的岩层包括康定—西昌—攀枝花的康定岩群、鄂西的东冲河岩群、羌塘地区的戈木日群、南秦岭的鱼子洞岩群、大别—桐柏一带的黄土岭岩群。康定岩群下部斜长角闪质混合岩的全岩 Pb-Pb 一致年龄为 2957Ma(四川省地质矿产局，1991)；东冲河岩群黑云斜长变粒岩和斜长角闪岩锆石 U-Pb 年龄为 2891Ma(李福喜等，1987)；戈木日群单颗粒锆石 Pb 同位素年龄为 3204Ma(万天丰，2004)；鱼子洞岩群锆石 U-Pb 年龄为 2657Ma(万天丰，2004)；黄土岭岩群锆石 U-Pb 年龄为 2900Ma(田在艺等，1996)。

五台期侵入岩主要有超镁铁岩、基性岩和酸性岩，中性岩较少。前两类侵入岩与火山岩在时空分布以及成因联系上都很密切，属花岗—绿岩带的组成部分。山西、河北、山东等地五台期超基性—基性侵入岩类常与五台群及相当层位的地层伴生；吉林南部和辽宁五台期超基性岩常成群成带分布，岩石类型主要为蛇纹岩、蛇纹岩化方辉橄榄岩、橄榄岩及少量辉石岩；河北平泉尚见有岩浆演化晚期的辉石正长岩岩株；在五台山区，多为辉石岩类，呈岩床状顺层侵入于五台群；在河南舞阳，辉长玢岩呈岩床状顺层侵入于登封岩群，它们形成于基性火山喷发的同时或稍后。中性岩仅见于河南登封石牌河，侵入于登封岩群，为已变质的闪长岩岩株(2841Ma；Rb-Sr 法)。花岗岩类由东至西有吉林四方顶子岩体(2416Ma；K-Ar 法)、辽宁摩离红岩体(2624Ma；Pb-Pb 法)、鲁西太平顶英云闪长岩(2628Ma；Pb-Pb 法)、新泰莲花山奥长花岗岩(2585Ma；Rb-Sr 法)、平邑丰阳花岗岩(2539Ma；Rb-Sr 法)、河北大光顶岩体、韩麻营岩体、喇叭沟门岩体及山西木去顶石英闪长岩、北台奥长花岗岩、王家会二长花岗岩等，它们的 U- Pb 年龄均在 2550Ma 左右。此外，尚有分布于山西芦芽山的紫苏二长岩、河南临汝花岗岩和佳木斯地区呈小岩株或岩墙状产出的含石榴子石矽线石花岗岩和含辉石花岗岩等。

3.2.2 早元古代吕梁期岩浆岩

吕梁期(2500~1800Ma)岩浆岩分布较广，在华北板块、塔里木板块和扬子板块都能找到其踪迹，但以中国北方为主。吕梁期火山岩分布范围比侵入岩范围广泛得多，东西昆仑、天山、秦岭、大别山等地都有出露，不仅有基性火山岩，还有富钠质中—酸性火山岩(巫建华等，2013)，构成滹沱群、集安群、秦岭岩群、哀牢山岩群、那拉提岩群及相当(岩)群的重要组成部分。天山西段火山岩多属钙碱性系列，华北板块北缘属亚碱性岩系，中祁连山西段和柴达木盆地南缘具有高铝玄武岩和碱性玄武岩的特点，滇中的大红山群为富钠质的双峰式火山岩，与早、中元古代铁、铜矿床形成有成因联系。

吕梁构造阶段，华北板块的古裂陷带内沉积了巨厚的火山—沉积岩系。在晋冀裂陷带、华北北缘增生带西段以及胶辽裂陷带内夹有大陆拉斑玄武岩，在华北南缘增生带夹有基性和酸性火山岩构成的双峰式火山岩。塔里木板块的基性岩墙群U-Pb年龄为(2351±21)Ma(陆松年等，2002)。扬子板块北缘秦岭中部的秦岭岩群原岩年龄的下限为2267~1987Ma，宽坪岩群与陶湾岩群Sm-Nd模式年龄均在2000Ma左右(刘国惠等，1993)，武当山杂岩单颗锆石U-Pb年龄为2044~1967Ma，大别山杂岩原岩年龄下限为2424Ma，桐柏杂岩原岩年龄下限为2418Ma，宿松—红安岩群原岩U-Pb年龄为2343~1850Ma(索书田等，1993)；西缘滇中的哀牢山岩群、大红山岩群富含钠质的中基性熔岩的Sm-Nd模式年龄为2000~1900Ma(吴徽德，1988)，川西、湖北黄陵的崆岭岩群为2375Ma；东南缘安徽肥东的肥东岩群为1994Ma，云开大山的罗定岩群Rb-Sr等时线年龄为1944Ma(陈焕疆等，1993；张伯友等，1994)，江西庐山的星子岩群锆石U-Pb稀释法年龄为2200~2000Ma(万天丰，2004)。

吕梁期侵入岩有超镁铁岩、基性岩、闪长岩类及花岗岩类。超镁铁岩主要见于桐柏山—大别山，呈层状、似层状、透镜状产出，与基性火山岩共生，以辉石岩、橄榄岩为主，岩体规模小。基性岩主要见于川西和滇中，呈岩株状侵入康定岩群内，由角闪辉长岩、橄榄辉长岩、苏长岩等组成，另有少量超镁铁岩，属铁质系列，有Cu、Ni矿化现象。吕梁期的基性岩墙群相当普遍，在太行山北段、雁北东部、吕梁山以及川西南和滇中都有分布，岩石类型为辉长辉绿岩、辉绿岩，属富铁质基性岩，年龄值为1850~1800Ma，为吕梁晚期陆壳裂开后最终闭合固结的一个标志。发育在天山西段的花岗岩类，具混合花岗岩特征，U-Pb年龄为1900~1800Ma。北秦岭也有混合花岗岩分布，如山西关帝山花岗岩体群。在川西米仓山—龙门山—攀西地区，吕梁期花岗岩类岩体断续分布达上千千米，岩石呈钙碱性系列演化趋势，晚期出现富钾的岩枝(墙)状花岗岩。云南元谋尚见石英闪长岩，在哀牢山有二长花岗岩。吕梁期花岗岩还包括辽宁连山关花岗岩(K-Ar年龄2400Ma)、鲁西桃科斜长花岗岩(K-Ar年龄为1770Ma)、扇子崖斜长花岗岩(Rb-Sr年龄2286Ma)、胶东玲珑似斑片麻状花岗闪长岩(Rb-Sr年龄1903Ma)、黑龙江双鸭山胜利屯花岗岩(U-Pb年龄1705Ma)、河南泌阳牧鹿山混合花岗岩(U-Pb年龄2005Ma)。吕梁山地区一批花岗岩的K-Ar等时线年龄为2050Ma左右。吕梁期岩浆活动还包括塔里木板块南缘铁克里克的阿卡孜二长花岗片麻岩[U-Pb年龄为2260Ma，Xu等，1996；(2430±26)Ma，陆松年等，2006]；阿尔微板块的阿克塔什塔格奥长花岗片麻岩[U-Pb年龄为(2374±10)Ma；陆松年等，2002]和阿克塔什塔格的基性岩墙群[U-Pb年龄为(2351±21)Ma；陆松年等，2002]、赫罗斯坦河一带的二长花岗岩和钾长花岗岩侵入体[U-Pb年龄为(2358±10)Ma；陆松年等，2006]；南祁连微板块德令哈岩群的斜长角闪岩[U-Pb年龄为(2412±14)Ma；陆松年等，2002]和二长花岗片麻岩[U-Pb年龄为(2366±10)Ma；陆松年等，2002]。

3.2.3 中元古代—早中生代板块和板块边缘造山带中的岩浆岩

这一阶段的岩浆岩实际上主要是中国大陆沉积盖层形成时期的岩浆活动产物。按构造阶段从老到新可划分为晋宁期、兴凯期、祁连期(加里东期)、天山期(华力西期)和印支期5个期次。晋宁期时，华北古板块已属沉积盖层形成时期，因此岩浆活动主要发生在板块边缘，而塔里木和扬子板块仍属变质基底形成时期，岩浆活动主要发生在板块内部。兴凯期岩浆岩、祁连期岩浆岩、天山期岩浆岩和印支期岩浆岩主要出现在板块边缘造山带中。

1. 晋宁期岩浆岩

晋宁期岩浆活动包括中、新元古代岩浆活动，可进一步分为晋宁早期岩浆活动(四堡期；1800~1000Ma)和晋宁晚期(1000~800Ma)岩浆活动。

晋宁期早期火山岩出露于塔里木板块、华北板块南、北缘及扬子板块的北缘，火山活动主要发生在陆缘裂陷槽内。华北板块有熊耳群裂谷型火山岩[(1840±28)Ma；Sun 等，1990]、五台山基性岩墙群[(1769±2.5)Ma；李江海等，2000]、白云鄂博富钾火山岩[(1728±5)Ma；陆松年等，2002]、平谷团山子组富钾火山岩[(1683±27)Ma；李怀坤等，1995]和蓟县大红峪组富钾火山岩[(1625±6)Ma；陆松年等，1999]等；燕山地区出现玄武岩、粗面玄武岩、安山岩和粗面岩，属钾质碱性岩系。塔里木板块发育阿克苏岩群的双峰式火山岩，赛拉加兹塔格岩群的细碧角斑岩 Rb-Sr 等时线年龄为 1764Ma(汪玉珍，1983)，埃连卡特岩群双峰式火山岩中的玄武岩给出 Sm-Nd 等时线年龄为(1200±82.3)Ma(陆松年等，2006)；阿尔金巴什库尔干岩群中基性火山熔岩年龄为1800~1600Ma(陆松年等，2006)，北祁连山朱龙关岩群大陆溢流玄武岩锆石 U-Pb 年龄为(1777±28)Ma。该阶段火山活动还发育在川西北、滇西、湖北神农架和扬子板块东南缘；在桂北四堡群和黔东北梵净山群中还出现科马提岩。

晋宁早期侵入岩比火山岩发育程度差，但岩石类型较多，包括超镁铁岩、基性岩、中酸性岩、酸性岩和碱性岩。在秦岭、神农架、龙门山、攀西和桂北地区都发育有超镁铁岩、基性岩，岩体多呈层状、似层状、透镜状和岩株状产出，构成岩群、岩带。湖北黄陵地区英云闪长岩—斜长花岗岩—二长花岗岩—钾长花岗岩系列的年龄为 1000~800Ma；神农架、桂北以基性岩类为主，与基性火山岩关系密切；在滇中出现由石英闪长岩、斜长花岗岩向正长花岗岩和白云母花岗岩的演化；在四川米仓山、盐边地区也有这一趋势，但以闪长岩、石英闪长岩、石英二长岩为主；贵州梵净山以白云母花岗岩为主，广西九万大山主要为黑云母花岗岩，均属陆壳重熔型花岗岩；四川旺苍发育有碱性岩；江西德兴—皖南歙县一带的超镁铁岩类呈带状展布，以辉石角闪橄榄岩为主。华北板块河北承德斜长岩 Rb-Sr 等时线年龄为 1686Ma、Sm-Nd 等时线年龄为 1735Ma；冀北石英正长岩年龄为(1697±0.9)Ma(郁建华等，1996)；北京密云环斑花岗岩年龄为(1683±4)Ma(郁建华等，1996)；河南龙王幢碱性花岗岩年龄为(1625 ±16)Ma(陆松年等，2003)；南祁连山奥长环斑花岗岩锆石 U-Pb 年龄为(1776±33)Ma(肖庆辉等，2003)和(1763±53)Ma(陆松年等，2006)。

晋宁晚期岩浆岩在中国北方以侵入岩为主，而在南方火山岩和侵入岩均发育。该期次岩浆活动在北方见于黑龙江省马家街群和路马湖群，中祁连的龚岔群也为该时期中基性火山岩，南祁连全吉群的碱性玄武质火山岩获得的锆石 U-Pb 年龄为(738±28)Ma(陆松年等，2006)；扬子板块的湖北武当山、鄂中大洪山、鄂北兴山县和皖南地区也发育该时期火山岩，为双峰式亚碱性系列。

晋宁晚期侵入岩有超镁铁岩、基性岩、中酸性岩、酸性岩。天山兴地塔格一带的库鲁克塔格复式岩体由辉长岩、闪长岩和碱性花岗岩组成，为多次脉冲产物，年龄为 1038~773Ma。位于山西境内的神仙岭中酸性杂岩体 K-Ar 年龄为 846.9Ma，其侵入于中条群，由辉石闪长岩演变为黑云母花岗岩。在秦岭地区，超镁铁岩呈小岩株沿断裂带产出，基性岩以辉长岩为主，与闪长岩小岩株在空间上都位于断裂带附近；花岗岩类发育，多呈岩株状，如河南灵宝小河黑云母花岗岩(U-Pb 年龄 999Ma)。赣北酸性复式杂岩体以富斜花岗岩为主。

晋宁期基性岩墙仅发育于山西繁峙县、左权县境内，产状和岩性都与吕梁期相似。

2. 兴凯期(震旦期)岩浆岩

兴凯期(震旦期)岩浆活动较晋宁期微弱，形成时代为晚元古代晚期(800~600Ma)，主要发育于扬子板块的北部和西部，以强烈的中酸性火山喷发和大规模花岗岩侵入为特征，在川中、川陕交界和赣闽交界武夷山区较为集中，是扬子板块一次重要的大陆地壳生长事件(Zeng 等，2016；Xue 等，2011；Zhao 和 Zhou，2009)。此外，新疆北山、库鲁克塔格、吉南、赣南、滇中等地区也有零星出露。

兴凯期火山岩主要形成于震旦纪早期，分布于四川攀西、龙门山、米仓山和大巴山，中祁连、西秦岭、南秦岭也有零星分布，为中酸性熔岩和火山碎屑岩(812~738.5Ma)。赣中南及闽西北武夷山地区发育酸性和中基性火山岩。大兴安岭北段、黑龙江海林和尚志、吉林珲春等地都有火山活动，以钙碱性系列火山岩为主，其中，英安岩年龄为672Ma(Rb-Sr法)。

兴凯期侵入岩多形成于震旦纪晚期，以花岗岩类为主，如分布于米仓山、龙门山及泸定—泸沽一带的岩体(816~608Ma)、河南内乡地区的岩体(747Ma，U-Pb 法；795~617Ma，K-Ar 法)、浙东南岩体(644Ma，U-Pb 法；720~641Ma，K-Ar 法)、张广才岭地区(楚山岩体，627Ma，Rb-Sr 法；胡铁岭岩体，672Ma，Rb-Sr 法；门都里河岩体，638Ma，U-Pb 法)和大兴安岭二十五站岩体(614Ma，U-Pb 法)等。少量基性岩类见于河南栾川的辉长岩(711Ma，K-Ar 法)和苏北铜山、邳县、睢宁的辉绿岩岩床。扬子北缘南秦岭地区有基性岩墙产出(Zhu 等，2015)。

3. 祁连期岩浆岩

祁连期是我国较强烈的岩浆活动期，主要分布在板块边缘造山带。火山岩主要分布在天山—兴安及秦岭—祁连山地区，侵入岩可扩及南华活动带。火山岩和碱性侵入岩以秦岭地区最为发育，中性—酸性侵入岩以西北、华南地区分布最广，超基性—基性侵入岩出露于祁连山、柴达木盆地周缘、秦岭及华南地区，中性—酸性岩明显分布于4个区带，北部的塔里木北缘—祁连山北—冀北以北地区、中部的昆仑—祁连山—秦岭—大别山区、西南部的滇藏区以及东南部的华南地区。

该期次火山活动开始自寒武纪早期，终至志留纪晚期，且以奥陶纪最为强烈，普遍具有海相喷发特征。在中国南部仅有海南省军营(岳岭群)和金沙江与雅砻江之间有基性和中酸性火山活动。寒武纪早期仅有基性火山活动，是蛇绿岩套的一部分，主要分布于天山东段库鲁克塔格和内蒙古温都尔庙、二连浩特一带。中寒武世北祁连山有微弱的中性火山喷发，晚寒武世松潘—甘孜活动带出现安山岩。早、中奥陶世是我国祁连期火山活动最强烈时期，主要波及3个地区：东、西准噶尔分别发育中基性和中酸性火山岩；塔里木东侧阿尔金山、北山一带和西昆仑地区由东而西形成中基性和中酸性火山岩；南、北祁连山和柴达木东南缘—西秦岭一带发育中基性—中酸性火山岩。此外，在兴安—张广才岭和内蒙古南部也有早、中奥陶世火山活动。到晚奥陶世，东、西准噶尔火山活动有所减弱、西昆仑岩浆活动停止，但其余地区仍有火山活动。早、中志留世，东准噶尔、南天山、西昆仑都出现中基性火山活动，北山地区主要为中性喷发；祁连山以中性为主的海底火山喷发向东迁移，并与西秦岭相接。中、晚志留世火山活动仅局限于东准噶尔、西准噶尔、南天山、南祁连山和柴达木南缘，以中基性火山岩为主；在内蒙古南部有中性火山喷发。

祁连期侵入岩分布较广，岩石类型多样。超镁铁岩和基性岩主要发育于早、中期，多呈岩群出现，形成岩带。如准噶尔玛依勒岩带，岩石类型有蛇纹石化方辉橄榄岩、辉长岩和辉绿岩等。内蒙古、黑龙江地区发育以超镁铁岩为主的富林—育宝山岩带，以基性岩为主的伊春—延寿岩带。吉林有祁连期中期形成的超镁铁岩和基性岩。祁连早、中、晚期侵入岩在祁连山和北秦岭地区都有发育，单个岩体规模小，但成群沿断裂带分布，构成长达1750km的岩带。祁连山地区多属镁质超镁铁岩；北秦岭地区以铁质超镁铁岩为主。基性岩在祁连山地区为辉长岩，在北秦岭为辉长岩、苏长岩和辉绿岩等。南天山北缘的蛇绿混杂带也为该期次岩浆活动，基性、超基性岩体的地球化学特征指示大洋环境，其中辉长岩中的辉石^{40}Ar-^{39}Ar年龄为(439.4±26.9)Ma(郝杰等，1993)与混杂岩中的化石特征指示其地质时代属奥陶纪(刘洪福等，1988)。南岭和北大巴山发育祁连晚期辉绿岩岩床，其顺层密集分布，属碱性基性岩。在龙首山也有超镁铁岩。在阿尔金山、小秦岭地区，基性岩以岩株(脉)出现。福建的方辉橄榄岩、单辉橄榄岩、二辉橄榄岩分布于政和—大埔断裂以西，建阳北坜岩体K-Ar年龄为420.4Ma，浙江江山—绍兴断裂东南侧发育辉石岩和单辉橄榄岩，铁质超镁铁岩还见于粤北。滇藏地区超镁铁岩仅见于摩天岭一带，已全部蛇纹石化及滑石菱镁矿化。在华北陆块东缘的辽东和鲁西有金伯利岩筒(脉)产出，指示岩石圈厚度约200km(Menzies等，1993；Griffin等，1998)。中性岩主要分布在北秦岭和祁连山地区，多数形成于晚期。在内蒙古主要为闪长岩，形成于中期。酸性岩主要形成于晚期，构成巨大的花岗岩区(带)，如阿尔泰亚碱性系列辉长岩—英云闪长岩、石英闪长岩—斜长花岗岩—黑云母花岗岩带；东准噶尔钙碱性系列闪长岩—花岗闪长岩—二长花岗岩带；天山钙碱性系列博罗科努花岗岩和那拉提片麻状钾长花岗岩岩体等。内蒙古、吉林、黑龙江及祁连山、北秦岭、昆仑山和柴达木盆地周边发育的花岗闪长岩、斜长花岗岩和二长花岗岩均属钙碱性系列，并具富铝特点。祁连山、北秦岭岩体年龄为503~410Ma。在南华活动带，花岗岩类主要分布于粤、湘、赣边境的诸广山，粤西、桂东的云开大山，赣、闽边境的武夷山，岩性从花岗闪长岩、二长花岗岩到花岗岩。碱性岩主要见于北秦岭、南秦岭地区，前者为霓辉正长岩和钠铁闪石正长岩，后者为霞石正长岩，具稀土或稀有金属矿化现象。

4. 天山期岩浆岩

天山期是继祁连期之后又一次较强烈的岩浆活动期，岩浆活动基本继承了祁连期构造岩浆活动的格局，但波及的范围较祁连期有所扩大。北部塔里木北缘—祁连山北—冀北以北地区活动更加强烈，范围更加广泛；中部昆仑—祁连山—秦岭—大别山区基本保持祁连期的格局；西南部青藏—滇西区和南部华南区岩浆活动大为减弱，仅见于局部地区。阿尔泰、天山—兴安岭、昆仑山、柴达木、藏北、藏东和三江地区是天山期岩浆活动最强烈的地区，与古亚洲洋和古特提斯洋演化有关。

火山活动在天山—兴安、昆仑、松潘—甘孜及拉萨等活动带十分活跃。除海相火山喷发外，兼有陆相火山喷发。泥盆纪火山岩以天山—兴安发育最好，西准噶尔以中酸性凝灰岩为主，东准噶尔仅见于泥盆纪早期。松辽东、西部地区火山活动较强，一般早期为中基性火山岩，中晚期以中酸性为主。南天山在中期普遍发育火山岩，晚期仅见于克敦勒塔克地区。昆仑山仅中期有海相基性熔岩发育。龙门山以西有零星早期火山活动。在南华活动带，仅广西龙州一带发育中、晚泥盆世海底火山喷发产物。石炭纪，中国北部西自阿尔泰、准噶尔、北天山，经北塔山、甘肃北山，东至黑龙江北部、吉林中北部的近EW向狭长地带内都有火山活动(宋鹏等，2018)。西昆仑的北坡东至青海南部唐古拉山、阿尼玛卿山，直至藏东波密、八宿、察隅，以及SN向的三江、滇西地区都有强烈的中基性、中酸性火山喷发，并一直延续到二叠纪早期。二叠纪晚期中国以陆相火山活动为主，如著名的峨眉山玄武岩广布于扬子板块西部(宋谢炎等，2002)，塔里木板块也有同时期火山活动(刘海泉，2013)。

天山期侵入岩在中国北部甚为发育。天山早期：形成东准噶尔、西准噶尔、西天山那拉提、北山红柳河—玉石山、内蒙古牙克石—四子王旗和吉林红旗岭等超镁铁岩—基性岩带。超镁铁岩以单斜辉石橄榄岩和橄榄岩等为主，基性岩有辉长岩和辉绿岩等。中性岩仅见于北山捷山子—红柳河一带。酸性岩分布较广，在阿尔泰、东准噶尔、西准噶尔、西天山、伊犁微古板块南侧和北侧、内蒙古、黑龙江罕达气和昆仑—秦岭区都以钙碱性系列花岗岩为主，呈上千平方千米的岩基产出，喀纳斯、那拉提、呼斯特等岩体，年龄为375~350Ma。天山活动中期：侵入活动增强，超镁铁岩在准噶尔—北天山、内蒙古索伦山等地区多沿断裂展布，以方辉辉橄岩为主。中性岩发育于昆仑—秦岭区，酸性岩呈链状分布于各主要造山带，多为同造山花岗岩，以花岗闪长岩、二长花岗岩为主，阿尔泰富含稀有金属的伟晶岩年龄值为320~300Ma。天山晚期：超镁铁岩和基性岩主要沿张性断裂分布，如以北天山黄山岩体为代表的超镁铁岩基性岩带，藏东和三江地区的镁质—超镁铁岩带，攀西地区的层状富铁质超镁铁岩—基性岩带等。酸性岩广泛发育于准噶尔萨吾尔—扎河坝、北天山觉罗塔格、内蒙古、吉林、黑龙江和昆秦地区，为富碱质钙碱性花岗岩，年龄值为260~250Ma。此外，在库鲁克塔格、阿尔金和柯坪地区还分别出现钙碱性系列花岗岩、超镁铁岩、碱性辉长岩和正长岩类，在河北矾山、姚家庄等地有辉石岩、正长辉石岩(或辉石正长岩、正长岩等)组成的杂岩体。

5. *印支期岩浆岩*

印支期岩浆活动继承了天山期构造岩浆活动格局，主要发育于东北—华北地区、昆仑—秦岭地区、滇藏地区和华南地区，且后3个地区的岩浆活动明显增强，其他地区有零星分布。印支期各类侵入岩都有发育，但以酸性岩为主。东北—华北地区：主要为花岗岩，向东出现二长花岗岩、正长花岗岩组合，有碱性岩(霓辉正长岩、霓霞正长岩、云霞正长岩)出现。辽、吉、黑地区花岗岩类构成岩带，岩体由多次脉动形成，年龄值为230~200Ma(Wu等，2005)；碱性岩见于辽宁凤城等地。昆仑—秦岭地区：形成昆仑山、环柴达木和秦岭3条花岗岩带，岩性为二长花岗岩、正长花岗岩、花岗闪长岩，均属钙碱性系列，秦岭地区还出现环斑花岗岩和混合花岗岩。滇藏地区：主体岩性也为二长花岗岩、正长花岗岩、花岗闪长岩组合，但出现许多基性、超基性和碱性小岩体，有些成为三叠纪蛇绿岩套的组成部分。超镁铁岩和基性岩呈带状出现在青海南部西金乌兰—玉树断裂带北侧、扎普—查桑—澜沧江、金沙江、川西巴塘—得荣以及理塘—康坞等地区，岩石以镁质方辉橄榄岩和铁质单辉橄榄岩等为主，在玉树地区还出现近千条密集的辉长岩岩墙群。中酸性岩分布于藏北他念他翁和江达—芒康地区，以黑云母花岗岩和花岗闪长岩为主。藏东—滇西一带多沿断裂带分布，北段的金沙江岩带主要为闪长岩和花岗闪长岩，南段的哀牢山岩带主要为黑云母二长花岗岩。在攀枝花一带也见花岗岩。碱性岩见于四川攀西永宁河、云南福贡—临沧等地，永宁河的8个碱性岩年龄为263~202Ma。华南地区：以花岗岩为主，主要分布在湖南，其次是广西、海南、广东、江西和福建(周新民，2003)。据统计，大约60%的印支期花岗岩为强过铝质，属S型花岗岩，含白云母、石榴子石和堇青石等高铝矿物(Sun等，2005)，地球化学特征表明其物源组分为泥质岩石；其余为准铝质花岗岩，具有I型花岗岩亲缘，其物源为混合型，包括泥质、玄武质岩石以及明显的幔源岩浆组分(Wang等，2007)。华南印支期花岗岩可以分为两期，早期花岗岩形成的峰期年龄大约为240Ma，约占印支期花岗岩的10%，以发育片麻理为主要特征，是在地壳增厚的基础上由地壳物质部分熔融形成的，即由加厚陆壳中含水矿物脱水熔融形成(Wang等，2007)；晚期花岗岩形成于220Ma左右，约占印支期花岗岩的90%，以中粒结构、块状构造为特征，由后碰撞的岩浆底侵形成的热对流(周新民，2003)或碰撞峰期之后的应力松弛/伸展阶段的减压条件下形成(Sun等，2005)。

火山活动：印支期不仅有海相火山活动，在陆缘还首次出现了陆相火山活动。海相火山活动见于松潘—甘孜、雅鲁藏布江和黑龙江那丹哈达岭，成为海相火山活动的中心。松潘—甘孜活动带的北缘阿尼玛卿一带发育蛇绿岩(张旗、周国庆，2001)，南缘形成义敦—中甸火山带。中三叠世海相火山活动在桂西凭祥—东门一带为中酸性火山岩，滇西澜沧江沿岸以流纹岩为主，藏南却桑寺一带发育钙碱性火山岩。晚三叠世海相火山岩局限于松潘—甘孜区，在金沙江带东侧义敦—中甸一带有大量安山岩，西侧江达一带的安山岩向西北延至青海托托河一带，向东南与滇西北德钦一带的巨厚中基性—中酸性火山岩相连。陆相火山活动出现于华南和东部陆缘区，在乌兰茶卡、龙羊峡等地有早三叠世陆相中酸性火山喷发；桂西百色—隆安、凭祥—东门和那坡一带分别发育陆相中酸性火山岩和基性火山岩，凭祥市北大青山一带北泗组主要由长英质熔岩(玄武安山岩、英安岩和流纹岩)夹火山碎屑岩(集块熔岩、角砾熔岩、凝灰熔岩、熔结角砾凝灰岩和熔结凝灰岩)组成，其中英安岩SHRIMP锆石U-Pb年龄为(246±2)Ma；东兴市峒中—板八一带的板八组主要由流纹岩夹珍珠岩、凝灰熔岩、集块熔岩、流纹质凝灰岩组成，其中流纹岩SHRIMP锆石U-Pb年龄为(250±2)Ma(覃小锋等，2011)。在湖南道县、宁远和宜章一带也有陆相基性火山岩出露，宁远保安圩中心铺碱性玄武岩LA-ICP-MS锆石U-Pb年龄为(212.3±1.7)Ma；保安圩李宅湘碱性玄武岩LA-ICP-MS锆石U-Pb年龄为(205.5±3.0)Ma(刘勇等，2010)。东部陆缘区，从吉黑东部至闽西北，零星发育陆相中酸性火山岩，代表环太平洋带早期的大陆火山活动。

3.2.4 中、新生代板块和板块边缘造山带中的岩浆岩

该期次板内和板缘造山带中的岩浆岩是中国大陆沉积盖层发生构造变形时期的岩浆活动产物。印支构造事件以后，中国的岩浆活动特点完全打破了先前的构造岩浆格局，岩浆岩主要分布于中国东部和青藏高原地区。中国东部的岩浆岩主要属板内岩浆活动的产物，青藏高原地区主要属板块边缘造山带岩浆活动的产物，但均以长英质火山—侵入岩为主。除台湾、南海及西藏有少量海相火山喷发外，其他地区均属陆相火山喷发。按构造阶段从老到新可划分为燕山期岩浆岩、喜马拉雅期岩浆岩和新构造期岩浆岩3个期次，该期次岩浆活动可能是中国北部西伯利亚板块与华北板块碰撞、西南部印度板块与欧亚板块碰撞、华北和扬子板块碰撞以及中国东部太平洋板块俯冲等共同作用的结果。

1. 燕山期岩浆岩

燕山期是中国最重要的岩浆活动期，燕山期岩浆活动在中国境内最为强烈，产出的岩浆岩分布广，数量多，岩体面积大，主要分布于中国东部，青藏高原有少量出露。中国东部NE—NNE向岩浆岩带是环太平洋岩浆带的重要组成部分。火山活动从侏罗纪到白垩纪，东

北、华北稍早，华南稍晚，但都以晚侏罗世和早白垩世最为强烈。

早燕山期火山活动主要发育在中国东部，可分为195~170Ma(早侏罗世)、165~150Ma(中侏罗世晚期—晚侏罗世)、145~130Ma(早白垩世早期)3个亚期，以早白垩世早期最为强烈。中国东部由北向南出现不同岩性：东北、华北区属安山岩系，下扬子区属粗安岩系，浙闽赣区属流纹岩系，南岭区属英安岩系。川藏地区，阿坝、若尔盖有早侏罗世陆相火山岩和羌塘—昌都有早白垩世偏碱性中基性陆相火山岩，藏北和藏南从侏罗纪到白垩纪，都分布海相含大量火山碎屑的火山岩组合。秦昆地区，从昆仑山(早中侏罗世)向东至西秦岭(中侏罗世—白垩纪)、大别山(早白垩世)，火山活动依次变新，岩性以碱性和偏碱性中基性火山岩为主。

早燕山早期火山活动范围较局限，主要见于南岭地区和燕山—辽西地区，东南沿海地区有零星出露。南岭地区的赣南—粤北—闽西南一带为流纹岩—玄武岩组合，赣南余田群双峰式火山岩SHRIMP锆石U-Pb年龄为195~191Ma(冀春雨、巫建华，2010；项媛馨、巫建华，2012)；燕山—辽西地区兴隆沟组(或称南大岭组)为一套铁镁质火山岩组合，其凝灰岩SHRIMP锆石U-Pb年龄为177Ma(Yang和Li，2008)；东南沿海火山岩带毛弄组为含煤火山-沉积岩系，其下部灰绿色英安质玻屑晶屑凝灰岩SHRIMP锆石U-Pb年龄为(180±4)Ma(陈荣等，2007)。早燕山中期火山活动的产物出露于燕山—辽西地区和大兴安岭地区。燕山—辽西地区的髫髻山组为一套粗安质熔岩、角砾凝灰岩等火山喷发岩夹凝灰质砂岩、凝灰质砾岩组合，火山岩LA-ICP-MS锆石U-Pb年龄为165~152Ma(马强等，2009；刘健等，2006；张宏等，2005；杨蔚、李曙光，2004；赵越等，2004；Meng等，2018)，SHRIMP锆石U-Pb年龄为166~153Ma(Davis等，2005；季强等，2005；柳永清等，2004；Cope，2003)；大兴安岭地区塔木兰沟组为一套中基性火山熔岩、火山碎屑岩夹沉积岩组合，火山岩锆石U-Pb年龄为151~145Ma(Zhang等，2008；孟恩等，2011；李萍萍等，2010；陈志广等，2006)。早燕山晚期火山活动范围广，构成各火山岩带的主体。燕山—辽西地区和大兴安岭地区的土城子组为一套红色沉积岩系，燕山—辽西地区夹有酸性火山岩，其锆石U-Pb年龄为152~142Ma(张宏等，2008；杨进辉等，2006；Cope，2003)；东南沿海磨石山群长英质火山岩SHRIMP锆石U-Pb年龄为139Ma(邢光福等，2008)，南岭武夷群长英质火山岩SHRIMP锆石U-Pb年龄为141~130Ma(王保峰、巫建华，2011；巫建华等，2011)；江西峡江—广丰一带的武夷群长英质火山岩SHRIMP锆石U-Pb年龄为137~130Ma(何观生等，2009；杨水源等，2010；巫建华等，2011；武君、巫建华，2013)，长江中下游地区龙王山组和大王山组长英质火山岩锆石U-Pb年龄为134~130Ma(周涛发等，2008、2011；薛怀民等，2010；袁峰等，2010；侯可军等，2010；谢成龙等，2007；谢桂青等，2006；张旗等，2003)，燕山—辽西地区张家口组长英质火山岩锆石U-Pb年龄主要集中于143~130Ma(韦忠良等，2008；Yuan等，2008；杨进辉等，2006；张宏等，2005a、b、c；Niu等，2004；柳永清等，2003)，大兴安岭地区兴安群长英质火山岩锆石U-Pb年龄为142~139Ma(孟恩等，2011；苟军等，2010；葛文春等，2001)，均属早白垩世早期火山活动的产物。

早燕山期侵入岩也广泛发育，与同期火山岩基本一致，可划分为3个阶段。每一阶段岩石成分有从超镁铁质—镁铁质向中性、中酸性、酸性和偏碱性成分演化的趋势，且以中酸性岩为主。南岭地区的花岗岩类主要分布在粤北、赣南、湘南和闽西一带，岩性以黑云母花岗岩为主，有少量花岗闪长岩、二长花岗岩、花岗闪长斑岩和花岗斑岩。南岭带赣南龙南含湖杂岩、柯树北岩体、寨背花岗岩体、陂头花岗岩体、步车辉长岩、黄埠正长岩、塔背正长岩、粤北笋洞花岗岩、霞岚杂岩(余心起等，2009、2010；丁兴等，2005；凌洪飞等，2004；Li 等，2007；贺振宇等，2007)可作为早燕山早期侵入岩的代表，同位素年龄为 196～170Ma，属早侏罗世。早燕山中期侵入岩包括：桂东北花山和姑婆山花岗岩体主侵入阶段花岗岩体、湘南九嶷山地区金鸡岭和西山花岗岩体、九峰山岩体主侵入阶段花岗岩体、粤西北大东山岩体主侵入阶段花岗岩、粤北贵东复式岩体中西部长坪岩体、中部隘子岩体、南侧热水岩体、广东佛冈花岗岩体、紫金龙窝花岗岩体、赣南全南正长岩、龙源坝正长岩等，同位素年龄为 165～155Ma，属中侏罗世末期—晚侏罗世早期。长江中下游地区的岩浆侵入活动集中在 145 ～136Ma 和 135～127Ma 两个时期，是早燕山晚期侵入岩的典型代表。145～136Ma 的岩浆活动主要在次级隆起区(如铜陵、安庆等；毛景文等，2004；周涛发等，2000，2010；Zhou 等，2007；王彦斌等，2004；张达等，2006；张乐骏等，2008；蒋少勇等，2010)；135～127Ma 的岩浆活动主要在次级凹陷区(如庐枞盆地、宁芜盆地等；周涛发等，2008)。宁芜盆地和睦山岩体、白象山岩体和姑山岩体、陶村岩体、凹山岩体、和尚桥岩体和东山岩体等 7 个闪长玢岩的形成时代为 130Ma 左右；庐枞盆地的黄屯岩体、巴家滩岩体、焦冲岩体、龙桥岩体、谢瓦泥岩体、尖山岩体和拔茅山岩体主要为二长岩和闪长岩类，形成时代为 134～130Ma。昆秦地区仅有钙碱性和碱性系列酸性岩，年龄为 181～145Ma、170～152Ma 和 135～95Ma。豫西小秦岭和阿尔金地区除酸性深成岩外，还有浅成花岗斑岩。鲁中地区也有约 130Ma 的闪长岩侵入体(杨青亮等，2010)。

在川藏地区，超镁铁岩—基性岩沿班公错—怒江分布，形成于晚侏罗世—早白垩世，由东而西侵位时代逐渐变新。中酸性岩具有多阶段侵入特点，早期发育于多玛—左贡，以花岗闪长岩、二长花岗岩为主，晚期发育于冈底斯—念青唐古拉北带，为闪长岩(石英闪长岩)、花岗闪长岩、二长花岗岩和碱长花岗岩组合。在金沙江和龙门山—攀西之间地区，以早期花岗岩为主(171～138Ma；K-Ar 法)，如阿坝花岗岩(152Ma；Rb-Sr 法)；义敦发育燕山晚期含锡花岗岩带。在滇东南个旧(147Ma，103～81Ma；Rb-Sr 法)、薄竹山和都龙等地区分布近东西向花岗岩带，与南岭花岗岩带同属中国华南重要的钨锡矿带。

晚燕山期火山活动相对较强烈，可分为 130～100Ma(早白垩世晚期)和 100～65Ma(晚白垩世)两个亚期。晚燕山早期火山活动发育于东南沿海、长江中下游、燕山—辽西和大兴安岭地区，且东南沿海地区晚于其他 3 个地区。东南沿海地区永康群及相当层位火山岩锆石 U-Pb 年龄为 103～101Ma(邢光福等，2008)，长江中下游地区姑山组和娘娘山组火山岩锆石 U-Pb 年龄为 130～122Ma(周涛发等，2008、2011；袁峰等，2010；侯可军等，2010；闫峻等，2009；谢成龙等，2007)，燕山—辽西地区义县组火山岩锆石 U-Pb 年龄主要集中在 126～119Ma(孟凡雪等，2008；韦忠良等，2008；张宏等，2006、2005a、d；Niu 等，2004)，大兴安岭火山岩带梅勒图组火山岩锆石 U-Pb 年龄为 123～117Ma(孟恩等，2011；李萍萍等，2010；张吉衡，2009)，均为早白垩世晚期火山活动的产物。晚燕山晚期火山活动强度较小，火山岩往往呈夹层产于红色沉积岩系之中，如南岭地区优胜组长英质火山岩 SHRIMP 锆石 U-Pb 年龄为 97～96Ma(刘茜、巫建华，2011；巫建华等，2012)、南雄群铁镁质火山岩 SHRIMP 锆石 U-Pb 年龄为(96±1)Ma(舒良树等，2003)，江西峡江—广丰—带赣州群铁镁质火山岩 SHRIMP 锆石 U-Pb 年龄为 99~91Ma(李瑞玲等，2010；项媛馨，2012)。

晚燕山期侵入岩较发育，一般与同期的火山岩相伴产出。如庐枞盆地的巴坛岩体、大红窑岩体、罗岭岩体、龙王尖岩体和凤凰山岩体主要为正长岩，成岩时代为 129~123Ma，盆地中段切穿早期闪长玢岩的牛迹山岩体、霍里岩体、姑山岩体、小石山岩体、娘娘山岩体、朱门岩体、石山岩体和吉山岩体 8 个花岗岩小岩体的成岩时代为 126~130Ma(侯可军等，2010；袁锋等，2011)；庐枞盆地东南缘的枞阳岩体、花山岩体、城山岩体和黄梅尖岩体主要为 A 型花岗岩，成岩时代为 126~123Ma。这些岩体的地质时代都与长江中下游地区晚燕山构造阶段火山岩的地质时代一致。

2. 喜马拉雅期岩浆岩

喜马拉雅期岩浆岩主要分布于中国的东部和滇藏地区。火山岩以中国东部最为发育。

早喜马拉雅期岩浆岩构成冈底斯火山岩—花岗质侵入岩岩浆带的主体，侵入岩主体发育时间为 52.5~47Ma，主要在 50Ma 左右(Mo 等，2005；Dong 等，2005)。林子宗群火山岩系不整合于上白垩统之上、不整合于新近系乌郁群之下，包括典中组、年波组和帕那组，各组之间呈不整合接触。典中组火山岩同位素年龄为 65~60Ma，帕那组火山岩同位素年龄为 53~47Ma。典中组火山岩 $^{40}Ar-^{39}Ar$ 坪年龄显示：林周盆地为 64.5Ma(Zhou 等，2004)，林周盆地以西的马区为 60.5Ma(Zhou 等，2004)，更西部的尼玛地区为 58.6Ma(谢国刚等，2003)，阿里地区为 60.7Ma(郭铁鹰等，1991)。在羌塘和三江北段火山活动形成高钾钙碱性系列的安粗岩—粗面岩组合(45~25Ma)，三江还伴有高镁煌斑岩，羌塘鱼鳞山—火车头一带发育含白榴石的碱玄岩、碱玄质响岩和响岩(30Ma 以后)。

中国东部，早喜马拉雅期火山岩分布于呈 NE 和 NNE 向展布的裂谷(松辽、下辽河—渤海、华北、苏北—黄海及江汉等)、地堑(汾渭)及一些大小不一的裂陷盆地(河原、三水、雷琼、抚顺及苏南等)内，岩石以拉斑玄武质熔岩及碎屑岩为主，呈夹层产于古近纪地层中，绝大部分隐伏于地下，如鲁西大西庄玄武岩、辽西乱石山子、曲家屯玄武岩等(Yan 等，2005；Wang 等，2006)。该阶段火山岩在南海中央盆地及北部大陆架上的某些断陷盆地内也有分布，新疆天山托云地区也有零星出露。在冈底斯山至拉萨的狭长地带，有大规模中基性及中酸性火山喷发，属陆—陆碰撞火山带。

该期侵入岩主要有基性岩、中酸性岩和碱性岩，多为浅成岩和脉岩。基性岩分布较广，主要发育于东南沿海，有辉长岩、辉长辉绿岩和辉绿岩等。中酸性岩多见于滇藏地区，在唐古拉山北部，二长花岗岩和正长斑岩(46~33Ma)等呈岩株状成群产出，为玉龙斑岩铜矿带的北延；藏南拉轨岗日高喜马拉雅地区，有花岗岩和含铜花岗斑岩分布；云南西部，中酸性浅成岩十分发育，以二长斑岩—正长斑岩—花岗斑岩组合为主(67.1~33.9Ma)。碱性岩主要分布在滇藏地区，当曲分水岭地带发育霓霞金云斑岩和含黑云母霞石白榴岩；云南兰坪—思茅地区分布有碱性辉石岩—碱性正长岩组合(33.8Ma)。吉林桦甸也有此期碱性岩(31Ma)。在浙江沿北北东向断裂分布有角砾云母橄榄岩、辉绿辉长岩、黄长煌斑岩和霓霞岩。

晚喜马拉雅期火山岩广泛发育于青藏高原南北向裂谷之中，从西向东依次发育亚热裂谷、塔口拉—隆格尔裂谷、古错—文部裂谷、定结—申扎裂谷、亚东—羊八井裂谷以及错那裂谷等 6 个主要裂谷系，裂谷内钾质—超钾质火山岩同位素年龄为 23~8Ma，峰期为 18~

12Ma。如塔口拉—隆格尔裂谷系统中的西藏仲巴县麦嘎高镁超钾质火山岩$^{40}Ar-^{39}Ar$坪年龄为(17.4±0.1)Ma、反等时线年龄为(17.3±0.1)Ma；古错—文部裂谷内仪仟高镁超钾质火山岩$^{40}Ar-^{39}Ar$坪年龄为(13.5±0.1)Ma，反等时线年龄为(12.8±0.1)Ma(丁林等，2006)；亚热裂谷中的塞利普钾质—超钾质火山岩全岩K-Ar法和$^{40}Ar-^{39}Ar$年龄为17.7~15.5Ma(刘登忠等，2005)，塞利普粗面安山岩金云母$^{40}Ar-^{39}Ar$坪年龄为(17.6±0.2)Ma、反等时线年龄为(17.4±0.4)Ma(王保弟等，2008)，塞利普超钾质火山岩LA-ICP-MS锆石U-Pb年龄为17.7~16.3Ma(孙晨光等，2008)；呈南北向分布于塔若错—查诺错湖东侧的布嘎寺火山岩主要形成于16Ma(Nomade等，2004；陈建林等，2006)；亚东—羊八井裂谷中的花岗斑岩主要形成于16~13Ma(Hou等，2004)；拉萨板块南部，南北向超钾质岩脉最老的时间为(18.3±2.7)Ma(Willams等，2001)。在冈底斯南缘还发育有与钾质—超钾质火山岩同源的石英二长斑岩、黑云母二长花岗斑岩、二长花岗斑岩、黑云母花岗闪长斑岩和似斑状二长花岗岩等，同位素年龄主要介于17~12Ma之间；与钾质—超钾质火山活动大致同时，冈底斯还发育埃达克质斑岩侵入活动(25~12Ma)，冈底斯带及喜马拉雅带发育强过铝质花岗岩侵入活动(25~18Ma，20~10Ma)。在藏南具有由中、下地壳物质局部熔融形成的大量S型淡色花岗岩，主要有白云母花岗岩、二云母花岗岩和白云母二长花岗岩等，淡色花岗岩的同位素年龄介于23~8Ma之间。在可可西里发育安粗岩-粗面岩组合(19~8Ma)，西秦岭产生钾霞橄黄长岩—碳酸盐组合(23~7Ma)。冈底斯产生多种火山岩组合(25~10Ma)，由西向东逐渐年轻，西段(狮泉河、邦巴、雄巴)为超钾质火山岩(25~20Ma)和高钾钙碱性长英质火山岩(18~17Ma)，东段(扎布耶茶卡、当日雍错、贡木淌、许如错)为超钾质白榴石响岩、碱玄岩、安粗岩(18~14Ma)，而更东部(乌郁、麻江、羊颖)为高钾钙碱性粗面岩和钾质长英质火山岩。在西昆仑发育安粗岩—钾玄岩—响岩质碱玄岩(6.4~0.12Ma，以3Ma为主)，向北东在礼县—宕昌和玉门产出少量钾质基性火山岩，向东南在腾冲则发育高钾钙碱性系列粗面玄武岩、钾玄岩、安粗岩、粗面岩、英安岩等(3.3~0.01Ma)。

中国东部地区，火山活动受断裂控制比较明显，喷发时代先后不一。内蒙古、山西、河北北部的汉诺坝玄武岩，山东临朐—昌乐地区、吉林伊通地区(Liu等，1992)、台湾岛西北部的火山岩，形成于中新世；吉林船底山的玄武岩分布在以白头山为喷发中心的火山锥体周围，时代为上新世晚期；南京方山及雷州半岛玄武岩，属上新世(Liu等，1992)；滇西腾冲火山岩为上新世—全新世(石玉若等，2012)。

3. *新构造期岩浆岩*

第四纪火山活动除腾冲及青藏高原外，在东北、内蒙古地区以及海南岛北部和雷州半岛等地规模较大，主要沿海南岛北部形成大小不等的火山群。吉黑镜泊及龙岗等火山群和山东的部分玄武岩以碱性橄榄玄武岩为主，有洋岛玄武岩地球化学特征(Liu等，2008；Meng等，2015)；五大连池、二克山、科洛火山群、无棣大山、郯庐断裂南段的女山和大蜀山等火山岩以碱质橄榄玄武岩及碎屑岩为主；吉林白头山火山岩以钾质碱性粗面岩和碱流岩为特征；台湾北部的大屯火山群和基隆火山群分别为富铝玄武岩、辉石(角闪石)安山岩及集块岩和英安质潜火山岩、熔岩等；海南岛北部和雷州半岛为橄榄玻基玄武岩和橄榄玄武岩等；海南黄岩岛一带海盆的表层沉积物中，含有丰富的火山碎屑物质(南海海洋研究所，1988)。现代我国最新一次火山活动于1951年5月27日发生在新疆于田县南部的阿什库勒地区，属大陆碱性玄武岩。

3.3 中国主要板块岩浆活动

3.3.1 塔里木—华北地区

本区北与天山—兴安地区相邻，南与昆仑—秦岭接壤，是古塔里木—华北板块中的稳定区。华北陆块萌生于早中太古代，塔里木陆块始于中、晚太古代，两者于晚元古代相互对接。吕梁运动以前，为本区陆核及早期地壳发生发展固结演化阶段；晋宁运动以前，以拗裂槽发育为特点，为陆块形成阶段。兴凯—华力西期为陆块发展阶段，突出的特征为相对稳定性，直到印支运动以后，塔里木区出现压陷盆地及断块升降，华北区受太平洋西侧大陆边缘活动影响，北北东向构造线发育，岩浆作用频繁。塔里木和华北克拉通虽均是稳定区，但有许多差异。如华北区基底由太古宇和下元古界组成；塔里木区基底大部分为元古宇组成，太古宇不多或缺失，固结于晋宁期，基底性质类似于华南区。

1. 陆核形成阶段岩浆作用

前吕梁期岩浆岩主要见于华北板块，其遭受区域变质作用和后期构造运动的影响，形成变质岩系的一部分。迁西运动形成华北地区古老陆核，辽宁鞍山地区约3804Ma的糜棱岩化花岗质岩石残块是迄今在中国发现的最古老花岗质岩石。上太古界基性、中性、酸性火山岩较发育，主要见于阜平岩群、五台群及其相当的变质岩系中、下部，与沉积岩构成两个次级火山—沉积旋回。花岗岩类分布广泛，约占太古宙变质岩系分布区的1/3~2/3，尤以辽东、吉南、冀东、鲁西等地分布最广。早期花岗岩，主要分布在吉南、辽东清原、冀东、鲁西等地区；晚期花岗岩在各太古宙变质岩区都有分布，以辽东鞍本、承德、张家口、集宁、五台—太行山地区最发育。部分岩体同变质岩系(如泰山岩群、登封岩群)组成花岗绿岩带。

2. 陆块形成阶段岩浆作用

吕梁期火山岩在本区不发育，下元古界变质岩系中夹有少量变质火山岩，该期侵入岩较发育，以花岗岩类为主，后期，中基性岩墙群极为发育。该阶段华北陆块进一步固结，塔里木地区陆壳已形成。

晋宁早期(四堡期)华北陆块以整体抬升为主，但在北缘有渣尔泰—白云鄂博裂谷，南缘有汉高—熊尔裂谷，中部有太行—燕山裂谷。晋宁晚期华北陆块比较宁静，塔里木板块在该阶段也全面克拉通化，并与华北、扬子等陆块对接。因此，华北地区晋宁早期火山岩主要发生在裂陷槽，具有大陆裂谷和活动大陆边缘性质，包括熊耳群和燕山地区大红峪组中火山岩；塔里木地区主要为构造活动区的产物，主要分布于阿克苏群、杨吉布拉克群和塞拉加兹塔克群。侵入岩较为发育，主要在塔里木—华北地区南北缘的边缘地带。华北区西北缘狼山—阴山以北主要为超镁铁质—镁铁质岩石，侵入渣尔泰群或白云鄂博群，如哈尔登吉格岩体；狼山—阴山以南主要为花岗质岩类。河北承德地区，丰宁—隆化断裂带、赤城—平泉断裂带之间广泛发育基性岩、二长岩、斜长岩岩带。基性岩以大庙—头沟基性杂岩为代表。环斑花岗岩分布在密云一带。太行山、五台山、集宁、河南嵩山等地区发育辉长辉绿岩墙群，属于大陆拉斑玄武岩类。塔里木地区主要发育库鲁克塔格和阿尔金山岩带。库鲁克塔格主要为花岗岩类；阿尔金山岩带包括钙碱性造山花岗岩和蛇绿岩套，两者近平行带状分布。花岗岩是重熔产物，蛇绿岩形成于大陆边缘向稳定区域(向陆一侧)过渡的构造背景。晋宁晚期岩浆岩不发育，仅在辽西、山西五台、陕西华阴、河南豫西有零星分布，以辉绿岩脉为主。

3. 陆块发展阶段

该阶段以相对稳定为特征。兴凯期岩浆岩仅在塔里木北缘柯坪—库鲁克塔格有分布，火山岩主要为钙碱性系列，属于大陆裂谷环境。祁连期岩浆不发育，山东蒙阴和辽宁复县有含金刚石的金伯利岩产出(池际尚，1996；Xu 等，2006)(图 3.3)。塔里木地区东北缘火山岩展布于下寒武统西山克拉克组中，主要为玄武岩。侵入岩见于铁西力克地区和阴山地区，主要为花岗闪长岩。天山期火山岩主要分布在塔里木西部柯坪、铁克力克上二叠统中，以富碱为显著特征，为陆相裂隙式喷发。华北地区上石炭统也有少量薄层凝灰质岩。侵入岩较集中分布在塔里木—华北地区北缘断裂南侧，西起柯坪，经库鲁克塔格、阴山、赤峰、开源，东至安东—和龙，主要为花岗质岩类。

图 3.3　华北陆块加里东期(空心)、华力西期(小点)、印支期(黑块)侵入岩分布示意图(据程裕淇，1994)

1—华北陆块北缘断裂带；2—华北陆块南缘断裂带；3—郯城-庐江断裂带；4—太行山断裂带

4. 滨太平洋(新特提斯)发展阶段

包括印支期、燕山期、喜山期(及新构造运动)阶段。岩浆活动主要在华北东部地区。印支期，华北仍显示相对稳定构造环境，印支期岩浆活动在塔里木地区未见出露，在华北陆块东部和北部较强烈，以侵入岩为主，火山岩仅分布于山西临县—吉县一带。侵入岩主要分布于辽吉岩带和阿拉善北缘—阴山岩带(图 3.4)。辽吉岩带主体位于辽东，吉林浑江也有出露，主体为酸性岩，中基性岩出露有限，以二长花岗岩为主，代表性岩体有辽宁丹东三股流二长花岗岩。碱性岩以辽宁凤城赛马碱性杂岩体为代表。阿拉善北缘—阴山岩带均为花岗岩类。

塔里木地区燕山期岩浆活动微弱，仅在阿尔金南缘拉配泉一带有小岩株出露，主要为闪长岩和花岗岩。华北区燕山期以伸展作用为主，伴随大规模火山喷发和中酸性岩浆侵入，是该地区最强烈而频繁的一期岩浆活动，从火山岩到不同深度侵入岩，构成多期次交替更迭。时间上，从侏罗到白垩纪均有岩浆活动，但以晚侏罗和早白垩世最强烈。岩性上，由基性、中性向中酸性、酸性、偏碱性演化。华北区火山岩主要集中于燕辽火山活动带和吉、辽、胶东火山活动带，太行山北段、豫、陕也有分布。燕辽火山活动带分为四个火山活动期：①早侏罗世，分布于京西至辽宁北票，以南大岭组和兴隆沟组火山岩为代表，西部以玄武岩为主，东部以高镁安山岩为主(Gao 等，2008)；②中侏罗世，以髫髻山组和蓝旗组为代表，以安山岩为主(Meng 等，2018)；③晚侏罗世，主要分布于太行山断裂带北段，以张家口组火山岩为代表，主要为流纹岩，火山碎屑岩类发育；④早白垩世，分布于该带东部，以义县组和大北沟组为代表，以安山岩或流纹岩为主。吉、辽、胶东火山活动带可分为三个火山活动期：①中侏罗世，仅在吉林果松盆地小面积出露；②早白垩世，活动强烈，以安山岩、英安岩为主；③晚白垩世，仅在吉林三源浦盆地小面积分布，为安山岩—粗面岩组合。华北区侵入岩分布广泛，尤其花岗岩类最为发育，与成矿关系密切。

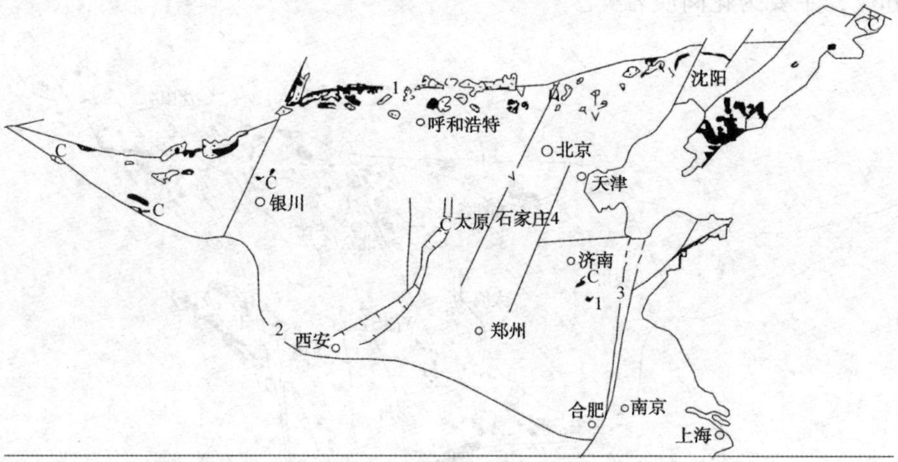

图 3.4　华北陆块燕山期侵入岩分布示意图(据程裕淇，1994)

1—华北陆块北缘断裂带；2—华北陆块南缘断裂带；3—郯城-庐江断裂带；4—太行山断裂带

喜山期岩浆活动是伸展背景产物，该阶段以幔源玄武岩喷发为主，侵入岩很少。火山岩仅在华北区有出露，可划分为长白山火山活动带、雁北—坝上火山活动带(河北张家口以北，山西雁北及内蒙集宁—黄旗海等地)和华北平原火山活动带。

3.3.2　华南地区

华南地区位于我国东南部，西倚青藏高原，东濒太平洋，为华南板块的主体部分。华南板块是在扬子、华夏和印支 3 个前寒武纪克拉通基础上发展起来的。全区包括 4 个构造单元：扬子陆块、南华活动带、琼南微陆块和台湾活动带，后两单元分布局限。北部的扬子陆块，形成于(四堡)—晋宁期，长期以来较为稳定。东南部的南华活动带，是扬子陆缘和华夏古陆壳之上的晚元古代—早古生代裂谷带，加里东运动时闭合，与扬子陆块组成古华南陆壳；印支期后，华南完成由海到陆的转变，成为欧亚大陆的一部分；燕山期以来，华南板块与周边的塔里木—华北板块，太平洋板块、菲律宾海板块以及印度板块相互作用，陆块发生强烈“活化”，形成以扬子陆块为核心，以华南大陆为主体，向东南过渡到滨西太平洋陆缘活动带的基本格局。

本区自晚太古代至第四纪都有岩浆活动，侵入岩、火山岩均十分发育，总面积达 470000 km^2。晚太古代—元古宙以海相基性火山喷发和中酸性岩浆侵入为主；古生代除南华活动带广泛分布中酸性侵入岩外，在扬子陆块西部有大规模二叠纪玄武岩浆喷发；中生代岩浆活动逐渐达到峰期，尤其是晚侏罗世至早白垩世，华南地区东部广泛发育有多种成因的中酸性侵入岩和不同类型中酸性火山岩，构成滨西太平洋重要的岩浆活动带的一部分；新生代岩浆活动主要见于东南沿海及台湾海域，分别为大陆基性火山喷发及岛弧型火山岩带。

空间上，岩浆活动受区域构造控制明显，特别是中、新生代的岩浆岩，无论是侵入岩或火山岩，主要呈北东向的带状展布，并表现出岩石化学成分、矿化分带与太平洋板块活动密切相关的一系列特点。岩浆作用与成矿关系十分密切，如与元古宙海相细碧—角斑岩建造有关的铜、铁、金，与南岭中生代花岗岩类有关的钨、锡、铋、钼、铅、锌、铌、钽、稀土，与长江中下游中生代陆相火山作用有关的铁、铜、硫、多金属，以及浙、闽、粤沿海的明矾石、叶蜡石、沸石、高岭土、膨润土、珍珠岩等非金属矿产。

岩浆活动可划分为吕梁期、四堡期—晋宁期、澄江期(兴凯期或震旦期)、加里东期、华力西—印支期、燕山期及喜马拉雅期。火山岩集中分布于华南地区西部和东南部，各时期火山岩出露总面积约 240000km^2。侵入岩分布面积约 230000km^2，主要分布于扬子陆块西、北缘和下扬子地区东部，以及雪峰、云开大山以东地区，尤其是华南沿海诸省分布最广。侵入岩岩石类型繁多，有超镁铁岩、基性岩、中性岩、酸性岩、碱性岩及其过渡性岩类，其中以酸性岩最发育，燕山期侵入岩分布最广，规模最大。

1. 吕梁期岩浆活动

吕梁期火山岩见于扬子陆块西、北缘的晚太古—早元古代地层中，多已发生中—深变质，原岩为玄武岩—英安岩—流纹岩组合，具双峰式特点。康定岩群下部火山岩属拉斑系列，上部渐变为钙碱性系列，并发育辉绿岩墙群。此外，浙南也发现早元古代火山岩；闽西北的变中基性火山岩(斜长角闪岩) Sm－Nd 等时线年龄为(2682±148) Ma(福建区调队，1990)，闽南尤溪东华村基性—超基性熔岩 Sm-Nd 等时线年龄为(1970±85) Ma，说明该区有吕梁期甚至更老的火山岩存在。

侵入岩主要出露于扬子陆块西、北边缘的米仓山—攀西(可能南延于滇中地区)一带、鄂西黄陵和浙西南—闽北地区，属扬子、华夏古陆块初始形成时期的花岗绿岩区。

1) 米仓山—攀西—滇中岩带

超镁铁岩—基性岩沿扬子陆块西北缘展布，在四川境内有垭口、桂花村、英翠、椿树坪等 12 个岩体(群)。岩石类型以基性岩为主，超镁铁岩只有少量分布。岩体侵入康定岩群，被吕梁期钠质花岗岩所侵入。米易县垭口、桂花村岩体全岩 K－Ar 同位素年龄分别为 1954Ma 和 1713Ma。与基性岩有关的矿产包括钒钛磁铁矿和磁铁矿，与超镁铁岩相伴生的有铜、镍矿化。

中—酸性岩包括田竹坝、映秀、大田、稿吾卡—阿德博等 30 余个岩体，呈岩基、岩株状产出。岩石类型在北段以中酸性岩类为主，有石英闪长岩、英云闪长岩、花岗闪长岩。南段滇中南部则以酸性岩为主，并形成巨大的岩基，岩性以片麻状黑云二长花岗岩为主，碱交代发育，为铝过饱和岩石系列，属硅铝壳增厚地区形成的陆壳重熔型花岗岩。

2) 黄陵岩区

超镁铁岩—基性岩：北部见于核桃园—樟树坪一带，岩石类型以辉橄岩、纯橄岩为主，尚见少量辉石岩、角闪石岩、辉长岩等；南部分布在宜昌太平溪一带，一类为蛇纹石化纯橄岩、斜辉辉橄岩、斜辉橄榄岩和少量透辉石岩等组成的镁质—超镁铁岩。另一类为侵入黄陵花岗岩中呈互相过渡的二辉橄榄岩、橄榄苏长辉长岩、苏长岩、辉长岩及辉石闪长岩组成的超镁铁、基性杂岩体。中酸性岩见于黄陵背斜崆岭群，有片麻状英云闪长岩、奥长和二长—钾长花岗岩。

3）浙西南—闽北岩区

浙西南吕梁期花岗岩分布较广，有淡竹、花桥等7个岩体，主要为二长花岗岩、花岗闪长岩和石英闪长岩。淡竹花岗闪长岩锆石 U-Pb 年龄为(1878±27)Ma。闽北建宁地区也有石英闪长岩、英云闪长岩体。

2. 四堡—晋宁—澄江期岩浆活动

四堡期火山岩主要分布于扬子陆块西北缘火山岩带和扬子陆块东南缘火山岩带。扬子陆块西北缘火山岩带主要在川西、滇中一带，该期火山活动由东向西增强。东部龙门山—攀西带，以石英角斑岩为主(如会理群)，自下而上，由玄武岩安山岩—碱性流纹岩，具连续演化特点；西部碧口—盐边带，以玄武岩和细碧岩为主，北段为双峰式火山岩，南段出现由枕状玄武岩与超基性岩，层状辉长岩和席状岩墙组成的不完整的蛇绿岩序列。扬子陆块东南缘火山岩带分布于桂北九万大山—黔东北梵净山、湘北—赣北庐山一带，为海底喷溢的一套基性—酸性熔岩，以基性熔岩占绝对优势。主要岩性为细碧岩或玄武岩，其次为角斑岩及石英角斑岩、安山岩及流纹岩，局部夹火山碎屑岩。该岩带发现科马提岩，如桂北九万大山一带文通组上部陆缘裂谷环境的玄武质科马提岩；黔东北梵净山群层状基性—超基性岩可能代表喷发成因的科马提岩。

扬子区晋宁期火山岩主要见于江南地块青白口系，形成于造山后裂陷环境，岩石类型为浅变质的玄武岩、安山岩、英安岩、流纹岩，以及相应成分的次火山岩、火山碎屑岩等。相似的火山岩在鄂西、湘北也有不同程度发育。澄江期火山活动主要见于上扬子区晋宁造山运动后的伸展环境，形成川西、滇东震旦纪早期火山岩区，岩石组合为玄武岩—安山岩—流纹岩及相应成分火山碎屑岩。南华区桂北—赣中带，为南华海槽北缘火山活动带，晋宁期发育细碧—石英角斑岩组合。澄江期火山活动稍弱，桂东亦为一套细碧—石英角斑岩组合，为海底间歇性火山喷发。由晋宁期至澄江期，岩石成分碱质含量增高，但总体仍属钙碱性岩系。

四堡—晋宁期侵入岩主要分布于扬子陆块四堡—晋宁期造山带，进一步分为米仓山—攀西—滇中岩带、黄陵岩区、四堡—九岭岩带和浙西岩区，以花岗质岩类分布最广，超镁铁岩、基性岩只有少量分布。米仓山—攀西—滇中岩带北段超镁铁岩—基性岩由玉泉、红岩—四坪、石棉等27个岩体组成，有石棉、铁矿和 Cr、Cu、Ni 矿化；南段滇中地区仅有少量辉绿岩、辉长岩零星分布。中酸性岩沿扬子陆块西缘分布，与 Cu、Fe、Pb、Zn 矿形成有关，酸性岩与 W-Sn 矿有关。碱性岩见于四川旺苍县坪河地区。黄陵岩区基性岩主要为辉长岩和辉绿岩，出露于神农架和大洪山地区；中酸性岩分布于宜昌、黄陵一带。四堡—九岭岩带超基性—基性岩见于黔东北梵净山、桂北三门、湘西沅水和赣中武功山等，是一套以辉绿岩为主的辉长辉绿岩、辉石岩、橄榄岩组合。中酸性岩沿雪峰—九岭隆起带分布。浙西岩区基性岩沿江山—绍兴断裂带分布，中酸性岩分布于浙西北与浙西南地区。

澄江期侵入岩主要分布于四川米仓山、龙门山、泸定—泸沽一带，以及云南大理等地，岩性以酸性岩类为主。

3. 加里东—华力西—印支期岩浆活动

加里东期火山活动除粤西、桂北、桂东南及海南部分地区外几乎停止。桂北及大明山一带，早奥陶世有角斑岩及沉火山角砾岩、沉凝灰岩；桂东南及粤西，奥陶纪—志留纪的海相沉积层中均不同程度夹有细碧岩、石英角斑岩、英安岩、流纹岩及其火山碎屑岩。加里东期侵入岩主要发育于南华加里东褶皱带，扬子陆块北缘仅有少量超镁铁岩、基性岩分布。

华力西—印支期火山岩集中分布于华南西部，以华力西期分布较为广泛，包括云、贵、川二叠纪大陆溢流拉斑玄武岩区、桂西南(华力西)玄武岩、粗面(斑)岩区、滇东、桂西右江地区的印支火山岩区。侵入岩在扬子和南华地区均有分布，以中酸性岩类分布最广，超镁铁岩—基性岩、碱性岩也较发育，主要为龙门山—攀西—滇中岩带、右江岩带、诸广—皖南岩带和武夷—云开岩带。龙门山—攀西—滇中岩带超镁铁岩—基性岩分布在扬子陆块西缘，与峨眉山玄武岩同时发育，关系密切；中—酸性岩主要分布于攀枝花—西昌一带；碱性岩沿扬于陆块西缘安宁河断裂带分布。右江岩带超镁铁岩—基性岩分布于桂东南、桂西南和滇东南地区；碱性岩分布于黔东南、黔西南和滇东南地区。诸广—皖南岩带和武夷—云开岩带，包括沩山、大容山、旧州、金滩、麦斜、夏茂、下元、青阳、旌德等140余个岩体，以花岗质岩类为主，个别地区有少量基性岩、中性岩分布，花岗岩可分为混合型、陆壳重熔型和壳幔同熔型三类。混合花岗岩主要见于桂、粤交界地区的罗定—广宁一带。陆壳重熔型花岗岩构成两岩带：诸广山—皖南岩带主要为二长花岗岩、花岗岩，以含石榴石、堇青石、紫苏辉石为特征；武夷—云开岩带，以黑云母、角闪石花岗岩为主。壳幔同熔型花岗岩，在两岩带都有分布，主要集中于皖南和武功山一带，桂东南地区也少量分布，岩石类型有石英闪长岩、花岗闪长岩、石英二长岩和斜长花岗岩。除上述几个主要岩带外，海南岛也有华力西—印支期花岗岩分布。

4. 燕山期—喜山期岩浆活动

印支运动之后，华南地区火山活动分布格局发生重大变化，燕山期形成一系列北东向与太平洋板块俯冲作用有密切关系的火山岩带及岩石组合。火山活动始于早侏罗世，晚侏罗世达到鼎盛，晚白垩世逐渐减弱；空间上由西向东由老而新迭次迁移，形成一套岩类复杂、厚达万米的陆相钙碱性系列火山岩，构成中国东部及环太平洋火山岩带的重要组成部分，其主要分布在湘—桂岩带、长江中下游岩带和东南沿海岩带。湘—桂岩带燕山期火山活动较早但较微弱，火山岩零星分布于赣西、湘南及桂东南早侏罗世地层中，以流纹岩、沉火山碎屑岩为主，偶见玄武岩、英安岩及火山碎屑岩，呈夹层产出。中晚侏罗世未见火山活动，至早白垩世，湘东南有玄武岩、玻基辉橄岩夹层，偶见深源包体。晚白垩世在桂东南博白、岑溪一带有中酸性火山碎屑岩及少量熔岩。长江中下游岩带火山岩可进一步分为燕山早期和燕山晚期火山岩。早期火山岩分布于湖北蒲圻、大冶、安徽怀宁枞阳、芜湖及江苏南京、镇江等沿江一带，形成大小不等的晚侏罗世陆相火山喷发盆地，与长江中下游铜铁成矿带的形成关系至为密切。在鄂东南，火山岩系组成灵乡、太和盆地，晚侏罗世早期形成安山岩夹层，晚期主要为流纹岩。火山活动随时间推移逐渐增强，形成一个完整的由基性至酸性的溢流—喷溢旋回，成分以高硅、碱，低铁、镁、钙为特点；在苏皖地区，火山岩系组成怀宁、庐(江)枞(阳)、繁昌、滁州、宁(南京)芜(湖)、溧水、镇江等盆地。晚侏罗世早期属玄武岩—粗安岩—粗面岩组合，晚期属安山岩—粗安岩—粗面岩组合。燕山晚期火山岩主要见于苏皖宁芜、溧水、繁昌、庐枞少数盆地内，在鄂东南也有分布。在鄂东南，早白垩世有凝灰岩、玄武岩、安山岩、流纹岩及少量火山碎屑岩。苏、皖地区，早白垩世各火山岩盆地岩性不尽相同：下部火山岩在宁芜盆地主要为安山岩及火山角砾岩，溧水盆地由沉积岩—膨润土—流纹岩组成，繁昌盆地主要为安山岩—英安岩—流纹岩组合，庐枞盆地主要为粗面玄武岩—粗安岩—粗面岩组合；上部火山岩仅见于宁芜和庐枞两盆地内，早期为爆发相的集块岩、火山角砾岩，继之为熔结角砾岩、熔结凝灰岩；晚期为侵出相响岩，以出现副长石(假白榴石、黝方石、方钠石)和碱性暗色矿物霓辉石为特征；最后有潜火山相假白榴石斑岩、黝方霓辉粗面岩、黝方霓辉正长岩形成。东南沿海岩带是华南燕山期火山活动的主体，主要分布于浙、闽、粤沿海及皖南、赣东等地，根据火山活动强度及岩性特征，大致沿江山—绍兴、丽水—莲花山断裂为界，进一步划分为东、西两个亚带。西亚带主要由一系列中、小型火山盆地组成，燕山早期火山岩比较发育。早侏罗世以安山岩为主，中侏罗世为英安岩、流纹岩及相应成分的火山碎屑岩，岩浆成分由中基性向酸性演化，形成安山岩—英安岩—流纹岩组合。晚侏罗世为本区火山喷发最强烈时期，自北而南，包括安徽南部黄山、屯溪、绩溪、宁国盆地，江西信江、抚州盆地以及浙、闽、粤西分布较广的火山喷发带。早期一般以陆相盆地沉积开始，随后火山碎屑岩增多，并逐渐形成熔岩流溢出，火山岩主要为安山岩—英安岩—流纹岩组合。燕山晚期火山活动微弱，仅在赣东北信江北岸及浙、闽、粤西部呈零星火山喷发断陷沉积盆地出现，火山岩总体上属于安山岩—英安岩—流纹岩组合。东亚带为东南沿海火山活动最强烈的地带，除少数侵入岩外，几乎全为燕山期火山岩，由北东(浙江)向南西(广东)火山活动减弱。燕山早期火山岩主要形成于晚侏罗世，在浙东有三个喷发旋回，自北西向南东，划分为龙泉—奉化及温州—象山两个火山喷发带。在闽东，火山岩亦组成三个喷发旋回，自北西向南东，划分为寿宁—梅林、福安—平和、平潭—东山三个火山喷发带。各火山喷发带的岩石主要为安山岩—英安岩—流纹岩组合。燕山晚期火山岩呈零星火山喷发盆地产出。

燕山早期侵入岩除台湾地区外，其余各地均有分布。可分为三个岩区：南华岩区、上扬子岩区和下扬子岩区。南华岩区超镁铁岩—基性岩分布于桂粤交界、赣粤交界和浙东北地区，岩体多沿断裂带分布，形成独立岩体或与花岗岩共同组成杂岩体。中性岩分布很少，岩体规模也不大。中酸性、酸性岩主要为花岗岩、二长花岗岩、混合花岗岩，其次为石英闪长岩、花岗闪长岩，常形成多次侵入叠加的复式岩体。有混合型、陆壳重熔型、壳幔同熔型三类花岗岩。混合花岗岩，仅见于浙江镇海解浦，岩石化学成分以富铁、贫镁，钠钾比低，高铝为特征。陆壳重熔型花岗岩，在华南诸省和滇东南地区分布很广，如著名的南岭花岗岩，是南岭钨(锡)矿的主要成矿岩类。壳幔同熔型花岗岩在南华地区主要沿政和—大埔—莲花山断裂带分布，如莲花山花岗岩。下扬子岩区基性岩主要分布于浙西北浦江、诸暨、东阳，江苏南京蒋庙，江西余千等地。其中，蒋庙辉长岩规模最大。中性岩、中酸性岩和酸性岩常相伴组成杂岩体，并以中酸性岩为主，分别为陆壳重熔型花岗岩和壳幔同熔型花岗岩。陆壳重熔型花岗岩主要分布于江南古隆起带的九岭山、九宫山、高台山等地，岩性主要为二长花岗岩、花岗岩，部分相变为花岗闪长岩，与钨、锡成矿关系密切。壳幔同熔型花岗岩，主要分布于长江中下游两岸及其邻近地区，岩体比较集中的有大冶—九江、铜陵、德兴等地，即著名的扬子型花岗岩，与铁、铜、金多金属成矿关系密切。岩性多为中性、中酸性岩类。上扬子岩区分布于川西盆地西部攀西带，岩性为钾长花岗岩。燕山晚期侵入岩主要发育于华南东部沿海、滇东南，以及苏、皖东部，台湾地区仅有少量岩体分布。上扬子地区未见有燕山晚期侵入岩。南华岩区超镁铁岩见于福建莆田长基一带和长乐—南澳北东向断裂带和仙游—漳平东西向断裂带交汇处。岩石经蚀变后可分为蛇纹岩、透闪石岩、滑石岩。基性岩见于福建长乐—南澳断裂带中段，岩石类型都以辉长岩、辉长辉绿岩为主体。中性—酸性岩主要分布于政和—大埔断裂带以东地区，有混合花岗岩、陆壳重熔型花岗岩和壳幔同熔型花岗岩。混合花岗岩沿南澳—长乐断裂带分布，有混合岩和混合花岗岩，陆壳重熔型花岗岩分布于滇东南和华南各省的滨海地区，以及台湾琦瑶谷、源头山。壳幔同熔型花岗岩，中性岩分布于福建长乐—南澳、福安—南靖断裂带和浙江文成—镇海地区，有辉石闪长岩、闪长(玢)岩；中酸性岩在政和—大埔断裂以东地区分布很广，规模也较大，有石英闪长岩、石英二长岩、花岗闪长岩等，如福建长泰岩体。碱性岩有碱性花岗岩(晶洞花岗岩)和含副长石中性岩两类，分布于粤、浙、闽东部沿海地区及海南，如福建魁歧花岗岩；含副长石中性岩有霞石正长岩和石英正长岩，见于粤中、粤东及海南，除个别岩体呈岩株外，多数为岩墙(脉)。下扬子岩区中性—酸性岩在长江中下游和皖南地区分布很广，与铁、铜、硫、多金属矿有关。碱性岩分布于宁芜地区阳湖塘、钟山以及安徽庐枞火山盆地南缘一带。岩性为偏碱性的辉长岩。

喜马拉雅期火山岩集中于东南沿海、台湾地区和南海中央海盆，内陆地区分布十分零星，主要为碱性玄武岩，沿海地区有拉斑玄武岩，台湾多为安山岩。火山活动时期主要为新近纪至第四纪早期。华南内陆碱性玄武岩分布零星，湖北江汉平原始新统、湖南宁乡青华铺古新统局部夹玄武岩；滇东南马关—屏边、砚山等地有古近纪流纹质凝灰岩和流纹斑岩；新近纪形成八寨基性—超基性岩筒群，充填有火山角砾岩、围岩碎块及熔岩，含镁铝榴石。屏边见有碱玄质响岩。华南沿海碱性—拉斑玄武岩带包括苏、皖、浙、闽、粤、桂、琼诸省，西侧多呈孤立的小火山盆地，主要为陆相碱性系列玄武岩(部分属潜火山相)，东侧沿海呈较大面积的熔岩流溢出，主要为海陆交替相拉斑系列玄武岩。在苏、皖边界的长江两岸地区，古近纪地层经钻孔揭露，夹有多层玄武岩，新近纪玄武岩分布较广。第四纪玄武岩大面积分布于雷州半岛及海南北部。各地岩性多以碱性玄武岩为主，只在沿海如浙东、闽东龙海牛头山、粤东麒麟及海南等地出现较多的(石英)拉斑玄武岩。在时间上，各地玄武岩具多次喷发特征，与陆相沉积岩组成沉积—喷溢旋回，各旋回下部多以沉积岩为主或与玄武岩互层，上部主要为玄武岩。玄武岩浆由拉斑—碱性—霞石玄武岩浆演化，基本上反映从早期到晚期向碱性程度增强方向演化；在空间上，从沿海到内地，岩石成分从拉斑玄武岩为主到碱性玄武岩为主，碱性玄武岩亦由钠质变为钾质(池际尚，1988)。台湾火山岩带，古新世—渐新世仅局部有间歇喷发的火山岩夹层。中、上新世火山岩分布较广。更新世火山活动最强，主要分布于台湾北部及其邻近海域各小岛，北东伸向琉球火山岛弧，其中最主要的有大屯和基隆火山群。大屯火山群(2.56~0.37Ma)由安山岩和安山质角砾凝灰岩交替喷发构成，偶夹玄武岩；基隆火山群(1.7Ma)由五个较大的石英安山岩体组成。

喜马拉雅期岩浆侵入活动微弱，主要表现为陆缘裂陷带拉张作用下形成的超镁铁岩、基性岩和碱性岩，在台湾岛有少量的浅成酸性岩分布。超镁铁岩—基性岩在华南地区分布很广，在广西分布于南丹—都安断裂南西侧及凭祥—大黎断裂北侧。碱性岩主要分布于浙江、云南、四川等地。

3.4 岩浆作用与大地构造演化

我国境内岩浆岩分布广，类型多，构造环境复杂，演化历史悠久。一系列重要的岩浆岩带可明显反映我国大地构造格架与地壳发育特征。根据我国当前区域岩浆岩石学现有的研究成果，划分我国岩浆岩系构造—岩浆类型的基本主导思路是强调构造环境对岩浆作用的制约因素，包括：①由构造环境所决定的岩浆发生区的动力学条件(拉张或挤压，快速拉张或缓慢拉张，洋、陆俯冲挤压或陆-陆碰撞挤压)；②不同构造环境中岩浆的源区特征(岩浆发生于大洋或大陆地区，上地幔或地壳，下地壳或上地壳，一般厚度的地壳或加厚的地壳，是否有洋壳物质的参与)；③不同构造环境中岩浆源区的热状态(热的软流圈上涌，壳内增温诱发熔融或玄武岩浆热烘烤诱发地壳熔融，高程度或低程度熔融)；④构造岩浆形成后的演化，包括岩浆分异作用、同化混染作用、有无岩浆混合作用等(路凤香等，1991；Wilson，1989)。我国岩浆岩系列可分为4种构造—岩浆类型。

3.4.1 板内岩浆活动

该构造—岩浆类型多形成于大陆板块内部的拉张性构造环境，如大陆溢流玄武岩。

大陆溢流玄武岩多生成于张性构造环境，如我国二叠纪晚期大面积产出的峨眉山玄武岩被认为是义敦岛弧与扬子陆块之间弧后盆地的强烈拉张作用所致，也有学者认为其形成与地幔柱活动密不可分(宋谢炎，2002)。伴随大陆溢流玄武岩喷溢，常形成各种类型的侵入体，如环状分布的中心式杂岩体和分异良好的辉长岩层状侵入体等。它们主要环绕四川盆地分布，如攀枝花岩体、白马岩体等。∑REE为382~151ppm，$^{87}Sr/^{86}Sr$为0.7048~0.7087，与洋脊型堆晶辉长岩、超镁铁岩相似，属地幔橄榄岩部分熔融生成的玄武岩浆结晶分异作用的产物。大陆溢流玄武岩以拉斑玄武岩为主，并有碱性玄武岩发育，在化学成分上主要是偏碱性的拉斑玄武岩，可能是富集型地幔不同程度部分熔融，并受到不同程度的地壳混染。中国东部新生代玄武岩为大陆板块内构造环境，其具有高碱、富钛、贫铝的岩石化学特征，大多数为碱性橄榄玄武岩系列，少数为拉斑玄武岩系列。从时间上看，从古近纪到第四纪总的趋势是由拉斑玄武岩系列向碱性系列方向演化，SiO_2含量渐减，TiO_2、MgO、Na_2O、K_2O、P_2O_5含量递增，而K_2O含量明显升高。在空间上，东北地区碱含量最高，CaO最低；华北地区MgO、CaO含量最高，TiO_2含量最低；华南地区TiO_2含量最高，MgO含量最低。中国东部新生代玄武岩具有典型的OIB微量元素特征和亏损的Sr-Nd-Hf同位素组成，代表软流圈地幔熔融的产物，可能是伴随中国东部岩石圈减薄，软流圈地幔上涌减压熔融的结果。

大陆裂谷是以中心沉降、侧翼隆起、下伏地壳减薄为特征的岩石圈局部强烈拉张的地区，它的基本特点是岩石圈拉伸和软流圈上涌，属于离散型板块边界。大陆裂谷的岩浆成分变化范围很宽，不仅有玄武岩，还包括大量的粗面岩、响岩和流纹岩等长英质喷出岩。玄武岩以碱性玄武岩为主，还有偏碱性玄武岩和SiO_2不饱和的碧玄岩和霞石岩，有的地区出现双峰式火山岩。大陆裂谷火山活动的爆发性很强，爆发系数大，火山碎屑岩特别发育，说明岩浆中富含挥发分，大陆裂谷岩浆在岩石化学上总的特点是碱性程度高、富含挥发分以及LREE明显富集。我国古、中元古代广泛的大陆伸展作用使新太古代古陆发生裂解，引起陆缘、陆内和陆间裂谷出现。发育于华北古板块北缘的渣尔泰裂谷带、燕山裂谷带、胶辽裂谷带，南缘的豫西裂谷带、陆内的太行山东麓裂谷带和扬子始板块周缘的江南、川西、滇中西侧、南秦岭等地的陆缘裂谷带，主要发育于中元古代早期。燕山裂谷带的火山岩主要为碱性玄武岩、粗面玄武岩、粗面岩，以高 K_2O 含量为特征；豫西裂谷带喷发相、爆发相和次火山相都有发育，成分为弱碱性—钙碱性系列，由富铁向富碱方向演化，$(^{87}Sr/^{86}Sr)_i$ = 0.7055~0.7096。扬子始板块西北缘的龙门山—攀西裂谷带，从早期到晚期玄武岩浆连续演化；盐边裂谷带火山岩具双峰式特点；东南缘裂谷带以玄武岩和细碧岩为主，并有4次科马提质岩浆活动，可能由二辉橄榄岩地幔多次熔融形成。大陆裂谷型岩浆活动与洋中脊型类似。

大陆板内碱性岩套发育区主要出现碱性岩、煌斑岩、金伯利岩及碳酸岩。它们虽然成分各异，但往往相伴生，主要发育在克拉通周缘及大陆裂谷带。碱性岩在地表分布稀少，多产于大陆板内坳陷盆地周缘和裂谷带内，呈岩株、岩床、岩墙、岩脉形式，与中性过碱性系列岩石、基性碱性系列岩石紧密共生，呈环状中心侵入体产出。如四川南江坪河环状复合岩体，由核部向外依次为霞辉岩—霓霞岩—磷霞岩—霞石正长岩—碱性正长岩，最后为碳酸岩侵入(阎国翰等，1988)。

3.4.2 洋内拉张型(洋中脊型岩浆活动)

根据板块构造理论，洋中脊向两侧扩张，导致上地幔物质减压熔融形成玄武岩浆，沿着洋中脊轴线喷出，形成洋壳。洋壳(及大洋岩石圈地幔)在俯冲带消亡，重新返回地幔，部分洋壳在大洋闭合的最后阶段仰冲到大陆板块之上，残存下来形成蛇绿岩套。我国境内形成于不同时代的蛇绿岩套为该类型的主要成分，并多以蛇绿混杂体出现，其中包括为数不多的斜长花岗岩，它们完全由辉长岩质/玄武岩质熔浆的结晶分异形成，即形成地幔(M)型花岗岩，如发育于西准噶尔唐巴勒、甘肃北山的早古生代斜长花岗岩和内蒙古索伦山一带的晚古生代斜长花岗岩等。

中国蛇绿岩分布很广，主要在中国的西部、西南部和北部，中部和南部较少。时代可分为元古宙、早古生代、晚古生代和中、新生代。中国显生宙蛇绿岩主要分布在古亚洲洋、秦祁昆洋、古特提斯洋、新特提斯洋和环太平洋等5个区域。

天山—东西准噶尔—内蒙古古生代褶皱带是介于西伯利亚古板块与华北古板块—塔里木古板块—卡拉库姆古板块之间的中亚古生代造山带的洋壳残片，该褶皱带蛇绿岩的主要特征是：①以蛇绿混杂体出现，蛇绿岩下部层位的上地幔岩一般出露不厚，大部分是熔融程度较高的斜辉橄榄岩类；②缺少巨厚的代表岩浆房发育的堆晶镁铁岩、超镁铁岩及具清晰冷凝边的岩墙群或岩席，除少量辉绿岩岩墙外，尚伴有英安质、流纹英安质岩墙；③厚度不大于3000~4000m，大部分代表中等扩张速率的洋盆产物，形成于小型洋盆，如弧后盆地、边缘海盆以及陆间海盆等环境，表明塔里木—华北板块之北不存在广阔浩瀚的大洋(肖序常等，1991)。

古、新特提斯洋的古缝合带和活动大陆边缘带，分别由蛇绿岩套和铁质基性岩—超镁铁岩组成。蛇绿岩套主要为镁质超镁铁岩、堆积镁铁岩和超镁铁杂岩、辉绿岩墙群和基性熔岩，它们可能主要来源于低速带下部橄榄岩层，产于板块构造结合带(古缝合线)。铁质基性岩—超镁铁岩由含单辉或含长纯橄岩、橄榄岩、橄辉岩、辉石岩、辉长辉绿岩等组成，一般以单辉橄榄岩和辉绿岩为主，它们可能主要来源于低速带上部玄武岩层，位于同时期形成的蛇绿岩带以北的岛弧或活动大陆边缘，自北而南依次出现，与板块构造自北而南的演化历史有关。可能正是由于后一板块构造体系的发生、发展，才导致前一板块构造体系进一步发展并形成蛇绿岩带和基性岩、超镁铁岩带。例如，燕山早期怒江洋的扩张作用产生的向NE方向的挤压应力导致印支期金沙江洋盆的闭合和金沙江蛇绿岩带、甘孜—理塘基性岩—超镁铁岩带的形成，燕山晚期雅鲁藏布江洋的扩张作用产生的NE方向的挤压应力导致燕山早期的怒江洋盆闭合和怒江蛇绿岩带、澜沧江基性岩—超镁铁岩带的形成(刘朝基，1991)。

环太平洋褶皱带中元古代歙县—德兴蛇绿混杂体(带)，代表扬子、华夏古陆间狭窄洋盆的洋壳残片，保留着较好的沟弧盆体系(徐备，1990)。早中生代那丹哈达蛇绿岩带，在日本海形成之前，北与西锡霍特阿林地体，南与美浓地体、琉球、菲律宾以及婆罗洲构成统一的超地体。三叠纪中国大陆拼贴作用完成之后，它们在晚侏罗世—早白垩世期间沿亚洲大陆东缘组成了一个增生杂岩带(水谷伸治郎等，1989)，可能代表古太平洋的洋壳残片。

中国比较可靠的元古宙蛇绿岩为新元古代蛇绿岩，出露在赣东北、皖南和北秦岭地区，北秦岭蛇绿岩在1030~983Ma之间。其他地方也有新元古代蛇绿岩报道，如北疆、阿尔金、勉略、中国南方和西南地区等，但可以肯定的很少，有的是否为蛇绿岩无法确定，有的年龄资料可信度差，有的年龄与地质资料矛盾，很难解释。根据目前的认识，中国境内的古亚洲洋和秦祁昆洋发育于早古生代时期，但其下限时代不清，如果有很好的新元古代时代的资料也是可以理解的。中国有无古中元古代蛇绿岩存在争论，研究难度很大。就目前的资料来看，胶东可能存在古中元古代蛇绿岩的痕迹(张旗等，2001)。

早古生代蛇绿岩主要分布在古亚洲洋和秦祁昆洋区域，又可分为两个时期：以洪古勒楞、唐巴勒、米什沟、长阿吾子、北山、温都尔庙、北祁连、西昆仑为例，主要是寒武纪—泥盆纪的。

晚古生代蛇绿岩在中国有广泛的分布，主要出露在古亚洲洋、古特提斯和古太平洋西缘。上述三个区域的晚古生代蛇绿岩具有不同的特征和意义：古亚洲洋的晚古生代蛇绿岩大体继承了早古生代蛇绿岩的特征，是古亚洲洋演化的最后阶段的产物；古特提斯的晚古生代蛇绿岩记录了古特提斯洋从开启至闭合的全过程；而环太平洋晚古生代蛇绿岩是古地体拼贴形成的。晚古生代蛇绿岩发育的时间也有一些差别，据文献报道，东、西准噶尔的达拉布特和克拉美里为早中泥盆世的，科克森套为泥盆纪，天山的巴音沟和色日克牙依拉克为泥盆纪—早石炭世。古特提斯蛇绿岩有金沙江、哀牢山、昌宁—孟连、甘孜—理塘和阿尼玛卿蛇绿岩。晚古生代洋盆最早是晚泥盆世开始，石炭纪—二叠纪时洋盆宽度最大，二叠纪末期洋盆闭合(昌宁—孟连，金沙江、哀牢山)，有人认为洋盆可以持续到早中三叠世。部分洋盆拉张较晚，从二叠纪晚期或三叠纪早期到三叠纪晚期(甘孜—理塘和阿尼玛卿)。环太平洋带的东北开山屯和台湾大南澳蛇绿岩可能是二叠纪—三叠纪的。

中新生代蛇绿岩分布在西藏和台湾地区，其中，班公错—怒江蛇绿岩带是侏罗纪—早白垩世的，雅鲁藏布江蛇绿岩带是白垩纪—古近纪的，台湾的垦丁和利吉蛇绿岩发育最晚，是渐新世—中新世的。

综上，元古宙时中国洋盆发育的情况不清楚。新元古代—早古生代早期，中国北方为大片洋盆区，包括古亚洲洋和秦祁昆洋范围内的西准噶尔、天山、北山、内蒙古南部(温都尔庙地区)、东北、西昆仑、阿尔金及北祁连(推测还可能连到秦岭—大别—胶东地区，但缺少资料)，塔里木和华北为古亚洲洋和秦祁昆洋之间的陆块。至奥陶纪后，北方洋盆逐渐萎缩，秦祁昆洋闭合，志留纪时可能仅为残留的陆缘海。在志留纪—泥盆纪时，古亚洲洋仍然存在，但规模有所缩小，出露于东准噶尔、玛依勒、天山、贺根山、索伦山等地，部分地区洋盆甚至可延续至早石炭世。晚泥盆世—早石炭世时劳亚和冈瓦纳大陆开始分裂，古特提斯洋逐渐拉开，在中国西南地区出现洋盆。这时，秦祁昆洋已经消失，而古亚洲洋则已发展到晚期阶段，因此，古亚洲洋和古特提斯洋应当是两个洋盆，其间或许有水道相通。至石炭纪—二叠纪时，古特提斯洋发育最盛，洋盆位于昌宁—孟连和金沙江—哀牢山地区(其间为羌塘—昌都—思茅地块)。在二叠纪晚期—三叠纪早期，上述两个洋盆逐渐萎缩，甘孜—理塘和阿尼玛卿洋盆开始拉张，洋盆至三叠纪末期关闭。随后，在晚三叠世—早侏罗世时，在古特提斯洋的南部，又有一个新的洋盆拉开，即班公错—怒江洋盆和雅鲁藏布江洋盆，中间隔着拉萨地块。班公错—怒江洋盆持续到晚白垩世，雅鲁藏布江洋盆一直持续到中新世，随着印度洋的扩张和印度板块与欧亚板块的碰撞而闭合。从二叠纪—三叠纪开始至今，在中国东部还有一个太平洋。东北东端和台湾有古太平洋的残片，而现代太平洋的记录仅保存在台湾地区。

蛇绿岩套层序中，玄武岩和枕状岩流是上部层序的主要组成部分，在岩石化学上，洋脊玄武岩大部分是偏碱性和拉斑质的。其总的特点同大洋岛屿拉斑玄武岩和岛弧拉斑玄武岩及大陆溢流拉斑玄武岩十分类似，但洋脊玄武岩的 K_2O 含量明显偏低。20 世纪 90 年代，在“三江”地区发现了一种与洋脊玄武岩形成条件有一定差异的火山岩，称为准洋脊型玄武岩(路凤香等，1991)，主要分布于金沙江—哀牢山带，在中心线巴塘、呷金雪山、霞若及哀牢山都有分布。这一类型的特征是：①与洋脊火山岩同处于强扩张地带，经洋壳俯冲或陆—陆碰撞形成板块或微板块的缝合带；②与洋脊玄武岩具有相似的岩石共生组合，与镁质蛇纹岩、基性岩、辉绿岩岩墙群及超镁铁—镁铁质堆晶岩共生；③K_2O 含量高，通常>0.5%，TiO_2含量属中—高类型，P_2O_5含量高于洋脊火山岩(约 0.1%)，一般>0.3%；④REE 总量高于洋脊玄武岩，富集轻稀土，$(La/Sm)_N > 1.5$。

3.4.3 火山弧型

该构造—岩浆类型在各时代，尤其在显生宙的各造山带内十分发育，它记录了造山带从大洋板块开始俯冲、洋盆闭合到陆—陆碰撞前演化过程的基本信息。由于仰冲板块是大陆，上覆地幔楔可能全部或大部分由岩石圈组成，因此，部分熔融作用只能发生在陆下的岩石圈部分，而不是软流圈部分，即火山弧型的岩浆来源包括俯冲的洋壳、陆壳和地幔楔等 3 部分。只要这 3 个源区的任何一个超过自己的固相线，就可以发生部分熔融作用，并通过厚的地壳上升。在火山弧中，低钾的拉斑质系列、钙碱性系列、高钾钙碱性系列、钾玄岩系列和玻镁安山岩系列都有发育，但以高钾钙碱性系列和钾玄岩系列为主，反映其来自幔源并受地壳混染的影响。其中更酸性的端元(英安岩和流纹岩)大多以火山碎屑岩(熔结凝灰岩)的形式出现，与大陆地壳增厚相关，是大陆地壳部分熔融的产物。碱性岩系的形成不一定直接同俯冲作用有关，可能形成于造山期后的张性构造环境。火山弧型岩浆活动在空间上与洋中脊型构造岩浆带相伴出现，代表活动大陆边缘环境。

显生宙时期，古亚洲洋大部分地区以弧—盆交替、裂解与聚合更替的构造演化为特征，岩浆活动频繁、花岗岩类发育，先后发育 4 个火山弧型构造—岩浆带：①祁连期中天山北缘—居延海—多宝山带(奥陶纪—志留纪)；②祁连期白乃庙—石缝带(中奥陶世)；③天山期中天山南缘带(泥盆纪—早石炭世)；④天山期中天山北缘带(早—中石炭世)。其特点是大规模火山活动在先，并形成以钙碱性系列中酸性火山岩、火山碎屑岩为主的岩石，夹有正常沉积岩；大量侵位于火山岩系中的壳幔同熔型花岗岩类以黑云母花岗岩、花岗闪长岩、二长花岗岩为主，尚有闪长岩、石英闪长岩和奥长花岗岩，$({}^{87}Sr/{}^{86}Sr)_i$ 为 0.706~0.708。在中天山北缘带从祁连期花岗岩到天山期花岗岩的铅同位素特征，揭示该区地壳成熟度在古生代期间逐渐提高，从而推测火山弧可能属于洋壳之上发育的陆缘弧(李锦轶，1991)。

古、新特提斯洋以向相邻陆块发生多次俯冲作用的构造演化为特征，先后发育6个火山弧型构造—岩浆带：①祁连期祁连山—北秦岭带(志留纪)；②天山期澜沧江带(二叠纪)；③印支期金沙江带(三叠纪)；④印支期义敦带(晚三叠世)；⑤燕山期藏北—念青唐古拉带(早白垩世)；⑥燕山期冈底斯带(白垩纪)。其共同特点是火山岩与侵入岩共生，火山活动在侵入活动之前。火山岩系从洋向陆，由拉斑玄武岩系列—钙碱性系列—钾玄岩系列，表现为低钾—中钾—高钾演化；钙碱性火山岩以安山岩为主，由玄武岩、安山岩、英安岩、流纹岩及火山碎屑岩组成；拉斑玄武岩具低 TiO_2 含量、高 MgO 含量；钙碱性火山岩富 Rb、Sr、Ba、K，贫 Zr、Hf、Nb、Ta；钾玄岩以高 K_2O、Ba、Sr、Rb 为特征。花岗岩类岩石由闪长岩、石英闪长岩、英云闪长岩、花岗闪长岩和二长花岗岩等组成，其 $\delta^{18}O = +8.2‰ \sim +10‰$；$({}^{87}Sr/{}^{86}Sr)_i = 0.7056 \sim 0.7081$；$\varepsilon_{Nd}(t) = -8.40 \sim -1.94$；$Rb/Sr<0.6$；$Ba/Rb>2.0$；$\delta Eu>0.50$；$({}^{206}Pb+{}^{207}Pb+{}^{208}Pb)/({}^{204}Pb)<72$，平均为 71.289；${}^{208}Pb/{}^{206}Pb>2.1$，平均为 2；U=8.96~9.01ppm，平均为 8.99ppm；具低放射成因铅和相对贫 U/Pb 而富 Th/Pb 的特点(潘长云等，1991)。在同一岩带的不同阶段，由于构造环境的转变，也可出现不同的构造—岩浆类型。例如，冈底斯带，在早白垩世晚期，印度板块向北运动，使新特提斯洋的洋壳向冈底斯—念青唐古拉板片之下俯冲，形成火山弧型；始新世初，印度大陆与欧亚大陆的碰撞而形成碰撞型。在同一岩带的不同地段，由于板块消减、闭合过程的方式、极性不同，也可出现不同的构造—岩浆类型。例如，班公错—怒江缝合带以南的藏北—念青唐古拉花岗岩带，西段主要为形成于火山弧环境的壳幔同熔型花岗岩，东段为形成于陆—陆碰撞环境的陆壳重熔型花岗岩，而中段则是两种构造环境形成的不同成因的花岗岩在空间上重叠出现，显然与该区域大小地体之间发生的拼贴、俯冲和碰撞作用有关。祁连期祁连山—北秦岭带也具有类似的特点：北秦岭早古生代为逐步封闭的残余洋盆，发育华北古陆陆缘扩张盆地的火山—沉积作用；祁连山从新元古生代晚期就已发生前寒武纪陆壳基底上的断陷拉张，至中寒武世已形成县有明显“陆裂”特点的双峰式火山岩套，大洋扩张始自早奥陶世，发育具有 E-MORB 特点的蛇绿岩型低钾拉斑玄武质火山岩，中奥陶世出现俯冲作用，发育高压低温蓝闪石片岩带。在石灰沟—白银厂一带为岛弧主体，由中奥陶世初期至末期，火山弧成熟度增高，依次出现岛弧拉斑玄武岩—岛弧钙碱性火山岩—橄榄安粗岩。

燕山期东南沿海带(早白垩世)是环太平洋火山带的重要组成部分，它与环太平洋的安第斯、美国西部、俄罗斯远东、西南日本内带—朝鲜半岛等火山带既有共性，又有不同。东南沿海带中生代火山活动始于晚三叠世，但大规模活动时期为侏罗纪—早白垩世，是环太平洋火山带中起始较早的一个火山带。该带火山岩系列为高钾钙碱性英安岩—流纹岩组合，玄武岩—流纹岩双峰式组合或单一的玄武岩、流纹岩。与安第斯型钙碱系列相比，它具有高钾、高硅、高锶初始比、高放射成因铅的特征；英安岩和流纹岩高达90%，成为环太平洋火山带酸性岩最为发育的地段；安第斯陆缘弧紧临海沟，与太平洋板块俯冲作用有关，而东南沿海带是在欧亚板块拼合之后，亚洲大陆东缘发生裂解(滨西太平洋陆缘沟—弧—盆系形成)之前，处在挤压松弛、拉张逐渐增强的构造应力环境，总体与古太平洋板块远距离效应的动力机制有关。该带侵入岩与火山岩时空关系密切，以花岗岩类为主，如著名的南岭花岗岩，岩石富钾、低铁镁，有富集的 Sr 同位素组成，具有陆壳重熔型花岗岩的特征，而与火山岩伴生的壳幔同熔型花岗岩类为数甚少。这些都是与环太平洋带其他地段相区别之处，与其他时代的火山弧型岩带也有一定差异，但从总体上仍可归为碰撞前火山弧型。

3.4.4 碰撞型

板块碰撞是包括大陆造山运动和地壳增厚过程的动力事件，按照花岗岩与主要变形事件之间的时间关系可以分为同碰撞、碰撞晚期、后碰撞等 3 类。碰撞带岩浆的来源是多种多样的，它具有特定的火成岩组合，火山岩具有高硅、高钾的特点。同碰撞的深成岩为过铝花岗岩(淡色花岗岩)，是一种位于变质岩中与围岩整合或半整合的侵入体，同混合岩密切共生，普遍含有白云母，电气石也很常见。SiO_2含量一般在 70%以上。同火山弧岩浆岩相比，这一类花岗岩富集 Rb 和 Ta，但贫重稀土元素、Y、Zr、Hf，Rb/Sr>1，Ta/Nb 比值和 Cs、F、B 含量高。具有富集的 Sr-Nd 同位素组成，$(^{87}Sr/^{86}Sr)_i=0.7186\sim0.7490$，$\varepsilon_{Nd}(t)=-12\sim-8$，显示其壳源成因，可能与同碰撞过程中地壳增厚有关。

西伯利亚板块和塔里木—华北板块之间，沿着缝合带，由西而东发育一条同碰撞花岗岩带，从中天山南缘汗腾格里峰，木扎尔特达坂以北，经星星峡向东，大致沿二连浩特—苏尼特左旗一线南侧到锡林浩特以东，断续出露一系列陆壳重熔型花岗岩岩体。岩性包括黑云母花岗岩、二云母花岗岩、斜长花岗岩、花岗闪长岩等，其$(^{87}Sr/^{86}Sr)_i=0.707$，$\delta^{18}O=10.9‰$，$\varepsilon_{Nd}(t)=-8$，主要为陆壳或过渡壳岩石熔融形成的花岗岩。Thilton 测定其中的磷灰石 U-Pb 年龄为 375Ma，相当于中、晚泥盆世(唐克东等，1991)，代表该区碰撞型造山运动的产物。

古、新特提斯洋闭合及其中几个微陆块之间发生碰撞过程中，由于逆冲岩片叠复于地壳之上，原地壳上部的沉积受剪切热及上覆岩片携带的热量影响，发生熔融形成陆壳重熔型花岗岩和与之相当的酸性火山岩。前者主要分布在喜马拉雅、察隅—腾冲、聂荣—潞西、东达山—临沧、普水桥—鲁甸—哀牢山、巴颜喀拉山—雅江等地；后者分布在澜沧江带竹卡—盐井、金沙江带攀天阁及角龙桥地区。花岗质岩石主要为二长花岗岩、黑云母花岗岩、二云母花岗岩、钾长花岗岩和混合花岗岩等。$\delta^{18}O=+9.2‰\sim+14.5‰$，$(^{87}Sr/^{86}Sr)_i=0.7084\sim0.7538$，$\varepsilon_{Nd}(t)=-14.27\sim-7.80$，铅同位素具有高铀、高铀铅贫钍铅的特点。

中元古代晚期，随着南华洋洋盆闭合，华夏、扬子两个古陆碰撞，沿着绍兴—萍乡—北海一线形成晋宁期陆壳重熔型花岗岩带。代表岩体有九岭、遂昌、剑湖等，岩性以黑云母花岗岩、花岗闪长岩、二长闪长岩等为主，$(^{87}Sr/^{86}Sr)_i=0.7413$，$\delta^{18}O=+9.6‰$。

南华祁连期褶皱区形成的同时，碰撞型花岗岩广泛分布于云开大山、武功山、武夷山等地，岩性主要为黑云母(二云母)花岗岩、二长花岗岩，$(^{87}Sr/^{86}Sr)_i=0.712\sim0.719$。

碰撞晚期或碰撞后出现的钙碱性岩套，从辉长岩到花岗岩，以黑云母角闪石英闪长岩和花岗闪长岩为主。它们同围岩有明显的切割关系。这一类岩石的地球化学特点介于火山弧型与同碰撞花岗岩之间，一般形成于同碰撞的过铝质花岗岩之后。

西准噶尔和什托洛盖一带发育有碰撞期后的晚石炭世花岗岩和酸性喷出岩。花岗岩侵位到西准噶尔古生代蛇绿混杂岩中。花岗质深成岩体一般近圆形，为下伏地壳部分熔融所形成的深熔花岗岩。成分上，它们同俯冲带之上形成的钙碱性花岗岩(火山弧型)完全不同，与花岗岩伴生的酸性火山喷出岩与这些花岗质深成岩为同源产物(冯益民等，1991)。

内蒙古二连浩特—锡林浩特一带也发育这类碰撞晚期或碰撞期后的花岗岩带。华北陆块北侧碰撞期后二叠纪-侏罗纪花岗岩类钾长石铅同位素$^{208}Pb/^{204}Pb$-$^{207}Pb/^{204}Pb$-$^{206}Pb/^{204}Pb$相关关系图表明，其位于陆壳成因曲线内(肖序常，1991)，这也为华北陆块北缘在古生代时不存在一个广阔的洋壳基底提供了佐证。

碰撞后出现的碱性岩套为浅成的小岩体或深成岩，如碱性玄武岩、橄榄粗安岩岩墙、碱性花岗岩、正长岩、煌斑岩和霞石正长岩小侵入体等。碰撞的碱性花岗岩在成分上同板内(非造山)的碱性花岗岩十分类似。碱性花岗岩的Al、Ca、Mg、Ba和Sr含量较低，而Fe、Na、K、F、Zr、Nb、Ga和REE含量较高，SiO_2含量一般在68%以上，$(^{87}Sr/^{86}Sr)_i$变化范围较大，为0.705~0.752。它们指示造山后期由挤压转变为拉张环境，是同期岩浆活动由基性向酸性演化的最晚期产物。

碰撞后碱性花岗岩带在我国北疆和东部沿海呈明显的带状分布。北疆碰撞后碱性花岗岩带呈近东西向，从新疆阿尔泰、东西准噶尔经内蒙古到东北北部，外延至哈萨克斯坦、蒙古和远东地区。碱性花岗岩体呈独立岩体或与偏碱性和钙碱性花岗岩密切共生，组成大型复式岩基，并与同时代火山岩关系密切，形成时代为晚古生代—三叠纪。东部沿海碰撞后碱性花岗岩带呈北(北)东向，自闽粤交界，沿南沃—长乐断裂，进入浙江后见于温州、舟山群岛等地，以晶洞钾长花岗岩为主，形成时代为白垩纪，与同时代火山岩关系密切。从苏州花岗岩向北东经青岛崂山直达吉林岗山的碱性花岗岩等应是闽浙带的北延，亦是亚洲大陆边缘北东向的白垩纪碱性花岗岩带，在吉黑东部与上述EW向碱性花岗岩带东段相交汇。北疆碰撞后碱性花岗岩带碱性花岗岩的地球化学特点是SiO_2(74%~78%)和碱(8%~10%)含量较高，Al_2O_3、CaO和MgO含量较低，∑REE含量较高，δEu为明显负异常。该带碱性花岗岩形成于塔里木—华北、西伯利亚和哈萨克斯坦三大陆板块拼合之后，滞后于碰撞事件40~70Ma，形成于后造山伸展环境，既不同于非造山花岗岩，也非典型的板内裂谷型花岗岩(洪大卫等，1991)。

东部沿海碰撞后碱性花岗岩具有高硅(SiO_2>75%)、碱(Na_2O+K_2O>8.5%、K_2O含量高于Na_2O)，低铝(Al_2O_3<13%)、钙(CaO<0.5%)，富Nb、Th、U、Zr的特征。该带在空间上与欧亚板块和太平洋板块的缝合带近一致，可能形成于太平洋板块向西俯冲，造成大陆造山带东移，在形成宏伟的沿海火山弧之后，出现造山后的松弛，诱发晶洞钾长花岗岩沿拉张带侵位(涂光炽等，1984)。

3.4.5 中国岩浆岩的构造—岩浆演化

不同的构造、岩浆类型受不同的构造环境制约，代表不同的构造—岩浆事件；相同的构造、岩浆类型受类同的构造环境的制约，代表类同的构造—岩浆事件。我国的构造—岩浆事件的时空分布及其成因机制，与元古大洋、古亚洲洋、特提斯洋和古太平洋的发生、发展和消亡密切相关。主要表现为大洋扩张、岛弧形成和弧后演化等。

早元古代初，随着太古宙超级大陆的解体，元古大洋逐渐发育。华北、塔里木、扬子等陆块与印度、西伯利亚、哈萨克斯坦等陆块一样，进入全球古陆“南聚北散”的格局。元古大洋的扩张期、俯冲期及弧后期由于研究程度和认识不同，尚无一致看法，根据残存于澜沧江结合带和红河—龙门山推覆带的中、晚元古代火山弧和洋壳残片推断，该区在晚元古代早期曾出现一次重要扩张期。目前，发现沿哀牢山构造变质带展布的超镁铁质岩群均为一些蛇纹石化的纯橄榄岩、斜辉橄榄岩、二辉橄榄岩等岩体。据岩石化学和地球化学资料，可能是上地幔橄榄岩部分熔融的残余物，用不同方法测定的同位素年龄为1123~625Ma。此外，广布于江南地区的四堡群及其相当岩层(双桥山群、冷家溪群和梵净山群等)中的枕状基性熔岩——细碧岩、细碧角斑岩和科马提岩，常与角闪岩、橄榄岩等伴生。在歙县—德兴—弋阳有典型的蛇绿混杂岩带出露，表明元古大洋至少在晚元古代早期已存在。位于其南、北两侧的澜沧江岛弧和哀牢山、大红山岛弧是元古大洋双向(藏滇、华南板块)俯冲、消减活动的产物，它们主要由拉斑玄武岩系列和钙碱性系列火山岩组成，沿米仓山—龙门山—攀西—滇中一带发育的闪长岩—石英闪长岩—花岗闪长岩，具有活动陆缘壳幔同熔型花岗岩的地化特征，属火山弧型深成岩。在1000~800Ma期间形成的陆壳重熔型花岗岩(二云母花岗岩—正长花岗岩—碱长花岗岩)是弧后碰撞造山的产物，直至晚元古代晚期，震旦纪出现一套磨拉石建造，元古大洋才最终消亡。

大陆板内裂谷型岩浆活动是元古大洋构造—岩浆演化的另一方面。华北陆块早元古代裂谷型岩浆活动发生在太行山东麓、辽东—吉南—胶东一带。中元古代出现吕梁—豫西三叉裂谷系，近南北向的吕梁裂谷支，在大规模大陆基性—中基性及酸性熔岩喷溢后，即停止发展，成为消亡裂谷支；豫西裂谷支由大陆喷发转为海下喷发，形成以熔岩为主的碱性火山岩系，最终夭折，而未能成为洋壳，围绕华北陆块北缘的燕山带、东缘的胶辽带、南缘的豫西带，以发育富碱的基性、中基性、酸性海相火山岩系为特征。塔里木陆块东缘库鲁克塔格、南缘阿尔金山和西昆仑山分别在早、中元古代出现强烈的岩浆活动，表明华北、塔里木等陆块在早、中元古代仍处于强烈的地壳拉伸环境，具有一定的活动性，并受北部泛大陆解体的地质背景所制约。晋宁运动使元古大洋最终潜没，在华北、塔里木等大陆活动边缘与西伯利亚大陆活动边缘之间出现古亚洲洋的雏形，而在扬子大陆活动边缘与印度大陆活动边缘之间出现特提斯洋的雏形。

震旦纪—早寒武世，为古亚洲洋扩张期，随着元古大洋向北消减于西伯利亚古陆之下，塔里木、华北古陆陆缘裂解作用增强，出现边缘裂谷系。从晚元古代晚期开始，由于海底扩张形成的准噶尔、伊犁、中天山、锡林浩特、嫩松(松辽)、佳木斯等地块，先后从塔里木、华北古陆分离，成为散布于古亚洲洋中的规模不等的微陆块。

现有资料表明，至少在早寒武世古亚洲洋已存在。沿华北大陆北缘岩浆岩带的北侧，即内蒙古中部的温都尔庙一带，蛇绿岩套组合由大洋拉斑玄武岩、蛇纹石化纯橄榄岩、方辉橄榄岩、辉长辉绿岩和放射虫硅质岩等组成。向东至五道石门，为大洋拉斑玄武岩与放射虫硅质岩共生，吉林西保安组为一套拉斑玄武岩，向西，在甘肃白云山—洗肠井一带的蛇绿岩套，上部枕状玄武岩具过渡型大洋中脊玄武岩特征，下部有辉绿岩墙群、堆晶辉长岩及大洋斜长花岗岩，底部超镁铁岩具高镁、贫钙、贫碱、贫铝和低钛特点；更西还有红柳河、卡瓦布拉克和唐巴勒一带的蛇绿岩。目前，残存于我国境内的这一蛇绿岩套代表了古亚洲洋一次重要的大洋扩张期的产物。洋脊玄武岩岩浆为"富集型"地幔部分熔融的岩浆经结晶分异而成。

我国境内古亚洲洋板块最早的俯冲作用发生在中奥陶世，并具有向南、北的双向俯冲特点。在额尔古纳地区，沿德尔布干断裂向北俯冲，在东乌珠—多宝山一带形成碰撞前火山弧。东乌珠发现安山岩—流纹岩组合(O_2)；多宝山的细碧角斑岩组合(O_1-O_2)以角斑岩为主，LREE为富集型，Eu无亏损或弱亏损；向西至居延地区为玄武岩—安山岩组合(O_2)；更西至北塔山地区为安山岩—流纹岩组合，并出现与火山岩同时形成的壳幔同熔型闪长岩、花岗闪长岩、二长花岗岩等深成岩。在塔尔巴哈台地区，以枕状玄武岩、安山岩为主，地球化学特征表明，此带基性火山岩主要属岛弧拉斑玄武岩，中、酸性火山岩属岛弧钙碱性火山岩。内蒙古温都尔庙地区，在中奥陶世沿图林凯—西拉木伦一线向南俯冲消减于华北陆块之下，并在包尔汉图、白乃庙、乌丹一带，形成中奥陶世火山弧。包尔汉图发育玄武岩—安山岩组合；白乃庙地区的基性熔岩属岛弧拉斑玄武岩。西拉木伦河南侧为安山岩—流纹岩组合；更东至吉林辽源一带的中、酸性火山岩及其火山碎屑岩，都形成于活动大陆边缘环境。在该火山弧内，与火山岩同时形成的深成岩有石英闪长岩、花岗闪长岩等具壳幔同熔型特征的花岗岩。

古亚洲洋板块的第二次俯冲消减活动发生于中、晚志留世—早泥盆世，主要出现在准噶尔、伊犁、中天山等微板块的边缘地带，形成巨大火山弧。岩石组合以中基性火山岩为主，在北山地区为安山岩—英安岩—流纹岩组合，并有壳幔同熔型花岗岩类深成岩伴生，均属钙碱性系列。在内蒙古中部沿二连—贺根山一线向北俯冲消减。

古亚洲洋经过两次俯冲消减后，洋区内各微陆块与南、北两大陆间大部已拼贴联合，俯冲已基本结束。但在D-P_1期间，古亚洲洋中仍有少数残余小洋盆有俯冲活动，形成火山弧。阿尔泰南缘火山弧以安山岩—英安岩—流纹岩组合为主，是斋桑洋盆向北俯冲消减的结果。北天山小洋盆双向俯冲，南、北侧分别形成博罗科努成熟岛弧和哈尔里克岛弧，与火山岩同时形成的深成岩为具壳幔同熔型特征的石英闪长岩、花岗闪长岩、二长花岗岩。早二叠世，仅残存哲斯敖包—林西小洋盆。

弧后期(P_1-T_1)，由于南、北大陆碰撞对接后出现的应力松弛，产生了一些拉张盆地和深海槽，致使幔源物质上涌，从而在额尔齐斯南、伊犁、北山、哲斯敖包—乌兰浩特、吉林中部等地，发育有中性、中性—酸性火山岩，局部有枕状玄武岩、细碧岩和细碧角斑岩。与此同时，在造山后期由挤压转变为拉张的动力条件下，在阿尔泰—东西准噶尔—内蒙古—吉黑东部还形成一条碱性花岗岩带。直至晚二叠世，由西而东，出现了一套磨拉石建造和含煤建造，如上芨芨槽子群(准噶尔、北天山)、方口山组(北山)、林西组(内蒙古中部)、红山组、孙家坟组(兴安岭)和杨家沟组、开山屯组(吉林)，它们代表了重新组合后的南、北两大板块沿着伊林哈别尔朵山北麓—康古尔塔格—索伦山—西拉木伦北—敦化—延吉一线全面碰撞对接后的前陆盆地沉积。

中国西部特提斯构造—岩浆演化遗迹在澜沧江带和金沙江带保存最好。雅鲁藏布江带显示新特提斯构造—岩浆演化的特点。

晚古生代末(C-P)是特提斯洋扩张阶段，晚古生代末(P)到早中生代(T)是特提斯洋俯冲闭合阶段，为火山弧形成期；三叠纪末进入弧后期；晚中生代(J_3-K_1)为新特提斯扩张期，直至始新世发生俯冲闭合，形成雅鲁藏布江结合带。

早石炭世，澜沧江带和金沙江带扩张成洋盆，分别形成洋脊型玄武岩和洋脊石英拉斑玄武岩—钠质流纹岩组合。洋脊型玄武岩为橄榄拉斑玄武岩，具高镁(MgO为11.43%)、中钛(TiO_2为1.12%)、低钾(K_2O为0.37%)特征。石英拉斑玄武岩具有低Si、Al、K，中等Ti的特征。至早二叠世早期，洋脊继续扩张，在金沙江带形成一套低Si、Al，中等K，高Ti

的准洋脊型橄榄拉斑玄武岩。

从早二叠世晚期开始，持续到晚二叠世，古特提斯洋大致沿澜沧江和金沙江结合带分别向西、东俯冲，形成陆缘弧火山岩和大洋岛弧钙碱性火山岩。陆缘弧火山岩在德钦南佐保存较好。自西向东(由洋向陆)，依次形成低钾岛弧拉斑玄武岩系列—中钾钙碱性系列—岛弧钾玄岩系列火山岩组合，反映出从幼年岛弧逐渐发展成为成熟岛弧直至俯冲作用终止。大洋岛弧钙碱性火山岩具高 Al、低 K 和 Ti 的特点，并沿陆缘孤发育由闪长岩、石英闪长岩、英云闪长岩、花岗闪长岩和二长花闪长岩等所组成的壳幔同熔型花岗岩。从早三叠世开始，形成江达—维西火山弧，近弧东部(德钦书松及江达)，为玄武岩—安山岩—英安岩—流纹岩组合，伴生闪长岩—石英闪长岩—花岗闪长岩岩石序列，构成俯冲型火山弧；近弧西部(攀天阁—几家顶—角龙桥—江达西北部)，为单一流纹岩(高 Si、K)和二云母花岗岩，为碰撞型酸性岩。

晚三叠世早期，金沙江进入弧后期，在酸性火山弧之西或东，出现一套细碧岩、枕状玄武岩、细碧—石英角斑岩，是洋盆封闭后的深海槽环境产物。澜沧江洋盆在三叠纪发生对接碰撞，形成发育于竹卡—盐井和云县一带的中三叠世碰撞型酸性火山岩和察隅—腾冲、普水桥—哀牢山一带的陆壳重熔型花岗岩。之后，发生陆内俯冲，形成钾玄岩—安粗岩火山岩组合。在局部地区出现板内拉张环境，在竹卡一带形成少量具大陆裂谷属性的大陆拉斑玄武岩，在云县一带形成晚三叠世高钾双峰式火山岩组合，在哀牢山—金沙江带发育碱性侵入岩群。

雅鲁藏布江结合带是三叠纪以来伴随特提斯洋的消亡而发育起来的新特提斯洋重要的演化标志之一。发育于该带变形橄榄岩南、北两侧的火山岩都形成于晚侏罗世—早白垩世。北侧(吉定—大竹卡一带)以枕状玄武岩为主，具低 Ti、高 Mg 的特点；南侧(达机翁—达吉岭—乃东一带)为以拉斑玄武岩系列为主的变玄武岩。两侧火山岩均属拉斑玄武岩系列，洋脊火山岩组合，是新特提斯洋扩张期的产物。著名的冈底斯陆缘火山弧是新特提斯洋俯冲期的主要演化特征，它在早白垩世晚期进入火山弧发展的成熟期，形成钙碱性岩石系列。古近纪初，印度板块加快了向北的挤压，迫使新特提斯洋壳加速消减，岛弧带出现大量安山岩、英安岩、流纹岩和碱流岩，属钙碱性和碱性岩石系列，并有大量壳幔同熔型中酸性侵入岩相继形成，冈底斯岛弧演化达到最后成熟阶段。至始新世，随着印度陆块与扬子陆块碰撞，新特提斯洋闭合，形成雅鲁藏布江结合带。

我国境内，可能与古太平洋扩张期有关的岩浆活动仅见于黑龙江省饶河地区，即早—中侏罗世的那丹哈达蛇绿岩套，其上部的枕状熔岩属大洋拉斑玄武岩，与世界标准蛇绿岩相似；与大洋中脊橄榄玄武岩相比，碱质和 TiO_2 含量略高，属弧后小洋盆产物。

在晚侏罗世—早白垩世期间，古太平洋板块向西俯冲，从大兴安岭到华南地区，形成宏伟的安第斯型陆缘弧岩浆岩，以钙碱性系列的酸性岩为特征，具高硅、高碱，SiO_2 含量呈连续变化的单峰式，反映挤压构造环境的岩浆活动特点。

晚白垩世晚期之后，西太平洋陆缘沟、弧、盆体系开始形成，挤压作用逐渐转变为拉张作用。在浙闽粤出现火山洼地和双峰式岩浆活动；大兴安岭-长白山地区火山活动减弱，出现大陆性质的局部碱性火山活动；整个东部沿海地区由安第斯型陆缘弧转化为张裂式陆缘，由俯冲期向弧后期转化，扩张导致具有洋壳性质的南海中央海盆的形成。在强烈拉张的断陷带，新生代玄武岩的分布规模最大。台湾海峡和琼州海峡及其两侧地区因张裂作用发生从陆壳向洋壳的转化。

3.5 几种特殊的岩浆岩

3.5.1 金伯利岩

金伯利岩均产于大陆板内，含矿金伯利岩多产于前震旦纪克拉通。然而，大部分分布在中国东部，NE 35°~40°带上的金伯利岩时代则较晚，其侵入的最高层位为志留系(贵州马坪)，山东部分金伯利岩甚至切穿了燕山晚期暗色脉岩(池际尚等，1988)，其上限可能为燕山晚期—早喜马拉雅期，但以祁连期(480~450Ma)为主，构成了中国金刚石矿床的主要成矿期。金伯利岩是含挥发分(CO_2、H_2O)的钾质超镁铁岩，Na_2O 含量很低，而 K_2O/Na_2O 比值很高，一般都含有上地幔来源的超镁铁质岩包体和数量不等的地壳捕虏体及捕虏晶。华北克拉通东部早古生代(约 4.6 亿年)含金刚石金伯利岩(山东蒙阴和辽宁复县；图 3.5)表明其岩石圈厚度约为 200km(池际尚，1996；Xu 等，2006)。

图 3.5 山东蒙阴具角砾状构造的金伯利岩

3.5.2 环斑花岗岩

奥长环斑花岗岩也是世界上一种特殊的岩石类型，以其独特结构和形成地质环境受到地质学家的广泛关注。环斑花岗岩通常见于克拉通内部及其边缘的深断裂带中，是造山后的产物，其出现意味着造山作用结束，大陆裂谷开始形成。因此，研究环斑花岗岩的岩石类型和形成时期具有重要的地球动力学意义。世界已知的环斑花岗岩大多出现在前寒武纪历史时期，往往标志了古元古代与新元古代之间一次重要的交替转折时期。时代较新的环斑花岗岩近期才有报道。国内已发现且研究较深入的环斑花岗岩主要分布在北京密云、内蒙古兴和和秦岭地区，密云和兴和的环斑和球斑花岗岩分布于华北陆台上，形成于中元古代(杨进辉等，2005)，秦岭地区为印支期环斑花岗岩带(图 3.6)。

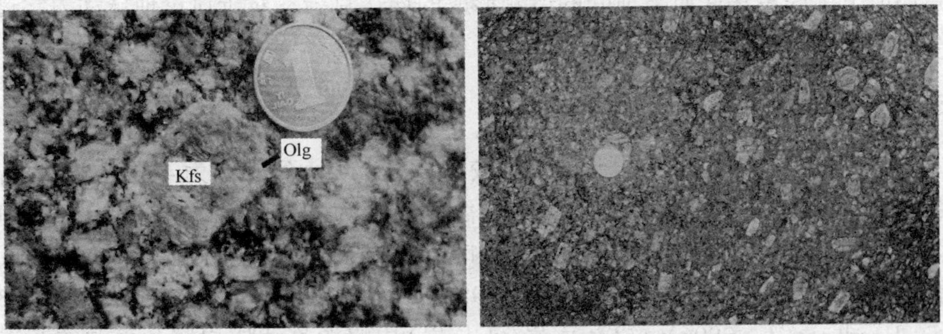

图 3.6 更长环斑花岗岩(常丽华等，2009)
岩石具环斑结构，肉红色钾长石(Kfs)斑晶被白色更长石(Olg)环绕

3.5.3 埃达克岩

埃达克岩的定义最初由 Defant 和 Drummond 于 1990 年提出，指年代≤25Ma、热的俯冲洋壳熔融形成的一套火山岩或侵入岩，这类岩石最早发现于阿留申群岛的 Adak 岛，因此被命名为埃达克岩。埃达克岩以 SiO_2≥56%、Al_2O_3≥15%(很少低于此值)和 MgO 通常小于 3%(极少大于 6%)为特点，K_2O/Na_2O 比值低(<0.5)，Sr 含量高(很少小于 400μg/g)，Y 和重稀土元素含量低(Y≤18μg/g、Yb≤1.9μg/g)，稀土元素强烈分异，因此具有高 La_N/Yb_N 和 Sr/Y 比值，一般不具 Eu 异常，$^{87}Sr/^{86}Sr$ < 0.7040。随着研究不断深入，埃达克岩的定义也发生变化，大陆内部也可以形成具有埃达克岩特征的岩石。近年来研究发现，增厚(>40km) 的榴辉岩下地壳环境中，底侵玄武质下地壳的熔融也可形成与埃达克岩的地球化学特征类似的岩石，即认为不管是岛弧还是非岛弧环境，只要是中酸性火成岩具有与俯冲板片熔融形成的埃达克岩类似的地球化学特征，就可称为埃达克(质)岩，即为广义的埃达克岩。Martin 等(2003)收集了典型埃达克岩数据库的 340 个数据，发现按照埃达克岩的 SiO_2 含量可以将其分为高硅埃达克岩(SiO_2>60%)和低硅埃达克岩(SiO_2<60%)。低硅埃达克岩包括高镁安山岩和一部分埃达克岩。

就广义的埃达克岩来说，中国绝大多数地区都分布有埃达克(质)岩，主要位于太平洋板块和亚洲板块碰撞带、秦岭—祁连山—昆仑山造山带、青藏及中国东部地区，其时代为新太古代(2.5 Ga)到中新世(约 10Ma)。最老的埃达克质岩见于五台杂岩体，为新太古代(2.5 Ga)；最年轻的出现于青藏(赵志丹等，2014；李晓寒，2015)。古元古代埃达克质岩分布在江西的东北部、秦岭造山带和四川西部；古生代埃达克(质)岩主要分布在中亚造山带，其中新疆北部有晚古生代的埃达克岩出露(赵振华等，2007)，古生代—早中生代的埃达克(质)岩主要出现在秦岭—祁连山—昆仑山造山带；新生代埃达克质岩主要见于青藏。最近，青藏北缘和东缘也有三叠纪埃达克质岩的报道。中国东部的埃达克质岩主要形成于晚中生代(王强等，2007)。

对于埃达克岩的成因，目前还存在许多争论。通常认为，消减板片熔融和下地壳熔融是最常见的。也有一些学者认为同源基性岩浆的分离结晶作用可以产生埃达克质岩石(Castillo 等，1999；Castillo，2002；钱青等，2002)。此外，还有玄武质岩浆与陆壳混染成因的见解(Chen 等，2002；陈斌等，2002)。但无论是由俯冲洋壳板片的熔融形成的埃达克岩还是在加厚地壳环境下由底侵玄武质下地壳的熔融形成的埃达克岩，对于讨论地球动力学过程、壳幔相互作用、大陆地块的生长与演化等都具有重要的意义。

3.5.4 粗面岩

研究表明，粗面岩(正长岩)岩浆的起源较为复杂，可大致归结为4类：①粗面岩(正长岩)岩浆起源于地幔，与镁铁质岩石不具演化关系，为独立起源的岩浆(Lauri 和 Mantt, 2002；Kumar 等，2007)；②粗面岩(正长岩)和镁铁质岩石为同源幔源岩浆演化形成的，是分离结晶过程不同阶段的产物(Barbara 等，1983；Currie 等，1986；Grazina 等，2003；Yang 等，2005；Upadhyay 等，2006)；③粗面岩(正长岩)由幔源玄武质岩浆和壳源的花岗质岩浆混合产生(Zhao 等，1995；Mingram 等，2000)；④镁铁质岩浆的底侵引起下地壳熔融产生粗面岩(正长岩)岩浆(Su 等，2007)。地壳岩石的熔融实验表明，粗面岩(正长岩)岩浆通常不能由地壳岩石的深熔作用直接形成(Montel 和 Vielzeuf, 1997)，但在陆壳加厚背景下，地壳底部部分熔融产生的低熔岩浆为粗面岩(正长岩)，而不是花岗岩(WyIIlie, 1977、1984)；Deng 等(1998)进一步提出，陆壳岩石在正常陆壳厚度或加厚陆壳的中上部局部熔融产生的是流纹岩(花岗岩)岩浆，相当于陆壳岩石系统的低压最低点(共结点)组成；在加厚陆壳底部产生粗面岩(正长岩)岩浆，相当于高压共结点组成，其熔融残余中无斜长石，相当于榴辉岩的矿物组合，它必然导致无负铕异常的稀土元素分布样式；由玄武质岩浆结晶分离出斜长石后形成的派生粗面岩(正长岩)岩浆，具有明显负铕异常的稀土元素分布样式。李晓勇等(2004)通过对北京东岭台组粗面岩的研究，根据粗面岩表现出富集 LREE 和 HREE 平坦的稀土元素配分型式，以及富集 LILE，亏损 Nb-Ta、Th-U 和 Ti，Sr-Nd 同位素富集，Nb/Ta 分馏明显，高 Zr/Sm 比值等特征，认为该区粗面岩来源于下地壳含石榴子石的角闪岩部分熔融作用。祝禧艳等(2007)通过对江西三百山盆地粗面岩的研究，认为其是橄榄玄粗岩系列火山岩，其物质来源于由上地壳物质俯冲到深部与地幔的混合而形成的再循环富集地幔；刘洪等(2002)通过对长江中下游地区粗面岩的研究，根据粗面岩富集的 Sr-Nd 同位素组成，认为长江中下游地区粗面岩起源于富集型地幔的部分熔融；吴昌志等(2004)通过对辽河盆地沙三期粗面岩研究，认为玄武质岩浆上升到浅部后发生橄榄石、辉石、斜长石和磁铁矿等分离结晶作用而形成粗面质岩浆，地壳混染作用不明显；White 等(2009)通过对意大利 Pantelleria 地区粗面岩的研究认为该区粗面岩来源于玄武质岩浆的结晶分异作用。邓晋福等(2011)通过对长江中下游火山岩带早白垩世早期火山岩的研究发现，庐枞盆地和滁州盆地的火山岩组合分别为橄榄玄粗岩—安粗岩—粗面岩组合和安粗岩—粗面岩组合，分属碱性系列和钙碱性系列，提出庐枞盆地碱性系列火山岩母岩浆源于上地幔软流圈，滁州盆地钙碱性系列火山岩则源于俯冲的玄武质洋壳。

3.5.5 橄榄玄粗岩

橄榄玄粗岩(shoshonite)又称为钾玄岩(邱家骧等，1991)或橄榄安粗岩(王德滋等，1991)，最初是指美国黄石公园一种含钾长石、基质斜长石有正长石环边的玄武岩(Iddings, 1895)。Joplin(1968)首次将橄辉玄粗岩(absarokite，$SiO_2<53\%$)—橄榄玄粗岩(shoshonite，$SiO_2=53\%\sim57\%$)—橄云安粗岩(banakite，$SiO_2=57\%\sim63\%$)系列(Iddings, 1895)、SiO_2含量更高($SiO_2=65\%\sim68\%$)的石英安粗岩和含有白榴石的硅不饱和类型以及与它们相应的侵入

岩称为橄榄玄粗岩组合(shoshonite association)。Morrison(1980)进一步总结了橄榄玄粗质岩石的地球化学特征，将橄榄玄粗质岩石定义为一组基性至酸性，具有硅饱和、富钾、低铁、高碱等特征的岩石，但不包括Joplin(1968)的含白榴石的硅不饱和类型。Peccenllo 和 Taylor (1976)采用 SiO_2-K_2O 图解将火山岩分为岛弧拉斑系列、钙碱性系列、高钾钙碱性系列和橄榄玄粗岩系列。这一分类图解虽然没有包括上述的 SiO_2>63%的岩石及侵入岩类，但根据 K_2O含量可以有效地鉴别橄榄玄粗岩系列岩石与钙碱性系列岩石，从而被广泛采用，并被应用到 SiO_2>63%的火山岩和侵入岩类(Duchesne 等，1998；Andersson 等，2006)。为了区分橄榄玄粗岩系列岩石和超钾质岩石，Turner 等(1996) 提出了 K_2O-Na_2O 图解，将橄榄玄粗岩系列岩石限定在 K_2O/Na_2O 比值在 0.5～2 的范围内。根据 IUGS 的分类标准(LeMaitre, 1989)，橄榄玄粗岩系列岩石在 TAS 图解上位于硅饱和的钾质岩石(K_2O 含量大于 Na_2O)区域。其中橄辉玄粗岩大致对应于 S_1区，是粗面玄武岩的"钾质" 变种；橄榄玄粗岩大致对应于 S_2区，是玄武粗面安山岩的"钾质"变种；橄云安粗岩大致对应于 S_3区，是粗面安山岩的"钾质"变种；石英安粗岩大致对应于 T 区，是粗面岩或粗面英安岩的"钾质"变种。可见，橄榄玄粗岩系列是一组有成因联系的岩石组合，具有不同于碱性橄榄玄武岩系列、钙碱性系列和拉斑玄武岩系列的特征。在 SiO_2-Alk 图解上，橄榄玄粗岩系列以高碱区别于亚碱性系列，而与碱性橄榄玄武岩系列落入相同区域；在 AFM 图解上，橄榄玄粗岩系列以无富铁趋势区别于有明显富铁趋势的碱性橄榄玄武岩系列，而与钙碱性系列落入相同区域。Morrison (1980)总结的环太平洋陆缘和岛弧带橄榄玄粗岩系列火山岩的特点包括：①玄武岩类具有标准矿物紫苏辉石和橄榄石；②低铁，Na_2O+K_2O 含量高；③Al_2O_3含量高、变化大；④TiO_2含量低，而 K_2O 较富；⑤富集大离子亲石元素；⑥基质中斜长石与透长石共生，基质拉长石具碱性长石镶边；⑦单斜辉石 TiO_2含量低，且贫铁。

目前，橄榄玄粗岩系列火山岩已被国际岩石学界确认为一套与碱性橄榄玄武岩系列、拉斑玄武岩系列及钙碱性系列并列的、独立的火山岩组合(Morrison，1980；Condie，1983；Liegeois，1998；Sun，2001；Peccerillo，1999、2001)。通常认为橄榄玄粗岩系列的岩浆起源于岩石圈地幔(Rock，1991；Rogers 等，1998；Scarrow 等，1998；Conceicao 和 Green，2004；Rios 等，2007)。Muller 等(1992)将其产出的构造环境分为陆弧、后碰撞弧、初始洋弧、晚期洋弧和板内 5 类。因此，对橄榄安粗质岩石的研究能够制约源区岩石圈地幔性质和认识岩石圈地幔的富集过程，同时可以揭示其形成的特殊构造环境及区域构造演化历史(Morrison，1980；Turner 等，1996；Gill 等，2004；贺振宇等，2008；袁峰等，2008)。

20 世纪 90 年代，我国东部中生代额尔古纳火山—侵入岩带(孙德有、许文良，1994)、燕山—辽西火山—侵入岩带(廖群安等，1993；鲍亦冈等，1995)、长江中下游火山—侵入岩带(赵太平等，1994；薛怀民等，1989)、江西峡江—广丰火山岩带(廖群安等，1999)陆续有橄榄玄粗岩的报道。王德滋(1996)还提出了中国东部橄榄玄粗岩省的概念，但徐志刚等(1999)认为其中存在橄榄玄粗岩概念扩大化的问题。随后，橄榄玄粗岩的厘定和特征研究成为我国地质工作者的研究热点(刘洪等，2002；章邦桐等，2001、2008a、b；张双涛等，2005；李毅等，2006；谢智等，2007；贺振宇等，2008；薛怀民等，2010；项媛馨等，2012)。章邦桐等(2001，2008a、b)通过系统的 Rb-Sr 年代学、矿物学、岩石学和地球化学特征研究，确认江西南部三南(龙南、定南、全南)—寻乌的火山岩带会昌地区的镁铁质火山岩属橄榄玄粗岩，并获得 Rb-Sr 等时线年龄为(107.3±2.3) Ma；贺振宇等(2008)对该镁铁质火山岩开展锆石 U-Pb 年代学、Hf 同位素和岩石地球化学研究，也认为其属于橄榄玄粗岩，其 LA-ICP-MS 锆石 U-Pb 年龄为(181±1)Ma。谭桂丽等(2008)对江西峡江—广丰火山岩带盛源盆地镁铁质火山岩的黑云母进行了研究，认为具有橄榄玄粗岩系列岩石的黑云母特征。项媛馨等(2012)通过岩相学、岩石地球化学的研究，确认江西峡江—广丰火山岩带玉山盆地镁铁质火山岩和广丰盆地上部镁铁质火山岩属典型的橄榄玄粗岩。

研究表明，碰撞及碰撞后造山带也有橄榄玄粗岩的存在。邓晋福等(2004)、谢才富等(2006)认为，橄榄玄粗岩系列岩石受控于增厚机制，即碰撞及碰撞后的陆内继续汇聚使岩石圈增厚→岩石圈重力不稳定性导致其根带的拆沉作用→诱发软流圈物质上升填补原岩石圈根带→软流圈物质的减压熔融驱动对流地幔注入大陆→产生橄榄玄粗岩—高钾钙碱性火山岩活动，并提出了一个陆内橄榄玄粗岩系列岩浆形成的模型，即流纹岩—粗安岩(粗面岩、粗玄岩)形成模型，认为在挤压背景下，在深断裂，也就是古基底构造、古陆块碰撞拼接带部位因地壳增厚、加上断裂的拆离作用会引起造山带山根的崩塌，从而导致软流层地幔上涌、上地幔熔融、形成壳幔作用岩浆岩体系。

3.5.6 蛇绿岩

蛇绿岩的术语最早出现在 19 世纪初。Steinmann(1926)第一个明确指出蛇绿岩代表主要由蛇纹石化橄榄岩和少量辉长岩、玄武岩组成的岩石群体，并强调它与深海沉积物如放射虫燧石和黏土紧密共生。赫斯(Hess，1955)建议将蛇纹岩、基性火山岩和燧石岩的组合称为 Steinmann 的“三位一体”。1972 年彭罗斯会议重新厘定了蛇绿岩的定义，恢复了 Steinmann 蛇绿岩的定义。蛇绿岩不是一个岩石名称，一个发育完整的蛇绿岩从下向上出现以下岩石序列(图 3.7)：超镁铁质杂岩，由不同比例的方辉橄榄岩、二辉橄榄岩和纯橄岩组成，具变质构造组构(或多或少发生蛇纹石化)；辉长质杂岩，通常具堆晶结构，常见橄榄岩和辉石岩，与超镁铁质杂岩比较，堆晶岩变形较弱；镁铁质席状岩墙；镁铁质火山杂岩，常具枕状构造。伴生的岩石有：①上覆的沉积岩系，包括条带状硅质岩、薄层页岩夹层和少量灰岩；②与纯橄岩相伴的豆荚状铬铁矿；③富钠的长英质侵入岩和喷出岩(Coleman，1977)。

图 3.7 蛇绿岩套组成

造山带研究中，寻找古洋壳，恢复古板块构造格局，是地质学家最关心的问题，也是造山带研究的核心问题之一。Dietz(1963)最先提出蛇绿岩代表古洋壳的论点，赋予蛇绿岩明确的构造含义。蛇绿岩是出露在板块缝合带的一套超镁铁质岩组合，一般认为是大洋岩石圈的残留，也是确定古板块边界的重要证据。它是地球壳—幔相互作用的产物，含有代表壳—幔系统不同层圈的岩石单元，从形成到定位跨越了板块运动的不同阶段与不同构造环境，因此记录了壳—幔系统不同层圈的相互作用，以及板块动力学的丰富信息，常作为板块缝合的标志。蛇绿岩是研究地幔过程的最佳窗口，在蛇绿岩中，不仅有来自亏损的软流圈的信息，也有来自富集下地幔的信息，还可以找到板块扩张的信息，因而蛇绿岩是地球科学研究的热点之一。实际上，板块扩张作用不仅可以出现在像太平洋、大西洋、印度洋那样的大洋扩张中心，深海钻探研究发现，在消减带之上的弧后盆地、岛弧以及弧前盆地地区也可以发生板块扩张作用，如日本海、南海、菲律宾海、马利亚那海槽等(Lapierre 等，1992；金性春等，1995)。目前世界上典型的蛇绿岩均产于岛弧环境(准确地说应为消减带等之上的岛弧和弧后盆地环境)，如特罗多斯、阿曼、巴布亚新几内亚和岛湾等(特罗多斯，据 Pearce 等，1984；Cameron，1985；Robinson 等，1990；阿曼，Pallister 等，1981；Pearce 等，1981；岛湾，Pearce，1991；巴布亚新几内亚，Lshiwatari，1985)。目前，广大地学工作者所公认的蛇绿岩定义是："蛇绿岩是一个岩石组合，它包括洋壳和上地幔的系列岩石，来自洋内增生板块边缘，代表古代已消失的大洋岩石圈碎片，但并非"正常"的大洋岩石圈；少数来自广阔的大洋扩张脊，而更多的是形成于现代的岛弧、弧前、弧后盆地、转换断层以及小洋盆类似的环境"。严格地说，蛇绿岩仅见于造山带中，系造山过程中大洋壳不同部位和不同环境的沉积物挤压、拼合在一起，形成与传统地层学大不相同的叠置关系。蛇绿岩是造山带地质研究的主要对象之一，同时研究造山带的重要任务之一是对已经遭受了改造和破坏的蛇绿岩，恢复和判别其原始层序和形成环境。除上述构造意义外，蛇绿岩有重要的成矿意义，例如西藏地区铬铁矿形成常与蛇绿岩伴生。

中国的蛇绿岩分布在不同时期的造山带之中，主要分布在中国的西部、西南部和北部，中部和南部较少。中国元古宙蛇绿岩分布零星，显生宙蛇绿岩分布较广，主要分布在古亚洲洋、秦祁昆洋、古特提斯洋、新特提斯洋和环太平洋等 5 个区域(详见本章第四节)。北方为新元古代—石炭纪的蛇绿岩，西北为古生代的蛇绿岩，西南为古生代—中生代的蛇绿岩，华南仅有零星出露的中—新元古代蛇绿岩，最年轻的蛇绿岩出露在台湾东部，形成于古近纪—新近纪和前古近纪。中国的蛇绿岩在新疆、甘肃、青海、西藏、四川、陕西、内蒙古、黑龙江、安徽、江西、云南和台湾等省都有分布，以新疆、甘肃、青海、西藏 4 省(区)最多，除个别地区研究较为详细外，总体研究程度较低。

从中国蛇绿岩时空分布情况可以看出，中国的蛇绿岩十分发育，形成时代总体趋势是由北向南逐渐变新，从一个侧面大致可以勾画出中国古大陆形成演化的轮廓。最北面的为北疆—北山—贺根山—兴安岭弧形蛇绿岩带，形成时代主体是奥陶纪—泥盆纪，大兴安岭新林蛇绿岩形成于新元古代末期；天山蛇绿岩带，以中天山为中心，形成时代为志留纪，南、北两侧的南天山和北天山均形成于石炭纪；在昆仑—祁连山—秦岭区带中，西昆仑蛇绿岩带形成时代为奥陶纪，东昆仑形成时代比较复杂，但主体是古生代；祁连山蛇绿岩带形成时代为志留纪；北秦岭蛇绿岩形成时代为中元古代，尚需进一步研究；阿尔金蛇绿岩带十分独特，几乎都是奥陶纪时期形成的，并将东、西昆仑分割成两部分；藏滇—三江区带、甘孜—理塘带和金沙江带为二叠纪—三叠纪，澜沧江带为二叠纪，其南端为泥盆纪—石炭纪，怒江带为侏罗纪，其最南端德宏地区为白垩纪，雅鲁藏布江带为白垩纪；中国东部滨太平洋域自东北、扬子、华南及东南沿海，自北而南时代由三叠纪到古近纪—新近纪，赣东北—浙江衢州出现的古老蛇绿岩可能是残留古老陆块拼接的证据。从蛇绿岩组合特征来看，青藏—三江区蛇绿岩基底岩石以方辉橄榄岩为主，而其他大多数地区以二辉橄榄岩为主，表明古代洋盆与现代洋盆的结构基本上是一致的，同时也反映了前者与成矿关系更为密切，为地质找矿提供了新思路。

二辉橄榄岩熔融实验表明：当压力为 1.5~2 GPa(50~60 km)时，源岩经过 20%~30%的部分熔融可产生拉斑玄武质岩浆；在更高压力下，同样程度的部分熔融将产生苦橄玄武岩岩浆；当部分熔融程度超过 35%时，将产生科马提岩岩浆。在产生洋脊玄武岩的过程中，地幔物质的部分熔融程度可达20%左右，部分熔融形成的原始岩浆还会在岩浆房中经历结晶分异、岩浆混合和地壳混染等过程。橄榄石在镁值约为0.72，温度约为(1240±10)℃开始结晶。仅橄榄石结晶伴随着铬铁矿形成纯橄岩，这也是为什么铬铁矿和铬铁矿床总与纯橄岩伴生的原因(如罗布莎铬铁矿床)。在镁值约为0.69，约(1222±10)℃时，斜长石开始结晶与橄榄石形成斜长石+橄榄石岩石，称为橄长岩，在镁值约为0.58，约(1180±10)℃时，单斜辉石连同斜长石和橄榄石形成斜长石+单斜辉石+橄榄石岩石，称为辉长岩。在更低的温度，约(1115±10)℃，熔体镁值约为0.37时，Ti—Fe氧化物开始结晶(有或者没有斜方辉石和铁橄榄石)形成Fe-Ti辉长岩、辉长苏长岩等。注意磷灰石，也许还有锆石可能在拉斑玄武质岩浆演化后期阶段结晶。重要的是，岩浆成因V-Ti-Fe矿床是玄武质岩浆演化这一后期阶段的产物(如攀枝花V-Ti-Fe矿床)(Niu，2005)。快速扩张的洋脊(例如雅鲁藏布江洋脊)具有较大规模连续的岩浆房，而缓慢扩张的洋脊(例如金沙江洋脊、唐巴勒—西拉木伦河洋脊等)仅有较小规模不连续的岩浆房。一般而言，大岩浆房由于可以发生较充分的岩浆混合作用，喷出成分比较均匀，因而可以产生分异程度稍低的岩浆；相反，小岩浆房则可能经受广泛的分异作用，喷出成分变化范围较宽，从而产生从玄武岩到流纹岩的岩石组合。例如在金沙江带，火山岩的岩石序列出现橄榄拉斑玄武岩—石英拉斑玄武岩—玄武安山岩—流纹岩。当洋脊拉张时，从洋底供应的岩浆将通过岩墙而喷发，在岩浆房内的岩浆沿四壁结晶成均匀的辉长岩，在岩浆房底部由于结晶分异作用而形成基性岩和超镁铁岩的层状序列。

本章思考题

1. 论述不同类型岩浆在我国的时空分布特征及其可能的构造环境启示。
2. 为什么侵入岩以中酸性岩浆为主体?
3. 超基性岩在我国的分布有什么特征，其对成矿有什么重要意义?
4. 论述中国东部中、新生代岩浆演化的趋势及其与盆地形成、岩石圈演化等的相关性。
5. 简述埃达克岩的研究进展和意义。

本章主要参考文献

[1] 陈荣，邢光福，杨祝良，等．浙东南英安质火山岩早侏罗世锆石SHRIMP年龄的首获及其地质意义[J]. 地质论评，2007，53(1)：31-35.
[2] 陈志广，张连昌，周新华，等．满洲里新右旗火山岩剖面年代学和地球化学特征[J]. 岩石学报，2006，22(12)：2971-2986.
[3] 程裕淇．中国区域地质概论[M]. 北京：地质出版社，1994.
[4] 池际尚，路凤香，赵磊，等．华北地台金伯利岩及古生代岩石圈地幔特征[M]. 北京：科学出版社，1996.
[5] 贺振宇，徐夕生，陈荣，等．赣南中侏罗世正长岩—辉长岩的起源及其地质意义[J]. 岩石学报，2007，21(6)：1457-1469.
[6] 贺振宇，徐夕生，王孝磊，等．赣南橄榄安粗质火山岩的年代学与地球化学[J]. 岩石学报，2008，24(11)：2524-2536.
[7] 季强，柳永清，陈文，等．再论道虎沟生物群的时代[J]. 地质论评，2005，51(6)：609-612.

[8] 李萍萍，葛文春，张彦龙．海拉尔盆地西北部火山岩地层划分的锆石 U-Pb 年代学证据[J]．岩石学报，2010，26(8)：2482-2494.

[9] 李瑞玲，李真真．中国东南部余江基性岩体的 SHRIMP U-Pb 年龄及其地质意义[J]．矿物岩石，2010，30(2)：45-49.

[10] 刘健，赵越，柳小明．冀北承都盆地髫髻山组火山岩的时代[J]．岩石学报，2006，22(11)：2617-2630.

[11] 柳永清，李佩贤，田树刚．冀北滦平晚中生代火山碎屑(熔)岩中锆石 SHRIMP 锆石 U-Pb 年龄及其地质意义[J]．岩石矿物学杂志，2003，22(3)：237-244.

[12] 陆松年，李怀坤，陈志宏，等．秦岭中、新元古代地质演化及对 Rodinia 超大陆事件的响应[M]．北京：地质出版社，2003.

[13] 陆松年，于海峰，李怀坤，等．中国前寒武纪重大地质问题研究：中国西部前寒武纪重大地质事件群及其全球构造意义[M]．北京：地质出版社，2006.

[14] 孟恩，许文良，杨德彬，等．满洲里地区灵泉盆地中生代火山岩的锆石 U-Pb 年代学、地球化学及其地质意义[J]．岩石学报，2011，27(4)：1209-1266.

[15] 孟凡雪，高山，柳小明．辽西凌源地区义县组火山岩锆石 U-Pb 年代学和地球化学特征[J]．地质通报，2008，27(3)：364-373.

[16] 覃小锋，王宗起，张英利，等．桂西南早中生代酸性火山岩年代学和地球化学：对钦—杭结合带西南段构造演化的约束[J]．岩石学报，2011，27(3)：794-808.

[17] 牛耀龄．全球构造与地球动力学的岩石学方法——以大洋玄武岩研究为例[M]//丁仲礼. 固体地球科学研究方法．北京：科学出版社，2013，791-804.

[18] 宋谢炎，侯增谦，汪云亮，等．峨眉山玄武岩的地幔热柱成因[J]．矿物岩石，2002，22：27-32.

[19] 宋鹏，童英，王涛，等．新疆东天山哈尔里克山石炭纪花岗岩锆石 U-Pb 年龄、成因演化及地质意义[J]．地质通报，2018，5：790-804.

[20] 万天丰．中国大地构造学纲要[M]．北京：地质出版社，2004.

[21] 韦忠良，张宏，郭文敏，等．La-ICP-Ms 锆石 U-Pb 测年对辽西—冀北地区晚中生代区域性角度不整合时代的约束[J]．自然科学进展，2008，18(10)：1119-1127.

[22] 巫建华，郭国林，刘帅，等．大地构造学基础与中国地质学概论[M]．北京：地质出版社，2013.

[23] 巫建华，刘飞宇，刘帅．峡江—广丰和三南—寻乌火山岩带晚中生代粗面岩 SHRIMP 锆石 U-Pb 年龄[J]．地质论评，2011a，57(1)：125-132.

[24] 巫建华，徐勋胜，刘帅．赣南—粤北地区晚白垩世早期长英质火山岩 SHRIMP 锆石 U-Pb 年龄及其地质意义[J]．地质通报，2012，31(8)：1296-1305.

[25] 项媛馨，巫建华．赣南龙南地区余田群玄武岩 SHRIMP 锆石 U-Pb 年龄及其地质意义[J]．地质通报，2012，31(5)：716-725.

[26] 谢成龙，朱光，牛漫兰，等．滁州中生代火山岩 La-ICP-MS 锆石 U-Pb 年龄及其构造地质意义[J]．地质论评，2007，53(5)：642-655.

[27] 谢桂青，毛景文，李瑞玲，等．长江中下游鄂东南地区大寺组火山岩 SHRIMP 定年及其意义[J]．科学通报，2006，51(19)：2283-2291.

[28] 邢光福，卢清地，陈荣，等．华南晚中生代构造体制转折结束时限研究——兼与华北燕山地区对比[J]．地质学报，2008，82(4)：451-463.

[29] 薛怀民，董树文，马芳．安徽庐枞火山岩盆地橄榄玄粗岩系的地球化学特征及其对下扬子地区晚中生代岩石圈减薄机制的约束[J]．地质学报，2010a，85(5)：664-681.

[30] 薛怀民，董树文，马芳．长江中下游地区庐(江)—枞(阳)和宁(南京)—芜(湖)盆地内与成矿有关潜火山岩体的 SHRIMP 锆石 U-Pb 年龄[J]．岩石学报，2010b，26(9)：2653-2664.

[31] 闫峻，刘海泉，宋传中，等．长江中下游繁昌—宁芜火山盆地火山岩锆石 U-Pb 年代学及其地质意义[J]．科学通报，2009，54(12)：1716-1724.

[32] 杨进辉，吴福元，柳小明，等．北京密云环斑花岗岩锆石 U-Pb 年龄和 Hf 同位素及其地质意义[J]．岩石学报，2005，21(6)：1633-1644.

[33] 杨进辉，吴福元，邵济安，等．冀北张宣地区后城组、张家口组火山岩锆石 U-Pb 年龄和 Hf 同位素[J]．地球科学—中国地质大学学报，2006，31(1)：71-80.

[34] 杨水源，蒋少涌，姜耀辉，等．江西相山流纹英安岩和流纹英安斑岩锆石 U-Pb 年代学和 Hf 同位素组成及其地质意义[J]．中国科学 D 辑(地球科学)，2010，40 (8)：953-969.

[35] 余心起，狄永军，吴淦国，等．粤北存在早侏罗世的岩浆活动——来自霞岚杂岩 SHRIMP 锆石 U-Pb 年代学的证据[J]．中国科学 D 辑，2009，39 (6) ：681-693.

[36] 余心起，吴淦国，狄永军，等．赣南东坑盆地早侏罗世侵入岩的锆石 SHRIMP 测年——兼论赣南粤北地区成岩后期构造热事件[J]．岩石学报，2010，26 (12)：3469-3484.

[37] 袁峰，周涛发，范裕，等．安徽繁昌盆地中生代火山岩锆石 U-Pb 年龄及其意义[J]．岩石学报，2010，26：2805-2817.

[38] 章邦桐，吴俊奇，凌洪飞，等．会昌早白垩世橄榄玄粗岩(Shoshonite)成因的元素及 Sr-O-Nd-Pb 同位素地球化学证据[J]．地质学报，2008a，82(7)：986-997.

[39] 章邦桐，吴俊奇，凌洪飞，等．赣南中生代橄榄玄粗岩中镁绿钙闪石的厘定与成因意义[J]．矿物学报，2008b，28 (1)：1-5.

[40] 张宏，袁洪林，胡兆初，等．冀北滦平地区中生代火山岩地层的锆石 U-Pb 测年及启示[J]．地球科学，2005a，30(6)：707-720.

[41] 张宏，柳小明，陈文，等．辽西北票—义县地区义县组顶部层位的年龄及其意义[J]．中国地质，2005b，32(4)：596-603.

[42] 张宏，柳小明，高山，等．辽西凌源地区张家口组的重新厘定及其意义：来自激光 ICP-Ms 锆石 U-Pb 年龄的制约[J]．地质通报，2005c，24 (2)：108-116.

[43] 张宏，柳小明，张晔卿，等．冀北滦平—辽西凌源地区张家口组火山岩顶、底的单颗粒锆石 U-Pb 测年及意义[J]．地球科学—中国地质大学学报，2005d，30(4)：387-401.

[44] 张宏，柳小明，袁洪林，等．辽西凌源地区义县组底部层位的单颗粒锆石的 U-Pb 年龄及意义[J]．地质论评，2006，24(2)：63-71.

[45] 张宏，韦忠良，柳小明，等．冀北—辽西地区土城子组的 LA-ICP-MS 测年[J]．中国科学 D 辑(地球科学)，2008，38(8)：960-970.

[46] 张旗，周国庆．中国的蛇绿岩[M]．北京：科学出版社，2001.

[47] 张旗，简平，刘敦一，等．宁芜火山岩的锆石 SHRIMP 定年及其意义[J]．中国科学 D 辑(地球科学)，2003，33(4)：209-215.

[48] 周涛发，范裕，袁峰，等．宁芜(南京—芜湖)盆地火山岩的年代学及其意义[J]．中国科学 D 辑(地球科学)，2011，41(7)：960-971.

[49] Batiza R. Abundances, distribution and sizes of volcanoes in the Pacific Ocean and implications for the origin of non-hotspot volcanoes[J]. Earth and Planetary Science Letters, 1982, 60: 195-206.

[50] Campbell I H , Davies G F Do mantle plumes exist[J]? Episodes, 2006, 29: 162-168.

[51] Davies G F A case for mantle plumes[J]. Chinese Science Bulletin, 2005, 50: 1541-1554.

[52] Defant M J, Drummond M S. Derivation of some modern arc magmas by melting of subducted lithosphere[J]. Nature, 1990, 347: 662-665.

[53] Gao S, Rudnick R L, Xu W L, et al. Recycling deep cratonic lithosphere and generation of intraplate magmatism intheNorth China Craton [J]. Earth and Planetary Science Letters, 2008, 270: 41-53.

[54] Griffin W L, Zhang A D, O'Reilly S Y, et al. Phanerozoic evolution of the lithosphere beneath the Sino-Korean Craton[M]//Flower M FJ, Chung S L, Lo C H, et al. (Eds.). Mantle Dynamics and Plate Interactions in East Asia. American Geophysical Union, Washington D. C., 1998, 107-126.

[55] Lapierre H, Ortiz L E, Abouchami W, et al. A crustal section of an intra-oceanic island arc: the Late Jurassic -Early Creaceous Guanajuato magmatic sequence, Central Mexico[J]. Earth and Planetary Science Letters, 1992, 108: 61-77.

[56] Li X H, Li, Z X, Li, W X, et al. U-Pb zircon, geochemical and Sr-Nd-Hf isotopic constrains on age and origin of Jurassic I- and A-type granite from central Guangdong, SE China: A major igneous event in response to foundering of a subducted flat-slab[J]. Lithos, 2007, 96: 186-204.

[57] Liu Y S, Gao S, Kelemen P B, et al. Recycled crust controls contrasting source compositions of Mesozoic and Cenozoic basalts in the North China Craton[J]. Geochimica et Cosmochimica Acta, 2008, 72: 2349-2376.

[58] Meng F X, Gao S, Niu Y L, et al. Mesozoic-Cenozoic mantle evolution beneath the North China Craton: A new perspective from Hf-Nd isotopes of basalts[J]. Gondwana Research, 2015, 27: 1574-1585.

[59] Meng F X, Gao S, Song Z J, et al. Mesozoic high-Mg andesites from the Daohugou area, Inner Mongolia: Upper-crustal fractional crystallization of parental melt derived from metasomatized lithospheric mantle wedge[J]. Lithos, 2018, 302-303: 535-548.

[60] Menzies M A, Fan W M, Zhang M. Paleozoic and Cenozoic lithoprobes and the loss of >120 km of Archean lithosphere, Sino-Korean craton, China[M]//Prichard H M, Alabaster T, Harris N B W, Neary C R (Eds.). Magmatic Processes and Plate Tectonics. Geological Society Special Publication, London, 1993, 71-81.

[61] Niu Y L. Generation and evolution of basaltic magmas: Some basic concepts and a new view on the origin of Mesozoic-Cenozoic basaltic volcanism in Eastern China[J]. Geological Journal of China Universities, 2005, 11: 9-46.

[62] Niu Y L., Wilson M, Humphreys E R, et al. The origin of intra-plate ocean island basalts (OIB): The lid effect and its geodynamic implications[J]. Journal of Petrology, 2011, 52: 1443-1468.

[63] Sun T, Zhou X M, Chen P R, et al. Strongly peralumious granites of Mesozoic in Eastern Nanling Range, Southern China: Petrogenesis and implication for tectonics[J]. Science in China (Series D): Earth Sciences, 2005, 48(2): 165-174.

[64] Wang W, Xu W L, Ji W Q, et al. Late Mesozoic and Paleogene basalts and deep-derived xenocrysts in eastern Liaoning province, China: constraints on nature of lithospheric mantle[J]. Geological J. China Universities, 2006, 12(1): 30-40.

[65] Wu F Y, Yang J H, Wilde S A, et al. Geochronology, petrogenesis and tectonic implications of Jurassic granites in the Liaodong Peninsula, NE China [J]. Chemical Geology, 2005, 221: 127-156.

[66] Xu W L, Gao S, Wang, Q H, et al. Mesozoic crustal thickening of the eastern North China craton: Evidence from eclogite xenoliths and petrologic implications[J]. Geology, 2006, 34: 721-724.

[67] Xue H M, Ma F, Song Y Q. Geochemistry and SHRIMP zircon U-Pb date of Neoproterozoic meta-magmatic rocks in the Suizhou-Zaoyang area, northern margin of the Yangtze Craton, Central China[J]. Acta Petrologica Sinica, 2011, 27: 1116-1130.

[68] Yang W, Li S G. Geochronology and geochemistry of the Mesozoic volcanic rocks in Western Liaoning: implications for lithospheric thinning of the North China Craton[J]. Lithos, 2008, 102: 88-117.

[69] Zeng W, Sima X Z, Wang J S, et al. Geochronology, geochemistry and Sr-Nd isotope characteristics of Zhou'an Cu-Ni-PGE deposit: Genesis of mafic-ultramafic rock and ore deposit[J]. Acta Petrologica Sinica, 2016, 32: 1232-1248.

[70] Zhang H, Wan M X, Liu X M. La-ICP-MS dating of Zhangjiakou Formation volcanic rocks in the Zhangjiakou region and its geological significances[J]. Progress in Nature Science, 2008, 18(8): 975-982.

[71] Zhang J H, Ge W C, Wu F Y. Large-scale Early Cretaceous volcanic events in the northern Great Xing'an range, Northeastern China[J]. Lithos, 2008, 102: 138-157.

[72] Zhao J H, Zhou M F. Secular evolution of the Neoproterozoic lithospheric mantle underneath the northern margin of the Yangtze Block, South China[J]. Lithos, 2009, 107: 152-168.

[73] Zhu X Y, Chen F K, Liu B X, et al. Geochemistry and zircon ages of mafic dikes in the South Qinling, central China: evidence for late Neoproterozoic continental rifting in the northern Yangtze block[J]. International Journal of Earth Sciences, 2015, 104: 27-44.

4 中国区域变质岩与变质作用

4.1 概述

变质岩石学和变质地质学构成了地球科学的重要组成部分，涉及地球形成演化的各个历史时期。前寒武纪是大陆形成演化的最重要时期，时间长约4.0Ga以上。通过最早期陆壳形成及超大陆聚集裂解再循环作用，在前寒武纪末地球已大致完成壳幔分异、大陆生长、稳定大陆(克拉通)形成等基本过程，形成许多重要矿产(例如BIF、菱镁矿和金)。全球大陆范围内广泛分布的显生宙以来的造山带则记录了板块汇聚历史和造山过程，因而，造山带研究一直是地球科学经久不衰的重要内容。随着板块构造理论的成熟和大陆动力学的兴起，对造山带的研究也不断成熟和完善，认为岩石圈板块的增生、运动和消亡，在各个部位发育了多种类型的变质岩系。板块构造运动能影响到区域性的热构造，区域性的热构造又产生了各类变质作用，如板块增生—离散边缘的变质作用、板块汇聚—消减边缘的变质作用和转换边缘变质作用，结果是形成了一系列不同性质和类型的变质岩系。因此，不同时代、不同成因的变质岩系和变质岩形成于地壳或地幔的不同深度和部位，对其进行全面而系统的研究，可为了解中国大陆地壳的位置组成、结构构造、形成与演化以及所经历的复杂的三维演化过程和史迹等地质特征提供十分宝贵的资料和信息。

4.1.1 变质相和压力类型

1. 变质相基本定义

根据P. Eskola的定义和近代研究的结果，一个变质相是自然界一系列不同成分的原岩在一定的P-T范围内，经变质作用形成的一套矿物共生组合。它们彼此紧密共生，基本处于平衡状态，矿物成分和原岩化学成分之间有着规律性的对应关系，并可在不同变质地区、不同地质时代重复出现，相互之间可以对比。每一变质相都有自己的特征矿物组合，与相邻变质相之间可以用特定的临界反应相区分(董申保等，1986)。如果说变质相更多地反映的是变质作用的温度条件，那么变质作用的压力条件在以往则采用变质相组表示。为更直观地反映压力条件，我们把温度条件和压力条件一起考虑，用相、型分别表示温度和压力类型，如低—中压麻粒岩相型表示变质温度达到麻粒岩相、压力条件为中低压的变质作用。在压力条件不确切的条件下，相型则代表温度高低的经典变质相，如麻粒岩相型。

关于变质相的划分、彼此区分的标志以及每一变质相的进一步划分和压力类型的确定等问题，目前还存在不同的认识。本书的划分方案如图4.1、表4.1、表4.2所示。

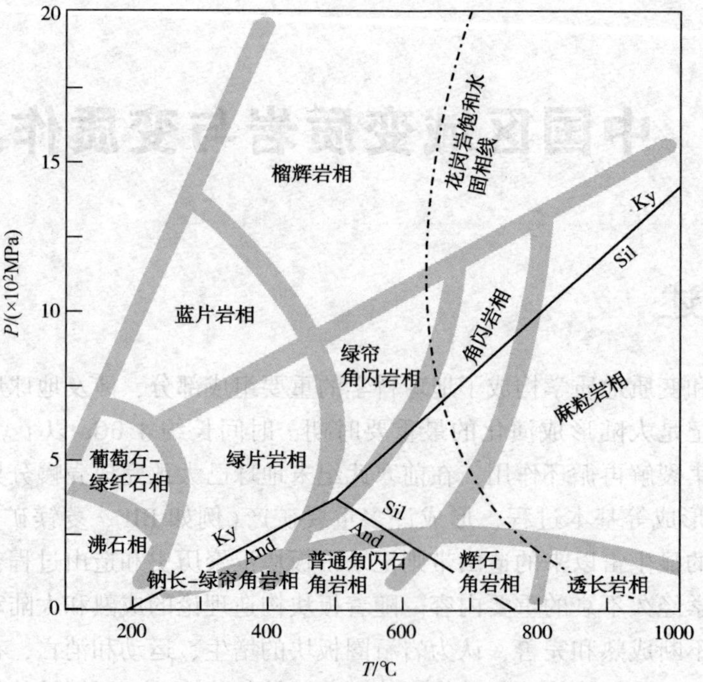

图 4.1　变质相的主要类型(据 Spear，1993)

表 4.1　变质相的分类及各变质相基性变质岩的临界矿物组合表

产状	变质相	代号	基性变质岩的临界矿物共生组合
接触变质	钠长-绿帘角岩相(albite-epidote hornfels facies)	AEH	钠长石+绿帘石+阳起石+绿泥石
	普通角闪石角岩相(hornblende hornfels facies)	HH	斜长石+普通角闪石
	辉石角岩相(pyroxene-hornfels facies)	PH	斜长石+透辉石+紫苏辉石
	透长岩相(sanidinite facies)	S	高温斜长石+普通辉石+易变辉石
区域变质	沸石相(zeolite facies)	Z	钠长石+浊沸石+葡萄石+绿泥石
	葡萄石-绿纤石相(prehnite-pumpellyte facies)	P-P	钠长石+葡萄石+绿纤石+绿泥石
	硬柱石-钠长石-绿泥石相(lawsonite-albite-chloritefacies)	LA	硬柱石+钠长石+绿泥石
	蓝片岩相(blueschist facies)	BS	钠长石+蓝闪石+绿泥石
	绿片岩相(greenschist facies)	GS	钠长石+绿帘石+阳起石+绿泥石
	绿帘-角闪岩相(epidote-amphibolite facies)	EA	晕长石+绿帘石+普通角闪石+阳起石
	角闪岩相(amphibolite facies)	A	斜长石+普通角闪石
	麻粒岩相(granulite facies)	G	斜长石+透辉石+紫苏辉石
	榴辉岩相(eclogite facies)	E	富镁铝榴石分子的石榴子石+绿辉石

表 4.2　变质相、变质相型特征简表

变质相	亚相/型/组合	特征矿物和共生矿物组合	温压条件(仅供参考)
亚绿片岩相或次绿片岩相	浊沸石相	浊沸石 Lmt+Qtz	T=180~250℃ P<0.4GPa
	葡萄石-绿纤石相	绿纤石、葡萄石等 B：Prh+Pmp+Chl+Ab+Qtz	T=250~350℃ P=0.2~0.5GPa

续表

变质相	亚相/型/组合		特征矿物和共生矿物组合	温压条件 （仅供参考）
绿片岩相	中—低压型	绿泥石级（绢云母-绿泥石组合）	绢云母、绿泥石、绿帘石、雏晶黑云母+黑硬绿泥石、阳起石、钠长石、黝帘石、锰铝榴石等 B：Ep+Act+Chl+Ab±Qtz P：Chl+Ser+Ep+Qtz（±Ab） P：Chl+Ms+Qtz（±Ab） P：Bt（初始晶）+Chl+Ser+Qtz	$T=350\sim450$℃ $P=0.3\sim0.8$GPa
		黑云母级	B：Bt+Ms+Qtz+Ab+Act P：Bt+Ser+Chl+Qtz（±Ab） P：Ms+Ep+Pie+Ab+Qtz P：Stp+Chl+Ms+Ep+Ab	
		绿泥石-黑云母组合	P：Bt+Ser+Chl+Qtz（±Ab） P：Ms+Ep+Pie+Ab+Qtz P：Stp+Chl+Ms+Ep+Ab	
绿帘角闪岩相	中—低压型		铁铝榴石、普通角闪石、绿帘石、阳起石、钠长石 B：Hbl+Ep+Ab（±Bt，±Qtz） P：Alm+Bt+Ms+Chl+Ser+Qtz P：Bt+Ep+Act+Ab+Qtz C：Cal+Dol+Tr+Di（±Qtz）	$T=450\sim560$℃ $P=0.4\sim1.0$GPa
角闪岩相	低压型	十字石—红柱石（堇青石）组合	十字石、红柱石、堇青石、普通角闪石（黄绿色）、斜长石 P：St+And+Bt+Ms+Qtz（±Crd） B：Hbl+Pl（+Di） P：And+Bt+Ms+Qtz（±Crd，±Pl） P：St+Ath+Bt+Qtz（±Pl） P：St+Crd+Bt+Ath+Pl	
	中压型	十字石—蓝晶石组合	十字石、蓝晶石、石榴子石、普通角闪石（蓝绿色） B：Hb+Pl+Di P：Alm+Sil+Bt+Ms+Qtz	高于泥质岩饱和水固相线开始深熔条件： A：$T=550\sim650$℃ $P=0.4\sim1.0$GPa B：$T=650\sim700$℃ $P=0.4\sim1.0$GPa
	低—中压型（未分）		夕线石、钾长石、硅灰石、普通角闪石（蓝绿色-棕黄色）、蓝晶石 B：Hbl+Di+Pl（±Alm） B：Hbl+Alm±Bt+Pl+Qtz P：Sil+Alm+Bt+Kfs+Qtz P：Crd+Alm+Bt+Qtz+Pl P：Cal+Dol+Di+Fo+Qtz P：Crd+Bt+Ky+Cum+Pl+Qtz	

续表

变质相	亚相/型/组合	特征矿物和共生矿物组合	温压条件（仅供参考）
麻粒岩相	中—低压型	斜方辉石、单斜辉石、夕线石、钾长石、斜长石、富铁黑云母、普通角闪石、堇青石 B：Hy+Di+Pl(±Bi±Hb) B：Hy+Di+Alm+Pl P：Sil+Alm±Bt+Kfs(条纹)+Pl+Qtz P：Crd+Sil+Bt+Pl+Qtz P：Crd+Spl+Pth+Qtz(低压)	存在广泛的深熔脉体， T=700~900℃ P=0.3~1.0GPa
麻粒岩相	高压型	夕线石、钾长石(条纹)、斜方辉石、蓝晶石、斜长石 B：Alm+Di(硬玉质)+Pl+Qtz P：Ky+Kfs(条纹)+Alm+Qtz P：Sil+Alm+Kfs(条纹)+Pl+Qtz	有深熔， T=700~900℃ P=1.0~2.0GPa
麻粒岩相	超高温型	夕线石、钾长石、富锌尖晶石、假蓝宝石、大隅石、石英 P：Sil+Kfs+Zn-Spl+Qtz P：Spr+Sil+Kf+Qtz P：Spr+Sil+Osu+Qtz	广泛深熔， T>900℃
蓝片岩相	高压型：低温亚型（蓝闪石-绿帘石组合）	青铝闪石、绿帘石、阳起石、钠长石、冻蓝闪石、黑硬绿泥石、蓝闪石 B：Ep+Gln+Chl+Qtz+Ab+Di(硬玉质) B：Crs+Act+Chl+Ab±Bi P：Crs+Ep+Ms+Qtz+Ab P：Crs+Ep+Stp+Ab(+Ch) P：Crs++Ms+Chl+Qtz+Alm±Bi) P：Crs+Brs+Ep+Pgh+Stp+Chl+Ab+Qtz	T=200~450℃ P=0.6~2.0GPa
蓝片岩相	高压型：中温亚型（硬柱石-蓝闪石组合）	蓝闪石、硬柱石、绿帘石、硬绿泥石、钠长石、多硅白云母 B：Gls+Chl+Ep+Ab(+Qtz) P：Gls+Chl+Ep+Qtz(+Ab) B：Lws+Gln+Chl+Qtz+Ab/Di(硬玉质) P：Phg+Cld+Pg+Qtz(+纤柱石) P：Gln+Mag+Ab P：Lws+Chl+Qtz+Ab	T=450~550℃ P=0.8~2.0GPa
榴辉岩相	高压—低温型	镁铝榴石、硬柱石、蓝闪石、多硅白云母、石英、钠云母、绿辉石 B：Prp+Ops+Lws+Gln+Phg+Qtz/Coe P：Prp+Cld+Pg+Phg+Qtz(+Ch)	T=450~600℃ P>1.5GPa
榴辉岩相	超高压—中温型	绿辉石、镁铝榴石、蓝晶石、多硅白云母、柯石英、金刚石、文石	深熔广泛， T=600~700℃ P>1.5GPa

注：B—基性岩；P—泥质岩；C—钙质沉积岩。

2. 各变质相和变质相型的基本特征

1）亚绿片岩相

相当于温克勒(1976)分类中的极低级变质，其中包括浊沸石相和葡萄石-绿纤石相。浊沸石相属于变质作用的最初始阶段，常与成岩作用有过渡关系，葡萄石-绿纤石相温度稍高，两者经常伴生，彼此不易区分。我国极低级变质带(区)分布非常广泛，如年轻造山带、特提斯带、古老造山带前陆逆冲—褶皱带、大型沉积盆地等的内部，都有大面积遭受过极低级变质作用的地带或地体(毕先梅等，1998)。但是由于缺乏对极低级变质作用重要性的认识和形成认识的研究手段，目前对极低级变质岩的研究程度还非常薄弱。

2）绿片岩相

绿片岩相属于低温变质相，相当于温克勒(1976)分类中的低级变质，以基性岩中出现钠长石+帘石+绿泥石±阳起石为特征。绿片岩相的变质压力条件通常为中低压，因此称为中低压型绿片岩相。中低压型绿片岩相可以根据矿物组合进一步划分为三个带(级)：绢云母-绿泥石带，以基性岩中出现 Ep+Act+Chl+Ab±Qtz 组合、泥质岩石中出现 Chl+Ser+Ep+Qtz(±Ab)为标志；黑云母带，以基性岩中出现 Bt+Ms+Qtz+Ab+Act、泥质岩石中出现 Bt+Ser+Chl+Qtz(±Ab)为标志；绿泥石-黑云母级，以在泥质岩石中出现 Bt+Ser+Chl+Qtz(±Ab)和 Ms+Ep+Pie+Ab+Qtz 组合为标志。

3）绿帘角闪岩相

绿帘角闪岩相属于中—低温变质相，变质压力通常为中—低压。以基性岩中出现 Hbl+Ep+Ab(±Bt，±Qtz)组合为特征，在变质泥质岩石中通常出现 Alm+Bt+Ms+Chl+Ser+Qtz 的组合。关于绿帘角闪岩相的地位目前仍存在不同认识，一般认为它处于角闪岩相与绿片岩相的过度地位，有的文献将其单独划分出来作为一个独立的变质相，有的文献则以据十字石的出现作为绿片岩相与角闪岩相的界线，而将其划分为高绿片岩相(董申保等，1986)。

4）角闪岩相

角闪岩相属于中温到中高温变质相，相当于温克勒(1976)分类中的中级变质作用类型。角闪岩相变质作用的压力条件可以是中低压的，也可以是中压的，所以划分为低压型角闪岩相和中压型角闪岩相两类。对于基性岩来说，低压型角闪岩相和中压型角闪岩相都以普通角闪石+斜长石为典型的组合。对于泥质岩来说，低压型角闪岩相以 St+And+Bt+Ms+Qtz(±Crd)和 And+Bt+Ms+Qtz(±Crd，±P1)的组合为代表，中压型角闪岩相则以 Ky+Grt+Bt+Qtz(±Sil)和 Alm+Sil+Bt+Ms+Qtz 组合为代表。其中最主要的区别是在低压型角闪岩相条件下，$Al_2Si_3O_5$多型体以出现压力较低的红柱石和夕线石为特点，而在中压型角闪岩相条件下，$Al_2Si_3O_5$多型体则以形成压力较高的蓝晶石为代表。有的时候，变质的压力条件难以确定，则用中—低压型角闪岩相来表示。按照温度条件，角闪岩相还可以进一步划分为十字石-红柱石带、十字石-蓝晶石带和夕线石-钾长石带。前两个带可以称为低角闪岩相，后一个带可以称为高角闪岩相。由于夕线石的形成除了温度条件之外还有其他因素(Kerrick，1990；周喜文，2001；McLeUand 等，2002；任留东等，2009)，因此在划分高角闪岩相(夕线石-钾长石带)时应格外小心。

5）麻粒岩相

麻粒岩相属于高温变质相，相当于温克勒(1976)分类中的高级变质作用类型。以往主要以基性岩中出现紫苏辉石或二辉石组合为标志，但泥质岩石中缺少确切的标志。通常把麻粒岩相的变质岩石作为古老变质基底的高级变质岩组合，并没有进一步划分，同时对造山带中的麻粒岩相岩石也少有研究。近些年来先是在华北克拉通范围陆续发现了高压的麻粒岩，后又在华北克拉通的北缘发现有超高温的麻粒岩，同时在一些造山带中也发现有高压麻粒岩出露。

根据以上进展，耿元生等(2016)将麻粒岩相分为以下三种类型。

(1) 中低压型麻粒岩相：即通常所说的麻粒岩相，它以基性岩中出现 Hy+Di+Pl±Hbl±Bt、Hy+Di+Grt+Pl，泥质岩中出现 Sil+Alm±Bt+Kfs(条纹长石)+Pl+Qtz、Crd+Sil+Bt+Pl+Qtz 为标志。这种类型的麻粒岩在华北克拉通内广泛分布，但是不同地区出露的情况并不相同。如冀东大部分地区以麻粒岩相的岩石为主夹少量角闪岩相的岩石，而阜平地区则以角闪岩相的岩石为主，仅在局部出露麻粒岩相岩石。这种差异是变质时的条件不同，还是后期退变质的改造不同，还存在不同的认识。

(2) 高压型麻粒岩相：是近 20 年来在华北发现的重要的岩石类型，最初是在一些麻粒岩中发现有石榴子石+单斜辉石+斜长石+石英的早期组合，这一组合中的单斜辉石的 Al_2O_3 含量通常高于一般麻粒岩相中单斜辉石的 Al_2O_3 含量，意味着形成压力较高。在变质相图中这一组合位于紫苏辉石消失线的上方，变质压力较高，通常在 1.0~1.5GPa 区间，属于高压基性麻粒岩。这类高压基性麻粒岩在山西恒山、河北怀安、河北承德、辽宁建平、胶东栖霞等地都有出露。后在一些泥质麻粒岩中发现了 Grt+Ky+Pth(三元长石)+Rt 组合，该组合所计算的变质压力达到 1.1~1.6GPa，属于高压变质的范畴。尽管高压型麻粒岩的高压组合常以包体存在于后期变质矿物中，并且分布局限，但是高压麻粒岩反映了早期变质的环境与麻粒岩相明显不同。高压麻粒岩往往具有较陡的顺时针演化轨迹，与一般麻粒岩所具有的逆时针的 *P-T* 演化轨迹明显不同，前者通常反映了与俯冲作用有关的变质过程，而后者则反映了克拉通基底的变质过程。

(3) 超高温型麻粒岩：地壳的超高温麻粒岩(富 Mg-Al)是指温度高于 900~1150℃、压力为 0.7~1.3GPa 条件下地壳极端变质作用形成的麻粒岩相变质岩(Hariey, 1998)。其特点是在变质泥质岩石中出现富锌尖晶石、假蓝宝石、大隅石等超高温变质矿物。

6) 蓝片岩相

董申保(1986、1989)在主编中国第一代 1∶400 万变质地质图时，根据中国的具体情况把蓝闪片岩相划分为蓝闪石-硬柱石相和蓝闪绿片岩相两个不同类型的变质亚相，并明确指出，蓝闪石-硬柱石相(或蓝闪片岩相)属于亚绿片岩相的高压相，常与浊沸石相、绿纤石-葡萄石相共生，出现有硬玉、硬柱石等典型高压矿物，无较高温的黝帘石、白云母或阳起石组合，一般为 250~350℃，*P*>0.8GPa，而蓝闪绿片岩相属于绿片岩相范畴，常与绿片岩相岩石共生，其特征与绿片岩相基本一致，但属于高压相。其中常见的稳定矿物组合为蓝闪石-绿帘石-绿泥石-白云母，有的含阳起石和石榴子石，蓝闪石类主要是青铝闪石、镁钠闪石，温度一般为 350~450℃，压力为 0.5~0.8GPa。

7) 榴辉岩相

榴辉岩是高压—超高压变质的产物，以具有绿辉石+富钙的镁铝榴石为特征，并常含有柯石英。近 20 年在大别—苏鲁超高压变质带、阿尔金—祁连—柴达木变质带都发现有榴辉岩，且在大别—苏鲁超高压变质带榴辉岩的围岩中发现了大量的柯石英，表明这些围岩和榴辉岩一起经历了高压—超高压的变质改造，可以单独划分出榴辉岩相。并根据榴辉岩形成的温度不同，划分为高压—低温型榴辉岩相、超高压—中温型榴辉岩相和超高压—高温型榴辉岩相。

4.1.2 变质作用类型

经过百余年的研究，变质作用的概念已十分清晰，变质作用类型的划分不断得到扩展，类型多样。早期变质作用类型的划分主要以物化条件为主要依据，20 世纪 60 年代后板块构造引入大地构造研究，变质作用的形成与演化与大陆汇聚、离散、俯冲等板块机制联系的日益紧密，但仍有不少问题尚待深入探讨。埋深变质作用的构造背景也存在一些新的认识，高压—超高压变质作用研究是近年来发展和进展最快的一种类型，原有的广义动力变质作用定义和命名比较混乱，需要进一步规范。Barker(1998)曾用图解的方式阐述了不同类型变质作用与构造环境的关系(图 4.2)，除此之外，对其还存在一些不同的认识。针对以上各种情况，需要提出一个更加合理和适用的变质作用分类方案。

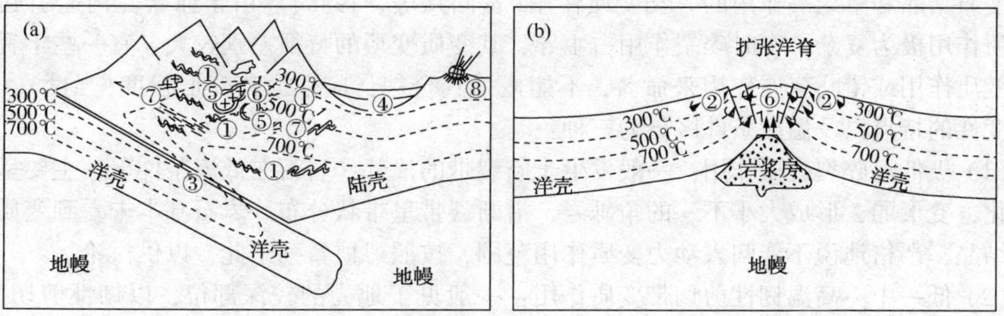

图 4.2　变质作用环境分类示意图(据 Barker，1998；陆松年等，2017)

(a)在汇聚板块边缘，洋壳俯冲于陆壳之下；(b)大洋中脊扩张简图(板块边缘)；
数字表示不同构造环境下变质作用类型：①造山带变质作用，②洋底变质作用，③俯冲带变质作用，
④埋深变质作用，⑤接触带变质作用，⑥水热变质作用，⑦剪切带变质作用，⑧冲击变质作用

根据变质作用规模的不同，可将其分为局部性变质作用和区域性变质作用两个大类，参照耿元生等(2016)的划分方案详细介绍如下。

1. 局部性变质作用

局部变质作用是分布局限(体积小于 $100km^3$)的变质作用。它局限分布在一个具体的地质构造(断裂带、接触带等)，往往一个因素起主导作用。在局部变质地区可清楚地观察到变质岩与未变质岩石的渐变过渡。具体可分为 5 类。

1）接触变质作用

指火成岩体侵入于地壳中浅层次的岩石中，在其接触晕圈或附近，因热传导或热流的影响而形成的一种变质作用。受变质岩石一般很少显示叶理，接触带一般宽几米至几千米，温度一般在 150～600℃，在辉长岩接触处，温度一般大于 600℃，压力一般从几十兆帕到 300MPa。按其形成的特征不同，可以分为以下三个亚类：

(1) 热变质作用：受变质的岩石因受到岩浆体热流的影响发生重结晶、变质结晶作用而改变其结构和构造，但变质前后岩石化学成分基本相同，挥发组分仅起催化剂作用。如灰岩变质为大理岩，页岩变为板岩和斑点板岩，富铝岩石因距离接触带的远近不同而出现红柱石、堇青石、夕线石等矿物分带现象，含有机物的岩石发生石墨化等。

（2）接触交代变质作用：在火成岩与灰岩接触处，除灰岩变为大理岩外，还形成各种矽卡岩，由于高温流体（包括挥发组分）的交代作用影响，围岩除结构构造的改变外，化学成分也有一定改变，并形成不同的矽卡岩矿物，如美国加利福尼亚 Custmore 地区石英二长斑岩侵入灰岩而形成大理岩，向外依次见有石榴子石带、钙镁橄榄石带等，原有岩石中增加了硅，减少了 CO_2，也引入了一定量的铝，故岩石化学成分由于交代作用而有一定的改变。

（3）高热变质作用：当某些火山石与围岩或捕虏体相接触时，由于火山岩温度较深部岩浆更高，但冷凝速度较快，可出现小规模的高温变质现象，其特征是围岩被烘烤褪色、脱水，甚至局部熔化出现少量玻璃质，并可出现一些特殊的鳞石英、透长石等低压高温矿物，此种作用即称为高热变质作用，是接触变质作用的一种特殊亚类，前人曾单独列为一类，考虑其与接触变质作用的高度相似性，故作为其中的一个亚类，不另行分出。

2）动力变质作用

指构造作用过程中在所产生的强应力作用下，岩石发生破碎、变形，变形的同时伴有一定的变质结晶和重结晶作用的一类变质作用（贺同兴等，1988）。由于原岩受构造引起的动力变质作用极为复杂，有时碎裂作用占主导，其变质变形的特征差别较大，有一些学者只用碎裂变质作用或错断变质作用来命名，不能概括其全貌，应根据其变形程度（强度）、脆性和塑变性的特点以及温度条件区分为三种：

（1）极低温碎裂变质作用：一般发生于断裂带的浅部，岩石在低温条件下，主要呈脆性碎裂化，变形弱，形成大小不一的角砾岩，沿断裂带呈带状分布。岩石基本未受到变质结晶或重结晶，严格地说不能归入动力变质作用范围，按照习惯暂列于此，以供讨论。

（2）低—中—高温韧性剪切带变质作用：一般见于地壳的较深部位，以韧性剪切为主，岩石受变形后往往成为糜棱岩或千糜岩，一般形成于低温条件下，变质温度相当于绿片岩相，原有岩石出现退变质，有时也可达到中—高温，岩石重结晶和变质结晶后形成相应的温度较高的变质矿物，因而划分为两个不同的组合：低温韧性剪切带变形作用和中—高温韧性剪切带变质作用。

（3）温压递增逆冲断层变质作用：该变质作用与一般剪切应变有一定差异，在逆冲断层中，主要影响其下盘和一部分上盘岩石，上盘岩石发生快速退化变质作用，而下盘被逆冲的岩石产生快速的增压变质作用，随后又发生热调整使地热梯度缓慢升高，整个岩层相应地发生缓慢的进化变质作用，最后岩层底部发生部分熔融并导致晚期侵入体的生成。

3）冲击变质作用

指由陨石在极短的时间内（$10^{-4}\sim10^{-3}$s）以极大的速度（10~20km/s）冲击地表岩石或月球岩石时，在强大的冲击波影响下，温度、压力骤然增高，引起陨石坑内岩石产生各种冲击变质岩的一种特殊变质作用。它不属于内生作用的范畴，而属天体变质作用之列。冲击产生的超高压可达 $10^{10}\sim10^{13}$MPa，温度超过 1000℃，并释放出巨大能量，使冲击中心形成的陨石坑中及其周围生成各种冲击岩和冲击角砾岩，其矿物特征是出现冲变石英（冲击玻璃）、新生成的柯石英和斯石英，有时还有少量金刚石。冲击坑及其周围还有震裂锥等构造标志。

4）水热变质作用

指具有一定化学活动性的气体和热液与固体岩石进行交代反应，使岩石的矿物和化学成分及岩石的结构构造发生改变的变质作用，属于开放体系。气水热液可以是侵入体带来的挥发分，或者是受变质热流影响而变热的地下循环水以及两者的混合产物，在一定构造条件下，它们可改造岩石中的矿物，形成各种蚀变岩石，并使某些有用元素迁移、沉淀和富集。在气液变质强烈地段形成各种蚀变岩石，往往出现蚀变分带，可作为找矿的标志。

5）燃烧变质作用

煤层或天然易燃岩石由于氧化或外部原因，温度上升而引起燃烧(特别是煤层自燃)，温度可达1500℃，影响范围可达10km^2，可使周围岩石产生重结晶、脱水或部分熔融，受变质的泥质或泥灰质沉积岩常裂成碎片或形成烧变岩，这是一种热源来源于煤层或含油气岩石自身的一种稀少的变质作用。中国新疆和山西的侏罗纪煤田、加拿大北部烟山的白垩纪含油砂岩和页岩都发生过这类变质作用。

2. 区域性的变质作用

其范围广大，面积达几千至上万平方千米，呈面状和带状分布。可分为以下四种主要类型。

1）早前寒武纪克拉通变质作用或中—低压—中、高温区域变质作用

指伴生深熔作用或区域混合岩化作用(也人有称为超变质作用)。王仁民等(1989)将区域混合岩化作用作为一种独立的变质作用类型分出。我们考虑到这种变质作用常与中—高温区域变质作用伴生，故未单独分出。国外文献也未见将其作为一种独立的变质作用类型。本类变质作用根据变质相的不同，可进一步划分为以下五个亚类：① 低中压角闪石相变质作用；② 低中压麻粒岩相变质作用；③ 低—中压角闪石相-麻粒岩相变质作用；④ 低—中压绿片岩相-角闪岩相递增变质作用；⑤ 区域超高温麻粒岩相变质作用：以出现假蓝宝石、富锌尖晶石-石英组合、大隅石-石英组合等为标志，意味着产生瞬时极高热流体的地球动力学发生了改变，布朗(Brown，2007)认为可能发育与类似现代大陆弧后的构造背景中，有人认为可能与大陆碰撞作用有关，也有可能由深熔作用伴生的超高温所致，与碰撞作用无关，其成因目前存在争议[一般认为与地幔岩浆加入产生的热平流(heat advection)有关]。

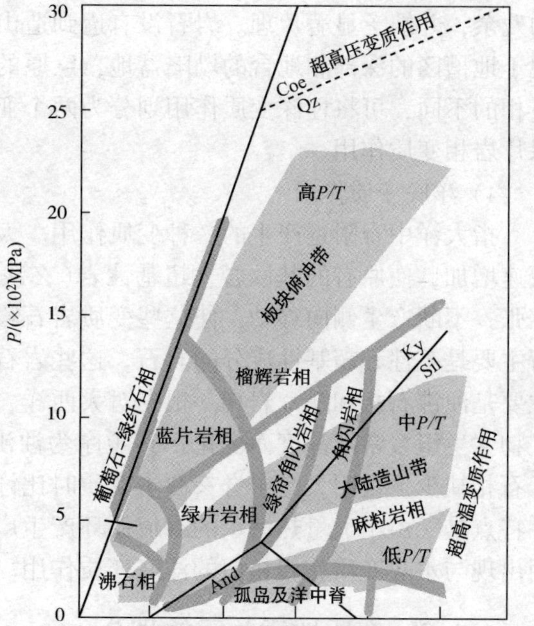

图 4.3　变质作用 P–T 范围和地质背景示意图

(据张立飞等，2007，修改)

2）造山带区域变质作用

按照大地构造位置和温压条件的差别(图 4.3)，将其划分为以下三个亚类：

(1) 极低级区域动力变质作用：呈面形分布或呈宽带状分布于造山带上部 300℃ 等温线以上区域，可分为千枚岩型(或低绿泥片岩型)和绿泥片岩相型。

(2) 碰撞造山变质作用：根据大地构造位置的不同，可区分为陆—陆碰撞型和洋—陆碰撞型，按温压条件的差异又进一步划分为区域中温—中压变质作用和区域高压麻粒岩相变质作用。区域中温—中压变质作用可分为绿帘角闪岩相型-角闪岩相型(少数伴生麻粒岩相型)和绿帘角闪岩相-角闪岩相过渡

型(递增变质作用)，大多数显生宙造山带的变质作用特征是形成中压蓝晶石变质带。

(3) 深俯冲区域高压—超高压变质作用，由于俯冲深度的不同和温压条件的差异形成的变质作用，可分为以下五小类：

① 高压中温硬柱石-蓝闪石相变质作用。温度为200~400℃，压力为0.6~2.0GPa。

② 高压中温蓝闪石-绿帘石相变质作用。温度为450~550℃，压力为0.8~2.0GPa，温度比前一类型稍高，属过渡类型。

③ 高压低温榴辉岩相变质作用。温度600℃左右，以出现蓝闪石榴辉岩为特征，地热梯度5℃/km，最低3~4℃/km，原岩建造属于洋壳组合。

图4.3中，地壳变质作用的$P-T$区间表示了8个主要变质相系的大地构造背景，相邻变质相之间的边界是具有适当宽度的$P-T$过渡带，阴影带代表了三个主要相系，细线代表蓝晶石(高压、低—高温)，夕线石(高温、高压)和红柱石(低压、低温)的相界限。

④ 超高压—中温柯石英榴辉岩相变质作用，常与金刚石和文石伴生，温度600~900℃，以出现蓝晶石榴辉岩和含柯石英为特征，与围岩片麻岩伴生，原岩建造属于陆壳类型，是典型的大陆深俯冲的产物，深度可达200km。

⑤ 超高温—高压变质作用或称为地球深部(内部)变质作用，温度>900℃，以含石榴子石的地幔二辉橄榄岩为特征，其深度可达300km(张立飞，2007)。

3) 埋深变质作用

这一变质作用有人译为埋藏变质作用。首先由库姆斯(Coombs，1961)引入，他研究新西兰南部地区沉积火山岩系时发现，由于埋深提高了岩石的围岩压力和温度而产生了低温的区域变质作用，岩石变质级别很低或极低，常看到变质反应不彻底，有不少原岩结构和矿物的残余，并缺乏显著片理。岩石没有遭到造山作用和岩浆岩侵入的影响。此种变质作用可出现于地槽区的深部和地台的坳陷盆地，巨厚的盖层底部也可能出现类似的变质作用。根据变质相的不同，可将埋深变质作用划分为两个亚类：浊沸石相、葡萄石-绿纤石相变质作用和绿片岩相变质作用。

4) 洋底变质作用

指大洋中脊附近产生的一种变质作用。大洋中脊下部的热流具有较高的速率，并随深度快速增加，使原有的基性岩、超基性岩(玄武岩、辉长岩和橄榄岩等)变质，以后由于洋底扩张，不断产生侧向移动，使这些变质岩石移至正常沉积的大洋盆地中。发生洋底变质的岩石主要是基性和超基性成分的岩石。这些岩石大部分无片理，基本保留原有结构，其变质相主要是浊沸石相和绿片岩相。根据对大西洋、太平洋和印度洋洋底样品的研究，变质岩中的矿物共生组合常随深度而变化，其顺序为浊沸石→葡萄石+阳起石→绿片岩相，葡萄石-绿纤石相缺少，说明大洋中脊玄武岩变质时比许多大陆蛇绿岩的热梯度高。洋底变质岩石的另一特点是，由于大量热海水的对流循环产生广泛发育的脉体，海水与岩石化学成分相互作用而出现与水热变质作用相似的洋底变质作用。

4.1.3 变质地质单元的划分

变质地区不同变质作用类型在时间和空间上的分布可形成不同级别的、反映这一地区内变质作用的演化。通过变质地质单元的分析研究，可以区分出演化过程中变质旋回的特点，可以追溯变质作用的空间变化以及不同变质地区(或变质地带、变质带)内变质作用在造山作用中的作用及相互关系。

变质作用类型的时空分布是变质地质单元划分的基础。根据变质作用类型的组合或分布特点可分为四级变质地质单元，即一级变质地质单元——变质地区、二级变质地质单元——变质地块、三级变质地质单元——变质地带和四级变质地质单元——变质岩带。其中一级变质地质单元通常与所处的大地构造位置有关，如天山—兴蒙变质地区与中亚造山带基本吻合、华北变质地区基本与华北克拉通的范围大体一致，其中可以有不同的变质作用类型，但都与该区的基本构造作用有关。二级变质地质单元通常是一个完整造山带中的某一部分，它可以由经历了不同时期变质作用的三级变质地质单元组成，也可以由主要经历了同一期变质改造的不同类型的三级变质单元组成。三级变质单元反映的是造山带某一部分的演化过程。基本由同一时期的一种变质作用类型构成，反映了该区所经历的统一的变质演化过程，如西昆仑—柴达木—秦岭变质地区中的二级变质地质单元，尽管变质级别有所差异，但它们都经历了深俯冲区域高压变质作用。四级变质地质单元则是在同一三级变地质单元内，由于原岩建造不同且能反映不同的大地构造背景所划分出来的变质地质单元，称为变质岩带。

一级变质地质单元是指由不同变质作用时期和不同变质作用类型的变质岩系按一定的规律所组成的地区，一般称为变质地区（董申保等，1986）。一级变质地质单元划分的基本原则是以克拉通化的演化或造山带的演化为前提，因此一级变质地质单元的范围通常与克拉通的范围或造山带的范围基本一致。有时，一级变质地质单元——变质地区分布范围很大（如天山—兴蒙变质地区），其中一些二级变质地质单元的特点和演化具有一定的区别，为叙述方便在一级变质单元中有的划分出亚区，但是不作为一个独立一级的变质地质单元。根据克拉通或造山带的结构和演化的不同，一级变质地质单元可以划分为以下两种基本类型。

1. 克拉通型变质地区

这一类型是指由不同时代的前寒武纪变质岩系组成的克拉通，在克拉通地区的变质基底之上通常有分布范围较广的盖层，本次编图以未变质盖层底界的时限作为克拉通基底最终克拉通化的时限来划分克拉通的时限，并以此划分一级变质地质单元克拉通型变质地区范围。如华北克拉通，在2500Ma左右经历了初步克拉通化（翟明国等，2012；耿元生等，2010），形成了华北克拉通的基本格架。之后在古元古代阶段，在初克拉通的基础上形成了几个裂陷盆地，这些裂陷盆地在古元古代末期闭合，形成了最终的华北克拉通（翟明国等，2012），之后沉积了未变质的中元古代长城系盖层。因此我们以古元古代末期作为华北克拉通最终克拉通化的时限，并以此划分其分布范围。因此在华北克拉通型变质地区内，有的地区经历了太古宙末的克拉通阶段变质作用，在古元古代裂陷盆地（如辽河群所在的地区等）则经历了古元古代晚期的造山带区域变质作用。因此在克拉通型变质地区中通常可以通过所经历的克拉通化过程的不同，进一步划分二级变质地质单元。

2. 碰撞造山带型变质地区

指通过洋壳消减、碰撞造山作用所形成的一级变质地区。在这类变质地区中通常有与蓝片岩相变质岩相伴生的蛇绿岩系或蛇绿岩残片，代表洋壳的残余。如西昆仑—柴达木—西秦岭变质地区中一些地区发现有洋壳的残余，在这种类型的变质地区中，不同部位的岩石可能经历的变质改造不同，有的部位经历了蓝片岩相的变质改造，有的部位则经历了高温高压的（高压麻粒岩相型或榴辉岩相）变质改造，反映了它们在碰撞造山过程中所处的部位或经历的造山过程有所区别。

4.2 陆块区变质地质构造单元主要特征

陆块区，即克拉通，是由前寒武纪岩层组成的大陆，均具前寒武纪变质基底+沉积盖层的二元结构特征。与造山系相比较，克拉通具较厚的岩石圈和大陆地壳，因而有一个深插岩石圈的大陆根，其刚性程度较高。一个克拉通平面上往往为椭球形或不规则状，与其周围的线状造山系构造带形成鲜明对比，其面积达数十万至数百万平方千米。陆块区是地球上相对稳定的构造单元，由于厚度大、范围广，除大陆边界外，内部结构及古老岩石常得以保存，与造山系中的古老地块形成鲜明对照。

中国大陆上主要有 3 个陆块区，分别是华北、塔里木和扬子陆块区，其地理范围与前人阐述的克拉通或地台相近。陆块区具有典型的变质基底和沉积盖层组成的二元结构。在 3 个陆块区中以华北陆块区变质基底分布范围最广，时代跨度最大，从略大于 3800Ma 到 1800Ma，而塔里木和扬子陆块区主要是 820Ma 前形成的变质基底，最老的地质体时代新于 3000Ma。与陆块区对应的变质地质单元为“变质域”，是级别最高的一级变质地质单元。陆松年等(2017)对着三个陆块区做了很好的总结如下。

4.2.1 华北变质域(陆块区)

华北陆块区其有典型的二元结构模式，中、新元古界沉积盖层与结晶基底之间的不整合所代表的吕梁运动具有划时代的地质意义，吕梁运动所铸造的华北陆块区因后期多次改造已难窥全貌，现今的华北陆块区是指由天山—兴蒙造山系和祁连—秦岭—大别—苏鲁造山系所围限的一个周边多以大断裂为界的倒三角形克拉通。华北陆块区的变质基底具有与全球主要克拉通相似的历史，形成于古太古代—古元古代，Sm-Nd 和 U-Pb 同位素资料也证实华北克拉通在 3300Ma 以前即已存在强烈的壳幔分离，最早的地质记录达 3800Ma。新太古代晚期广泛的 TTG 片麻岩，标志着太古宙末期是华北克拉通地壳生长的主要阶段。最近几年的研究表明，华北陆块区的最终形成可能是在古元古代末期由多个分散的太古宙小陆块碰撞拼合而成。

华北陆块区内的变质岩主要为时代大于 1800Ma 的前中元古代变质基底，属于华北变质域。其特点是变质基底分布广泛、时代跨度大、变质相和变质相系类型复杂。根据大量变质成因的锆石 U-Pb 年龄测定资料，变质作用时代主要出现在古元古代晚期，局部地区有新太古代晚期至古元古代初期变质时代的报道。值得注意的是在华北变质域中，迄今未出现榴辉岩相和蓝片岩相变质作用，指示了早前寒纪变质基底热构造状态和动力学机制的特殊性。

区内最古老的地质体，也是中国大陆最古老的地质体主要出露于辽宁鞍山地区，包括略大于 3800Ma 至 2800Ma 的古侵入体和表壳岩。冀东曹庄岩组部分岩石的时代亦略大于 3300Ma，此外麻粒岩相变质的迁西岩群、密云岩群、唐各庄岩群、兴和岩群等的时代被推测为中太古代。这些前新太古代地质体的大地构造相被确定为陆核。

太古宙地质体中分布最广的是新太古代花岗质片麻岩和表壳岩。花岗质片麻岩可粗略地分为 TTG 和 GMS 两种组合，前者以富钠的英云闪长岩—奥长花岗岩—花岗闪长岩为主，有时包括闪长质侵入体；后者为富钾的花岗岩(花岗闪长岩)—二长花岗岩—正长花岗岩。以绿片岩—角闪岩相为主的变火山—沉积表壳岩呈不等规模的包体形式赋存在由古侵入体构成的花岗质片麻岩中，构成“花岗岩—绿岩带(granite-greenstone belt)”。TTG或GMS片麻岩及共生的表壳岩分别指示了与俯冲作用有关的岩浆弧外带(靠洋一侧)和内带(近陆一侧)，根据其形成时代，可分别归属新太古代早期或晚期。

古元古代早期地质记录相对匮乏，主要是2300Ma以后，特别是2200Ma以后的表壳岩规模比太古宙花岗岩小得多的侵入体。古元古代晚明表壳岩依据构造环境可分为陆缘弧盆系中的内蒙古中部及邻区具孔兹岩系特征的贺兰山岩群、千里山岩群、乌拉山岩群、集宁岩群、冀北的红旗营子岩群；胶—辽—吉构造带北侧的老岭岩群、北辽河岩群、粉子山岩群和南侧的集安岩群、南辽河群和荆山岩群等。它们变质相级别差异大，可从绿片岩相至麻粒岩相、局部还发育高压麻粒岩及超高温变质岩，这些岩群记录了华北古元古代俯冲—碰撞过程的造山作用信息，是研究华北陆块区最终拼贴和大地构造环境的重要载体。

古元古代另一类地层系统是以绿片岩相为主的陆内裂谷系，包括山西的滹沱群、吕梁群、野鸡山—黑茶山群、河北的甘陶河群、河南的嵩山群等，是一套从地堑至碳酸盐台地的变砾岩—砂岩、页岩—浅海碳酸盐岩的地层序列。

与太古宙侵入体比较，古元古代晚期侵入体分布范围要小得多，其类型也较复杂，除钙—碱性侵入体外，还出现A型花岗岩和与碰撞有关的侵入岩组合，如约2200Ma的辽吉A型花岗岩和近1900Ma的石榴子石花岗岩等。

古元古代变质作用与新太古代相比，出现了中低压麻粒岩、高压麻粒岩、超高温变质岩，有一些太古宙地质体发生了高压麻粒岩相变质，主要出现在五台—太行北侧的山西恒山和内蒙古凉城等地。

显然，华北早前寒武纪变质基底从新太古代至古元古代，无论是盆地构造类型、地层系统、变质作用、变形特征和侵入岩组合都发生了明显变化，指示华北陆块区规模不断扩大、地壳和岩石圈不断增厚、地壳成熟度不断增高。

综上，华北变质域早前寒武纪变质基底可分为前新元古代陆核生长阶段、新太古代大陆地壳快速增生阶段和古元古代裂谷发育和最终拼合3个重要阶段。华北变质域的形成经历了2800Ma前的陆核生长期、新太古代弧/陆俯冲形成的小陆块形成期、新太古代末—古元古代初的部分陆块拼合阶段、古元古代2300~1900Ma的裂谷盆地发育期及稍晚的最终拼合阶段，后进入陆内隆升剥蚀，并在吕梁造山运动结束后的1800Ma进入一个全新的构造期——与哥伦比亚(Columbia)超大陆破裂有关的全球裂解及罗迪尼亚超大陆的形成。

4.2.2 扬子变质域(陆块区)

扬子陆块区的西界为哀牢山断裂带，西北界为程江—木里—龙门山断裂带，北界为大巴山—略阳—勉县(勉略)—城口—房县—襄樊—广济(襄广)断裂带、南界为江山—绍兴—萍乡—衡阳—双牌—贵港—凭祥断裂带。扬子变质域变质基底形成于约820Ma结束的晋宁—武陵造山运动。基底之上不整合覆盖未变质的沉积盖层，从青白口纪晚期的板溪群—南华纪—震旦纪直至显生宙地层。为叙述方便，1000~820Ma称为新元古代早期，820~635Ma称为新元古代中期，635~541Ma称为新元古代晚期，即震旦纪。

扬子陆块区内仅零星出露具有太古宙年龄的岩层，它们主要出露在湖北崆岭地区。该区位于湖北宜昌秭归—兴山一带，呈穹隆状出露，习称黄陵背斜。在北部，被1850Ma的圈椅淌正长花岗岩侵入。在南部，被新元古代早期的黄陵花岗岩基侵入。主要为一套中深变质杂岩系，称为黄陵杂岩。崆岭杂岩或崆岭群组成黄陵背斜地区的变质基底岩系。综合前人研究成果，将以TTG为主的灰色片麻岩及其中一套混合岩化的斜长角闪岩与黑云斜长变粒岩包体统称为东冲河片麻杂岩，形成于中、新太古代；另一套统称为水月寺岩群(含黄凉河岩组和力耳坪岩组)，主要为一套石英岩，黑云变粒岩、含石墨富铝矿物片(麻)岩、云母片岩、大理岩组合，原岩为一套陆源碎屑岩、含炭富铝泥质岩及碳酸盐岩和铁硅质岩，属较典型的孔兹岩系，遭受高角闪岩相区域变质作用，形成于古元古代。

古元古代哀牢山群呈NW—SE向展布于陆块区西缘，并延伸至越南北部。扬子古陆西缘构造格局复杂，一种观点认为攀西裂谷为扬子陆块区西界，哀牢山群为外来增生体；另一种观点认为攀西裂谷为陆内裂谷，哀牢山群为扬子古陆的西部边界。哀牢山群、底巴都组、大红山群位于扬子陆块区西南部，含有明显的基性火山岩成分，哀牢山群由两套变质程度不同的岩系组成，西部为浅变质岩系(以二叠双沟蛇绿岩套为代表)，是古特提斯洋的缝合线；东部为古元古代深变质岩系(包括阿龙组和小羊街组)，也是狭义上的哀牢山群，为一套变火山—沉积混杂岩系。哀牢山群中基性火山岩已获得大量同位素年龄数据，主要集中在中元古代早期(石榴子石单斜辉石岩Ar-Ar年龄为1710Ma，锆石U-Pb年龄为1737Ma)。

浅变质的中、新元古代岩层分布范围较早前寒武系广泛，在扬子变质域西缘绿片岩相变质的大红山群形成时代接近1700Ma，与其时代接近或年轻的有河口群(约1800Ma)和通安组，时代更新的依次为东川群和昆阳群等以碳酸盐为主的沉积层，它们的变质程度均较低。以低绿片岩相为主。扬子变质域黄陵背斜北侧的神农架地区分布着具有盖层特点的神农架群。属中元古代地层，尽管扬子变质域全区范围受到“晋宁造山运动”的影响，但神农架群似乎处在“安全岛”的构造部位，新元古代早期构造活动对其影响甚微。

特别引人注目的是扬子变质域的绝大部分地区受到新元古代早期构造活动的明显影响，形成与弧有关的地层系统，如扬子东南缘的双桥山群、冷家溪群，梵净山群、四堡群等接近900~820Ma形成的地层和一系列侵入体。其上不整合覆盖新元古代中晚期具盖层性质的南华系、震旦系等地层。指示晋宁造山运动结束后，变质域基底完成了克拉通化，进入到构造上的相对稳定期，但边缘的少数地区仍受到洋/陆碰撞作用的影响。

扬子陆块区东南缘的安徽和江西东北部分别发育了新元古代早期蛇绿岩，是我国3个陆块区中唯一保留经典前寒武纪蛇绿岩的地区，是现代板块机制的重要标志之一。皖南伏川蛇绿岩出露在琅源、理大望庙、伏川、塘川、方村等地，总体呈NE向延长40余千米，构造侵位于溪口岩群牛屋岩组复理石建造中。在伏川地区出露最完整。该岩石由蛇纹岩化纯橄榄岩、方辉橄榄岩、堆晶辉石岩、辉长岩、石英闪长岩、细碧岩和角斑岩等组成。

关于皖南蛇绿岩的形成时代，周新民等(1989)测得皖南蛇绿岩上部辉长岩的全岩+矿物Sm-Nd等时线年龄为1024Ma。Chen等(1991)测得其上部辉长岩的全岩矿物Sm-Nd等时线年龄为934Ma。Li等(1997)认为皖南、赣东北和桂北蛇绿岩形成于新元古代早期(约1000~900Ma)，并且在元素地球化学上都具有相似的岛弧特征，提出了华夏板块与扬子板块之间晋宁期陆—弧—陆碰撞模式。吴荣新等(2005)获得皖南蛇绿岩上部辉长岩的锆石SHRIMP

U-Pb年龄有3组，分别为891Ma、826Ma和764Ma，认为891Ma代表蛇绿岩构造侵位时间，与Rodinia超大陆拼合有关；后两组年龄代表后期岩浆和热液蚀变事件，与Rodinia超大陆裂解有关。丁炳华等(2008)根据Re-Os同位素地球化学分析，认为伏川蛇绿岩为SSZ型，其中方辉橄榄岩中的辉长岩脉锆石年龄为848Ma，深层堆晶岩异剥橄榄岩锆石年龄为826Ma，代表着伏川蛇绿岩的形成年龄，因此伏川蛇绿岩不是Rodinia超大陆裂解的产物。

赣东北蛇绿岩南起弋阳樟树墩，北至德兴茅桥，全长约100km，往NNE方向延伸与皖南歙县蛇绿岩衔接。它们由一系列超基性岩块组成，包括樟树墩、西湾、饶二和茅桥等超基性岩块，构造侵位在溪口岩群浅变质火山—沉积岩中。组成赣东北蛇绿岩的主要岩石类型是变质橄榄岩、堆积橄榄岩、辉石岩、辉长岩、闪长岩、斜长花岗岩、玄武岩和硅质岩。

根据同位素年代学的研究，赣东北蛇绿岩的Sm-Nd等时年龄为930Ma(徐备等，1989)，周国庆等(1991)给出的赣东北全岩Sm-Nd同位素年龄为1154Ma。邢凤鸣等(1992a、1992b)对赣东北樟树墩辉长岩Sm-Nd同位素年龄为1034Ma。李献华等(1994)对西湾大洋斜长花岗岩的SHRIMP锆石U-Pb年龄为968Ma，并对周国庆等(1991)测的Sm-Nd数据重新评估计算，获得955Ma的年龄。上述约1000Ma的年龄被解释为赣东北蛇绿岩的形成年龄。而后，Li等(2008)根据在西湾中获得的浅色花岗岩SHRIMP锆石U-Pb年龄为880Ma，认为该年龄为蛇绿岩的侵位年龄。

综上所述，扬子变质域中变质岩层分布以中元古代至新元古代早期为主，太古宙及古元古代露头较少。中、新元古代(早期)变质岩层以变沉积岩占优势，变质级别较低，多数为(低)绿片岩相。东川群—昆阳群及神农架群为代表的低级变质岩原岩以碳酸盐岩石及碎屑岩为主，火山岩极不发育，具有被动大陆边缘沉积特征，这些地层与沉积盖层特点相差甚微，说明扬子变质域第一次稳定化，最早稳定化发生的时间推测接近1800Ma。新元古代早期扬子变质域周缘处于洋/陆转换过程，形成与弧有关的地层系统和侵入岩系。但约820Ma以后全区再次进入构造上的稳定期，在820~780Ma期间发育裂谷火山—沉积系统和同裂解的侵入岩系。因此，扬子陆块区分别从1800Ma和820Ma开始，发生过两次克拉通化过程，且820Ma的克拉通化对全区波及范围更为广泛。

4.2.3 塔里木变质域(陆块区)

塔里木陆块区面积超过$60\times10^4km^2$，主体被塔里木中、新生代盆地所占据，而盆地中心则为我国最大的塔克拉玛干沙漠(面积达$33.7\times10^4km^2$)，有限的露头断续出现在盆地周边的隆起区(图4.4)。从露头区地质特征判断，塔里木整体上应属于“陆块区”。这里所指的陆块区是指在前寒武纪固化或稳定化的大陆块体，且大部分未卷入显生宙造山过程。因此，一个陆块区通常显示由前寒武纪变质基底和未变质的沉积盖层所构成的双层结构特点，其间存在重要的构造不整合面。

塔里木陆块区是通过塔里木运动从相对活动状态转为相对稳定状态的大陆块体，由前南华纪变质基底和南华纪及其以后的沉积盖层组成。前南华纪地质记录仅保留在边缘的隆起区，已证实的太古宙岩层保存在阿尔金北敦煌及库鲁克塔格地区，除已获得3600Ma继承性锆石和2800Ma的片麻岩U-Pb年龄数据外(李惠民等，2001；陆松年等，2003a)，主体是

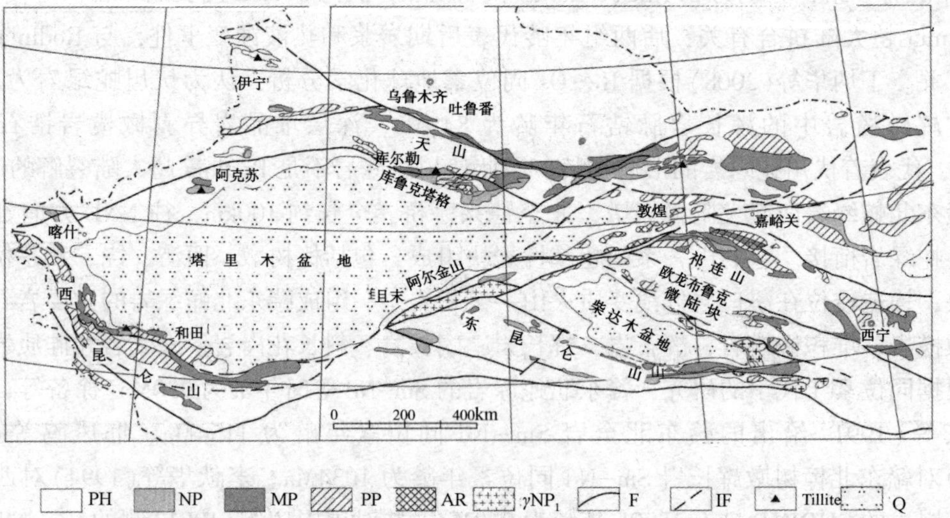

图 4.4 塔里木陆块区及邻区前寒武纪地质略图(陆松年等，2017)

PH—显生宙地层；NP—新元古界；MP—中元古界；PP—古元古界；AR—太古宙；

γNP1—新元古代早期花岗片麻岩；F—断裂带；IF—推测断裂带；Tillite—冰积层；Q—第四系

新太古代 TTG 质片麻岩。值得指出的是在 2500~2300Ma，出现具有钾长花岗片麻岩和具有双峰式特征的侵入体，表明在太古宙末期大规模地壳增生以后，出现了指示伸展构造体制下的岩浆活动。古元古代地层为一套高级变质的副变质岩系，中元古代的沉积普遍以碳酸盐岩层为主，虽然其中也赋存大量的叠层石，但所有中元古代地层均已受到变质和变形。塔里木运动标志塔里木陆块区克拉通化的完成，在其北缘的库鲁克塔格、西北缘的阿克苏、西南缘的铁克里克均有在时代上及沉积特征方面与扬子陆块区上相似的南华系和震旦系地层(高振家等，1984、1985)，特别是发育了在层位上与扬子陆块区南沱组层位相当的冰碛层。

从目前获得的野外调查、岩石地球化学及同位素年代学资料分析，塔里木陆块区的太古宙主要为 TTG 质片麻岩，在局部的 TTG 质片麻岩中见到少量的辉长岩包体(已经变质成斜长角闪岩，但薄片中见到残余的辉石。地球化学特征显示，辉长岩来自被俯冲带流体/熔体交代的岩石圈地幔(Zhang 等，2011)。高精度锆石 U-Pb 年龄分析，在太古代 TTG 质岩石以及古元古代花岗岩中，发现大于 3000Ma 的继承性锆石，其中最古老的继承性锆石为 3600Ma (李惠民等，2001；陆松年等，2003；Lu 等，2008)，这表明在塔里木可能存在太古宙早期的大陆地壳。从目前发表的阿尔金地区和库鲁克塔格地区太古代 TTG 质岩石的锆石 U-Pb 年龄分析，主要形成时间集中在 2800~2600Ma(Lu 等，2008；Shu 等，2011；Zhang 等，2011)

在库鲁克塔格及阿尔金地区，古元古代变质岩分布广泛。最早被命名为兴地塔格(岩)群和阿尔金山(岩)群。它们主要由一套中高级变质岩组成，包括(角闪)黑云(二云)斜长片麻岩、石榴黑云(二云)斜长片麻岩、石英片岩、大理岩、石榴矽线斜长石英片(麻)岩等。在岩石中发育大量的浅色变质分异形成的浅色条带。从岩石组成分析，这套变质岩主体属于副变质岩，可能夹有少量的火山岩。由于一直缺乏有效的方法对这套变质岩进行定年，一直到最近才发表了一批采用锆石原位定年成果。结果显示，这套变质岩中继承性锆石年龄主要为中太古代—古元古代早期，而其中的变质锆石(部分为变质形成的单颗粒锆石，部分为碎屑锆石的增生边)的年龄集中在1900~1800Ma。在库尔勒附近的一个样品中，还出现了1100~900Ma的变质事件记录。另外，在塔里木西南地区，Zhang等(2007b)报道的2400~2300Ma的花岗岩中，锆石增生边的年龄为1900Ma，而在中元古代卡拉喀什群及艾连卡特群中，出现大量的1900~1800Ma的碎屑锆石，Zhu等(2011)也报道了在阿克苏群变质岩中，出现大量的1900Ma的碎屑锆石。所有这些信息表明，1900~1800Ma在塔里木发生了一期重要的构造—变质事件。

古元古代的岩浆岩在塔里木并不十分发育。目前比较可靠的主要分布在塔里木西南以及东段的阿尔金地区。塔里木西南地区的赫罗斯坦群，早期被认为是太古宙—古元古代变质杂岩。后来经过进一步工作，证实赫罗斯坦群实质上是一套变质的侵入杂岩，其岩石组成主要为花岗闪长岩—二长花岗岩—二云母花岗岩，形成时代为2400~2300Ma，花岗岩显示A-S型地球化学特征。在阿尔金地区，Lu等(2008)报道了2300Ma的变质基性岩墙及相关的片麻状花岗岩，其中基性岩墙显示典型的板内玄武岩地球化学属性。这表明在太古宙—古元古代早期，塔里木可能处于伸展阶段。现有的资料对塔里木古元古代早期的构造演化还不能给予很好的界定。

在塔里木西南的铁克里克隆起带，出露了一套浅变质强变形的碎屑沉积岩系。前人将这套地层划分为古元古代卡拉喀什群和艾连卡特群，在其之上，不整合覆盖了新元古代火山—沉积岩系并发育基性岩墙和玄武岩。通过锆石U-Pb定年分析(Zhang等，2007a)，其碎屑锆石的年龄分布从太古宙一直持续到中元古代，最年轻的碎屑锆石为1300Ma左右，表明它的沉积时间不早于1300Ma。在变质岩中出现大量的变质锆石，定年结果表明，主要出现两个峰值，分别为900Ma和800Ma。这两期变质事件和其中分布的两期浅色脉体很好对应，其中一期是沿岩石面理分布且发生强烈变形的长英质脉体，第二期为切穿面理的未变形的长英质脉。

4.2.4 陆块区前寒武纪演化特征对比

中国的华北克拉通是全球古老克拉通之一，保存了3800~2800Ma古老陆核的地质记录，新太古代大规模地壳增生和再造及古元古代洋/陆边界的遗迹为探索地球早期构造演化和动力学机制提供了宝贵的地质记录。扬子和塔里木克拉通虽然罕见早前寒武纪岩层，但广布的中元古代—新元古代早期地层揭示了从被动陆缘向活动陆缘的转变，特别是扬子克拉通周边新元古代早期活动大陆边缘及随后裂谷盆地的发育，为全球罗迪尼亚超大陆的汇聚与裂解提供了新的窗口。

虽然华北中、新元古界不属于变质基底，而是沉积盖层，但从基底演化到盖层沉积，可透视出克拉通演化的普遍规律。华北陆块区中、新元古代地质既受到同期全球构造演化过程中重大地质事件的制约，表现出与全球演化许多相近的特点，但又与全球演化有一定的差异(陆松年等，2017)。

首先，中元古代时期的华北受到哥伦比亚超大陆破裂过程中伸展动力机制的控制，发育了规模较大的裂谷型盆地和经历了较完整的裂谷型盆地演化过程，与此同时发育了5期与裂解有关的岩浆活动，包括1770Ma的基性岩墙群、约1700Ma的ACMS组合、1620Ma的超钾质火山岩、1320Ma 和 1230Ma 的辉绿岩床(墙)群。这 5 期与裂解有关的热—构造事件群，已在其他大陆有所发现，它们明确指示了与哥伦比亚超大陆有关的中元古代多期的裂解，例如格陵兰岛南部的奥长环斑花岗岩侵入时代与华北接近，为 1750~1720Ma，是哥伦比亚超大陆裂解过程中较早的奥长环斑花岗岩侵入体。同时，华北 1350~1320Ma 的辉绿岩床与北美花岗岩—流纹岩地体内晚期岩浆活动的时代几乎是同时发生的，在得克萨斯岩浆活动发生于 1338Ma，在新墨西哥则为 1330Ma。

其次，迄今为止在华北未发现大规模与罗迪尼亚汇聚有关的经典格林威尔期的岩浆活动，在格林威尔期的 1200~980Ma，华北整体上处于相对平静的构造期。然而华北东部新元古代碎屑岩层中大量格林威尔期碎屑锆石的发现，说明其东侧曾有过格林威尔期碎屑锆石蚀源区(初航等，2011)，从华北东部辽东榆树砬子群、山东蓬莱群和土门群部分碎屑岩中测得的众多中元古代时期的锆石年龄，不能从现在华北出露地表的岩石中找到源区的踪迹。根据碎屑锆石年龄谱的相似性，陆松年等(2012)推测劳伦大陆东南缘的格林威尔造山带、西伯利亚克拉通东南缘和华北陆块区东缘可能在中、新元古代之间存在过某种连结，这种连结可称为“GO 格林威尔道山带)-S(西伯利亚克拉通东南缘)-EN(华北陆块区东缘)假设”或“GOSEN 连接”。因此，根据碎屑锆石年龄谱提供的信息，推测华北和西伯利亚克拉通卷入了罗迪尼亚超大陆的汇聚过程，并且格林威尔造山带、西伯利亚克拉通东南缘和华北克拉通东缘可能存在过某种连结，只是由于超大陆裂后的多次热—构造事件的叠加改造或海平面升降影响，曾经存在过的超大陆汇聚的踪迹名数已不复存在。

最后，塔里木、扬子大陆及其边缘在中、新元古代发生了时间相近、性质相似的热—构造活动；最终克拉通化的时间相近，造成具有相似特征的变质基底和沉积盖层的双层结构；具有相像的南华纪至震旦纪地层序列，在南华系上部普遍发育了指示寒冷气候的冰积层。尽管目前没有精确的古地磁资料的支持，但根据上述地质学上的证据，有理由推测此时的塔里木、扬子及周边的微陆块在空间位置上是很接近的。然而华北陆块不存在上述时期强烈的热—构造活动，最终克拉通化的时间、南华纪至震旦纪地层序列及标志层与塔里木和扬子迥然有别。华北新元古界除南缘和西缘在最晚期出现过罗圈冰积层外，未发现南华纪的冰川活动记录，而这期是全球最广泛的冰川活动期，包括我国扬子和塔里木在内的许多大陆都保留了极好的冰川活动的地质遗迹，推测该时期华北与扬子—塔里木之间相距较远。在罗迪尼亚超大陆中塔里木，扬子与澳大利亚相邻，而华北则与西伯利亚相邻，与塔里木、扬子隔洋相望(陆松年等，2003)。

因此，华北中、新元古代地质历史与扬子及塔里木陆块区有显著差异，主要表现在以下几个方面：

(1) 华北克拉通最终稳定化的时间发生在约 1800Ma，而塔里木—扬子发生于约 820Ma 之前。

(2) 华北克拉通化以后的裂解发生在 1800~1600Ma，塔里木—扬子克拉通化以后的裂解发生在 820~700Ma；华北以斜长岩-环斑花岗岩组合和超钾质火山岩为特色，塔里木—扬子则以基性岩墙群和双峰式火山岩为标志。

(3) 华北从 1600~1400Ma 一直以浅海相碳酸盐地层为主，铁岭组以后沉积—构造环境才发生重大转折。塔里木—扬子从635Ma以后出现大规模的碳酸盐地层。

(4) 华北未出现与罗迪尼亚超大陆汇聚与裂解有关的强烈的热—构造活动，而塔里木—扬子发育了大规模与罗迪尼亚超大陆汇聚与裂解有关的热—构造事件。

(5) 极端寒冷气候条件下的地质记录及软躯动物群不同。塔里木—扬子在南华纪发育强烈的冰川活动，随后出现与埃迪卡拉动物群可比的软躯动物群。华北罗圈冰积层仅发育在克拉通西南缘，时代属震旦纪，上覆地层中出现带壳动物。

这些重大差异显示中国3个陆块区在中、新元古代全球构造中必然处在不同的构造位置，受到不同动力学背景的制约。

4.3 造山系中变质岩区大地构造相特征

在全球大陆范围内，稳定大陆克拉通的边缘发育长期活动的、宽度可达几百乃至上千千米的构造活动带(造山带)，新元古代—显生宙以来巨型造山带的面积占30%以上。造山作用已具有经典的现代样式板块活动特征，完全可以应用现代板块理念进行大地构造相划分。

造山带的核心是洋盆的形成与演化，仅有老地块不会构成造山带，没有老地块也不成为造山带。不应将老地块当成造山系原地“基底”，它是古陆壳，对洋盆而言是异地体。洋陆边界的界定需正确鉴别大陆边缘类型及洋盆地层系统。活动陆缘的“弧”和弧前增生楔是最重要的洋陆边界标志之一。

4.3.1 造山作用与变质作用

新元古代—显生宙造山作用与早前寒武纪造山作用差异之处在于受到现代板块机制的制约，出现了与早期原板块机制作用下不同的岩石学记录，如高压—超高压榴辉岩、蓝片岩、经典蛇绿岩组合等，而科马提岩、BIF、TTG等规模明显降低，因此，高压—超高压榴辉岩、蓝片岩、经典蛇绿岩组合等成为新元古代—显生宙造山系中鉴别大地构造环境的重要标志。

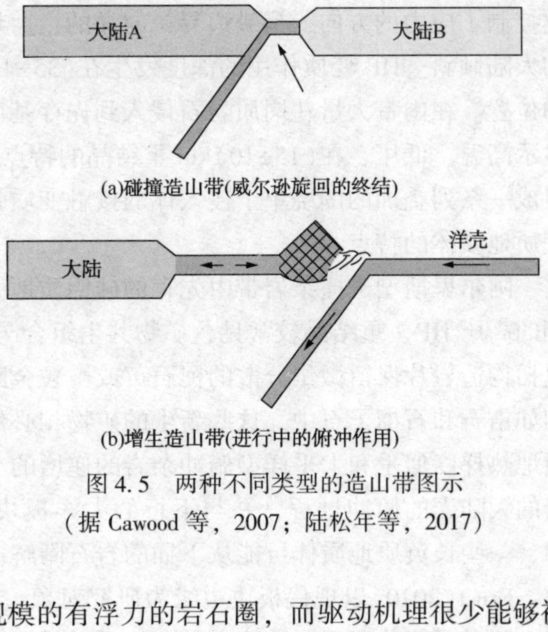

图4.5 两种不同类型的造山带图示
(据Cawood等，2007；陆松年等，2017)

当前对造山带通常划分为两种类型：碰撞型和增生型(图4.5)。传统上的“碰撞造山带”系指两个大陆经历了一个完整的威尔逊旋回，造山带反映有浮力的大陆核在俯冲带影响下造成上冲和下插板块岩石圈明显增厚和变形。然而，在“增生造山带”中由于变形、变质和陆壳生长发生在长期俯冲和板块汇聚的环境中，没有大陆块体的碰撞或大规模的有浮力的岩石圈，而驱动机理很少能够被观察到。

不同类型的造山带形成不同类型的板块边界，Ernst(2010)将接触边界称为阿尔卑斯型边界，它形成在大洋岩石圈消亡部分，在这里造成稳定大陆板块之下的大陆角、微大陆或弧的插入。下行的硅铝壳可能沿周围的大洋岩石圈在较大的深度停滞，因为大洋板块的整体密度超过了替换的软流圈。在俯冲期间，硅铝壳由于增生、底侵、缩短和汇聚—大陆碰撞而增厚，这种造山带表现出同期钙—碱性侵入岩浆活动的明显缺失。典型的例证包括乌拉尔、阿尔卑斯和喜马拉雅。阿尔卑斯型俯冲可能与弧后盆地闭合、弧—陆和陆—弧—陆碰撞有关，最终引起大陆地壳俯冲，但是在花岗质地壳覆盖的大陆板块之上的盖层上既没有同俯冲岩浆岩也缺乏新生地壳。而阿尔卑斯型陆壳俯冲以出现中温/超高压榴辉岩相变质岩为主要特征。

另一种类型的边界系增生型边界，称为太平洋型(或科迪勒拉型)汇聚边缘，它是弧形缝合带，数千千米的大洋岩石圈返回到上地幔，而在俯冲带却没有大规模的硅铝地壳可下插到如此深度。这一类型的板块构造中形成 3 个次平行的构造带：外带主要为沉积变质的海沟增生杂岩、中间为纵向的弧前盆地、内带则为同期的钙—碱性弧。长而窄的海沟楔由低温、低热流带组成，其褶皱边界是向洋的，逆冲断层受俯冲带控制，并向上盘板块之下倾斜。在这里广阔的岩浆弧以开宽褶皱和高温、高热流区为特征。海沟杂岩沉积在下沉的大洋地壳之上(如弗朗西斯科、Aleutian、智利—秘鲁俯冲系统)，弧前剖面和内带火山—侵入岩构成非俯冲的大陆边缘或岛弧(如西奈、印度尼西亚和安第斯弧)。典型的太平洋型俯冲与数千千米的大洋岩石圈侧向流动有关，在玄武质地壳覆盖的大洋板块之上出现以岛弧火山岩为特征的同俯冲岩浆作用，形成新生镁铁质地壳。太平洋型洋壳俯冲带以出现与蛇绿岩相关的低温/高压蓝片岩相和榴辉岩变质岩为主要特征。

双变质带是太平洋型汇聚板块的标志，外带俯冲杂岩由固结差的长英质单元+变质页岩—蛇纹岩组成，它们在低温和高压状态下重结晶。俯冲通道的位置位于上盘岩石圈之下，它控制了应力的方向，褶皱边界是向洋的，剪切带、片理、线理和逆冲断层向顶板板块之下的大陆倾斜。HP 变质作用的深度发生在(35±15)km 的深度，指示下插大洋板块处于相对浅的位置。在内带大量花岗质岩石侵入到先存基底和上覆同岩浆的火山盖层系列中。顶板岩石显示高温、低压、在(15±10)km 重结晶的特点。变质矿物带反映上升岩浆岩提供的平流热，组成一系列叠加的围绕单个侵入体的接触变质带。角岩的宽阔的圆柱形褶皱是这些上部地壳变质地质体的特点。

阿尔卑斯型碰撞杂岩带由先存的硅铝质地壳及变形的、上邻原地和异地系统组成。亚固相的高压 HP、重结晶较常见，矿物共生组合与太平洋型俯冲杂岩可对比。一些收缩造山带包括构造岩片保留微量分散的柯石英或微粒金刚石的矿物残留，它们保存在不易反应的矿物相如锆石和石榴子石中。这些新生的矿物相必然是在超高压和温度较高的状态下结晶而成，但地热梯度似乎和太平洋型俯冲杂岩的递增的 $P-T$ 条件相似。超高压(UHP)参与了老的和冷的大陆壳的俯冲过程，并与下行的大洋板块相结合达 90~125km，甚至更深。在此过程中，一些长英质地质体可能从下插的岩石圈解耦，并迁移回汇聚板块结合带中。

Ernst(2010)以现代板块边缘为研究对象，则分出增生型和碰撞型，但应用于古造山系时，四者可能共存于同一造山带中，反映造山带的不同演化过程。正如李锦轶等(2009)的陈述："所谓的碰撞型造山带典型实例是喜马拉雅—阿尔卑斯碰撞带，以青藏高原为例，那里表现为欧亚板块中生代增生边缘在新生代早期与印度板块被动陆缘的碰撞，即经历了中生代俯冲造山和新生代早期碰撞造山两个阶段的综合产物，与北亚造山区南侧不同的是，青藏高原的形成过程持续的时间短且比较年轻。”因此，可以把俯冲型造山带理解为只发育在活动大陆边缘。俯冲型造山作用是活动大陆边缘各种地质作用的总和，而碰撞型造山带位于两个板块之间，是古洋盆最后关闭的位置，它以板块缝合带为中心，既可以由一个活动陆缘和一个被动陆缘组成，也可以由两个相互碰撞的活动陆缘组成。可见俯冲型造山带最终可能成为碰撞型造山带的一部分，也就是说，俯冲型造山带和碰撞型造山带是大陆边缘演化不同阶段的产物。

4.3.2 造山系中的古地块

“地块”一词系指卷入造山带中的前寒武纪地质块体，其主体的形成时代早于造山作用形成的时代，但其整体边缘受到造山作用的强烈改造。在编制变质大地构造图的过程中，强调了古老地块在造山系演化过程中的重要作用。这是因为造山系包含了大陆边缘和陆间洋盆复杂的成生与消亡过程。洋盆形成过程中有一些具有古老陆壳性质的地块在洋盆中形成岛屿或岛链。前人称为微陆块、中间地块或地块。地块对于洋盆中的“大洋地层系统”属于“异源地质体”。因此，组成地块的古老地层不是新生洋盆中的地层产物，两者应有所区别，并分别予以研究。地块往往是大陆边缘裂解的产物，经历了大陆边缘的形成、裂解和漂移的过程。然而，由于地质历史的复杂性，要判断地块与某大陆的亲缘关系却十分困难，在阐述这一历史渊源时应十分谨慎。地块在造山系演化过程中一定受到强烈的改造，突出表现在变质、变形的复杂化和被年轻花岗岩的侵入、肢解，因而造成“古老地块年龄的年轻化”。在研究造山系中古地块的时代时，不能因为获得一个或一组年轻的同位素年龄而否定古地块的存在，在这一方面国内已有众多的经验和教训。洋中地块在洋壳俯冲过程中，既可能随洋壳被带至岩石圈深部，经受高压、甚至超高压变质作用，也可能由于温度较低而被阻挡在弧前位置，构成“增生楔”的部分，并在地块向洋一侧又形成由洋壳构成的新生增生楔。因此，地块在造山系演化过程中的重要性及特殊性应予以高度重视。

严格地说由老于造山系中洋盆形成时代的、具大陆地壳性质的、具一定规模的地质体即应称为“地块”，但传统上通常将时代为前南华纪或前寒武纪的地质体才称为地块，地块的时代应与造山系的成因、演化相匹配。我国各大造山系中的地块分布见图 4.6(陆松年等，2017)。在中国三大陆块区周边，发育以新元古代—显生宙为主的造山系统，包括天山—兴蒙、苏鲁—大别—秦—祁—昆，三江—西藏和华夏(武夷—云开)造山系等。这些巨大和复杂的造山系不仅记录了板块汇聚造山的历史，而且由于板块扩张脊(洋脊)物质的加入，也记载了板块裂解、洋壳扩张、(深)俯冲、增生、碰撞和洋壳消亡的过程。

1. 天山—兴蒙造山系

陆松年等(2017)总结确定了天山—兴蒙造山系中确实存在前寒武纪古老地质体，同位素测年资料表明其主体形成于元古宙，但亦有新太古代继承性锆石年龄信息。其中元古宙年龄中具有约 1800Ma、1000~800Ma 等全球重要地壳增生期的信息，说明地块的演化与全球构造演化的成因联系。造山系中的地块受到显生宙造山作用的强烈改造和大量侵入体的肢

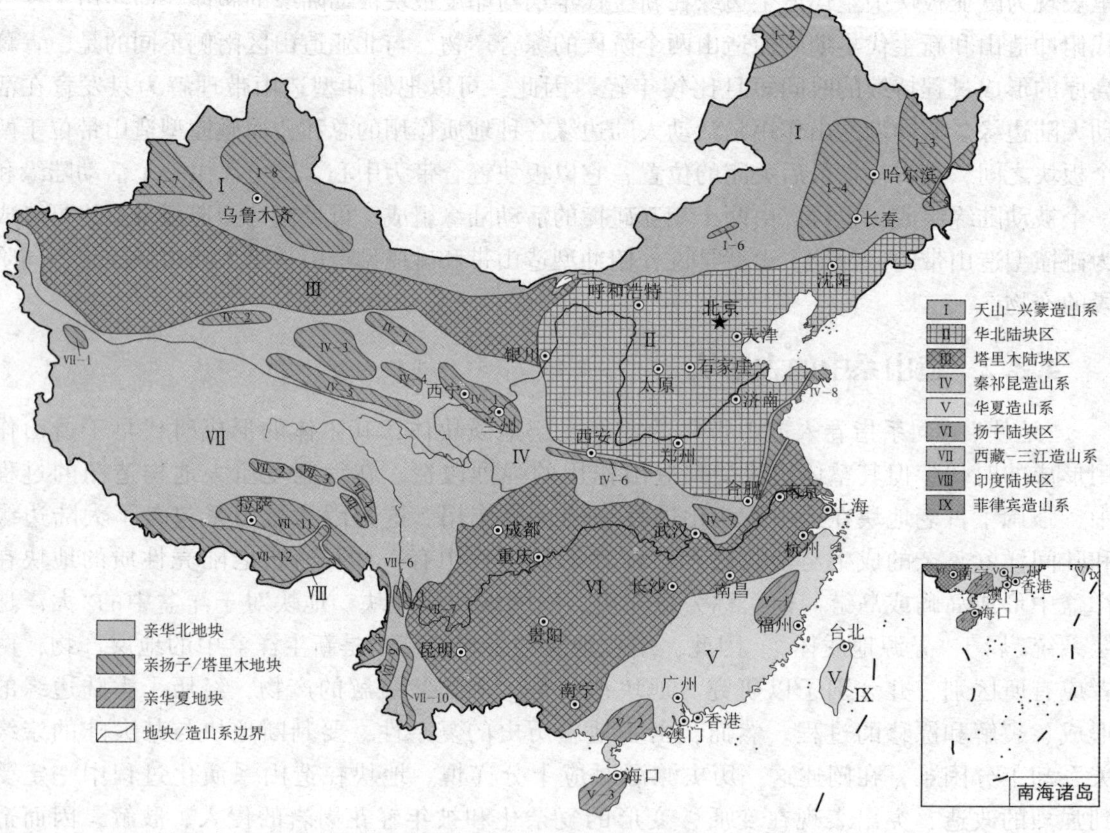

图 4.6　造山系中的古老地块(据陆松年等，2017)

Ⅰ-1—宝音图地块；Ⅰ-2—额尔古纳地块；Ⅰ-3—佳木斯地块；Ⅰ-4—松辽地块；Ⅰ-5—兴凯地块；Ⅰ-6—锡林浩特地块；Ⅰ-7—伊犁地块；Ⅰ-8—准噶尔—吐哈地块；Ⅳ-1—中祁连地块；Ⅳ-2—阿中地块；Ⅳ-3—柴达木地块；Ⅳ-4—全吉地块；Ⅳ-5—金水口地块；Ⅳ-6—北秦岭地块；Ⅳ-7—大别地块；Ⅳ-8—苏鲁地块；Ⅶ-1—甜水海地块；Ⅶ-2—聂荣地块；Ⅶ-3—吉塘—左贡地块；Ⅶ-4—昌都地块；Ⅶ-5—嘉玉桥地块；Ⅶ-6—思茅地块；Ⅶ-7—中咱—中甸地块；Ⅶ-8—腾冲地块；Ⅶ-9—保山地块；Ⅶ-10—崇山—临沧地块；Ⅶ-11—申扎—察隅地块；Ⅶ-12—喜马拉雅地块；Ⅴ-1—武夷地块；Ⅴ-2—云开地块；Ⅴ-3—琼中地块

解，对恢复地块历史和探讨它们之间的亲缘性带来新的困难。近年来从古地块中测得众多显生宙的同位素年龄值，表明后期地质事件对古地块的强烈改造，但不能轻易否定古老地质体的存在。正如吴才来等(2010)在伊春桃山花岗岩的研究成果所示，尽管已在巨型岩带中测得中生代的年龄数据，但经深入研究后仍获得(1821±10)Ma 的岩体形成年龄，表明古老地质体的存在。天山—兴蒙造山系中地块与克拉通的亲缘性比较复杂，虽然宝音图地块被推测与华北陆块区关系密切，但多数地块有新元古代热—构造事件的地质记录，倾向于它们是亲塔里木的地块群。

2. 秦—祁—昆造山系

秦—祁—昆造山系是夹持于中国塔里木、华北和扬子陆块区之间的近东西向延展的(局部为北东向或北西向)显生宙造山系统，亦称中央造山系。该造山系的组成、时代、变质作用极其复杂，主体是因早古生代和早中生代造山作用所形成的。其组成除经典意义的前造山作用古老地块和同造山过程形成的变质地体外，还有卷进早中生代造山作用的扬子陆块区的新元古代南华系至古生代晚期的被动大陆边缘。山系内发育多条高压—超高压榴辉岩带和高压蓝片带，由东到西依次包括大别—苏鲁高压—超高压榴辉岩带、北秦岭高压—超高压变质带、柴北缘高压—超高压变质带、北祁连高压变质带、南阿尔金高压—超高压变质带、西昆仑高压变质带等。

区内造山系除其南部边缘(北昆仑，南昆仑，赛什塘—苦海，西大滩—布青山，玛多—玛沁)受古特提斯多岛洋动力学体系改造和叠加外，主体是由原特提斯多岛洋发展演化而来的造山系。自新元古代以来经历了不同构造旋回、不同构造阶段、不同构造体制的地质发展演化，形成了一幅地壳主体结构由结合带(或蛇绿混杂岩带)，弧盆系及被卷入的地块组成的、构造样式复杂而精彩的地质构造图案。

造山系内元古宙地质记录仅限于南秦岭新太古代鱼洞子岩群，古元古代 U-Pb 年龄数据来自全吉地块的德令哈杂岩，同位素年龄为 2500~2300Ma 但在造山系内已有两个地点发现具有约 4000Ma 的碎屑锆石：一处为秦岭西段草滩沟群中的火山碎屑熔岩(王洪亮等，2007；第五春荣等，2010)，另一处在夏中宁地区上泥盆统中宁组之中(袁伟等，2012)。草滩沟群出露于秦岭岩群北侧，为一套低绿片岩相变质陆源碎屑岩—火山岩建造，时代属奥陶纪。最早报道的锆石年龄为(4079±5)Ma，母岩被认为是中基性火山熔岩。进一步研究后确定母岩为火山碎屑熔岩，并又获得两个新的测试数据，分别是(4007±29)Ma 和(1908±45)Ma，从而确认约 4000Ma 碎屑锆石的存在。

古元古代晚期(2000~1800Ma)构造热事件表现为与俯冲—碰撞有关的变质作用、岩浆侵入和深熔作用，为“吕梁”造山作用的记录。中元古代时，西昆仑的塔昔达坂群火山岩产于洋内弧环境，北祁连的朱龙关群、镜铁山群构成走廊南山的基底，湟源群为中祁连岩浆弧的基底岩系。在新元古代中期(1000~820Ma)，柴达木、欧龙布鲁克、阿尔金—祁连、北昆仑等地块中均有过铝质钙碱性岛弧型花岗岩侵位，暗示这些地块与扬子陆块的亲缘性。其上南华纪的白杨沟群(北祁连)、湟中群下部(中祁连)、欧龙布鲁克的全吉群等冰川海相沉积，均可与塔里木的特瑞爱肯冰碳层及扬子南沱冰碛层对比，联系到前南华纪变质基底上各地块中双峰式裂谷火山岩套和拉斑玄武岩(800Ma 左右)，表明原特提斯洋的形成在中国西部表现为塔里木陆块区与扬子大陆的裂解，而其间的各地块是残留在原特提斯海洋中的碎块。

早古生代构造期，受原特提斯大洋岩石圈向北俯冲以及古亚洲洋向南俯冲双重制约与东南亚多岛弧盆系受控于印度洋和太平洋双向俯冲相类似。呈近东西向展布的北昆仑岩浆弧为前峰弧，南昆仑中、新元古代万宝沟群，早古生代纳赤台群及晚古生代布青山群实质上是洋壳俯冲消减过程中的增生杂岩。在前峰弧的北侧祁漫塔格、阿尔金、柴北缘、祁连山等地存在一系列多岛弧，弧后海底扩张，洋盆错列相间的时空构造格局，经历了弧后盆地萎缩，俯冲消亡和弧—弧碰撞、弧—陆碰撞的构造演化过程。整体造山系表现为多岛弧盆系的组成结构，空间展布和时间演化特征的复杂构造系统。

3. 华夏造山系

在前人大量研究成果和不同认识的基础上，将对“华夏”的基本认识简述如下(陆松年等，2017)。

第一，“江绍断裂带”以南的“华夏区”存在多个古地块，目前至少可分出武夷、云开和琼中 3 个地块，这些地块可统称为“华夏地块群”。

第二，上述地块有不同的前南华纪地质历史，物质组成也存在明显差异，它们可能是相互隔离的独立地块。根据目前获得的同位素年龄资料，地块中最老地质体的时代略新于 200Ma。

第三，“华夏区”本质上是新元古代至古生代志留纪的造山系，造山过程揭示了“华南洋”的演化及消亡过程。特别重要的是华夏地块群卷入到华南洋的演化及消亡过程中，从而与相邻扬子陆块区的新元古代至志留纪地史特点形成明显差异，并突出显示了造山系中“地块”的特征。

第四，扬子东南缘的新元古代早期“弧盆系”是华南洋盆向扬子陆块区俯冲的产物，因此，该弧盆系主体属增生型造山系，而不是碰撞型造山系。

第五，“华南洋”的消亡主要发生于志留纪，从而造成武夷、云开地块与扬子陆块区的聚合，并形成华南大陆的主体，随后形成统一的泥盆纪沉积盖层。

第六，在华南洋闭合过程中，在扬子陆块区大陆边缘及古地块的边缘形成增生型造山系特有的“俯冲增生杂岩”，它们与洋盆地层系统及海山等并存，构成与扬子陆块区新元古代中期至志留纪有层有序地层系统存在差异的“非常规地层”或“构造岩石地层”。

第七，自华南洋封闭后，从泥盆纪开始华南大陆主体步入板内发展阶段，但晚古生代至中生代早期，局部地区可能还存在残留洋盆。残留洋盆的演化及封闭是造成华夏区晚古生代至中生代早期热—构造运动的主因之一。

第八，晚三叠世以来，华南东南部地质历史主要受控于太平洋构造域，与华南洋已无成因联系。

4. 西藏—三江造山系

西藏—三江变质域即康西瓦—木孜塔格—玛沁—勉县—略阳断裂以南、扬子陆块区以西、国境以内的青藏高原区。本区地处冈瓦纳大陆北缘，其构造格局表现为以数条缝合带为特征的板块碰撞结构，其中龙木措—双湖—澜沧江缝合带和金沙江缝合带属于古特提斯闭合的遗迹；雅鲁藏布江缝合带和班公湖—怒江缝合带是新特提斯闭合的遗迹。因此，其变质作用及演化与古特提斯洋和新特提斯洋消亡的碰撞造山和造山期后的高原隆升历史密切相关。

4.3.3 造山系中的高压—超高压变质带

1. 大洋型俯冲—碰撞造山带

大洋型超高压变质带是近年来超高压变质作用研究取得的重要进展之一。作为蓝片岩最具特征矿物组合的硬柱石—蓝闪石类型是确定硬柱石—蓝闪石变质相的依据，是研究板块动力学条件和低级变质作用的重要对象。20 世纪 90 年代初在西阿尔卑斯的 Zermatt-Saas 带典型的洋壳岩石中第一次发现了柯石英(Reinecke，1991)，人们这才认识到大洋型俯冲带变质作用也可以达到地幔深度，并发生超高压变质后折返到地表。通过详细地比较目前报道的典型洋壳岩石深俯冲超高压变质带，发现它们在原岩建造、变质作用和岩石组合等方面都具有独特的地质特征。

大洋岩石圈残片以蛇绿泥杂岩、低温高压变质形成的蓝片岩和榴辉岩(尤其是以含硬柱石的榴辉岩为特征，反映大洋冷俯冲过程）为特征。因此，大洋型俯冲带中橄榄岩的类型比较简单，主要是代表大洋或弧后扩张形成的岩石圈地幔橄榄岩，并常常与上覆的堆晶杂岩和枕状玄武岩以及远洋沉积物等紧密共生而构成蛇绿岩，异剥钙榴岩是富钙且硅不饱和岩石，通常与蛇纹岩伴生，是超基性岩石在蛇纹石化过程中的副产品。超基性岩石蛇纹石化过程中释放的富钙流体对包裹在其中的镁铁质岩石或者其他岩石进行交代，从而导致异剥钙榴岩化。迄今为止，所报道的异剥钙榴岩多形成于洋底变质作用环境。因此，异剥钙榴岩的确定为曾经存在过洋壳俯冲提供了重要证据。

大洋型超高压变质带的基本特征是以具有典型洋壳组合的原岩建造为特征，其变质作用峰期温度较低，属于低温榴辉岩相范围，从底部的超基性岩、变质玄武岩到变质沉积岩都能完整地保留下来。在递进和退变过程中出现蓝片岩相变质过程，具有低的、冷俯冲带的地热梯度，并且在岩石组合方面常常与蛇绿岩带伴生。

1）西南天山大洋型俯冲变质带

西南天山变质地带位于哈尔克山—那拉提山北坡，变质地带北侧以那拉提北缘断裂与伊犁变质地带相隔，南侧也以断裂为界同南天山绿片岩相浅变质带相隔。变质地带向西延入哈萨克斯坦和吉尔吉斯斯坦境内，向东尖灭于巴音布鲁克盆地之下。区内发育典型洋壳俯冲双变质带，以青布拉克—那拉提深断裂为界，北侧为高 d*T*/d*P* 变质带，主要由角闪片岩、强烈混合岩化的片麻岩、斑状碎裂花岗岩组成，局部可见夕线石榴黑云母石英片岩、石榴斜长麻粒岩等高温低压麻粒岩相岩石；南侧发育低 d*T*/d*P* 变质带，岩石类型主要为榴辉岩、蓝片岩和泥质-长英质片岩两大类，夹少量的大理岩层（图 4.7）。榴辉岩和蓝片岩一般呈数米宽的透镜状、团块状断续出现在泥质长英质片岩中，局部可见数厘米至数十厘米的蓝片岩薄层与泥质-长英质片岩交替相间产出。

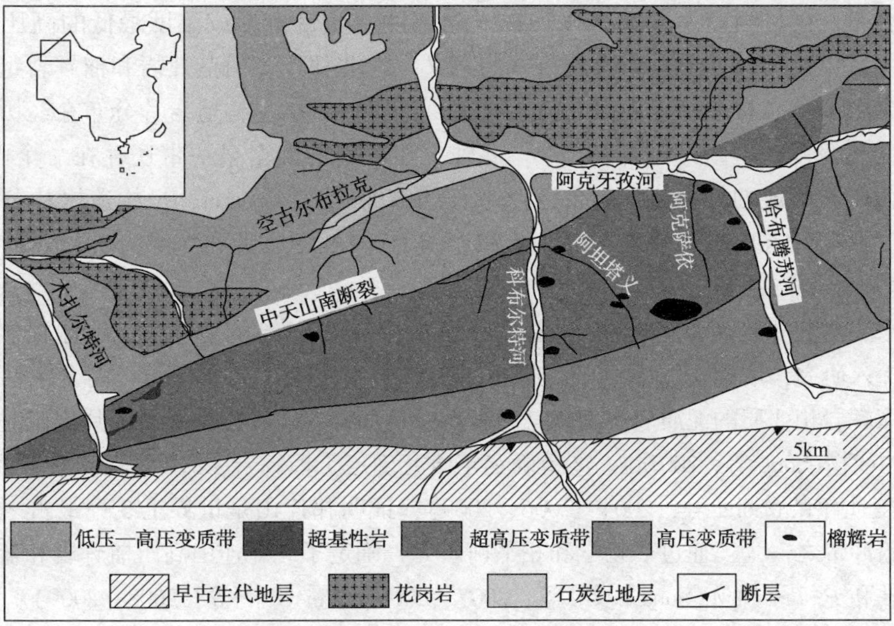

图 4.7　西南天山超高压—高压变质带地质图（据 Lü Z 等，2014）

该变质带北部约800km^{2}的区域内的榴辉岩或榴辉岩相岩石中发现了超高压变质矿物——柯石英(Lü Z等，2008)，由此从中识别出了约80km长、大于10km宽的超高压变质带(Zhang等，2013)。经历过高压和超高压变质的岩石其最大地温梯度分别为10℃/km(Gao等，1999)和5~6℃/km，在榴辉岩与蓝片岩的石榴子石中普遍出现绿帘石/黝帘石+钠云母±石英后成合晶包休，被认为是早期硬柱石的假象，在含黄铁矿的榴辉岩石榴石中也发现尚存的硬柱石包体(李继磊，2010)，这说明南天山高压—超高压变质带是由一个冷的大洋壳即南天山洋的快速俯冲形成的，区内榴辉岩的相平衡模拟结果显示为近等温降压的顺时针变质$P-T$轨迹(Zhang等，2001；Du等，2011)。在野外露头上榴辉岩仍具有玄武岩的枕状构造，有学者据此将西南天山高压—超高压变质带和阿尔卑斯的Zermatt-Saas带类比，认为是世界上两个最典型的洋壳整体俯冲与抬升形成的超高压变质带(张立飞等，2007)。

刘新等(2013)在高压—超高压变质带中的阿坦塔义地区发现了新的榴辉岩岩块，呈透镜体状产出于围岩石榴子石白云母片岩中，边部发育退变质蓝片岩。两者具有相似的地球化学特征：均具有轻稀土富集且中度分异、重稀土平坦、负Eu异常的稀土配分模式，在蛛网图上出现Nb、Ta、Ti、Ba、Sr的亏损，类似大陆岛弧岩浆岩特征。微量元素特征、高场强元素比值及Sr-Nd同位素组成都说明榴辉岩和蓝片岩的原岩为陆壳物质。这也是首次在西南天山俯冲杂岩中发现典型陆壳物质，说明南天山高压—超高压变质带、变质俯冲杂岩并非完全由洋壳物质组成，而是有部分陆壳物质被卷入深俯冲带。

2）祁连大洋型俯冲变质带

作为蓝片岩最具特征矿物组合的硬柱石—蓝闪石类型是确定硬柱石—蓝闪石变质相的依据，是研究板块动力学条件和低级变质作用的重要对象。北祁连山广泛发育蛇绿岩套、岛弧火山岩和花岗岩，以及俯冲带特有的高压—低温变质岩，这些岩石构成了典型的早古生代大洋俯冲缝合带。硬柱石蓝片岩通常代表在洋壳俯冲变质带中形成温度最低的高压低温变质岩，对于了解洋壳俯冲变质过程有着重要的意义。在北祁连，由蓝片岩和榴辉岩组成的高压低温变质带主要分布在北祁连中段的清水沟—百经寺一带，呈构造岩片分布在经历绿片岩相变质作用的蛇绿混杂岩或火山岩杂岩中。此外，在肃南的九个泉一带还存在一个由硬柱石、绿纤石和蓝闪石组成的低级蓝片岩带，此带长约30km，宽约1km，呈构造岩片分布在低绿片岩相的变质基性火山岩和复理石中。北祁连的HP/LT变质带和蛇绿岩所代表的俯冲带为典型的“太平洋型”或“Franciscan型”俯冲带。

近年来，对北祁连高压变质岩石(主要是蓝片岩和榴辉岩)的岩石学、地球化学和同位素年代学的深入研究，取得了一系列的进展：①榴辉岩中发现了高压低温、高含水性矿物硬柱石，并在榴辉岩相变质的泥质岩中发现镁纤柱石，从而确定北祁连山高级蓝片岩带是典型的大洋冷俯冲的产物(Song等，2007a)。②精确定年研究确定了榴辉岩(489~462Ma)和蓝片岩(462~446Ma)的变质年龄(Song等，2004、2006、2009)，证明祁连山是世界上3个最古老的早古生代大洋冷俯冲带之一。③通过矿物学和相平衡研究，确定了北祁连山高压榴辉岩和蓝片岩变质的温压条件和$P-T-t$轨迹(Song S. G.等，2007、2009；Wei C. J.等，2008、2009)。

北祁连山作为早古生代大洋冷俯冲的典型代表，经历了从新元古代到寒武纪的大洋扩张、奥陶纪俯冲和闭合及早泥盆世隆升造山的过程。高压变质岩变质年龄为490~440Ma，证明古祁连洋经历了至少 50Ma 的俯冲过程。

2. 大陆型俯冲—碰撞造山带

近十几年来，大陆动力学研究最重要的进展之一是对超高压变质岩和大陆深俯冲作用的认识。按照传统的板块构造学说，大陆地壳由于其密度低，不可能俯冲到高密度的地幔中。然而，Chopin(1984)和 Smith(1984)分别在西阿尔卑斯和挪威西部的变质表壳岩中发现了超高压变质矿物柯石英，证明大陆地壳曾俯冲到至少 80km 深的地幔内部，然后折返回地表。在随后的 20 余年中，科学家相继在全球 22 条变质带中发现了柯石英、金刚石和其他超高压变质矿物及矿物组合(Liu 等，2007)，进一步证明低密度陆壳曾俯冲到地幔 80~200km，甚至大于 350km。特别是片麻岩锆石中柯石英和金刚石包体的不断发现，证明大规模的低密度长英质岩石曾整体俯冲到深部地幔发生超高压变质，然后又折返到浅部地壳。现在超高压与非超高压变质岩沿着汇聚大陆边缘出露，形成了大陆碰撞造山带的基本构造格局。

大陆碰撞造山作用包括大陆地壳俯冲和折返两个过程，在动力学机制上分别对应于被动和主动运动。一方面，大陆岩石圈由于高密度大洋岩石圈的牵引发生俯冲，最终达到 80~120km 以上的地幔深度导致柯石英和金刚石相超高压变质作用；另一方面，超高压变质板片由于低密度大陆地壳的浮力而发生幕式上升和侵蚀(折返——将先前深埋的岩石带到近地表)。大陆深俯冲一般以低的地温梯度为特征，只存在有限的脱水作用。与此相反，超高压板片的折返则常常是在高的地温梯度下进行，伴有幕式脱水作用。认识和理解大陆俯冲和折返过程中的变质作用，能够确定大陆碰撞导致岩石圈加厚的时间、超高压变质矿物形成条件、大陆俯冲带地壳演化的热历史等。超高压板片从地幔深度折返到地壳层位的过程可能是幕式进行的，并且具有不同的速率。这会影响超高压变质矿物脱水和水化的热力学和动力学，进而涉及超高压板片内部的部分熔融和流体活动乃至超高压指示矿物的保存性。

大陆型俯冲碰撞带的岩石组合与大洋型明显不同，主要包括：具有大陆地壳成分的长英质片麻岩及其内部呈透镜体或构造块体产出的榴辉岩、大理岩、石榴辉石岩和石榴橄榄岩等，石榴橄榄岩是大陆俯冲带超高压变质岩石的重要组成部分。

1) 大别—苏鲁陆壳俯冲超高压变质带

大别—苏鲁造山带位于中国东部，是秦岭—桐柏—红安—大别造山带的东侧部分。该造山带形成于三叠纪时期扬子板块向华北板块的俯冲、碰撞，绵延数千千米，是世界上规模最大、出露最完整的超高压变质带之一(Cong，1996；Zheng 等，2003)。大别—苏鲁造山带榴辉岩中柯石英(Wang 等，1991)和显微金刚石(徐树桐等，2003；Liu 等，2007c)的发现，证明这里的表壳物质曾俯冲到至少 120km 的地幔深度并经历了超高压变质作用。Ye 等(2000a)在苏鲁造山带中部青岛仰口榴辉岩中发现部分石榴石具有单斜辉石、金红石和磷灰石的出溶结构，认为它们代表了超硅石榴石，推测其形成压力可能>7GPa，对应的陆壳俯冲深度可能超过 200km。Liu 等(2007)在大别山碧溪岭石榴橄榄岩的单斜辉石颗粒中发现高压斜顽辉石出溶叶片，推测它们的形成压力可能达到约 9GPa，对应的陆壳俯冲深度超过 300km。同时，柯石英包裹体在榴辉岩的围岩花岗片麻岩、大理岩和副片麻岩中的广泛发现(Liou 和 Zhang，1996；Ye 等，2000b)，证明榴辉岩及其围岩一起经历超高压变质作用。大别—苏鲁超高压变质带是研究碰撞造山带地球动力学过程、构造变形、变质流体演化及壳幔相互作用的天然实验室。

大别造山带呈近东西走向，分布有以含柯石英榴辉岩为标志的超高压岩石组合，并以其出露规模大、保存好、岩石类型全面著称于世。作为华北和扬子陆块区，碰撞造山带的大别山区以发育高压、超高压变质带为特征，根据构造特征和岩石学观察结果，从南到北依次划分为5个变质带(图4.8；Zheng等，2005)：①宿松低温高压蓝片岩相变质带，广泛出露大理岩、片麻岩、片岩和角闪岩等；②南大别低温超高压榴辉岩相变质带，主要出露榴辉岩和片麻岩等；③中大别中温超高压榴辉岩相变质带，主要出露超高压榴辉岩、片麻岩、大理岩硬玉石英岩和石榴橄榄岩等；④北大别高温超高压榴辉岩相变质带，主要由正片麻岩和少量榴辉岩、含榴斜长角闪岩和麻粒岩组成，并广泛发育碰撞后混合岩；⑤北淮阳低温低压绿片岩相变质带，出露浅变质沉积岩和变火成岩，广泛出露碰撞后基性—超基性岩浆岩。从南向北，这五条变质带分别以太湖—山龙断裂、花凉亭—弥陀断裂、五河—水吼断裂、晓天—磨子潭断裂为界。

苏鲁造山带呈近北东—南西向展布，是大别造山带的东延部分，被郯庐断裂错断并向北平移近500km。苏鲁造山带北部和西部分别以五莲—烟台断裂和郯庐断裂为界与华北克拉通相隔，南部则以嘉山—响水断裂为界与扬子克拉通相邻(图4.8)。根据岩石学类型和野外构造特点，该造山带主要划分为南部高压变质带和中部—北部超高压变质带，震旦纪变质沉积岩、侏罗纪碎屑岩和白垩纪火山沉积盖层呈不整合状覆盖其上，且造山带内有大量晚中生代花岗岩侵入(Liu等，2004；Xu等，2006)。其中，高压变质带主要由石英云母片岩、片麻岩、榴辉岩、石英岩、大理岩和蓝片岩组成，各类岩石内部锆石主要发育文石+白云母+石榴石+石英等高压相包裹体，未发现任何超高压变质指示标志，指示其仅经历过高压榴辉岩相变质作用(Liu等，2004)，类似于大别宿松高压变质带。北部超高压变质带主要出露正、副片麻岩、榴辉岩、石榴橄榄岩、石英岩和大理岩等，榴辉岩以团块状或透镜状出露于片麻岩、大理岩和石榴橄榄岩中，石榴橄榄岩出露大小从几米到几千米不等，以夹层或团块状零星分布于整个超高压变质带。柯石英以粒间和包裹体形式产出于榴辉岩中，并以包裹体形式存在于所有变质岩的锆石内部，表明这些表壳物质曾整体俯冲到大于80km地幔深度，经历原位超高压变质作用，并快速折返回地表(Chen等，2013；Wang等，2010；Ye等，2000a、b)。

多手段温压计算表明，大别—苏鲁造山带超高压变质岩整体上经历过五期变质作用，依次为：①高压榴辉岩相进变质阶段(246~244Ma)，主要由锆石及其内部发育的高压榴辉岩相包裹体记录，变质温度和压力分别为570~690℃和1.7~2.1GPa；②峰期超高压榴辉岩相变质阶段(240~225Ma)，以柯石英和/或金刚石出现为典型特征，变质温压为$P \geqslant 3.5 \sim 4.5$GPa和$T \geqslant 750 \sim 850$℃；③退变质高压榴辉岩相重结晶阶段(225~215Ma)，以柯石英消失、石榴石和绿辉石及石英共存为特征，变质压力和温度分别为$P=1.5 \sim 2.5$GPa和$T=600 \sim 750$℃；④高压麻粒岩相退变质阶段，仅在局部地块有记录，如北大别高温超高压变质带和苏鲁桃行、威海和荣成地区榴辉岩中，以斜方辉石和斜长石出现为特征，变质压力和温度分别为$P=1.0 \sim 2.0$GPa和$T=750 \sim 850$℃；⑤角闪岩相退变质阶段(215~205Ma)，带内超高压变质岩中普遍发育，以各种造岩矿物周围的角闪岩相退变质后成合晶为特征，变质温压条件为$P=0.6 \sim 1.0$GPa和$T=450 \sim 600$℃。大量岩石学和地球化学研究表明，大别—苏鲁造山带超高压变质岩的原岩主要为新元古代侵入岩，并有少量前寒武纪和古生代沉积岩以及古元古代—太古宙残余陆壳(如Zheng等，2003、2005、2006、2009)。其中，新元古代侵入岩具有典型双峰式岩浆岩特征，一般认为其形成于新元古代罗迪尼亚超大陆裂解时期沿扬子克拉通北缘出现的裂谷式(rifting)岩浆活动(Zheng等，2004、2006)。

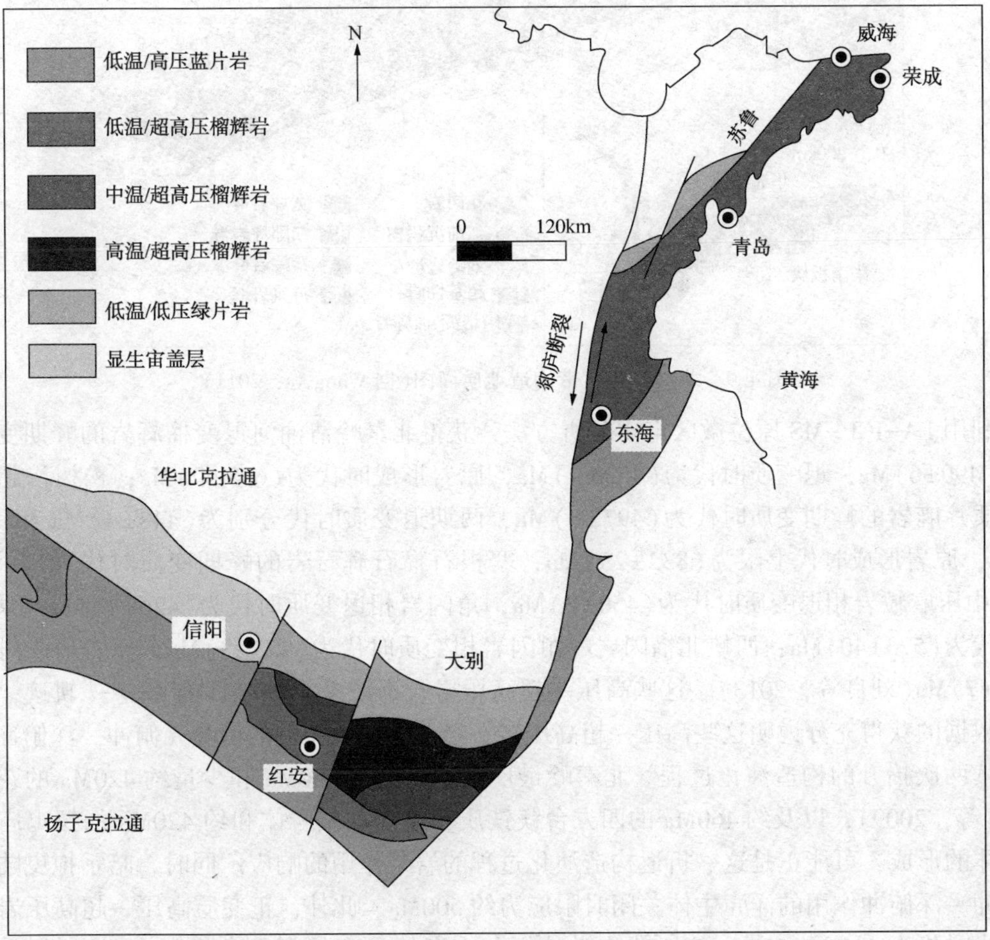

图4.8 大别—苏鲁造山带地质简图(据Zheng等，2003)

2) 北秦岭高压—超高压变质带

秦岭造山带由商丹缝合带与勉略缝合带划分为北秦岭构造带(华北板块南缘构造带)和南秦岭构造带(秦岭微板块)和扬子板块北缘构造带[图4.9(a)](张国伟等，1995、2001；Meng和Zhang，2000)。

北秦岭构造带是指秦岭商丹断裂带与洛南—栾川—方城断裂带之间的秦岭北部区域，其间又以多条断裂由北到南依次划分为宽坪岩群、二郎坪岩群、秦岭岩群和丹凤岩群[图4.9(b)]。目前北秦岭地区已发现的高压—超高压岩石均呈透镜体状或夹层状赋存在豫陕交界一带的秦岭岩群之中。早期研究认为秦岭岩群的形成时代为古元古代，但近年来的许多研究显示其主体可能为新元古代(时毓等，2009；万渝生等，2011)或中元古代—新元古代(陆松年等，2009；杨力等，2010)。

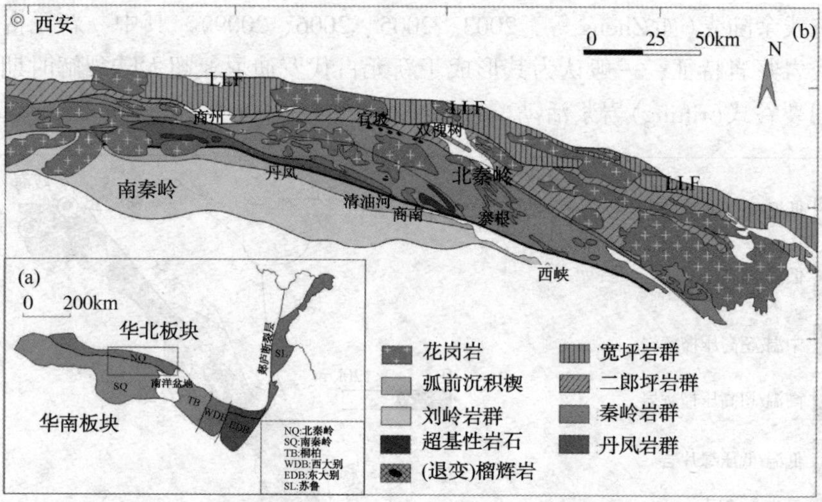

图 4.9　北秦岭构造带构造地质简图(据 Wang 等，2011)

利用 LA-ICP-MS 原位微区定年分析方法，获得北秦岭清油河退变榴辉岩的峰期变质时代为(490±6)Ma，退变质时代为(453±9)Ma，原岩形成时代为(655±9)Ma；松树沟超高压长英质片麻岩的峰期变质时代为(497±8)Ma，两期退变质时代分别为(448±4)Ma 和(421±2)Ma，原岩形成时代上限为(832±25)Ma；寨根石榴石辉石岩的峰期变质时代为(498±2)Ma，中压麻粒岩相退变质时代为(450±3)Ma，角闪岩相退变质时代为(426±1)Ma，原岩形成时代为(573±40)Ma；西峡北榴闪岩的角闪岩相变质时代为(423±3)Ma，原岩形成时代为(843±7)Ma(刘良等，2013)。这些高压—超高压岩石都记录了顺时针的 $P-T-t$ 轨迹，结合年龄数据的获得充分说明这些高压—超高压岩石经历了一个完整的由陆壳俯冲—深俯冲、之后连续两次抬升的构造演化过程。北秦岭最广泛产出的约 450Ma 和少量约 420Ma 的花岗岩(王涛等，2009)，以及约 460Ma 的四方台镁铁质—超镁铁质岩体和约 420Ma 的拉鸡庙镁铁质岩体的形成，可能正是这一折返构造演化过程的岩浆作用的响应。同时，暗示拖曳陆壳发生俯冲—深俯冲作用的洋壳主体关闭时限应为约 500Ma。此外，正变质高压—超高压岩石原岩形成时代为 843～700Ma，其地球化学特征与南秦岭发育的新元古代中晚期岩浆岩一致，暗示俯冲陆壳物质应来自南秦岭。

依据上述研究和区内商丹与二郎坪两条蛇绿混杂岩带、北秦岭早古生代岩浆活动和相关沉积盆地物源的研究成果，Liu 等(2016)提出北秦岭早古生代构造演化过程可划分为 5 个阶段：①商丹洋形成于约 600～534Ma；②在约 524～500Ma 期间，商丹洋向北俯冲导致秦岭弧和二郎坪和宽坪弧后盆地的形成；③在约 500~485Ma 商丹洋拖曳南秦岭陆壳物质发生陆壳深俯冲，洋盆关闭以及弧陆碰撞产生了同俯冲岩浆作用；④约 470～450Ma 期间，深俯冲陆壳板片断离，导致高压—超高压变质岩石折返发生早期退变质作用(局部地区叠加了麻粒岩相的改造)，同时软流圈地幔上涌交代上覆陆壳产生大规模的同折返岩浆作用；⑤约 440Ma 之后，伴随着断离板片的下沉，区内持续造山后伸展，高压—超高压岩石发生第二次抬升在约 420Ma 发生角闪岩相退变质，并伴随产生少量约 420～400Ma 的岩浆作用，同时或稍后，南秦岭发育规模不等的几个造山后伸展盆地。

3）柴北缘(柴达木盆地北缘)高压—超高压变质带

柴北缘高压—超高压变质带位于我国青海省，地处青藏高原东北部，柴达木与祁连两个前寒武纪结晶基底所组成的地块之间，沿 WNW—ESE 方向延伸达 400km，其西端被阿尔金左旋走滑断裂分切柴北缘高压—超高压变质带是 20 世纪 90 年代以来确定的一条主要由各种花岗质片麻岩和泥质片麻岩组成并夹有少量榴辉岩、石榴橄榄岩的大陆深俯冲变质带(杨建军等，1994；杨经绥等，1998，2001；Song 等，2006)。在柴北缘地区，从西向东分为鱼卡落风坡榴辉岩-片麻岩(片岩)单元、绿梁山石榴橄榄岩-高压麻粒岩单元、锡铁山榴辉岩—片麻岩单元、都兰榴辉岩—片麻岩单元。目前已发现的高压—超高压岩石主要分布在鱼卡河、锡铁山、胜利口(绿梁山)与都兰县境内的野马滩和沙柳河等地(图 4.10)，已确定的高压—超高压岩石以榴辉岩、石榴子石橄榄岩和各种片麻岩为主体，榴辉岩呈透镜体状分布在鱼卡河、锡铁山与都兰县境的野马滩和沙柳河等地的片麻岩中，石榴石橄榄岩仅在大柴旦的胜利口发现(Song 等，2003、2004、2005、2009；Yang 等，2001)。其中花岗质片麻岩占高压—超高压变质带岩石总体积的 80%以上，榴辉岩和石榴橄榄岩都以大小不等的岩块分布于两种片麻岩中。石榴橄榄岩是大陆型超高压变质带典型标志，主要分布于绿梁山一带，以构造岩块产于花岗质片麻岩中。石榴二辉橄榄岩在岩体中占 70%~80%(体积分数)，与纯橄岩互层，石榴辉石岩呈脉状产出。该石榴橄榄岩是大陆俯冲带超高压变质岩石的重要组成部分。

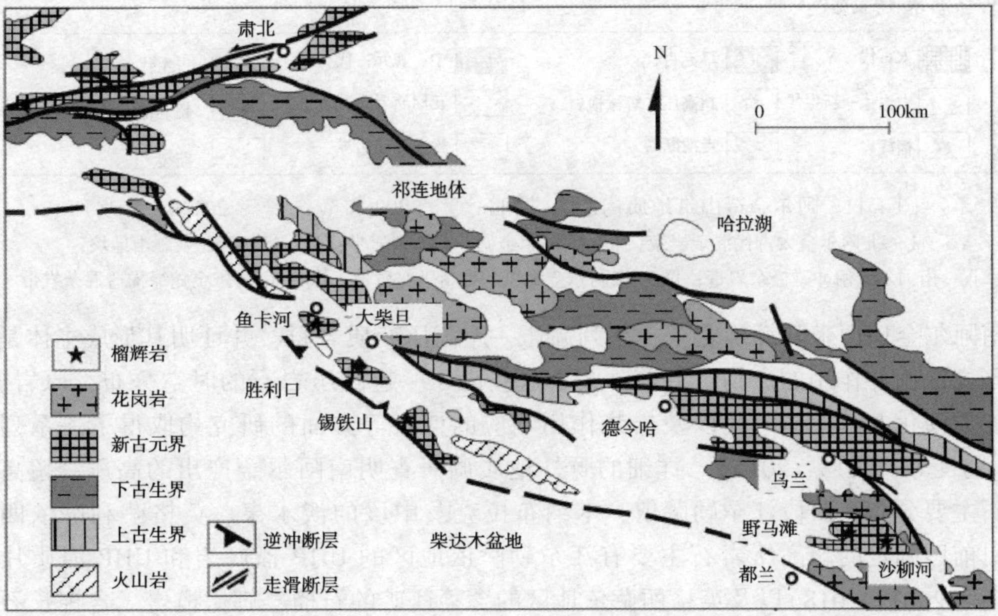

图 4.10 柴达木盆地北缘高压—超高压变质带地质图(据杨经绥等，2001)

柴北缘超高压变质带主要有 3 个时期：第一期为 470~440Ma，主要表现在与蛇绿岩有关的榴辉岩和少量片麻岩中，为早期大洋俯冲变质的产物，证明了大洋岩石圈在柴北缘超高压变质带的存在；第二期为 440~420Ma，主要表现在大陆溢流玄武岩变质的榴辉岩、石榴橄榄岩和泥质片麻岩中，为大陆俯冲过程的超高压变质时期；第三期为 410~400Ma，为超高压变质岩石在折返过程中的退化变质时期，与大洋岩石圈和大陆岩石圈断离有关。总体反映了柴北缘超高压变质带从大洋俯冲—大陆俯冲/碰撞—折返和垮塌的构造演化过程。

4）南阿尔金陆壳俯冲碰撞杂岩带

阿尔金山地处青藏高原北缘，介于塔里木板块、柴达木微板块及祁连—昆仑造山带之间，是一个早期经历古板块或地块相互俯冲—碰撞作用，在中生代和新生代又被走滑断裂所切断，由不同构造层次、不同时期和形成于不同构造环境地质体所组成的复合造山带(车自成等，1995、1998；许志琴等，1999；崔军文等，1999)。阿尔金造山带自北向南可划分为北阿尔金太古代混杂岩带、北阿尔金俯冲碰撞杂岩带、米兰河—金雁山地块、南阿尔金俯冲碰撞杂岩带(图 4.11)(Liu 等，2009)。其中南阿尔金俯冲碰撞杂岩带又可进一步划分为南阿尔金高压—超高压变质带和南阿尔金蛇绿构造混杂岩带两部分。

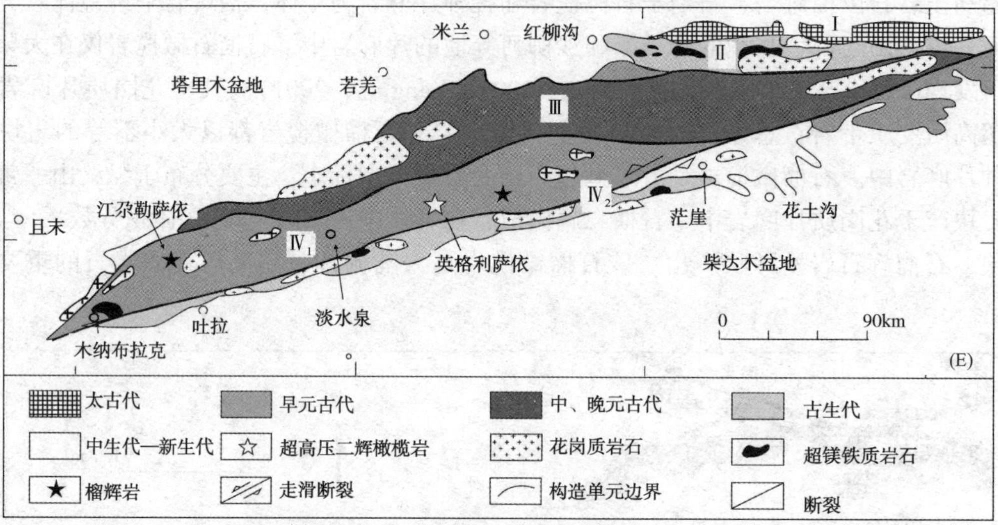

图 4.11　阿尔金造山带地质构造图(据 Liu 等，2009 和 Wang 等，2014b，修改)

Ⅰ—北阿尔金太古代混杂岩带；Ⅱ—北阿尔金俯冲碰撞杂岩带；Ⅲ—米兰河—金雁山地块；
Ⅳ—南阿尔金俯冲碰撞杂岩带；$Ⅳ_1$—南阿尔金高压—超高压变质带；$Ⅳ_2$—南阿尔金蛇绿构造混杂岩带

南阿尔金造山带陆续确定了一系列高压—超高压变质岩石，并证明其形成主体是早古生代陆壳深俯冲作用的产物。目前，关于这些高压—超高压岩石的时空分布，原岩属性、多期变质演化及其变质时代以及岩浆作用响应的期次等方面的研究均取得了一系列重要进展(刘良等，2013、2015)。详细的野外地质调研查明南阿尔金产出的高压—超高压变质岩石主要分布在西段江尕勒萨依、木纳布拉克及中段的淡水泉、英格萨利萨依四个地区。目前已确定的超高压岩石主要有江尕勒萨依地区的 UHP 榴辉岩和 UHP 泥质片麻岩(Liu 等，2007、2018)以及英格丽萨依地区的含菱镁矿的石榴二辉橄榄岩、含钾长石的石榴子石辉石岩和含石榴子石花岗质片麻岩等 5 种类型，它们均呈透镜体状分布在区域花岗质片麻岩或副变质片麻岩或大理岩之中。其中江尕勒萨依地区榴辉岩中柯石英包裹体的发现为南阿尔金俯冲板片经历了超高压变质作用提供直接证据(Gai 等，2017)；江尕勒萨依地区含斯石英假象的 UHP 榴辉岩和含斯石英出溶显微结构的 UHP 泥质片麻岩(Liu 等，2007、2018)的确定，将典型陆壳岩石深俯冲/折返深度由大于 200km 推进到 300～350km，从而成为迄今世界上陆壳俯冲最深的超高压变质带。

LA-ICP-MS 或 SHRIMP 原位微区锆石 U-Pb 定年结果显示南阿尔金已发现的高压—超高压变质岩石的原岩形成时代为 857~563Ma，峰期变质时代介于 509~475Ma(曹玉亭等，2009、2013；刘良等，2007；Liu 等，2009、2012)，高压麻粒岩相退变质时代为 455~448Ma(曹玉亭，2013；Liu 等，2012)。据此，建立了这两种 UHP 岩石的 $P-T-t$ 演化轨迹，表明南阿尔金超高压岩石是新元古代(约 750Ma)罗迪尼亚超大陆裂解产生幔源岩石和陆壳岩石在约 500Ma 发生陆壳深俯冲与超高压变质的产物，在约 450Ma 与小于 450Ma 经历两期抬升。

大量研究结果还表明南阿尔金俯冲碰撞杂岩带在早古生代广泛存在至少四期岩浆活动：517Ma、501~496Ma、460~451Ma 和 426~385Ma(Liu 等，2015)，分别对应洋壳俯冲阶段、陆壳深俯冲阶段、俯冲陆壳发生板片断离并开始折返阶段和碰撞后伸展阶段，表明南阿尔金早古生代时期由洋壳俯冲转换为陆壳俯冲可能是一个连续的构造演化过程。上述成果对深入理解阿尔金造山带形成与演化过程具有十分重要的意义。

5）雅鲁藏布江变质带

在印度的雅鲁藏布江缝合带，仅在接近西构造结的斯塔克地区报道有榴辉岩产出，榴辉岩相岩石在含石榴子石角闪岩中呈残余产出，两者呈透镜体产在蛇纹岩中。张泽明等(2007)在东喜马拉雅构造结南迦巴瓦岩群中识别出石榴辉石岩。这种岩石呈透镜状产于麻粒岩相变质的长英质片麻岩和泥质片岩之中。石榴辉石岩主要由富铁铝榴石的石榴子石和透辉石组成，含少量的金红石、榍石和石英，不含斜长石和角闪石，是榴辉岩相高压变质作用的产物。其原岩相当于基性—超基性层状侵入体中的辉长岩，在快速抬升过程中叠加了麻粒岩相和角闪岩相退变质作用。石榴辉石岩峰期变质作用的温压条件是 800~900℃ 和 2.6~2.8GPa，这个认识证明整个喜马拉雅造山带从西构造结到东构造结，都经历了古近纪的(超)高压变质作用，证明印度板块向欧亚板块之下的俯冲深度至少达到了 80~100km。

位于雅鲁藏布江缝合带中的蓝片岩带呈东西向分布，断续延长达 600km 出露于蛇绿岩带的南侧，南部则与含硬绿泥石的变质带伴生。蓝闪石类和黑硬绿泥石类高压铁质矿物产于缝合带中，从变质相空间分布特点看，北带为蓝闪质岩带。南带为黑硬绿泥石带，似乎具有从南往北温度降低、压力升高的趋势。这种变质作用的极性提示了印度板块向北的俯冲作用以及古俯冲带的大致位置。雅鲁藏布江缝合带南侧卡堆蓝片岩中的蓝闪石(青铝闪石)获得了(59.29±0.83)Ma 的 Ar-Ar 加权平均年龄(李才等，2007)，是目前雅鲁藏布江高压变质带唯一的蓝闪石年龄。该年龄与利用海相最高沉积层位、地层古生物、古地磁等研究方法获得的结论相吻合。印度河雅鲁藏布江缝合带的闭合时间应在 59Ma 左右，也是洋壳消亡和印度与亚洲板块碰撞的时间约束。

4.3.4 造山系地质演化特征对比

1. 中国造山系地质演化的共同特点

造山系是两个陆块区大陆边缘之间洋盆形成、演化和消亡的地质遗迹，经历了一个近乎完整的“威尔逊旋回”，但威尔逊旋回模式的不足之处有两点：①旋回的起点为大陆的破裂，终点是大洋的消亡和两侧大陆的碰撞，但并未强调终结碰撞的两个大陆已不是起点由一个大陆破裂分开的两个大陆。因此该模式与手风琴式开、合模式似乎就有了共同之处。然而，在威尔逊旋回中，一个大陆破裂成两个大陆后，随着洋底扩张，两侧大陆块体均要发生漂移，当大洋消亡后，再碰撞的两个大陆已不是原来分裂的大陆，而是其中的一个大陆和另一个大陆的碰撞。②模式没有充分说明大陆破裂后两个大陆边缘的复杂类型。根据威尔逊旋回，大洋消亡只产生一条蛇绿岩或蛇绿混杂岩带，然而实际研究结果表明，一个大陆破裂后形成的两个大陆边缘既有被动陆缘，也有简单的活动陆缘和复杂的多岛弧盆系之分。后者在洋盆封闭后，会形成多条蛇绿岩或蛇绿混杂岩带。根据陆松年等(2017)总结，中国造山系地质演化的共性主要有下列几点。

第一，中国大陆的重组和造山系的形成主要是新元古代早期罗迪尼亚超大陆破裂以后地质演化的产物，经历了从罗迪尼亚超大陆破裂到潘基亚超大陆的形成长达近600Ma的地史演化，与全球构造演化有相似的轨迹。潘基亚超大陆的解体则进入另一个超大陆构造旋回。

第二，在罗迪尼亚超大陆破裂至潘基亚超大陆的形成过程中，全球有从破裂早期分散的陆块到南、北大陆块体群聚集，形成冈瓦纳和劳亚大陆块体群的过程，其根源在于南大陆的莫桑比克洋和北大陆的原大西洋先后封闭。没有南、北大陆块体群的形成就不会出现古生代末的潘基亚超大陆。在中国几个大陆块体虽然于中生代初完成汇聚，但早古生代的造山作用对中国大陆同样起着重要的作用。天兴—兴蒙、秦祁昆和武夷—云开造山系中早古生代的造山主体是陆块区与洋壳或造山系中地块的俯冲—碰撞、没有这一时期的造山作用，也不会出现中生代初中国陆块区的汇聚。

第三，潘基亚超大陆破裂引起的地质效应对中国造山系同样起着重要的制约作用。经典意义的特提斯洋是潘基亚超大陆破裂后在南、北大陆之间形成的洋盆，中国大陆位于特提斯洋东端，明显受到特提斯洋演化的控制；中生代以来古太平洋—太平洋向欧亚大陆的俯冲造成中国东部大面积发育的岩浆岩、新生代初印度大陆向欧亚大陆的碰撞，形成世界第一高原，中国大陆又受到太平洋—印度洋演化的影响，所有这些地质现象均与全球构造关联，但同时又有中国大陆的特殊性。

第四，所有造山系中的地层系统均包括3种类型：前造山地层系统地块、同造山地层系统洋盆地层系统、造山后地层系统一造山系中具“盖层”特点的上叠盆地地层。但秦—祁—昆造山系中的南秦岭造山带原系扬子陆块区北缘，在中生代早期卷入造山作用形成高压蓝片岩带。它不是完全脱离母体扬子陆块区的裂解地块，具有一定特殊性。

2. 中国造山系地质演化的差异性

中国造山系彼此之间也存在一定的差异，具体表现在以下几点。

第一，中国造山系虽然是罗迪尼亚超大陆破裂以后的产物，但形成和终结时间仍有明显差异，如天山—兴蒙造山系终结，即洋封闭于古生代末，而秦—祁—昆造山系则终结于早中生代，西藏—三江造山系则是中国最年轻的造山系。

第二，虽然各个造山系中均发现高压变质带，揭示了深俯冲作用的存在，但秦—祁—昆造山系出露面积最大，分布最广。其中柴达木盆地北缘鱼卡河—沙柳河一线的早古生代高压—超高压榴辉岩带、大别—苏鲁早中生代高压—超高压榴辉岩带均为国际地学学者所瞩目。

第三，造山带类型有所差异，如天山—兴蒙主要为增生型增生带，而西藏—三江则以碰撞造山带为特色。不同类型的造山作用制约了造山带的组成和结构。

第四，不同造山系中的地块组成有明显差异。天山—兴蒙造山系中的额尔古纳地块有1800Ma地质体、苏尼特左旗地块则出现约1400Ma地质体的信息，而佳木斯地块麻山群孔兹岩系变质时代则为 500Ma 左右，呈现十分复杂的演化历史。秦—祁—昆造山系东部的地块多数为中元古代地质体，而西部则有古元古代地块残留，且发育新元古代早期侵入体，呈现与塔里木和扬子陆块区的相似性和亲缘性。武夷—云开造山系中的地块也出现 1800Ma 的地质体，但变质时代多发生在 O—S，新于天山—兴蒙造山系东部的约 500Ma。

第五，目前已在天山—兴蒙造山系西部、秦—祁—昆造山系、武夷—云开造山系和西藏—三江造山系的碎屑岩中发现 4000Ma 的冥古宙碎屑锆石，而在天山—兴蒙造山系东部尚未见报道，元古宙碎屑锆石的存在与否也许能为古大陆的重建提供有用信息。

4.4 几种特殊的变质岩类

4.4.1 蓝片岩

蓝闪片岩相以蓝闪石作为反映高压低温环境的标型矿物，常作为板块俯冲碰撞带的重要标志。实验证明，富钠、贫钙且高 Fe^{3+}/Fe^{2+} 的岩石，经变形变质作用均可形成蓝闪石，有时蓝闪石可呈脉体贯于破碎带中。蓝闪石类矿物稳定于较宽的 $P-T$ 区间，需有硬柱石等高压矿物的出现才能反映高压条件。

中国的蓝闪片岩分为两种类型：一种属蓝闪石-硬柱石相，相当于高压相系(董申保等，1986、1989)；另一种属蓝闪石-绿片岩相，位于中压和高压相系之间，简称中高压相系(董申保等，1986、1989)。蓝闪石-硬柱石相(或蓝闪片岩)属于亚绿片岩相的高压相，常与浊沸石相、绿纤石-葡萄石相共生，出现有硬玉、硬柱石等典型高压矿物，无较高温的黝帘石、白云母或阳起石组合，T 一般为 250～350℃，P>0.8GPa。而蓝闪绿片岩相属于绿片岩相范畴，常与绿片岩相岩石共生，其特征与绿片岩相基本一致，但属于高压相。其中常见的稳定矿物组合为蓝闪石-绿帘石-绿泥石-白云母，有的含阳起石和石榴子石，蓝闪石类主要是青铝闪石、铁钠闪石，温度一般为 350～450℃，压力为 0.5～0.8CPa。它们可共同含有钠质角闪石(即蓝闪石-青铝闪石-镁钠闪石系列的矿物)、钠长石、石英、白云母(多硅白云母)、黑硬绿泥石、冻蓝闪石、钙质角闪石以及一部分低绿片岩相矿物。在不同的岩石中，钠质角闪石与上述其他矿物可形成不同的组合。原岩含钠较高，是生成钠质角闪石以及蓝闪片岩的基本内在因素。

董申保(1989)认为蓝片岩相的鉴别标志为：①蓝片岩在变质地带中呈线型分布，长度可达千余千米，宽度数十至数百千米不等，并产于不同的岩石类型中；②蓝片岩出现以下变质矿物：钠质角闪石(蓝闪石—青铝闪石—镁钠闪石系列)硬柱石、绿纤石，黑硬绿泥石、帘石、红帘石、绿泥石、冻蓝闪石、钙质角闪石、硬玉质辉石—硬玉、文石、钠长石、白云母及石英等钠质角闪石与其他变质矿物可形成不同矿物组合，构成一类低温高压变质相；③在一个变质地带中，蓝片岩相常与其他变质相组成不同的变质相，并可指示温度、压力梯度的时间变化。

我国蓝闪片岩分布很广，其形成的地质构造环境分为两类(董申保等，1986)：一是在区域低温动力变质作用背景局部高压相系条件下形成的，分布于中国陆台内部，与深断裂活动有关，形成于大陆解体后的裂陷槽或深海盆中，形成时代有晋宁期或祁连期、天山期、印支期；二是与板块俯冲作用有关，分布于西藏喜马拉雅期的雅鲁藏布江、台湾山脉东部。蓝片岩带具体分布见图 4.12。迄今陆块区变质域仅在塔里木柯坪和扬子赣东北发现两处新元古代蓝片岩露头区，绝大多数蓝片岩发育于造山系构造域中，如天山—兴蒙造山系中准格尔西南部县早古生代蓝闪石片岩带、新疆南天山晚古生代蓝闪石片岩带、北祁连南部的早古生代蓝闪石片岩带（图 4.13），内蒙古温都尔庙地区早古生代蓝闪石片岩带；苏鲁—大别—秦—祁—昆造山系中的南秦岭造山带三叠纪早期蓝片岩带；三江—西藏造山系中新生代藏南雅鲁藏布江蓝片岩带—羌塘中部蓝片岩带和中国台湾中部地区蓝片岩带。根据现有资料，我们倾向蓝片岩带的形成主要与洋—陆或陆—陆碰撞过程中形成的中—低温高压变质作用有关，常形成在太平洋型造山带的外侧，多与俯冲增生杂岩共生，或叠加在卷入造山带的前造山基底岩石中。

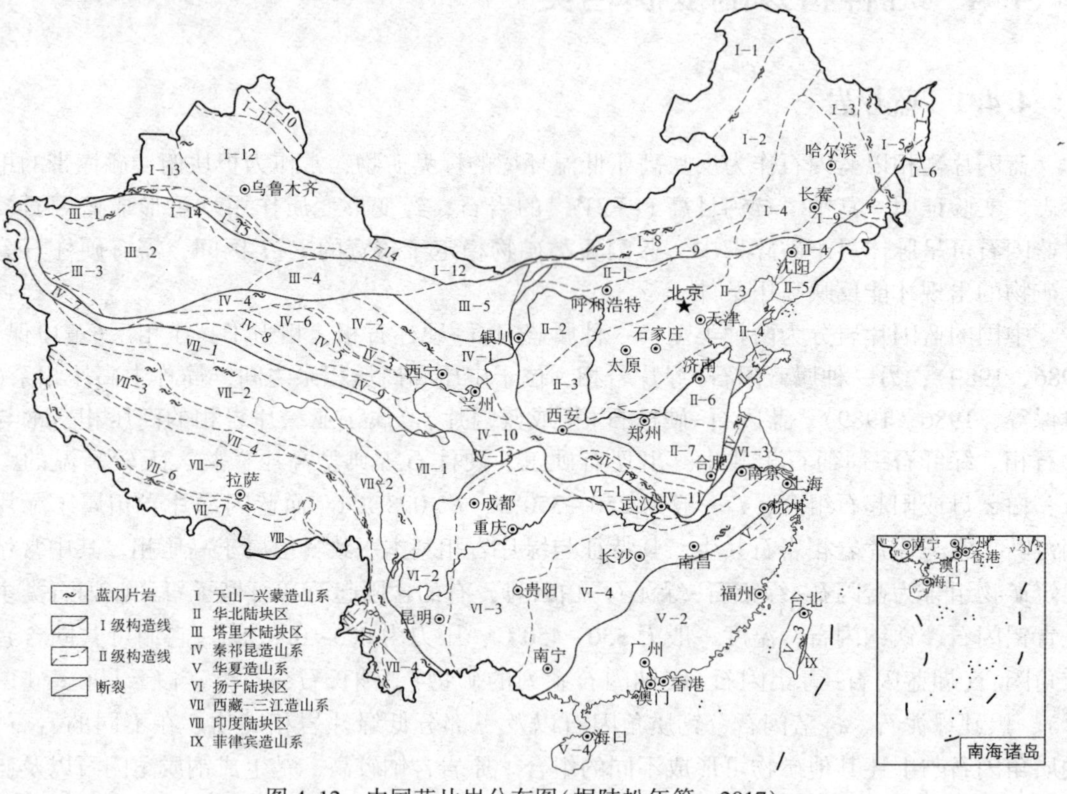

图 4.12　中国蓝片岩分布图（据陆松年等，2017）

4.4.2　榴辉岩

我国榴辉岩主要分布于大别—苏鲁地区及北秦岭、柴北缘、甘肃北山、阿尔金山西段、西南天山一带，或呈包体状产于金伯利岩、超基性岩和各类片麻岩围岩中[图 4.14(a)、(b)]。其中在大别—苏鲁地区，以榴辉岩为代表的超高压岩石组合，其数量之多、分布之广、类型之全已闻名于世。

榴辉岩由绿辉石、石榴子石组成，不含斜长石，可含少量石英或蓝晶石、顽火辉石、金红石等[图 4.14(c)、(d)]。根据地质产状，柯尔曼(1965)等将榴辉岩分为 3 种：A 型，呈包体产于金伯利岩和层状超基性岩中；B 型，呈透镜体产于角闪岩相和麻粒岩相中；C 型，呈透镜体产于蓝闪石-硬柱石片岩相岩石中。A 型被认为是由来自地幔的原始物质形成的，

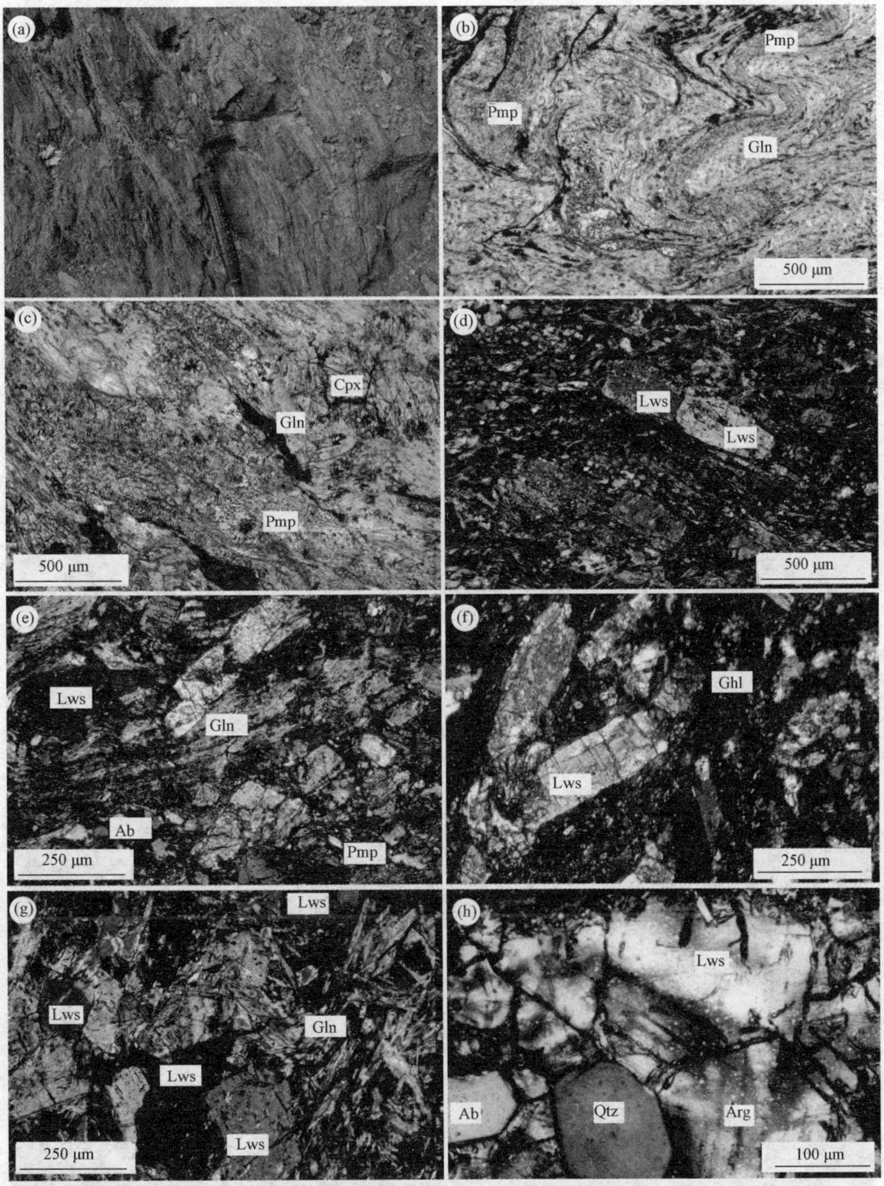

图 4.13　北祁连九个泉硬柱石蓝片岩的野外和显微照片(据 Song S. G. 等，2009)

Gln—蓝闪石；Lws—硬柱石；Pmp—绿纤石；Cpx—单斜辉石；Chl—绿泥石；Ab—钠长石；Qtz—石英

后两者被认为是在极高压变质条件下形成的。1984 年 Chopin 等在西阿尔卑斯和挪威祁连期造山带地壳成因的榴辉岩的石榴子石中发现了柯石英，其稳定的温压条件为温度 800℃，压力大于 2.9GPa。因此，含柯石英的岩石被认为是大陆地壳岩石俯冲到地下 90km 甚至进入上地幔，经超高压变质作用后再快速折返至地表的。这显然与板块俯冲碰撞有关，引起了地学界的极大关注。

根据前人资料，特别是杨经绥等(2009)的总结，在高压—超高压榴辉岩带中以出现榴辉岩相岩石为标准(主要以不含或含柯石英、微粒金刚石等包裹体的绿辉石+富镁石榴子石

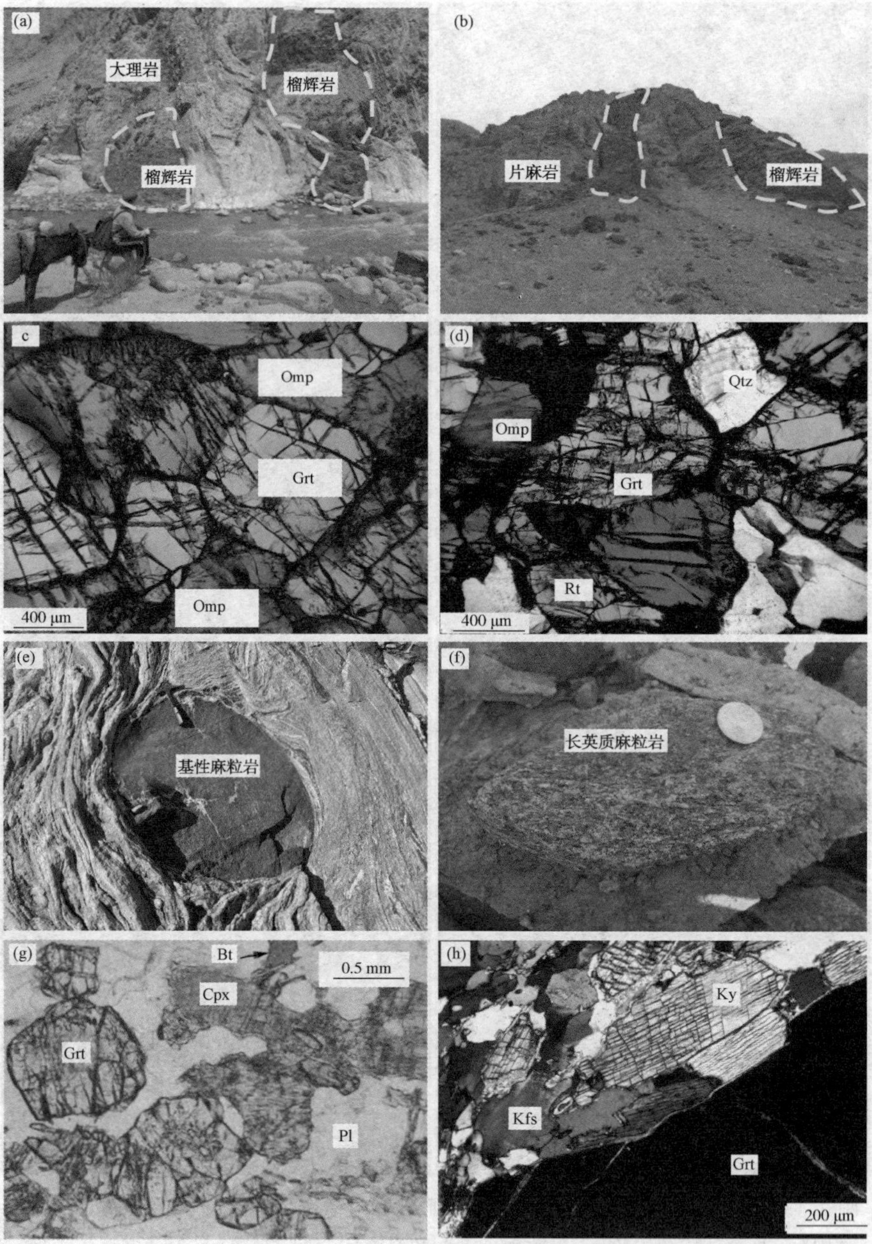

图 4-14　榴辉岩和麻粒岩的野外露头和显微图片

(a)~(d)南阿尔金江尕勒萨依地区榴辉岩(据 Liu 等，2012)；(e)胶北栖霞地区基性麻粒岩；(f)胶北莱西地区长英质麻粒岩；(g)柴北缘都兰地区高压基性麻粒岩(据于胜尧等，2009)；(h)南阿尔金淡水泉地区高压泥质麻粒岩(据曹玉亭等，2009)；Grt—石榴石；Omp—绿辉石；Cpx—单斜辉石；Rt—金红石；Pl—斜长石；Kfs—钾长石；Ky—蓝晶石；Bt—黑云母；Qtz—石英

为标志区分高压及超高压榴辉岩)，将中国高压—超高压变质岩带分别纳入不同的造山系。因此，造山系中的高压—超高压变质带有：天山—兴蒙造山系中的西南天山晚古生代超高压榴辉岩带；苏鲁—大别—秦—祁—昆造山系中的柴北缘—南阿尔金早古生代超高压榴辉岩带、北祁

连—北阿尔金早古生代高压超高压榴辉岩带、桐柏—大别中生代早期高压—超高压榴辉岩带、苏鲁中生代早期高压—超高压榴辉岩带、三江—西藏造山系中的西藏羌塘二叠纪早期高压榴辉岩带、西藏松多(超)高压榴辉岩带和喜马拉雅高压—超高压榴辉岩带(图 4.15)。

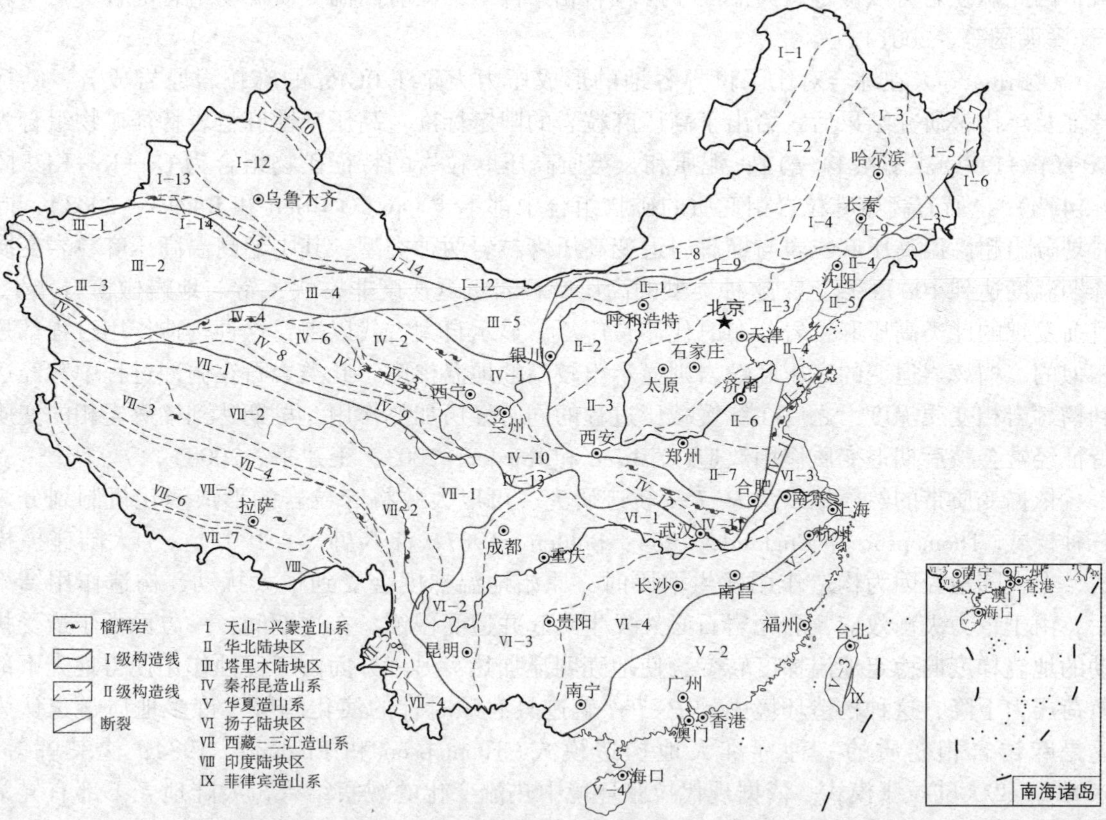

图 4.15　高压—超高压榴辉岩分布图(据陆松年等，2017)

在上述造山系中分布的高压—超高压榴辉岩带，其数量及规模居世界之首，其中桐柏—大别—苏鲁三叠纪早期高压—超高压榴辉岩带和南阿尔金—柴北缘高压—超高压榴辉岩带的规模为世界罕见。多条高压—超高压榴辉岩带以及多处高压—超高压榴辉岩带岩石的发现，说明洋壳和陆壳深俯冲—折返动力学作用普遍发生在阿尔卑斯—喜马拉雅型陆—陆碰撞造山带中，指示洋盆消失和陆—陆碰撞的构造位置。

4.4.3　片麻岩-麻粒岩组合

片麻岩-麻粒岩组合主要岩石为石英长石片麻状混合岩(大于 80%)，不同程度地含有麻粒岩相岩石，还有数量不等的表壳岩石、层状侵入体和镁铁质岩，变质程度达到角闪岩相至麻粒岩相，火山岩和沉积岩的原始结构很少保存。片麻状混合岩体富 K_2O，表壳岩石主要为基性火山岩和英安岩、流纹岩，基性火山岩已变质形成斜长角闪岩和辉石麻粒岩，英安岩和流纹岩已变质形成片麻岩与浅色麻粒岩，表壳岩石已变质形成黑云斜长片麻岩、变粒岩和磁铁石英岩等。层状侵入体存在原生角闪石和广泛的混合岩，缺少在晚期溶液中碱的富集，并且普遍存在钙长石(An 80~100)，反映出在富水条件下结晶的特征。片麻岩-麻粒岩组合具有复杂的多期变形，优势应力为近水平的剪切应力，主要产生逆冲和伏卧褶皱，说明陆核型始板块形成的过程中发生过垂直增生作用。

麻粒岩相岩石是常见的高级变质岩石，是指形成于麻粒岩相条件下含有紫苏辉石等高温变质矿物组合的特定岩石。近年来许多研究者将经历过麻粒岩相变质的各种岩石统称为麻粒岩，因此麻粒岩可以被定义为形成于麻粒岩相条件下，具有高温变质矿物组合的各类变质岩石(翟明国等，2001)。

O'Brien 等人在综合对比了世界各地的形成压力大于 1.0GPa 的麻粒岩原岩成分、结构特征及年代学研究结果后，给出了高压麻粒岩的限定标准：高压基性麻粒岩特征矿物组合为 Grt+Cpx+Pl+Qtz[图 4.14(g)]，泥质和长英质高压麻粒岩的特征矿物组合为 Grt+Ky+Kfs[图 4.14(h)]，所有高压麻粒岩相变质的矿物组合中都不含 Opx(O'Brien 和 Rötzler，2003)，同时划分出超高温高压麻粒岩与榴辉岩退变高压麻粒岩两种类型，其中超高温高压麻粒岩变质峰期温度达到 1000℃以上，这种类型的高压麻粒岩折返速度非常快，常与地幔橄榄岩伴生，目前发现的此类高压麻粒岩分布时代非常广泛，显示自太古代以来，这种构造作用过程都是相似的。榴辉岩退变的高压麻粒岩则显示出较高的地温梯度，此类岩石在俯冲过程中曾经达到榴辉岩相变质深度，之后在缓慢减压过程的同时经历加热作用，早期达到榴辉岩相的变质特征经常会被后期退变质作用改造(O'Brien 和 Rötzler，2003；王建平，2008)。

依据变质带的热模拟以及 $P-T-t$ 轨迹研究，可以大致将麻粒岩的形成演化机制划分为三种模式(Thomopson 和 England，1984；Bohlen，1987；沈其韩等，1992)：①大陆碰撞模式。在大陆地壳因为构造作用发生增厚时，原始地温梯度会受到很大扰动，构造作用结束后，由于重力失衡效应，陆壳岩石必然发生隆起并遭受侵蚀。在这期间，一方面由于遭受扰动的地温梯度向稳定地温梯度转变，使地壳明显加热；另一方面由于侵蚀作用使得地壳下部负荷压力下降，这种构造环境中的 $P-T-t$ 轨迹具有顺时针的演化趋势。许多地质学家认为这是麻粒岩相变质的一种标准大地构造模式(Thomopson 和 England，1984；沈其韩等，1992)。②大陆拉张模式。依据现代拉张环境中热流变化的观察结果，大陆地壳下部有异常高的热流值，正在经历具有区域规模的麻粒岩相变质作用，其 $P-T-t$ 演化轨迹的特征显示为在拉张期间恒压或降压升温达到麻粒岩相，拉张结束后则恒压或增压冷却。③大陆弧模式。Bohlen(1987)在岩相学研究基础上认为，麻粒岩"峰期"温压条件集中在(800±50)℃和(0.75±0.1)GPa，接近 Sil-Ky 平衡线(图 4.1)，麻粒岩区与角闪岩区常成对出现，且在大多数麻粒岩中 Al_2SiO_5 的多行变体为夕线石，蓝晶石极少，这些特征显示此类麻粒岩 $P-T-t$ 演化轨迹为逆时针演化趋势，与大陆碰撞模式有明显区别。

我国华北始板块的片麻岩-麻粒岩组合分布在曹庄变质期和阜平变质期为主的变质岩系中，在扬子始板块和塔里木始板块分布在五台变质期和吕梁变质期为主的变质岩系中，构成陆核型始板块的主体。麻粒岩形成往往靠近地壳底部，是壳幔相互交代作用的结果，代表下地壳中最主要的岩石类型，其时代往往较老，可在不同构造环境下形成。主要岩石类型有变质表壳岩组合中的麻粒岩(含 BIF 的基性麻粒岩建造、孔兹岩建造)、变质岩系中的麻粒岩、变质辉长岩组合中的麻粒岩以及紫苏花岗岩组合等。另外，一些年轻的火成岩中还有麻粒岩包裹体，它们虽然数量少，但意义重大。

以往一般认为麻粒岩主要见于前寒武纪克拉通基底，是下地壳岩石的代表。近年来在我国中西部地区的显生宙造山带中不断发现麻粒岩，麻粒岩的分布已突破早寒武纪克拉通的范围，而且岩石类型和压力类型多样，变质期次多，从加里东期一直到喜马拉雅期都有出现。它们与造山带的形成紧密相关。所以研究显生宙造山带中的麻粒岩具有重要的地质意义。我国造山带中的麻粒岩主要分布在我国中西部显生宙的造山带中，在中亚造山带中的阿勒泰造山带、天山造山带，在西昆仑—东昆仑造山带、阿尔金造山带、柴北缘造山带、秦岭—桐柏造山带、南秦岭造山带、班公湖—怒江造山带、喜马拉雅造山带等都有不同规模的麻粒岩出露(图 4.16)。

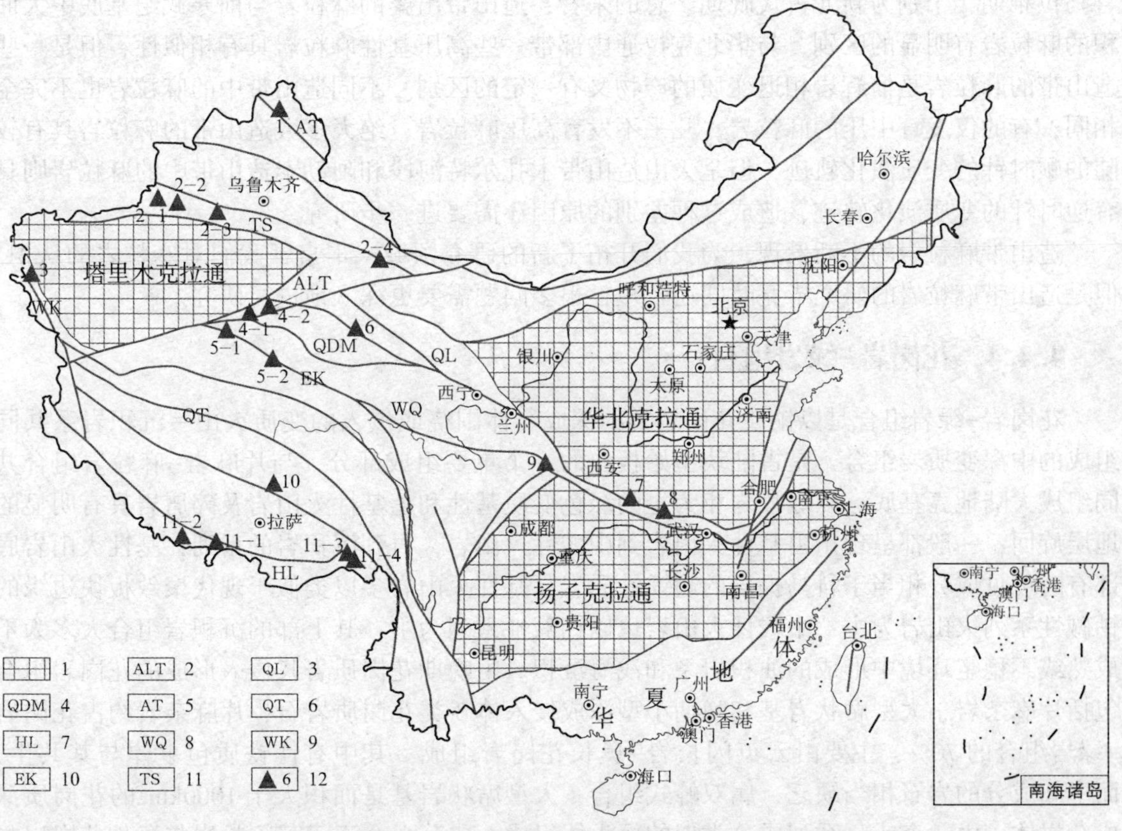

图 4.16　显生宙造山带麻粒岩分布图(据耿元生等，2016)

1—克拉通；2—阿尔金造山带；3—祁连地体；4—柴达木地体；5—阿尔泰造山带；6—宪塘地体；7—喜马拉雅造山带；8—西秦岭造山带；9—西昆仑造山带；10—东昆仑造山带；11—天山造山带；12—造山带中麻粒岩出露位置

与前寒武纪克拉通基底出露的麻粒岩相比，造山带中出露的麻粒岩有些独具的特色。从出露范围看，前寒武纪基底的麻粒岩多大面积分布，而造山带中的麻粒岩则出露零星，它们或以透镜体产于变质地层中，或以包体形式产于花岗质片麻岩中，这种产出特点与华北克拉通近年发现的高压麻粒岩有类似之处。从麻粒岩组合和原岩性质看，前寒武纪克拉通基底中的麻粒岩的原岩以中基性—中酸性火山岩和变质沉积岩为主，在华北克拉通中部带的一些高压基性麻粒岩的原岩主要为辉长质岩体或脉体，而造山带大量的基性高压麻粒岩的原岩则主要是辉长岩或侵入的石榴辉石岩。从变质作用条件看克拉通基底大面积的麻粒岩变质温度主要在 800~900℃，变质压力一般在 0.7~0.9GPa，主要为中压条件；古元古代高压的基性麻粒岩变质压力可以达到 1.2~1.45GPa；而造山带中的麻粒岩多数为高压麻粒岩，变质压力可以达到 1.2~1.7GPa，部分造山带中的麻粒岩则先经历了榴辉岩相变质阶段，后经降压退变达到麻粒岩相。从变质作用的 *P-T* 演化轨迹看，前寒武纪克拉通基底中大面积分布的麻粒岩主要是逆时针演化轨迹，华北克拉通古元古代晚期的高压基性麻粒岩具有顺时针的演化轨迹，而造山带中的麻粒岩绝大多数具有较陡的逆时针演化轨迹，表明它们的形成与造山带的碰撞过程有密切关系。从变质时代看，前寒武纪基底的麻粒岩主要形成于新太古代末期和古元古代晚期，而造山带中的麻粒岩主要为加里东期，其次为华力西期、印支期、燕山期和喜马拉雅期，个别为新元古代晚期。总的来看，造山带出露的麻粒岩与前寒武纪基底中大面积的麻粒岩有明显的区别，与华北克拉通中部带一些高压基性麻粒岩具有相似性，但是一些造山带的麻粒岩是榴辉岩相退变质的产物又有一定的区别。不同造山带中的麻粒岩也不完全相同，有的仅发育中压的麻粒岩，几乎不发育高压麻粒岩；绝大多数造山带的麻粒岩具有较陡的顺时针的变质演化轨迹，但是天山造山带木扎尔特河段和阿勒泰造山带中的麻粒岩则具有逆时针的变质演化轨迹，造成这种差别的原因还需要进一步研究。

造山带麻粒岩的不断发现，为我们开拓了新的研究领域，丰富了我们对麻粒岩的认识。但是造山带麻粒岩的研究毕竟时间还较短，很多问题需要更深入地进行研究。

4.4.4 花岗岩-绿岩组合

花岗岩-绿岩组合是以钠质花岗岩类的深成岩体围绕或侵入的变质火山—沉积岩系共同组成的中深变质岩组合，是古陆块型始板块的一个重要组成部分，与片麻岩-麻粒岩组合共同组成大陆地壳基底。以绿片岩相为主的绿色变质基性和超基性火山岩及碎屑岩具有明显的地层旋回，一般都呈现出由基性火山岩到中酸性火山岩，再到沉积岩的系列；基性火山岩底部有时可见成分相当于科马提岩的超镁铁质岩，基性火山岩多以类似于现代聚敛板块边缘的钙碱性系列火山岩为主；中酸性火山岩也以钙碱性系列为主；其上部的沉积岩组合大多为不成熟或不稳定环境中形成的浊积岩系和浅海沉积。由晚期花岗质岩浆侵入形成的花岗岩组合包括片麻杂岩、大型席状岩基和晚期小型深成侵入体3类花岗质岩石，片麻杂岩约占花岗岩-绿岩组合的70%，主要由云英闪长岩-奥长花岗岩组成，其中有镁铁质包裹体与其共生，而中间成分的岩石相当缺乏，属双峰式组合；大型席状岩基是面积大于1000km^{2}的花岗质深成杂岩体，由一个或一系列成分类似的侵入体组成，成分上介于云英闪长岩与奥长花岗岩之间；晚期小型深成侵入体是一系列富钾、粗粒、常常是斑状的花岗岩类侵入体。

花岗岩-绿岩组合经历了绿片岩相至角闪岩相的变质，绿岩组合中的原始结构和构造保存较好并构成狭窄的紧密陡倾平行的等斜向形构造，呈零星不规则状或条带状，形态大小各异；片麻杂岩、大型席状岩基主要表现为垂直力作用的多期变形。

本章思考题

1. 简述变质相、变质作用类型分类及特征。
2. 对比华北、塔里木和扬子陆块区的变质作用特征，总结陆块区前寒武纪的变质演化特征。
3. 区分碰撞型造山带和增生型造山带的特征。
4. 简述中国典型高压—超高压变质带的变质演化特征。
5. 造山带中有蓝片岩出露，试分析其代表的构造环境。
6. 分析榴辉岩的鉴定特征、成因及产出的构造环境意义。
7. 简述麻粒岩相岩石的矿物组合特征、成因并分析其地质意义。

本章主要参考文献

[1] 白文吉，甘启高，邢凤鸣，等．江南古陆东南缘蛇绿岩完整层序剖面的发现和基本特征[J]．岩石矿物学杂志，1986，5(4)：289-299.

[2] 毕先梅，索书田，莫宣学，等．极低变质作用的研究现状[J]．地学前缘，1998，5(4)：302-306.

[3] 曹玉亭，刘良，王超，等．阿尔金淡水泉早古生代泥质高压麻粒岩及其 P-T 演化轨迹[J]．岩石学报，2009，25(9)：2260-2270.

[4] 曹玉亭．南阿尔金造山带和柴北缘胜利口地区高压—超高压变质作用演化及其熔流体活动[D]．西安：西北大学，2013.

[5] 初航，陆松年，王慧初，等．山东长岛地区蓬莱群辅子夼组碎屑锆石年龄谱研究[J]．岩石学报，2011，27(4)：1017-1028.

[6] 崔军文，唐哲民，邓晋福，等．阿尔金断裂系[J]．北京：地质出版社，1999.

[7] 第五春荣，孙勇，林慈銮，等．河南鲁山地区太华杂岩 LA-(MC)-ICPMS 锆石 U-Pb 年代学及 Hf 同位素组成及其地质意义[J]．科学通报，2010，55(21)：2112-2123.

[8] 丁炳华，史仁灯，支霞臣，等．江南造山带存在新元古代(约 850Ma)俯冲作用——来自皖南 SSZ 型蛇绿岩锆石 SHRIMPU-Pb 年龄证据[J]．岩石矿物学杂志，2008，27(5)375-388.

[9] 董申保，沈其韩，孙大中，等．中国变质作用及其与地壳演化的关系[M]．北京：地质出版社，1986，1-233.

[10] 高俊．西南天山榴辉石的海岸及其大地构造意义[J]．科学通报，1997，42(7)：737-740.

[11] 耿元生，沈其韩，刘福来，等．中国区域变质岩级变质作用演化[M]．北京：地质出版社，2016.

[12] 贺同兴，卢良兆，李树勋，等．变质岩岩石学[M]．北京：地质出版社，1988.

[13] 李才，翟庆国，陈文，等．青藏高原龙木错—双湖板块缝合带闭合的年代学证据——来自果干加年山蛇绿岩与流纹岩 Ar-Ar 和 SHRIMP 年龄制约[J]．岩石学报，2007，23(5)：911-918.

[14] 李惠民，陆松年，郑健康，等．阿尔金山东端花岗片麻岩中 3600Ma 锆石的地质意义[J]．矿物岩石地球化学通报，2001，20(4)：259-262.

[15] 刘良，曹玉亭，陈丹玲，等．南阿尔金与北秦岭高压—超高压变质作用研究新进展[J]．科学通报，2013，58(22)：2113-2123

[16] 刘良，车自成，王焰，等．阿尔金茫崖地区早古生代蛇绿岩的 Sm-Nd 等时线年龄证据[J]．科学通报，1998，43(8)：880-882.

[17] 刘良，张安达，陈丹玲等，等．阿尔金江尕勒萨依榴辉岩和同岩锆石 LA-ICP-MS 微区原位定年及其地质意义[J]．地学前缘，2007，14(1)：98-107.

[18] 刘新，苏文，高俊，等．西南天山变质俯冲杂岩中的陆壳物质——来自变基性岩的地球化学证据[J]．岩石学报，2013，29(5)：1675-1684.

[19] 陆松年，于海峰，李怀坤，等．中央造山带(中—西部)前寒武地质[M]．北京：地质出版社，2009.

[20] 陆松年，郝国杰，王惠初，等．中国变质岩大地构造[M]．北京：地质出版社，2017.

[21] 陆松年，李怀坤，陈志宏．秦岭中、新元古代地质演化及其对 Rodinia 超级大陆事件的响应[M]．北京：地质出版社，2003.

[22] 时毓，于津海，徐夕生，等．陈立辉．秦岭造山带东段秦岭岩群的年代学和地球化学研究[J]．岩石学报，2009，25(10)：2651-2670.

[23] 万渝生，刘敦一，董春艳，等．西峡北部秦岭群变质沉积岩锆石 SHRIMP 定年：物源区复杂演化历史和沉积、变质时代确定[J]．岩石学报，2011，27(4)：1172-1178.

[24] 王仁民，游振动，富公勤．变质岩岩石学[M]．北京：地质出版社，1989，1-240.

[25] 王涛，王晓霞，田伟，等．北秦岭古生代花岗岩组合、岩浆时空演变及其对造山作用的启示[J]．中国科学(D辑：地球科学)，2009，39(7)：949-971.

[26] 邢凤鸣，徐祥，陈江峰，等．江南古陆东南缘晚元古代大陆增生史[J]．地质学报，1992a，66(1)：59-72.

[27] 邢凤鸣，徐祥，陈江峰，等．赣东北元古代蛇绿岩 Sm-Nd 同位素年龄及地质意义[J]．岩石矿物学杂志，1992b，11(2)：120-124.

[28] 杨建军，朱红，邓晋福，等．柴达木北缘石榴石橄榄岩的发现及其意义[J]．岩石矿物学杂志，1994，13(2)：97-105

[29] 杨经绥，许志琴，李海兵，等．我国西部柴北缘地区发现榴辉岩[J]．科学通报，1998，43(14)：1544-1548

[30] 杨经绥，许志琴，张建新，等．中国主要高压—超高压变质带的大地构造背景及俯冲/折返机制的讨论[J]．岩石学报，2009，25(7)：1529-1560.

[31] 翟明国．华北克拉通的形成以及早期板块构造[J]．地质学报，2012，86(9)：1335-1349.

[32] 张国伟，张本仁，袁学诚等．秦岭造山带与大陆动力学[M]．北京：科学出版社．2001.

[33] 张国伟，张宗清，董云鹏．秦岭造山带主要构造岩石地层单元的构造性质及其大地构造意义[J]．岩石学报，1995，11(2)：101-114.

[34] 张立飞．极端条件下的变质作用-变质地质学研究的前沿[J]．地学前缘，2007，14(1)：33-42.

[35] 张旗，周国庆．中国蛇绿岩[M]．北京：科学出版社，2001.

[36] 赵建新，李献华，McCulloch M T，等．皖南和赣东北蛇绿岩成因及其构造意义：元素和 Sm-Nd 同位素制约[J]．地球化学，1995，24(4)：311-326.

[37] 邹海波，周国庆，周新民．华南晚元古代碰撞造山带的两个蛇绿岩套的研究[M]．北京：冶金工业出版社，1993.

[38] Baker A J. Instruction to the metamorphic textures and microstructures[M]. Letter in Geology University of Southampton, United Kingdom. 1998.

[39] Carswell D A, Compagnoni R. Ultra-high pressure metamorphism[M]. European Mineralogical Union Notes in Mineralogy, 2003.

[40] Chen Y X, Zheng Y F, Hu Z C. Petrological and zircon evidence for anatexis of UHP quartzite during continental collision in the Sulu orogen[J]. Journal of Metamorphic Geology, 2013, 31(4), 389-413.

[41] Chopin C. Coesite and pure pyrope in high-grade blueschists of the western Alps: A first record and some consequence[J]. Contrib Mineral Petrol, 1984, 86(2): 107-118.

[42] Cong B. Ultrahigh-pressure metamorphic rocks in the Dabieshan-Sulu region of China[M]. Science Press, 1996.

[43] Ernst W G. Subduction zone metamorphism, calc-alkaline magmatism, and convergent-margin crustal evolution[J]. Gondwana Research, 2010, 18(1): 8-16.

[44] Gao J, Klemd R, Zhang L F, et al. P-T path of high-pressure/low-temperature rocks and tectonic implications in the western Tianshan Mountains, NW China[J]. Journal of Metamorphic Geology, 1999, 17(6): 621-636.

[45] Liou J G, Zhang R Y. Occurrences of intergranular coesite in ultrahigh-P rocks from the Sulu region, eastern China: implications for lack of fluid during exhumation[J]. American Mineralogist, 1996, 81(9-10), 1217-1221.

[46] Liu F L, Xu Z Q, Liou J G. Tracing the boundary between UHP and HP metamorphic belts in the southwestern Sulu terrane, eastern China: evidence from mineral inclusions in zircons from metamorphic rocks[J]. In-

ternational Geology Review, 2004, 46(5), 409-425.

[47] Liu L, Wang C, Chen D L, et al. Petrology and geochronology of HP-UHP rocks from the South Altyn Tagh, northwestern China[J]. Journal of Asian Earth Sciences, 2009, 35(3-4): 232-244.

[48] Liu L, Zhang J F, Cao Y T, et al. Evidence of former stishovite in UHP eclogite from the South Altyn Tagh, western China[J]. Earth and Planetary Science Letters, 2018(1-2), 484: 353-362.

[49] Liu L, Zhang J F, Green H W, et al. Evidence of former stishovite in metamorphosed sediments: Exhumation from>350km[J]. Earth and Planetary Science Letters, 2007(3-4), 263: 180-191.

[50] Lu S N, Li H K, Zhang C L, et al. Geological and geochronological evidence for the Precambrian evolution of the Tarim craton and surrounding continental fragments[J]. Precambrian Research, 2008, 160(1-2): 94-107.

[51] Reinecke T. Very-high-pressure metamorphism and uplift of coesite-bearing metasediments from the Zermatt-Saas zone, Western Alps[J]. Eur J Mineral, 1991, 3(2): 7-17.

[52] Santosh M, Wan Y S, Liu D Y, et al. Anatomy of zircons from an utra-hot orogeny: The amalgamation of North China Craton within Columbia suprcontinent[J]. Journal of Geology, 2009, 117(4): 429-443.

[53] Shu L S, Deng X L, Ma D S, et al. Precambrian tectonic evolution of the Tarim Block, NW China: New geochronological insights from the Quruqtagh domain[J]. Journal of Asian Earth Sciences, 2011, 42(5): 774-790.

[54] Smith D C. Coesite in clinopyroxene in the Caledonides and its implications for geodynamics[J]. Nature, 1984, 310(8): 641—644.

[55] Song S G, Zhang L F, Niu Y L, et al. Evolution from oceanic subduction to continental collision: a case study of the Northern Tibetan Plateau inferred from geochemical and geochronological data[J]. Journal of Petrology, 2006, 47(3): 435-455.

[56] Song S G, Zhang L F, Niu Y L, et al. Geochronology of diamond-bearing zircons from garnet peridotite in the North Qaidam UHPM belt, Northern Tibetan Plateau: A record of complex histories from oceanic lithosphere subduction to continental collision[J]. Earth and Planetary Science Letters, 2005, 234(1-2): 99-118.

[57] Song S G, Zhang L F, Niu Y L. Ultra-deep origin of garnet peridotite from the North Qaidam ultrahigh-pressure belt, Northern Tibetan Plateau, NW China[J]. American Mineralogist, 2004, 89(8-9): 1330-1336.

[58] Wang L, Kusky T, Li SZ. Structural geometry and evolution of an exhumed ultra-high pressure eclogite massif, Yangkou Bay, Sulu Belt[J]. Journal of Structural Geology, 2010(1), 32, 423-444.

[59] Wang X, Liou J. Regional ultrahigh-pressure coesite-bearing eclogitic terrane in central China: evidence from country rocks, gneiss, marble, and metapelite[J]. Geology, 1991, 19(9), 933-936.

[60] Wei C J, Yang Y, Su X L, et al. Metamorphic evolution of low-T eclogite from the North Qilian orogen, NW China: evidence from petrology and calculated phase equilibria in the system NCKFMASHO[J]. Journal of Metamorphic Geology, 2009(1), 27: 55-70.

[61] Xu Z Q, Zeng L S, Liu F L, et al. Polyphase subduction and exhumation of the Sulu high-pressure-ultrahigh-pressure metamorphic terrane[J]. Geological Society of America Special Papers, 2006, 403(1), 93-113.

[62] Ye K, Cong B L, Ye D N. The possible subduction of continental material to depths greater than 200 km[J]. Nature, 2000a, 407(10), 734-736.

[63] Ye K, Yao Y P, Katayama I, et al. Large areal extent of ultrahigh-pressure metamorphism in the Sulu ultrahigh-pressure terrane of East China: new implications from coesite and omphacite inclusions in zircon of granitic gneiss[J]. Lithos, 2000b, 52(1-4), 157-164.

[64] Zhang C L, Li H K, Santosh M, e al. Precambrian evolution and cratonization of the Tarim Block, NW Chi-

na: Petrology, geochemistry, Nd-isotopes and U-Pb zircon geochronology from Archaean gabbro-TTG-potassic granite suite and Paleoproterozoic metamorphic belt[J]. Journal of Asian Earth Sciences, 2011, 47 (I): 5-20.

[65] Zhang C L, Li Z X, Li X H. Neoproterozoic ultramafic-mafic carbonate complex, adakite-like granodiorit-granite plutons in Kuruketage, northeastern Tarim Block, NW China: geochronology, geochemistry and their tectonic implications[J]. Precambrian Research, 2007a, 152(3): 149-169.

[66] Zhang J X, Gong J H, Yu S Y, et al. Neoarchean-Paleoproterozoic multiple tectonothermal events in the western Alxa block, North China Craton and their geological implication Evidence from zircon U-Pb ages and Hf isotopic composition[J]. Precambrian Research, 2013, 235(9): 36-57.

[67] Zhang L F, Ai Y L, Li X P, et al. Triassic collision of western Tianshan orogenic belt, China: evidence from SHRIMP U-Pb dating of zircon from HP/UHP eclogitic rocks. Lithos, 2007b, 96(1-2): 266-280

[68] Zheng Y F, Fu B, Gong B, et al. Stable isotope geochemistry of ultrahigh pressure metamorphic rocks from the Dabie-Sulu orogen in China: implications for geodynamics and fluid regime[J]. Earth-Science Reviews, 2003, 62(1-2), 105-161.

[69] Zheng Y F, Wu Y B, Chen F K, et al. Zircon U-Pb and oxygen isotope evidence for a large-scale ^{18}O depletion event in igneous rocks during the Neoproterozoic[J]. Geochimica et Cosmochimica Acta, 2004, 68(20), 4145-4165.

[70] Zheng Y F, Wu Y B, Zhao Z F, et al. Metamorphic effect on zircon Lu-Hf and U-Pb isotope systems in ultrahigh-pressure eclogite-facies metagranite and metabasite[J]. Earth and Planetary Science Letters, 2005, 240(2), 378-400.

5　中国中、新元古代—新近纪地层划分与对比

以华北板块为代表的中国古板块基底形成于古元古代，自中元古代以后进入了似盖层发展阶段，显生宙则为盖层发展阶段，所以本章介绍的是中、新元古代—新近纪的地层划分与对比方案。第四系由于各地层区沉积类型差异较大，多为地方性地层名称，在此不予赘述。

5.1　中、新元古界

5.1.1　中国元古宙地层区划

整体而言，中国元古宙地层分区单元与中国大陆古板块的划分密切相关，且在元古宙的不同时段内，地层发育情况明显不同。现分述如下。

1. 古元古界

古元古界的时限为2500~1800Ma，这一时期的地层在我国有较广泛的分布，但均遭受较为强烈的变质和变形，致使其地层出露的完整性及其顶、底界线等均受破坏。古元古代地层单元可划分为以下7个地层区：天山—兴安变质岩地层区、塔里木—阿拉善变质岩地层区、中朝变质岩地层区、柴达木—祁连变质岩地层区、北秦岭—大别变质岩地层区、扬子变质岩地层区、华夏变质岩地层区。

2. 中元古界

中元古界包括地质年龄为1800~1000Ma之间的地层，内分长城系、蓟县系、西山系、待建系(表5.1)。中国各地的中元古代地层，在地壳演化历程中，因所处构造部位及沉积环境方面很不相同而各具特色。因此，依据其各自发育的总体特征(沉积类型、沉积相、相序、岩石组合、火山活动和变质程度等)，可将我国的中元古代地层单元划分为7个地层区(图5.1)：阿尔泰—兴安地层区(Ⅰ)、北天山一阿拉善地层区(Ⅱ)、塔里木地层区(Ⅲ)、昆仑地层区(Ⅳ)、中朝地层区(Ⅴ)、华南地层区(Ⅵ)、东南地层分区(Ⅶ)。

3. 新元古界

新元古界指地质年龄为1000~541Ma之间的地层，中国的新元古界划分为青白口系、南华系和震旦系(表5.1)。依据岩性特征、地层发育程度，可将中国的新元古代地层分出8个地层区：阿尔泰—兴安地层区、天山—北山地层区、塔里木地层区、祁连地层区、中朝地层区、昆仑地层区、西藏—滇西地层区、华南地层区。

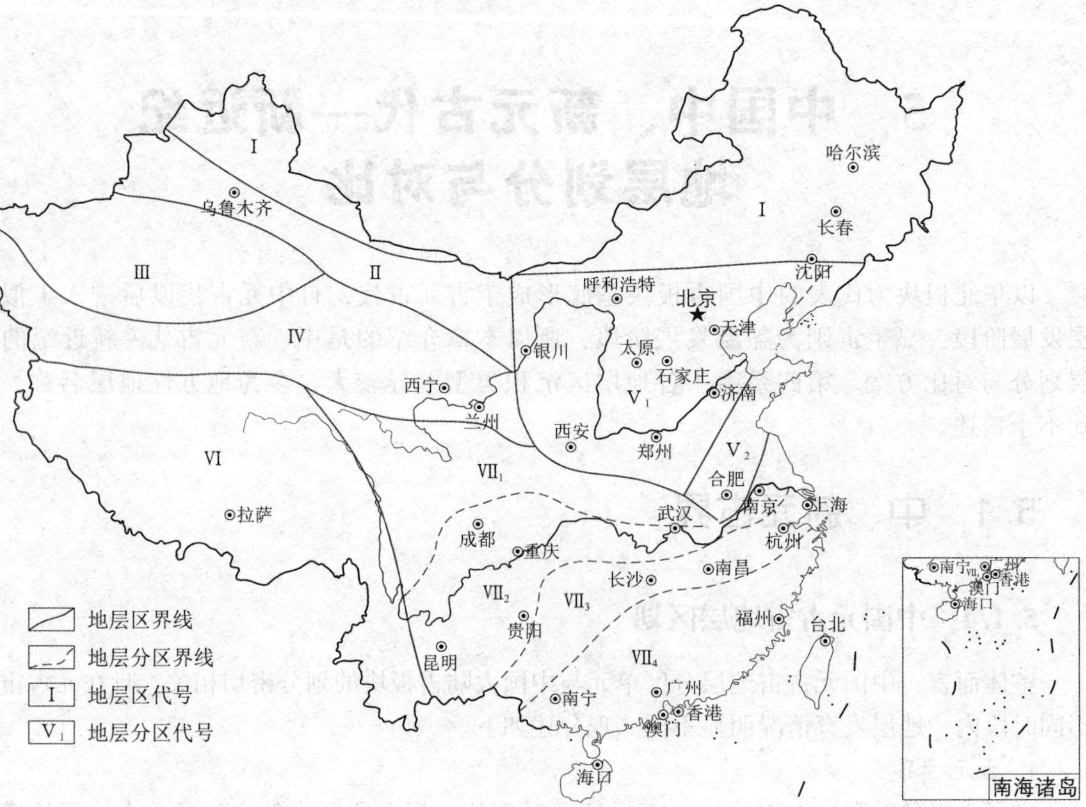

图 5.1 中国中元古代地层区划示意图(据《中国地层典·中元古界》, 1996, 修改)

5.1.2 中国中元古界划分与对比

中国中元古界以华北区天津蓟县地区发育最好，研究最详。蓟县剖面处于燕山海槽中央带，这里连续出露了一套基本未变质的沉积岩系。地层界线清楚，构造简单，层序完整，总厚近 10000m。根据沉积特征、接触关系、叠层石和微古植物组合特征及同位素年龄，将其划分为 3 个群。中元古界为长城群、蓟县群和西山群(乔秀夫等，2007)。长城群下限年龄为 1850Ma，以角度不整合覆于太古宇之上，底部具明显的风化壳，包括 4 个组：常州沟组、串岭沟组和团山子组组成第一个沉积旋回，第二个旋回仅包括大红峪组。大红峪组火山熔岩中锆石 SHRMP 年龄为(1625.9±8.9)Ma(高林志等，2008)。蓟县群包括 5 个组：高于庄组、杨庄组、雾迷山组、洪水庄组、铁岭组。西山群由下马岭组和一套未命名的岩石组成，其中下马岭组底部为古风化壳，主要由暗色泥质页岩组成，局部夹薄板状白云岩和凝灰岩。下马岭组凝灰岩中锆石 SHRMP 年龄为(1368±12)Ma(高林志等，2007)。

在华南地层区中元古界广泛分布，其中以大别山区的红安群、滇东的昆阳群、川西的会理群和盐边群、鄂西的神农架群、广西四堡群、浙西龙泉群等为代表。

5.1.3 中国新元古界划分与对比

新元古代华北板块沉积范围较小，主要分布于华北地台东部，在郯庐断裂一线只有零星分布，以青白口群为代表，其厚度小且无火山物质，属真正的稳定型盖层沉积。青白口群分为2组：下部骆驼岭组，上部景儿峪组。根据同位素年龄资料，青白口群时限为1000~800Ma之间。大约800Ma左右华北地区又一次抬升、并遭受长期的风化剥蚀，从而华北地区主体缺乏800~541Ma期间的南华纪和震旦纪地层，使青白口群与寒武系平行不整合接触，这次抬升称为蓟县运动。

华南地区新元古界以鄂西神农架地区的马槽园组为代表。

5.1.4 中国的南华系和震旦系

我国南华系和震旦系分布广泛，在板块内部主要为稳定的盖层沉积，局部裂陷槽内亦有火山活动，在板块边缘主要为不同类型的大陆边缘沉积。扬子板块南华系和震旦系发育较好，鄂西一带研究程度最高。峡东南华系和震旦系最早由李四光和赵亚曾(1924)建立。该剖面包括南华系莲沱组、古城组、大塘坡组、南沱组，震旦系陡山沱组和灯影组，灯影组顶部天柱山段含大量小壳化石，已归入下寒武统晋宁阶。

中国元古宙各地层区地层划分与对比见表5.1。

表5.1 中国元古宙地层分区对比表(据曾勇等，2008，改编)

国际地层表(2018)			中国区域年代地层表(2014)			天山区	塔里木区	华北区	昆仑区	扬子区		
		底界年龄/Ma			底界年龄/Ma	北山	阿尔金山	燕山	中祁连	滇东	神农架	浙西
上覆地层		541			541	双鹰山组 $\in_1$	额兰塔格组 O_2	府君山组 $\in_1$	阴沟群 O_1	筇竹寺组 $\in_1$	水井沱组 $\in_1$	荷塘组 $\in_1$
新元古界	埃卡迪拉系	635	新元古界	震旦系	635	红山口组			查干布尔嘎斯组	灯影组 观音崖组	灯影组 陡山沱组	皮园村组 兰田组
新元古界	成冰系	720	新元古界	南华系	780	洗肠井组 通畅口组			扁麻沟组 石板墩组	南沱组 澄江组	南沱组 大塘坡组 古城组 莲沱组	雷公坞组 大塘组 古城组 志棠组
新元古界	拉伸系	1000	新元古界	青白口系	1000	大豁落山组 野马街组	索尔库里群	景儿峪组 骆驼岭组	窑洞沟组 哈什哈尔组 五个山组 其他大坂组		马槽园组	上墅组 虹赤村组 骆家门组
中元古界	狭带系	1200	中元古界	待建系	1200	平头山组	金雁山组		花儿地组	美党组 大龙口组	神农架群：瓦岗溪组 送子园组 石槽河组	章村组 岩山组 北坞组
中元古界	延展系	1400	中元古界	西山系	1400	平头山组	木孜萨依组	下马岭组	花儿地组	富良棚组 黑山头组 黄草岭组	神农架群：温水河组 野马河组 台子组	平水组(未见底)
中元古界	盖层系	1600	中元古界	蓟县系	1600	古硐井群	贝克滩组	铁岭组 洪水庄组 雾迷山组 杨庄组	清白水河组	青龙山组 黑山组 落雪组	矿石山组 大窝坑组	
古元古界	固结系	1800	中元古界	长城系	1800	古硐井群	红柳泉组 扎斯勘赛河组	高于庄组 大红峪组 团山子组 串岭沟组 常州沟组	桦树沟组 熬油沟组	因民组 坡头组 肥味河组 红山组 曼岗河组 老厂河组	乱石沟组 大岩坪组 鹰窝洞组	
古元古界	造山系	2050	古元古界	滹沱系	2300	敦煌岩群	阿尔金山组	青龙河群 双山子群	北大河群		水月寺群	
古元古界	层侵系	2300	古元古界	滹沱系		敦煌岩群	阿尔金山组	青龙河群 双山子群	北大河群		水月寺群	
古元古界	成铁系	2500	古元古界		2500	敦煌岩群	阿尔金山组	青龙河群 双山子群			水月寺群	
下伏地层		Ar_3			Ar_3	敦煌岩群	阿尔金山组	滦县岩群 Ar_3			东冲河杂岩 Ar_3	

5.2 下古生界

5.2.1 中国的寒武系

1. 概况

寒武系是自 5.41 亿~4.85 亿年期间所沉积的地层。中国寒武系发育完整，有不同的沉积类型和丰富的生物群，蕴藏着丰富的矿产，包括磷、铁、锰、稀有元素、石膏、黄铁矿、重晶石、石煤等。中国寒武系分布极为广泛，其古地理轮廓与震旦纪相似。稳定沉积类型主要分布于华北板块、扬子板块主体部分和塔里木板块的北缘，以碳酸盐沉积为主，化石丰富，层序完整。活动沉积类型分布于板块的大陆边缘。在陆棚边缘及斜坡部分，为炭质、硅质和薄层碳酸盐沉积，含浮游三叶虫；深海部分常为火山岩泥砂质复理石沉积，生物稀少。目前中国寒武系与国际寒武系划分已统一，分为四统十阶(表 5.2)，阶的划分又分为台地相和斜坡相，台地相从老到新为纽芬兰统：梅树村阶；第二统：邛竹寺阶、沧浪铺阶、龙王庙阶；苗岭统：毛庄阶、徐庄阶、张夏阶、崮山阶；芙蓉统：长山阶、凤山阶。斜坡相从老到新为纽芬兰统：晋宁阶、梅树村阶；第二统：南皋阶、都匀阶；苗岭统：台江阶、王村阶、古丈阶；芙蓉统：排碧阶、江山阶、牛车河阶。2018 年国际地质科学联合会批准把寒武系第三统和第五阶共同底界的标准层型剖面和点位(金钉子)建立在中国贵州省黔东南州剑河县八朗村附近乌溜—曾家岩剖面，并将第三统命名为苗岭统，第五阶命名为乌溜阶。这是我国继 2011 年后获得的第 11 个金钉子，标志着我国成为全球金钉子最多的国家。

表 5.2 中国寒武纪地层分区对比表(据曾勇等，2008，改编)

国际地层表(2018)			中国地层表(2014)		华北区	华南区			塔木里区	青藏高原	南亚掸泰区
系	统	阶	统	阶	长清及临沂	宜昌	云南昆明	贵州丹寨	柯坪	云南保山	西藏聂拉木
上覆地层	O_1	特里马道克阶		新厂阶O_1	治理组O_1	西陵峡组O_1	关底组S_3	桐梓组O_1	下丘里塔格群$€_4$–O_1	施甸组O_1	甲村组O_2
寒武系	芙蓉统 Furongian	第十阶 Stage 10	芙蓉统	牛车河阶	炒米店组					保山组	
		江山阶 Jiangshanan		江山阶		三游洞组					
		排碧阶 Paibian		排碧阶	崮山组			娄山关群	阿瓦塔格群	柳水组	
	苗岭统 Miaolingian	古丈阶 Guzhangan	苗岭统	古丈阶						核桃坪组	肉切村群
		鼓山阶 Drumian		王村阶	张夏组	覃家庙组	双龙潭组	甲劳组			
		乌溜阶 Wuliuan		台江阶	馒头组		陡坡寺组	凯里组	沙依里克组		
	第二统 Series 2	第四阶 Stage 4	第二统	都匀阶	朱砂洞组	石龙洞组	龙王庙组	清虚洞组	吾松格尔组	公养河群	
		第三阶 Stage 3		南皋阶	李官组	天河板组 石牌组	沧浪铺组	杷榔组 变马冲组			
	纽芬兰统 Terreneuvian	第二阶 Stage 2	纽芬兰统	梅树村阶		水井沱组	筇竹寺组	牛蹄塘组	肖尔布拉克组	未见底	
		幸运阶 Fortunian		晋宁阶					玉尔吐斯组		
下伏地层	埃迪卡拉系			灯影峡阶	董家庄组 Z	灯影组 Z_2–$€_1$	灯影组 Z_2–$€_1$	留茶坡组	奇格布拉克组Z		珠穆朗玛群PreZ

2. 地层区划

中国寒武系分为以下六个地层区(图 5.2、表 5.2)。

图 5.2 中国寒武纪地层区划示意图(据《中国地层典 · 寒武系》, 2000, 修改)

1) 西伯利亚地层区(Ⅰ)

分布于天山—阴山以北，寒武系零星分布于中俄边境额尔古纳河、大兴安岭科尔沁右翼前旗伊尔施、鄂依那河、哈哈粗河、尼特河、小兴安岭伊春、嫩江北依克特、泥鳅河一带，其生物群接近于西伯利亚地区。本区为陆缘区和陆棚—斜坡过渡区。

2) 塔里木地层区(Ⅱ)

其北界在我国西起阿拉山口、艾比湖经乌鲁木齐之南、吐鲁番、哈密而至中蒙边界，南部以著名的阿尔金平移大断层与中朝板块区分开来。该区包括天山、甘肃北山、库鲁克塔格和塔里木盆地。其沉积、生物群和地质发展史与华南板块极为相似。该地层区划进一步划分为：北天山—北山地层分区($Ⅱ_1$)，为陆缘区；库鲁克塔格—南天山地层分区($Ⅱ_2$)，为陆棚—斜坡过渡区；塔里木盆地及周边地层分区($Ⅱ_3$)，为地台区。

3) 华北地层区(Ⅲ)

即中朝板块范围，北界东起吉林、黑龙江交界经宁安、长春、通辽，沿西拉木伦河，往西直达中蒙边界。南界在西部不甚清楚，大致从青海布尔汗布达山，经玛沁、碌曲、凤县；东部经丹凤、商南、西峡、南阳、桐柏，直达合肥之南郯庐断裂处，过断裂后从洪泽湖往东达连云港之南。可进一步划分为三个地层分区：①昆仑—祁连—北秦岭—蒙吉地层分区($Ⅲ_1$)，为活动性较强的陆缘区，除一般沉积岩外，昆仑一祁连地区伴有火山活动，地层厚度大，化石稀少，并出现变质作用。②华北周缘地层分区（Ⅲ$_2$），为陆棚—斜坡过渡区，出现有纽芬兰世晚期沉积和含磷岩系，其下伏地层在西部及南部边缘区均有冰碛岩的存在，生物群基本类似于华北本部地层分区。③华北本部地层分区（Ⅲ$_3$），即华北地台，为长期较稳定的地区，属于典型的地台型沉积。

4）华南地层区（Ⅳ）

范围几乎包括了我国南方各省。北与华北地层区交界，其东南部濒海，西南部与南亚板块的界线以班公错—改则—怒江蛇绿岩带作为两大板块的对接带；西部则以三江为界与掸泰板块滇西相邻。划分为三个分区：①川西及东南地层分区（Ⅳ$_1$），为陆缘区，寒武纪沉积以类复理石碎屑岩建造为特征，厚度巨大。生物群主要为小型无铰纲腕足类、海绵骨针以及少量的三叶虫和软体动物等。②江南及南秦岭地层分区（Ⅳ$_2$），为陆棚—斜坡过渡区，以浮游的球接子和游泳的三叶虫为主，伴有底栖型的三叶虫。纽芬兰统和第二统以黑色和黄绿色页岩为主，含有石煤、磷、矾等矿产；苗岭统及芙蓉统以灰岩和页岩为主，是重要的含矿层位。②扬子地层分区（Ⅳ$_3$），为地台区，是我国寒武系最发育的地区之一，并且各统俱全。是稳定的地台沉积，以浅海砂页岩、石灰岩为主，化石丰富。纽芬兰统和第二统以碎屑岩为主，含磷铁矿；苗岭统及芙蓉统以碳酸盐岩为主，夹膏盐类及红色岩层。

5）南亚—掸泰地层区（Ⅴ）

藏南—滇西地层分区（Ⅴ$_3$）是南亚板块的一部分，现暂置于南亚—掸泰地层区。包括藏南、滇西一带，寒武系分布很零星。藏南寒武系为浅变质岩系，厚度大，而滇西地区芙蓉统出露于保山、施甸、潞西一带，保山和施甸地区属于典型的稳定地台区，而至潞西地区逐渐进入了陆棚外缘地带。

6）南海地层区（Ⅵ）

现仅包括我国的海南省，其寒武纪沉积和生物群完全不同于与其邻近的华南地区、滇西、缅甸、泰国和越南，而是类似于澳大利亚昆士兰省的寒武系。寒武系仅分布在海南崖县地区，为含锰、磷、硅质的碳酸盐岩和碎屑岩沉积。

3. 地层划分与对比

寒武纪时扬子区海侵广泛，在地层的岩石特征和空间分布上两分性十分明显。纽芬兰统和第二统为泥砂质和碳酸盐沉积，地层完整，化石丰富，苗岭统和芙蓉统多为镁质碳酸盐沉积，化石稀少。

华北地区是我国稳定类型寒武系主要分布地区，研究程度高。除普遍缺失纽芬兰世沉积外，其余发育完整，化石丰富，以碳酸盐岩沉积为主，岩相厚度稳定，属陆表海沉积。山东济南市长清区张夏剖面位于山东长清县，是我国苗岭统和芙蓉统的标准剖面所在地，其层序如下：

上覆地层 下奥陶统冶里组或三山子组b段

整合接触

芙蓉统

三山子组c段 灰色、紫灰色中薄层细晶白云岩。17m

炒米店组 灰色中厚层微晶灰岩，生物碎屑藻球粒灰岩，中薄层竹叶状灰岩夹云斑藻礁灰岩，鲕状灰岩。含 *Changshania*（长山虫），*Kaolishania*（蒿里山虫）等三叶虫。169m

苗岭统—芙蓉统

崮山组 黄绿、紫红色页岩，灰色薄层疙瘩状—链条状灰岩、竹叶状灰岩互层为主夹薄板状泥灰岩和沙屑灰岩。含 *Drepanura*(蝙蝠虫)、*Blackwelderia*(蝴蝶虫)等三叶虫。62m

苗岭统

张夏组 浅灰、灰色厚层鲕状灰岩、致密结晶灰岩和藻灰岩，含 *Damesella*(德氏虫)等三叶虫化石。177m

第二统—苗岭统

馒头组 紫红色页岩为主，夹灰岩、泥灰岩、白云岩及砂岩，含 *Shantungaspis*(山东盾壳虫)、*Bailiella*(毕雷氏虫)、*Redlichia chinensis*(中华莱德利基虫)等三叶虫化石。229m

朱砂洞组 含燧石条带粉晶白云岩、薄层生物碎屑含灰质白云岩。13. 76m

角度不整合接触

下伏地层 前寒武系花岗岩

华南寒武系在不同相区发育差异较大，下部组芬兰统和上部芙蓉统的差异更加明显。

华南寒武系底界与下部地层问题(Zhu 等，2003)：在浅水相区寒武系底界一般置于震旦系灯影组顶部，以出现含硅质、磷质岩石地层为标志，一般含有寒武纪小壳化石，这部分含硅质、磷质地层一般已经从灯影组划分出来，作为独立的组级单位，如滇东的朱家箐组、贵州的戈仲伍组、三峡的岩家河组、四川的麦地坪组、陕南的宽川铺组等。但是部分地区灯影组顶部硅质、磷质地层薄(几厘米~几米)，仅仅以岩石“段”的名称命名或根本就没有从灯影组划分出来，这些剖面寒武系底界就置于灯影组顶部。浅水相区寒武系底部含硅质、磷质岩石地层与其下伏的埃迪卡拉系灯影组和其上覆的黑色页岩地层均为平行不整合接触关系。深水相区寒武系与其下伏的埃迪卡拉系是连续沉积，但由于缺少标准化石，深水相区剖面寒武系底界位于留茶坡组、老堡组和皮园村组等黑色硅质岩内部，因为这些硅质岩石地层上部常常发现海绵骨针等化石。

华南寒武系顶界问题：华南寒武系顶界与底界相似，不同相区表现差异明显。在扬子地台西南部四川盆地西南和滇东大部地区，寒武系芙蓉统缺失。在扬子地台浅水相区寒武系上部发育一套巨厚的白云岩，如娄山关群、二道水群、洗象池群、三游洞组等，化石相对贫乏，地层穿时明显，大约相当于寒武系苗岭统中上部至奥陶系底部地层。在斜坡相区，寒武系上部以灰岩沉积为主，化石丰富，顶界易于确定，以云南滇东剖面为标准剖面，层序如下：

上覆地层 志留系拉德洛统 S_3关底组

平行不整合接触

苗岭统

双龙潭组 灰色灰岩、泥质和白云质灰岩夹页岩、细砂岩，含 *Manchuriella*(小东北虫)、*Solenoparia*(沟颊虫)等三叶虫。181m

陡坡寺组 黄绿色粉砂岩、页岩、白云岩。下段以页岩、粉砂岩、细砂岩为主，厚 7m，产三叶虫 *Kutsingocephalus*(曲靖头虫)、*Chittidilla*(小奇幕特尔虫)；上部生物碎屑白云岩、白云质灰岩，夹页岩，厚 49m，含三叶虫、*Sinoptychoparia*(中华褶颊虫)。56m

第二统

龙王庙组 灰岩、白云岩夹页岩、粉砂岩，产三叶虫 *Redlichia chinensis*(中华莱德利基虫)及腕足类。176m

沧浪铺组 下段为黄绿色砂、页岩，具交错层理及波痕，含 *Palaeolenus*（古油栉虫）等，上段为页岩、石英砂岩，多虫管状痕迹，含三叶虫 *Megapalaeolenus*（大古油栉虫）等。213m

纽芬兰统

筇竹寺组 下部石岩头段为黑色泥质粉砂岩、泥岩、白云岩，含小壳化石，底部有40cm厚的含磷结核和海绿石黏土岩；上部玉案山段为黑色页岩、黄绿色页岩夹薄层砂岩，产三叶虫 *Parabadiella*（拟阿贝德虫）、*Eoredlichia*（始莱德利基虫）和介形虫，含著名的澄江动物群。126m

平行不整合

灯影组中谊村段 含磷白云岩、产多门类小壳化石及遗迹化石，属纽芬兰统梅树村阶。13m

下伏地层 上震旦统灯影组白马沱段 灰白色块状白云岩，含燧石层或燧石结核。

中国寒武纪各地层区地层划分与对比见表5.2。

5.2.2 中国的奥陶系

1. 概况

奥陶系是自距今4.85亿~4.43亿年以来，经历了4200万年的奥陶纪（Ordovician）时期所沉积的地层，由拉普华斯（C. Lapworth）于1879年提出。

奥陶系最早在英国研究，笔石和牙形刺是建立奥陶纪年代地层框架和确定地层时代最重要的两个化石门类，奥陶系已确立的7个金钉子均主要依据这两个门类，根据笔石带划分为七个阶。中国奥陶系与国际接轨分为三个统，但目前划分在国际上并不统一。本书根据《中国地层表（2014）》分为三统七阶（表5.3）。从老到新依次为下统：新厂阶、益阳阶；中统：大坪阶、达瑞威尔阶；上统：艾家山阶、钱塘江阶、赫南特阶。

中国的奥陶系分布广泛，地层发育完整且出露良好，生物群丰富，沉积类型多样，是研究奥陶系的重要地区之一。奥陶纪早期的古地理轮廓与寒武纪相似，但是晚期由于地壳运动加强，冈瓦纳冰川发育，导致大规模海退，因而古地理轮廓有重要改变。

2. 地层区划

中国奥陶系地层分区与寒武系相似，分为六个区（图5.3）。

1）西伯利亚地层区（Ⅰ）

在我国仅有准噶尔—兴安地层分区（$Ⅰ_1$）。本区有东西两个区域，西侧大致以新疆艾比湖至甘肃北山以北为界与塔里木地层区分界，准噶尔和阿尔泰一带的奥陶系基本上由一套巨厚的火山碎屑沉积组成，显示出陆缘岛弧和裂陷槽的沉积特征；东部以内蒙古二连浩特至黑龙江黑河一线与华北地层区分界，内蒙古—兴安一带的奥陶系北部火山岩不发育，以砂岩、粉砂岩及砾岩沉积为主，局部夹凝灰岩，厚度达8245m，似属西伯利亚板块南缘弧后盆地沉积，南部为岛弧型沉积，以海相酸性火山岩为主，夹板岩、灰岩和硅质岩，厚2571~6500m。该区奥陶系动物群总体特征与西伯利亚板块相似，显示低纬暖水型动物群特征。

2）塔里木地层区（Ⅱ）

塔里木地层区分为如下三个地层分区。

天山—北山地层分区（$Ⅱ_1$）——北天山至甘肃北山一带的奥陶系属于塔里木板块北侧活动的陆缘较深海沉积，钱塘江早期以前主要由含笔石的黑色页岩、薄层硅质岩夹灰岩组成，以产暖水型笔石群为特征。钱塘江期的地层则主要由含珊瑚及介壳化石的灰岩、碎屑岩组成。动物群的总貌与江南过渡区接近。地层厚达 2000~2400m。

柯坪—库鲁克塔格—阿尔金地层分区（Ⅱ$_2$）——是介于浅海地台—陆棚—斜坡或边缘盆地相的过渡沉积。奥陶系主要由一套陆棚—斜坡相灰岩、泥灰岩及碎屑岩所组成。大坪期以后，该区生物群特征与江南过渡区相似。

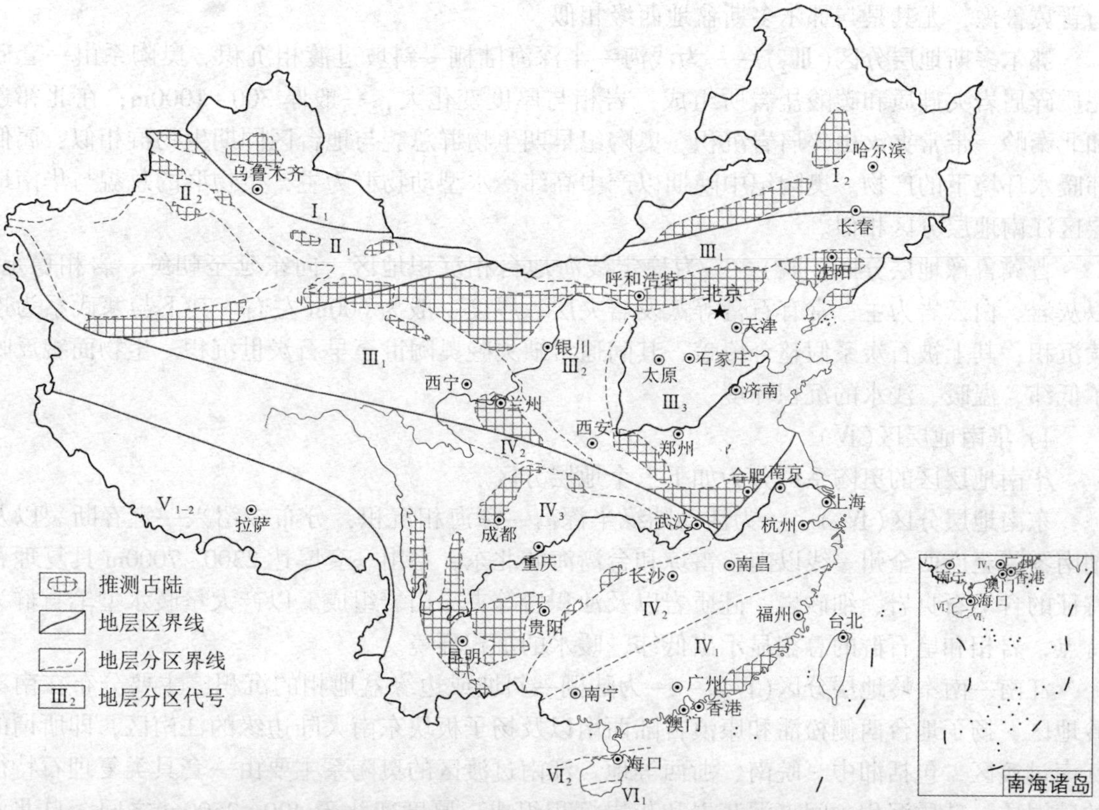

图 5.3 中国奥陶纪地层区划示意图（据《中国地层典·奥陶系》，2000，修改）

库鲁克塔格地区可进一步根据沉积相的特征分为南区和北区。南区为相对深水相，包括却尔却克山、元宝山和南雅尔当山等剖面，奥陶纪地层自下而上共包括白云岗组、黑土凹组、却尔却克组、杂土坡组、元宝山组和银屏山组，为一套砂泥质碎屑岩沉积，其中含有较丰富的笔石化石，一些层段另含较多壳相化石。长期以来，对黑土凹组的顶底界有不同看法，内部生物地层划分也相对较粗，其他几个组的界线也不够确定，如银屏山组的顶底界等，需要开展进一步的研究。

库鲁克塔格北区属浅水相，地层出露于乌里格孜塔格一带，自下而上包括白云岗组、巷古勒塔格组、赛力克达坂组、乌里格孜塔格组和哈达不拉克塔格组，其上为断层接触。整套地层为典型台地浅水相，以碳酸盐岩为主，夹有少量泥沙质碎屑岩。地层中含有较丰富的壳相化石，如腕足类、三叶虫、珊瑚、双壳类、腹足类和苔藓虫等，但是因为缺少笔石化石，壳相化石的采集研究也不够系统，许多地层界线还无法确定。

巴楚地层分区（Ⅱ$_3$）——由一套厚度达 1176m 的砾屑、砂屑、生物或藻建造灰岩和白云岩组成，属浅海碳酸盐岩台地相沉积，所产生物群与扬子地台相似。大坪期以前以产低纬暖水型牙形石为特征。大坪期以后，无论所产牙形石、头足类还是三叶虫，均显示出中高纬冷水型古地理环境特征。地台区的沉积由于为浩瀚的沙漠所覆盖，仅见于塔东北巴楚地区。

3）华北地层区（Ⅲ）

华北地层区的奥陶系可分为如下三个地层分区。

昆仑—祁连地层分区（$Ⅲ_1$）——为陆棚至陆缘半深海—深海相沉积。主要由浊积岩、碎屑岩、中酸性火山岩和火山喷发岩或巨厚结晶灰岩和大理岩组成，化石稀少，生物群的总貌与晋冀鲁豫，尤其是与鄂尔多斯盆地西缘相似。

鄂尔多斯地层分区（$Ⅲ_2$）——为浅海—半深海陆棚—斜坡过渡相沉积。奥陶系由一套砂泥质碎屑岩夹硅质和碳酸盐岩所组成，岩相与厚度变化大，一般厚300~1000m；在北祁连和北秦岭一带常夹火山碎屑岩沉积。奥陶纪早期生物群总貌与地台区同期生物群相似，属低纬暖水环境下的产物。奥陶纪中晚期以产中高纬冷水型动物群为主，生物群的总貌与华南地层区江南地层分区相似。

晋冀鲁豫地层分区（$Ⅲ_3$）——为稳定浅海地台相沉积地区，向东延至朝鲜。岩相稳定，以灰岩、白云岩为主，常有石膏等蒸发岩夹层，厚度一般为600m左右。其下与寒武系为连续沉积；其上被石炭系假整合覆盖，其间通常缺失晚奥陶世至早石炭世沉积。生物面貌反映了低纬、温暖、浅水的沉积环境。

4）华南地层区（Ⅳ）

华南地层区的奥陶系可分为如下三个地层分区。

东南地层分区（$Ⅳ_1$）——为活动陆缘半深海—深海相沉积，分布在绍兴—宜春断裂以及湖南零陵至广西全州一线以南，雷琼和台湾海峡北东，系由一套厚达2300~7000m具复理石特征的含笔石页岩、细砂岩、硅质岩以及浊积岩等夹火山岩组成。以产大量暖水型笔石群为特点，岩相和笔石群的总貌显示出低纬、暖水的沉积环境。

江南—南秦岭地层分区（$Ⅳ_2$）——为陆棚—斜坡或边缘盆地相的沉积，主要分布在南秦岭地区、扬子地台西侧松潘和康滇古陆西南以及扬子板块东南大陆边缘的江南区，即所谓的江南过渡区，包括湘中、皖南、浙西等地。江南过渡区的奥陶系主要由一套具类复理石特征的砂泥质、硅质沉积，间夹泥灰岩和灰岩沉积组成，厚度变化于490~2500m之间，自北而南碎屑岩沉积增加而钙质沉积逐渐减少，显示出由陆棚—斜坡—边缘盆地相逐渐过渡的沉积特征。生物群的组合与华北板块过渡区相似，具有笔石与介壳化石、冷水与暖水动物群相互混合与逐渐过渡的特征，显示江南过渡区在古地理和古纬度上的过渡特点。在南秦岭一带所出露的浅海陆棚—斜坡相奥陶纪沉积由于受板块对接消减的影响，分布宽度较窄，由一套浅变质的碎屑岩夹少许碳酸盐岩所组成，顶底因受后期断裂的影响而出露不全。

扬子地层分区（$Ⅳ_3$）——为稳定浅海地台相沉积，分布广泛，以灰岩、泥灰岩为主，夹页岩，生物以介壳化石与笔石相混生与交替出现为特征，厚度300~500m左右。

5）掸泰地层区（Ⅴ）

藏南—滇西地层分区（$Ⅴ_{1-2}$）位于我国西南。沿班公湖—怒江—澜沧江一线与华南地层区分界，包括西藏东南部和云南西部。该区奥陶系主要见于滇西保山、潞西，藏东察隅及藏南申扎、聂拉木和阿里地区。滇西的奥陶系主要由浅海地台—陆棚相碎屑岩夹碳酸盐岩沉积组成，厚1500~3000m，藏东南的奥陶系以碳酸盐岩沉积为主夹碎屑岩，厚800m左右。所产动物群与华北和掸泰板块相似。

6）海南—印支地层区（Ⅵ）

本区分为如下两个地层分区。

五指山地层分区($Ⅵ_1$)——位于海南岛的北部，目前尚无可靠的、有化石证据的奥陶系发现。但从构造古地理位置分析应有陆缘深水相奥陶系存在。在古生物地理分区上应属冈瓦纳北缘大区的范围。

三亚地层分区($Ⅵ_2$)——位于海南岛南端，属海南—印支地层区(板块)的陆棚—斜坡地带。奥陶纪初期(大葵组)以碳酸盐岩沉积为主，所产的牙形石为澳大利亚北部常见分子，代表低纬暖水环境。奥陶纪中后期主要由碎屑岩夹少量碳酸盐岩组成，岩相和所产笔石、牙形石、腕足类及三叶虫等均与江南过渡区相似，显示出陆棚—斜坡相沉积与生物群特征。

3. 地层划分与对比

宜昌三峡地区的奥陶系较为发育，研究历史悠久，以宜昌两河口—黄花场剖面、陈家河剖面和王家湾剖面3个剖面发育最好，相接构成完整的地层序列。其中两河口—黄花场剖面是中奥陶统底界的金钉子剖面(GSSP)，王家湾剖面是上奥陶统赫南特阶底界的金钉子剖面，因此是全球范围内地层发育最好、研究程度最高的地层剖面。该地区奥陶系自下而上包括西陵峡组、南津关组、分乡组、红花园组、大湾组、牯牛潭组、庙坡组、宝塔组、临湘组、五峰组和观音桥组，是中国奥陶系的典型剖面之一。

上覆地层 志留系兰多弗里统龙马溪组

整合接触

上奥陶统

观音桥组 黄灰色泥灰岩及黏土岩，含腕足类 *Hirnantia magma*(大赫南特贝)、三叶虫 *Dalmanitina*(小达尔曼虫)等。0.30m

五峰组 笔石页岩段，灰黑色硅质岩及炭质页岩、含笔石 *Dicellgraptus szechuanensis*(四川叉笔石)等。5.30m

临湘组 黄绿色瘤状泥质灰岩，含 *Nankinolithus* sp.(南京三瘤虫)、牙形类、头足类及腕足类。15.10m

宝塔组 浅紫色中厚层状龟裂纹灰岩，产 *Sinoceras chinensis*(中华震旦角石)及三叶虫、牙形类、腕足类等。12m

中奥陶统—上奥陶统

庙坡组 灰黑色碳质粉砂质页岩夹灰岩透镜体，产 *Nemagraptus gracilis*(纤细丝笔石)及腕足类、头足类、三叶虫。2.48m

中奥陶统

牯牛潭组 灰色中—厚层状含泥质灰岩，产 *Michelinoceras* sp.(米契林角石)、*Yangtzeella poloi*(波罗扬子贝)和三叶虫、牙形类等。23.30m

下奥陶统—中奥陶统

大湾组 灰绿色及灰紫色薄层瘤状泥质灰岩夹黄绿色页岩，含海绿石，产腕足类 *Yangtzeella poloi*、笔石、三叶虫、头足类、牙形类等。63m

下奥陶统

红花园组 深灰色厚层状含生物碎屑泥晶灰岩、砾屑生物碎屑灰岩。产头足类、腕足类、三叶虫等。24m

分乡组 上部深灰色厚层亮晶含砂砾屑生物灰岩夹数层厚度很小的含生物泥岩，厚约10m；中部为灰绿色钙质黏土岩与生物灰岩互层，厚约20m，下部为鲕状或砂砾屑灰岩夹黄

绿色泥岩，厚38m，产 *Acanthograptus* sp.（刺笔石）及腕足类、头足类、三叶虫等。68m

南津关组 灰色中厚层状砾屑灰岩、鲕状灰岩，产 *Dictyonema*（网格笔石）及三叶虫、腕足类。99m

西陵峡组 以白云岩为主，灰岩或白云质灰岩为次，并夹有少许硅质层，产 *Monocostodus*（单肋脊牙形石）。40m

整合接触

下伏地层 芙蓉统三游洞组雾渡河段 厚至巨厚层亮晶白云岩夹硅质条带。

这些组在整个三峡及附近地区均可识别，而且界线基本一致。南津关组与上扬子区的桐梓组下部和中部相当，分乡组对应桐梓组上部，红花园组在整个中上扬子区应可对比，大湾组可大体与上扬子区的湄潭组对比，牯牛潭组与十字铺组相当，庙坡组与大田坝组大体相当，应属同时异相关系。宝塔组可直接对比，但它与其下庙坡组的界线尚需进一步研究。临湘组可与涧草沟组对比，五峰组和观音桥组在整个中上扬子区可以识别，但观音桥组底界有穿时现象。

奥陶系的底界过去长期放在南津关组的底界，即与岩石地层单位的界线一致。但是根据2000年国际地科联通过的全球界线层型，该界线定义在牙形刺 *Iapetognathus fluctivagus* 的首次出现层位，在加拿大纽芬兰的金钉子剖面上，该界线位于最早出现的漂浮笔石层位之下4.8m处。在两河口—黄花场剖面迄今未发现 *Iapetognathus fluctivagus*，笔石也非常稀少，而且保存不佳，所以准确的奥陶系底界难以直接划定，但根据该剖面产出的其他牙形刺化石推断，界线应位于西陵峡组近顶部。

中奥陶统的底界定义在牙形刺 *Baltoniodus triangularis* 的首次出现，金钉子位于两河口—黄花场剖面上的大湾组下段内，对应到笔石 *Azygograptus suecicus* 带中。上奥陶统的底界大致对应到庙坡组底界。上奥陶统赫南特阶底界定义定位在笔石 *Normalograptus extraordinarius* 的首次出现，金钉子位于王家湾剖面的五峰组顶部。

华北的奥陶系可大致分为台地相和斜坡相两种类型。台地相奥陶系主要分布在山西、河北、河南、皖北、山东、辽宁和吉林等地，可以河北唐山赵各庄剖面作为代表，自下而上包括冶里组、亮甲山组、北庵庄组和马家沟组，除冶里组含有部分笔石外，其余均未发现笔石，所以地层划分对比主要根据牙形刺等门类化石。马家沟组之上地层缺失（在山东新泰等少数地点尚发育阁庄组和八陡组），直接与石炭纪的本溪组平行不整合接触。斜坡相地层主要分布在鄂尔多斯西南缘和西缘，包括陕西陇县、甘肃平凉、宁夏同心、内蒙阿拉善等地，下奥陶统和上奥陶统有不同程度的缺失，可以甘肃平凉银硐官庄等剖面作为代表，奥陶系自下而上包括麻川组、水泉岭组、三道沟组、平凉组，麻川组之下缺失奥陶系底部地层，平凉组之上缺失上奥陶统大部分地层（在陕西陇县等地还发育背锅山组，地层缺失较少），直接与二叠系山西组平行不整合接触。

河北唐山一带的奥陶系层序清楚、化石丰富、研究程度高，是华北奥陶系的典型剖面。

上覆地层 上石炭统本溪组

平行不整合接触

中奥陶统

马家沟组 灰色厚层状豹皮灰岩、白云质灰岩及灰质白云岩，底部含数层角砾状灰质白云岩，含 *Armenoceras*（阿门角石）、*Bellodella rigida*（小针牙形石）、*Scolopodus eburus*（尖牙形石）及层孔虫等。274m

中—下奥陶统

北庵庄组 下部为灰及灰黄色中—薄层状泥质白云岩、泥质灰岩及白云质灰岩，底部含角砾；上部为灰色中厚层状灰岩、灰质白云岩，含燧石结核；产 *Polydesmia*（多泡角石）、*Actinoceras*（珠角石）、*Tangshanodus tangshanensis*（唐山唐山刺）等。314m

下奥陶统

亮甲山组 下部为灰色厚层状灰岩，中部灰岩与白云岩互层，顶部为白云岩，含 *Manchuroceras*（满洲角石）、*Ophileta*（蛇卷螺）、*Serratognathus*（锯顺刺）和古杯海绵等。162m

冶里组 灰色厚层状灰岩夹竹叶状灰岩及黄绿色页岩，含 *Dictyonema flabelliforme*（扇形网格笔石）和简单镰牙形石 *Drepanodus simplex*。107m

整合接触

下伏地层 芙蓉统炒米店组

中国奥陶纪各地层区地层划分与对比见表 5.3。

5.2.3 中国的志留系

1. 概况

志留系是自距今 4.43 亿~4.16 亿年、经历了 2700 万年的志留纪（Silurian）时期所沉积的地层。志留纪由 1839 年英国地质学家莫企逊（R. I. Murchison）提出。

国际志留系年代地层学的研究已取得了重大的进展。国际地层委员会在 20 世纪 80 年代批准了志留系四统七阶的划分提案，成为国际对比的标准（表 5.4）。中国志留系也划分为四个统，与国际保持一致，统下划分为七个阶（表 5.4）。

表 5.3 中国奥陶纪地层分区对比表（据曾勇等，2008，改编）

国际地层表(2018)		中国地层表(2014)		西伯利亚地层区	塔里木地层区	华北地层区		华南地层区		掸泰地层区	海南–印支地层区
				尚志	柯坪	大柴旦	唐山	宜昌	常山	聂拉木	三亚
上覆地层	鲁丹阶S_1	鲁丹阶S_1		? 未见顶	柯坪塔克组S_1	石炭系	本溪组C_2	龙马溪组S_1	安吉组 S_1–O_3	石器坡组 S_1	鹿丹湾组 K_2
上统	赫南特阶 Hirnantian	上统	赫南特阶	大青组		未见顶		观音桥组	安吉组下部	红山头组	
									文昌组		
	凯迪阶 Katian		钱塘江阶	小金沟组				五峰组	长坞组		干沟村组
					印干组	大头羊沟组		临湘组	黄泥岗组		尖岭组
	桑比阶 Sandbian		艾家山阶		其浪组			宝塔组	砚瓦山组		
					坎岭组			庙坡组		甲曲组	
中统	达瑞威尔阶 Darriwillian	中统	达瑞威尔阶		萨尔干组	石灰沟组	峰峰组		胡乐组		榆红组
					大湾沟组		马家沟组	牯牛潭组	宁国组		沙塘组
											牙花组
	大坪阶 Dapingian		大坪阶	未见底						甲村组	
					鹰山组	多泉山组	北庵庄组	大湾组			
下统	弗洛阶 Floian	下统	益阳阶								
							亮甲山组	红花园组	印渚埠组		大葵组
	特里马道克阶 Tremadocian		新厂阶					分乡组			
					蓬莱坝组		冶里组	南津关组			
								西陵峡组		肉切村群 ∈–O_1	
下伏地层	第十阶 $∈_4$	牛车河阶 $∈_4$		?	丘里塔格群下亚群 $∈_4$–O_1	$∈_4$	炒米店组 $∈_4$	三游洞组 $∈_4$	西阳山组 $∈_4$		大茅组

上覆地层 中泥盆统云台观组

平行不整合

兰多弗里统

纱帽组 岩性分三段，下段为黄绿色页岩、粉砂质泥岩夹细砂岩，厚95m；中段为灰绿色泥岩、粉砂岩夹细砂岩，厚357m；上段为灰绿色细粒石英砂岩，具交错层和浅水波痕，厚193m。中、下段产笔石 *Pristiograptus*（锯笔石）及三叶虫、腕足类、海百合茎等化石。645m

罗惹坪组 黄绿色灰质泥岩、页岩、粉砂岩、瘤状灰岩及薄层灰岩，产珊瑚 *Tryplasma*（刺壁珊瑚）、*Halysites*（链珊瑚），腕足类 *Stricklandia*（斯特兰贝）、*Pentamerus*（五房贝），三叶虫 *Ecrinuoides*（似慧星虫），笔石 *Monoclimacis*（单珊笔石）。270～900m

龙马溪组 分两部分：下部黑色笔石页岩，含大量笔石；上部灰色、灰黄色页岩夹粉砂或灰质瘤核。下部产笔石 *Pristiograptus persculptus*（雕刻雕笔石）等。500m

整合接触

下伏地层 上奥陶统观音桥组

在中上扬子地区的岩石地层对比中，几个重要标志层段为区域范围内地层的划分和对比提供了很好参照标志。龙马溪组底部发育有一套黑色页岩系，在整个华南广泛分布，在大多数剖面上均有发育，是确定志留系底部的一个重要标志层。该区重要剖面还有重庆秀山和贵州桐梓代家沟剖面。

重庆秀山剖面志留系自下而上的地层序列为：龙马溪组、小河坝组、溶溪组、秀山组和迴星哨组，主要以兰多维列统沉积为主。龙马溪组下部主要由黑色页岩组成，产有大量笔石等化石；上部以泥岩为主，向上砂质成分增多，与下伏上奥陶统观音桥组呈整合接触，与上覆地层小河坝组呈整合接触。小河坝组以砂岩为主，夹泥岩，产腕足类等动物化石。溶溪组以紫红色和绿色泥岩为主，通常称之为“下红层”。秀山组，该剖面是该组的命名剖面，主要由灰色泥岩和砂岩为主，产大量腕足动物，称为“秀山腕足动物群”。迴星哨组，该剖面是该组的命名剖面，分为两部分：下部以紫红色泥岩和砂岩为主，该部分被称为“上红层”；上部以灰绿色泥岩和砂岩为主，化石十分稀少，其地质时代有待进一步确定。迴星哨组与上覆中泥盆统云台观组呈平行不整合接触。

塔里木盆地地表露头区志留系主要分布在阿克苏—柯坪—巴楚地区，柯坪大湾沟剖面自下而上地层序列为：柯坪塔格组、塔塔埃尔塔格组、依木干他乌组和克兹尔塔格组(下部)。柯坪塔格组分为三段：下部是以砂岩为主的沉积，化石较少，只在其顶部发现笔石和腕足动物，确定时代为兰多维列世；中部主要是一套泥岩为主的沉积，含有笔石和腕足动物等，上部主要是一套砂岩为主的沉积。柯坪塔格组与下伏中奥陶统印干组呈平行不整合接触。塔塔埃尔塔格组主要是一套较粗的紫红色沉积。依木干他乌组主要以一套较细紫红色沉积为主夹有砂岩。克兹尔塔格组(下部)主要是一套砂岩为主的沉积，该组与上覆泥盆系克兹尔塔格组(上部)呈整合接触。

中国志留纪各地层区地层划分与对比见表5.4。

表 5.4 中国志留纪地层分区对比表(据曾勇等，2008，改编)

	国际地层表(2018)		中国地层表(2014)		准噶尔兴安地层区	西准噶尔北天山地层区	塔里木地层区	华北地层区	华南地层区			西藏滇西地层区
					兴安	沙尔布尔提山	柯坪	祁连山	曲靖	桂东	秀山	滇西
上覆地层	下泥盆统	洛赫科夫阶D_1	D_1	莲花山阶	西古兰河组(D_1)	芒克鲁组(D_1)	依木干塔乌组D_{1-2}	雪山群D_1	西屯组(D_1)	钦州群(D_1)	云台观组(D_3)	向阳寺组D_1
志留系	Pridoli 普里道利统	待建阶	普里道利统	待建阶	古兰河组	乌吐布拉克组	塔塔埃尔塔格组	? 旱峡群	西山组 / 玉龙寺组 / 妙高组 / 关底组 / 岳家山组	防城群		牛屎坪组
	Ludlow 罗德洛统	Ludfordian 卢德福德阶	罗德洛统	卢德福德阶	卧都河组	克克雄库都克组						
		Gorstian 戈斯特阶		戈斯特阶		沙尔布提山组						
	Wenlock 文洛克统	Homcrian 侯默阶	文洛克统	侯默阶	八十里小河组			泉脑沟山群		合浦组		上仁和桥组
		Sheinwoodian 申伍德阶		申伍德阶								
	Ltandover 兰多弗里统	Telychian 特列奇阶	兰多弗里统	南塔梁阶	黄花沟组	布龙组		肮脏沟组		文头山组	迴星哨组	下仁和桥组
				马蹄湾阶							秀山组 / 溶溪组	
		Aeronian 埃隆阶		埃隆阶			柯坪塔格组	小石户沟组		连滩组	小河坝组	
		Rhuddanian 鲁丹阶		鲁丹阶							龙马溪组	
下伏地层	O_3	赫南特阶	O_3	钱塘江阶	爱辉组O_3	布尔果尔组O_3	印干组O_2	南石门子组O_3	双龙潭组$\in_2$	三尖组O_3	五峰组O_3	弯腰树组O_3

5.3 上古生界

5.3.1 中国的泥盆系

1. 概况

泥盆系是自距今 4.16 亿~3.59 亿年、经历了 5700 万年的泥盆纪(Devonian)时期所沉积的地层。泥盆纪命名地点在英国西南部的德文郡(Devon shire)，中译名“泥盆”一词转译于日本。

泥盆系标准剖面建立在海相地层发育完好的德国莱茵地区。捷克巴兰德地区下泥盆统与普里多利统为连续沉积，发育完整，因此逐渐取代了莱茵地区下泥盆统的地位。国际第一条界线层型，即志留系与泥盆系全球界线层型金钉子剖面(GSSP)就建立在该地区的克隆克(Klonck)村。泥盆系国际标准通常分为三统七阶，我国分为三统十阶(表 5.5)。

中国的泥盆系分布广泛，在华南、西藏、内蒙、东北、西北的阿尔泰山、天山、昆仑山、祁连山、塔里木盆地边缘均有分布(图 5.5)，而华北地区仍为高出海面的剥蚀区，普遍缺失泥盆纪沉积。受加里东运动(广西、祁连运动)的影响，华北地台柴达木地块、祁连山地槽褶皱隆起带连成一体。扬子地台和华南加里东褶皱带都上升为陆，并形成范围更大的华南板块，当时华南区的地势为东北高、西南低，故泥盆纪海侵范围主要限于滇桂黔地区，即西南浅海区，往东北方向仅见晚期超覆。龙门山—大雪山以西的滇西、青藏一带为地槽型浅扬子地层分区(Ⅳ$_3$)——秦岭以南、江南古陆以北地区，包括汉中地区和长江中、下游地区，主要发育中、晚泥盆世地层，多属近岸碎屑沉积。

南华地层分区(Ⅳ$_4$)—包括湘、黔、滇、桂四省(区)，是华南浅海的所在地。本分区是中国泥盆系发育的主要地区，各时代、各岩相均有代表，生物群丰度和分异度均极高。

东南地层分区(Ⅳ$_5$)——包括长江中下游和浙、闽、粤等省区。为滨海相碎屑沉积，上泥盆统为浅色石英砂岩，产植物、脊椎动物化石。下泥盆统为红色砂岩，与志留系整合接触，中泥盆统尚无可靠化石证据。

(3) 地层划分与对比

华南地层区南华地层分区泥盆系发育良好，层序完整，化石丰富，区域性代表剖面主要分布在鹿寨、象州、横县和北流一带，成为我国泥盆系标准剖面的所在地，其中桂东南剖面如下。

上覆地层 下石炭统鹿寨组

整合接触

上泥盆统

五指山组 浅灰、灰色中—厚层泥质条带灰岩、瘤状灰岩、局部夹砾状灰岩。上部多为瘤状，并发育有黑色页岩层。下部多呈条带状，本区底部常发育有角砾状灰岩。大化石稀少，见有菊石 *Wocklumeria*(乌克鲁菊石)等化石。为较深水盆地和斜坡沉积环境。150m

榴江组 灰黑色至棕色薄层硅质岩、硅质泥岩，具水平层理，产丰富的竹节石，如 *Nowakia*(塔节石)、菊石 *Manticoceras*(尖棱菊石)等化石，具有大型氧化次生锰矿和小型磷矿。为典型的盆地相沉积，代表泥盆纪最大海平面上升时期的产物。400m

中泥盆统

东岗岭组 深灰色中层灰岩、泥灰岩、泥质灰岩加泥岩的组合序列，下部泥灰岩富含底栖生物化石，产腕足类 *Stringocephalus*(鸮头贝)、*Emanuella*(爱曼扭贝)，珊瑚 *Temnophyllum*(切珊瑚)及双壳类等化石。属于开阔或局限台地环境沉积。400m

鸭壤组 生物碎屑灰岩、白云质灰岩、砂屑灰岩夹白云岩，含腕足类 *Eospiriferina*(古准石燕)、*Athyrisina*(准无窗贝)及 *Utarauia*(乌塔拉图珊瑚)等化石。沉积环境为开阔台地至半局限台地。400m

中泥盆统—下泥盆统

贵塘组 含砂屑、生物屑灰岩，夹层孔虫礁灰岩，砂质灰岩和钙质砂岩。底部有一层2m厚的细粒石英砂岩，含丰富的底栖动物化石，如腕足类 *Megastrophia*(巨扭贝)及 *Trapezophyllum*(桌珊瑚)等。属碳酸盐台地边缘相和近礁相沉积环境。250m

下泥盆统

黄京山组 为一套白云岩地层，属于局限台地环境下的沉积。分上下两部分：

上部 生物碎屑白云岩夹白云质灰岩，逐渐过渡到生物屑灰岩与白云质灰岩的互层，含介形类及床板珊瑚等化石。260m

下部 厚层含生物屑白云岩、细晶白云岩，夹层孔虫或纹层状白云岩，偶见有床板珊瑚。270m

郁江组 为一套泥岩夹灰岩地层，含腕足类、四射珊瑚、双壳类、三叶虫等化石，属于近岸浅水潮间至潮下带沉积环境。自上而下分为三段：

六景段 土黄色泥质灰岩、泥岩，夹紫红色灰岩。产腕足类及双壳类、四射珊瑚等化石。45m

大联村段 黑灰色泥质灰岩，产腕足类、四射珊瑚、双壳类等。12m

石洲段 生物介壳泥质灰岩、泥岩、粉砂质泥岩，产腕足类 *Dicoelostrophia*（双腔扭月贝）、*Rostrospirifer*（喙石燕）及双壳类、四射珊瑚、三叶虫等化石。106m

那高岭组 以灰绿色页岩为主，夹有灰岩、粉砂岩，下部以夹有生物碎屑灰岩薄层和透镜体为特征，中部为灰绿色页岩，上部为浅棕色泥质石英砂岩、粉砂岩夹粉砂质泥岩。产腕足类 *Orientospirifer*（东方石燕），鱼类、双壳类等，上部含植物化石碎片。该组中下部属浅海潮下泥坪环境，上部渐变为潮间滨岸环境。170m

莲花山组 滨海环境下的沉积物，自上而下分为三段：

六坎口段 紫红色粉砂岩与泥质粗砂岩，产双壳类 *Goniophora*（角蛤），鱼类 *Asiaspis*（亚洲鱼）及介形类等化石。135m

横县段 紫红色泥质粉砂岩，夹薄层灰色泥质粉砂岩及细砂岩，局部见小型交错层理，产鱼类 *Yunnanolepis*（云南鱼）及双壳类化石。110m

伶俐段 上部紫红色薄层泥质粉砂岩及细砂岩夹泥岩，含云南鱼碎片及腕足类 *Lingula* 等化石；下部灰白色中厚层细粒石英砂岩，夹紫红色泥质粉—细砂岩。底部为灰色砾岩、含砾砂岩及泥质砂岩，含双壳类、介形类等化石。100m

不整合接触

下伏地层 寒武系

准噶尔—兴安区大兴安岭乌奴尔地区下泥盆统骆驼山组时代为洛霍考夫阶至下布拉格阶，乌奴尔组相当于埃姆斯阶。北矿组的时代大致为艾菲尔期，霍博山组和下大民山组分别属吉维特阶和弗拉阶。法门阶包括了上大民山组、对弧山组和安清泰河组。小兴安岭罕达气地区泥盆系与下伏志留系呈整合接触，下泥盆统西古兰组和泥鳅河组分别与洛霍考夫阶和布拉格阶相当，罕达气组、金水组和霍龙门组大致与埃姆斯阶对比。德安组、根里河组、大河里河组和小河里河组分别与艾菲尔阶、吉维特阶、弗拉阶和法门阶对比。

属于青藏区的西藏聂拉木剖面先穷组产竹节石 *Paranowakia bohemica*，牙形刺 *Icriodus w. woschmidti*、*Ozarkodina r. remscheidensis*，时代为洛赫科夫期。凉泉组产竹节石 *Nowakia acuaria*，笔石 *Neomonograptus* 等，时代为布拉格期。嘎弄组产典型的早泥盆世晚期牙形刺 *Polygnathus gronbergi*、*P. serotinus*，竹节石 *Nowakia barrandei* 等，与埃姆斯阶大致相当。波曲组化石稀少，时代确定比较困难，经对资料反复查证后综合考虑，这个组的时代大致相当于中泥盆世至晚泥盆世早期。亚里组下部产典型的晚泥盆世牙形刺 *Palmatolepis m. marginifera*、*P. glabra distorta*、*P. g. gracilis*，亚里组上部产早石炭世牙形刺 *Siphonodella sulcata*、*S. cooperi* 和菊石 *Imitoceras* 等，时代自法门期至早石炭世。

中国泥盆纪各地层区地层划分与对比见表5.5。

表 5.5　中国泥盆纪地层分区对比表(据曾勇等，2008，改编)

	国际地层表(2018)	中国地层表(2014)	华南地层区					准格尔-兴安地层区		塔里木-华北地层区	西藏-滇西地层区	
			广西象州	广西南丹	湖南邵东	南京龙潭	江西于都			北祁连	西藏聂拉木	保山
上覆地层	C_1杜内阶	C_1杜内阶	?	C_1同车江组	C_1马栏边组	C_1金陵组	C_1黄龙组	前黑山组		C_1	D_3–C_1 亚里组	C_1
上泥盆统	法门阶 Famennian	邵东阶 阳朔阶 锡矿山阶	(未见顶)融县组	五指山组	孟公坳组 欧家冲组 锡矿山组(玛牯脑段、泥塘里段、兔子塘段) 长龙界组	五通组 擂鼓台段	三门滩组	洪古勒楞组	上大民山组	中宁组		
	弗拉斯阶 Frasnian	佘田桥阶	谷闭组	榴江组	佘田桥组 蒸水河组 “榴江组”	观山段	中棚组	朱鲁木特组	大河里河组		波曲组	大寨门组
中泥盆统	吉维物阶 Givetian	东岗岭阶	东岗岭组	罗富组	易家湾组		云山组	呼吉尔斯特组	根里河组	石峡沟组		何元寨组
	艾菲尔阶 Eifelian	应堂阶	长村组 古车组 古琶组 大乐组	塘丁组	跳马涧组			依克乌苏组	德安组			马路塘组
下泥盆统	埃姆斯阶 Eifelian	四排阶 郁江阶	官乔组 莫丁组 郁江组	益兰组				芒克鲁组	霍龙门组		凉泉组	向边塘组 沙坝脚组
	布拉格阶 Pragian	那高岭阶	那高岭组	丹林组				曼格尔组	金水组 罕达气组			王家村组
	洛赫科夫阶 Lochkovian	莲花山阶	莲花山组						泥鳅河组 二道沟组			向阳寺组
下伏地层	S_4未建阶	S_4未建阶	寒武系∈	?	五强溪组Pt	坟头组S_1	寒武系∈	汉乌拉组S_4		香山群S	志留系S	S_3

5.3.2　中国的石炭系

1. 概况

石炭系是自距今 3.59 亿~2.99 亿年、经历了 6000 万年的石炭纪(Carboniferous)时期所沉积的地层。因地层中富含煤(石炭)，1822 年康尼拜和菲利浦根据英格兰北部含煤地层创名石炭纪。石炭纪时期陆地面积不断增加，地球上首次出现了大规模的森林，是地质历史中三大成煤时期中最早的成煤期，其煤炭储量约占世界煤炭总储量的 50%以上。

西欧、北美的石炭系下部为海相灰岩，上部为海陆交互相含煤地层，二分性十分明显，因此国际石炭纪年代地层格架为：下部密西西比亚系，由杜内阶(Tournaisian)、维宪阶(Visean)和谢尔普霍夫阶(Serpukhovian)组成；上部宾夕法尼亚亚系，由巴什基尔阶(Bashkirian)、莫斯科阶(Moscovian)、卡西莫夫阶(Kasimovian)和格舍尔阶(Gzhelian)组成。中国的石炭系分布广泛，沉积类型齐全，特别是华南和西北地区石炭系发育完好、化石丰富，历来是研究石炭系的重要地区。我国石炭系与国际石炭系划分方案相接轨，采用了二分方案，并经第三届全国地层会议通过、国土资源部审批，于 2001 年在中国区域年代地层表中正式颁布。我国分为二统七阶，从老到新划分为下统：杜内阶、维宪阶、德坞阶；上统：罗苏阶、滑石板阶、达拉阶、逍遥阶(表 5.6)。其中维宪阶的底界已经有了正式的定义，以有孔

虫 *Eoparastaffella simplex* 的首现为标准，以我国广西柳州碰冲剖面为层型剖面。

2. 地层区划

根据中国和邻区晚古生代海西期大地构造和古地理格局，中国石炭纪地层区划分为4个地层区、11个地层分区(图5.6)。

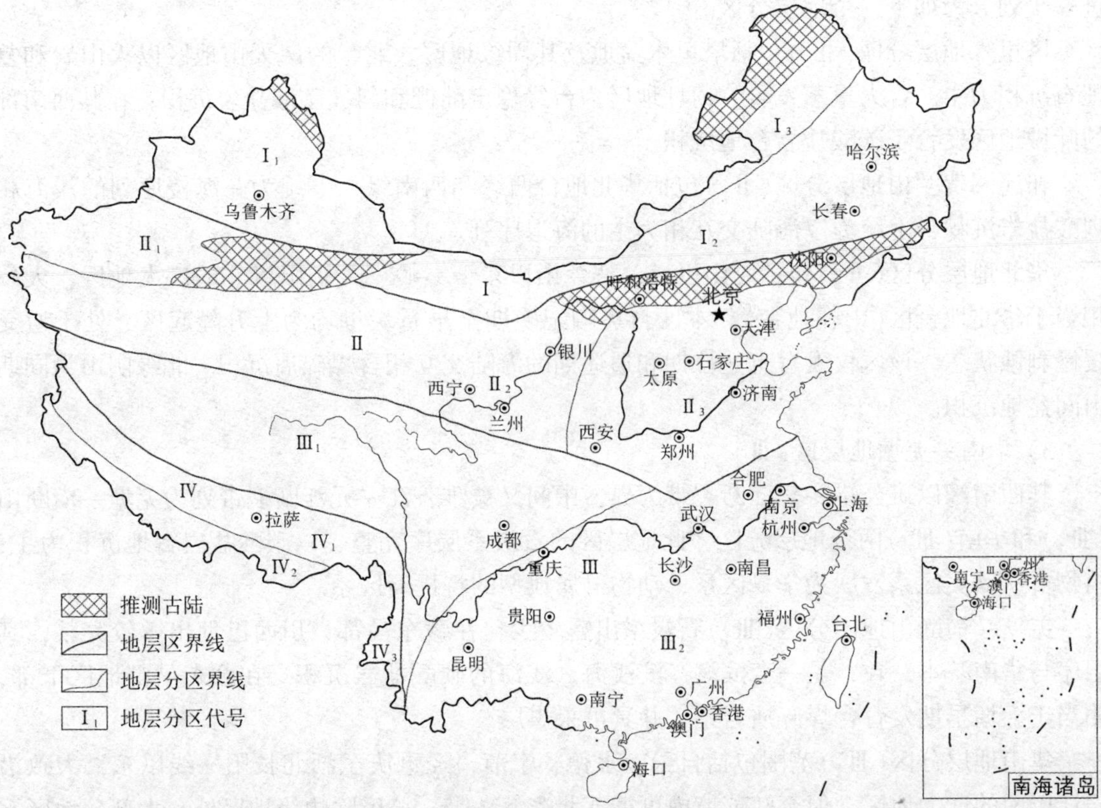

图5.6 中国石炭纪地层区划示意图(据《中国地层典·石炭系》，2000，修改)

1) 准噶尔—兴安地层区(Ⅰ)

准噶尔—兴安区，位于天山、阴山以北，包括新疆的天山、东西准噶尔、阿尔泰、甘肃北山、内蒙大部，以及东北北部的大、小兴安岭。该区石炭系主要由岛弧碰撞和增生时期的浊积岩和火山岩构成。植物群属于安加拉区系，动物群属于北方区系。自西向东可分为如下三个地层分区。

准噶尔地层分区($Ⅰ_1$)准噶尔一带下石炭统为浅海—滨海相碎屑岩夹火山凝灰物质及火山岩，早石炭世末期发生天山运动，晚石炭世转为陆相沉积。其中，阿尔泰—北准噶尔大约在达拉期结束海槽沉积。博格达山、卡拉麦里山等地区以达拉期火山岛弧沉积为特征，伊宁地区包括婆罗科努山、依连哈比尔尕山等地区在德坞期至达拉期发育有一套磨拉石沉积。

内蒙古—吉林地层分区($Ⅰ_2$)此区包括内蒙古、吉中和延边等地区，以巨厚硅质碎屑和碳酸盐碎屑浊流沉积占优势，整个石炭纪为深海槽。

兴安地层分区($Ⅰ_3$)兴安分区与阿尔泰—北准噶尔处于同一构造带上，两者具有相近的石炭系层序。

2）华北—塔里木地层区(Ⅱ)

其南界的西侧为昆仑山，东侧为秦岭—大别山，包括塔里木盆地、祁连山、贺兰山及华北地台等地区，除塔里木北缘、华北地台西南缘保存有深水沉积外，其他各处的石炭系均为稳定沉积。植物群从欧美区系逐渐发展为华夏区系，动物群属于特提斯区系。该地层区可以进一步划分为如下三个地层分区。

塔里木地层分区($Ⅱ_1$)包括塔里木盆地及其周缘地区。北缘的南天山地区以火山岩和复理石沉积为主，含大量蒸发岩；柯坪地区为台缘稳定陆棚和斜坡碳酸盐岩沉积；在其西南部的叶城地区发育了碳酸盐岩台地沉积。

祁连—贺兰山地层分区($Ⅱ_2$)包括华北地台西缘和西南缘，下统为一海侵序列的浅海相碳酸盐岩沉积，上统为以海陆交互相为主的海退序列。

华北地层分区($Ⅱ_3$)包括阴山以南，贺兰山以东，秦岭、大别山以北的广大地区，大致相当于华北地台区(中朝地台)。本区自奥陶纪晚期至早石炭世均为上升隆起区，处于遭受缓慢剥蚀状态。该区仅发育有达拉期和逍遥期的海陆交互相含煤碎屑沉积。北缘阴山为同期山间盆地沉积。

3）华南—羌塘地层区(Ⅲ)

其西南缘以班公错—怒江断裂带为界，中间又被雅砻江—元江断裂带划为羌塘—横断山($Ⅲ_1$)和华南($Ⅲ_2$)两个地层分区，此地层区的石炭系层序完整，以碳酸盐岩台地沉积为主；植物群从欧美区系发展为华夏区系，动物群属典型的特提斯区系。

羌塘—横断山地层分区($Ⅲ_1$)石炭系出露较少，在藏东昌都、川西巴塘出露较完整，其层序与华南基本一致，是一套滨海、滨浅海、浅海的碳酸盐岩沉积。在藏东昌都地区下部，相当于大塘早期发育含煤碎屑岩系，并具可采煤层。

华南地层分区($Ⅲ_2$)范围包括自云南永德、宁蒗，经重庆至湖北长阳一线以东，大致沿长江以南的广大地区，但至江苏境内可抵苏北滨海一带。该区除边缘地区外，大部分地区石炭系发育较好，常见有完整剖面。早石炭世初期的海侵范围比泥盆纪有所扩大，此后由于地壳升降运动频繁，海水时进时退，因而岩性多样，常见有碳酸盐岩、煤系和部分陆棚碎屑岩，岩相较为复杂。晚石炭世海侵进一步扩大，岩性单一，普通发育海相碳酸盐岩沉积。本区西北和西部边缘地区的石炭系代表台地边缘裂陷带沉积，层序较为复杂。而西南地区则发育了深水碳酸盐复理石沉积。此外，本区南侧海南岛和钦州地区的石炭系与东南亚和日本西部相关，属于一个范围不甚明了的地层区，目前暂时仍归入华南—羌塘地层区中。

4）喜马拉雅地层区(Ⅳ)

本区属于冈瓦纳大陆东北缘沉积区，下统以陆棚碳酸盐岩或碎屑岩沉积为主，上统至下二叠统以杂砾岩和火山岩发育为特征，动物群属冈瓦纳区系。进一步可划分为如下三个分区。

冈底斯地层分区($Ⅳ_1$)下统为碳酸盐岩台地沉积，上统主要为碎屑岩，并含火山岩。在西藏林周地区拉丁群代表了早石炭世晚期至早二叠世地层，其下部为石英砂岩与板岩互层夹薄层灰岩，产珊瑚化石；中部为石英岩夹板岩、安山岩；上部为安山岩、凝灰岩，夹灰岩透镜体。属于海相陆源碎屑岩及火山喷发相沉积。在纳木错地区，上部达拉空玛组为滨岸浅海碎屑岩、碳酸盐岩，下部错不扎组为火山喷发安山岩。

栖霞组 深灰、灰黑色厚层状灰岩，含多层燧石结核，层间常夹炭质页岩，含䗴 *Misellina*，珊瑚 *Hayasakaia*、*Wentzellophyllum* 等化石。160m

梁山组 石英砂岩、页岩，局部夹煤层，顶部有时夹灰岩透镜体。产植物 *Pecopteris*、*Sphenophyllum* 及腕足类化石。16~64m

平行不整合接触

下二叠统

马平组

上段 浅灰、灰色中、厚层灰岩，夹白云岩斑块或灰质白云岩，局部含燧石团块和结核，富含䗴类 *Staffella* 等化石。0~61m

中段 浅灰、灰白色厚层块状灰岩，中上部含葛万藻灰结核，局部地段夹白云岩、白云质灰岩，或瘤状灰岩、页岩、粉砂岩、砂岩，或夹燧石结核。下部含䗴类 *Pseudoschwagerina*（假希瓦格䗴）延限带和 *Sphaeroschwagerina*（球希瓦格䗴）延限带。3~257m

整合接触

下伏地层 上石炭统马平组下段 灰白色中、厚层灰岩为主，夹泥质灰岩，或页岩，或燧石结核。上部含䗴类 *Triticites* 顶峰带。

华北地台从二叠纪开始，海水已基本撤出，仅在局部的低凹地区遭受短期海泛影响。自此之后基本上已不再受海侵影响，华北区二叠系以陆相沉积为主。二叠系以山西太原西山七里沟一带发育良好，研究程度较高，为华北区二叠系标准剖面，简介如下：

上覆地层 下三叠统刘家沟组

整合接触

乐平统

孙家沟组 紫红、灰紫色泥岩，夹中细粒肉红、紫红色长石砂岩，下部泥岩中夹有几条蓝灰色淡水泥灰岩条带，上、中部泥岩中含钙质结核及石膏条带，未见化石。150m

阳新统—乐平统

上石盒子组 杂色砂岩、泥岩、燧石层夹少量薄煤层和泥灰岩。自下而上包括三个岩段；第一段以灰黄、黄绿色岩层为主，含铁锰质岩，一般有5个沉积韵律；第二段以黄绿色长石砂岩、石英砂岩为主，夹杂色砂质泥岩、页岩、铝土质页岩，构成5个沉积韵律，底部为厚层状含砾砂岩，第三段含较多的杂色、紫色泥岩、砂岩、燧石层，大致构成6个沉积韵律。本组富含植物化石 *Pecopteris*、*Lobatannularia*、*Neuropteridium*（准脉羊齿）。220m

阳新统

下石盒子组 砂岩、页岩、煤和含锰铁质河流相碎屑岩，代表华北陆块海退时期的陆源碎屑沉积。分为两段：

上段 黄绿色中粗粒长石杂砂岩、石英杂砂岩和黄绿色页岩近于互层，顶部有二层杂色具鲕粒结构的铝土质页岩，含植物化石 *Emplectopteris*、*Cathaysiopteris* 等。66~72m

下段 下部为骆驼脖子砂岩，由三层黄色具交错层理中粗粒砂岩（自下而上为石英杂砂岩、石英砂岩、长石石英砂岩）夹灰黄色页岩和薄煤层组成，上部为黄绿色页岩。含植物化石 *Tingia*、*Callipteris conferta*（密美羊齿）等。48~98m

船山统—阳新统

山西组 主要由陆相砂岩、页岩、黏土岩和煤层所组成，含植物 *Emplecotopteris triangularis*（三角织羊齿）-*Emplecotopteridium alatum*（翅状准织羊齿）组合，为三角洲—滨海平原沉积的产物，自上而下分为两段。

下石村段 主要为细碎屑岩与煤层互层。

北岔沟段 下自北岔沟砂岩，上至3号煤层顶板的舌形贝页岩，为一套灰白色粗粒石英杂砂岩夹长石石英杂砂岩与细碎屑岩（泥岩、粉砂岩）的互层，其间夹有几个主要可采煤层。30~80m

平行不整合接触

船山统

太原组

东大窑段 下部为灰色中粗粒石英砂岩（七里沟砂岩）；中部为黑色粉砂质泥岩夹煤层，富产植物化石 *Neuropteris ovata* 等；上部为灰岩（东大窑灰岩），富含䗴类 *Pseudoschwagerina*，腕足类 *Dictyoclostus* 以及海百合茎、双壳类等化石。34m

毛儿沟段 底部为灰色中—细粒石英砂岩，向上即为砂质泥岩、页岩夹煤层，夹三层灰岩（自下而上为庙沟灰岩、毛儿沟灰岩、斜道灰岩），下部庙沟灰岩中富含䗴类 *Pseudoschwagerina*、*Sphaeroschwagerina* 等，以及腕足类、双壳类等化石。44m

整合接触

下伏地层 上石炭统太原组晋祠段

中国二叠纪各地层区地层划分与对比见表5.7。

表5.7 中国二叠纪地层分区对比表（据曾勇等，2008，改编）

国际地层表 2018		中国地层表 2014		北部边缘地层区			塔木里地层区	华北地层区	喜马拉雅地层区	华南地层区						
				新疆吐鲁番	吉林中部	内蒙古哲思	新疆柯坪	山西太原	西藏申扎	陕西汉中	贵州罗甸	浙江长兴	福建龙岩	西藏昌部	台湾东部	
上覆地层	印度阶T_2 Induan	殷坑阶T_1		韭菜园组T_1	卢家屯组T_1		第四系	刘家沟组T_1	K_1	飞仙关组T_1	大冶组T_1	殷坑组T_1	溪口组T_1	甲丕拉组T_3		长春层?
乐平统 Lopingian	长兴阶 Changhsingian	乐平统	长兴阶	锅底坑组 梧桐沟组	马达屯组			孙家沟组	木纠错组	长兴组	长兴组	长兴组	大隆组	夏牙村安山岩 卡香达组		
	吴家坪阶 Wuchiapingian		吴家坪阶	泉子街组	杨家沟组					吴家坪组	吴家坪组	龙潭组	翠屏山组	妥坝组		
瓜德鲁普统 Guadalupian	卡匹敦阶 Gapitianian		冷坞阶	塔尔朗组	拉溪组	义和乌苏组		上石盒子组		王坡组		堰桥组	童子岩组			
	沃德阶 Wordian		孤峰阶		范家屯组	哲斯组	卡伦达尔组			茅口组	茅口组			交嘎组		九曲层
	罗德阶 Roadian		祥播阶			包特格组		下石盒子组	下拉组			孤峰组	文笔山组			
乌拉尔统 Gisuralian	空谷阶 Kungurian	阳新统	罗甸阶	大河沿组	大河深组 寿山沟组		马立克立克组			栖霞组 梁山组	栖霞组 纳水组	栖霞组 梁山组	栖霞组 梁山组	莽错组	大南澳群	
	亚丁斯克阶 Artinskian		隆林阶				乌坦库勒组	山西组								
	萨克马尔阶 Sakmarian	船山统	紫松阶		石嘴子组			太原组(中上段)	拉噶组		马平组(中上段)		船山组			开南冈层
	阿瑟尔阶 Asselian					阿木山组	康克林组		永珠组C_2			船山组		里查组		
下伏地层	格舍尔阶C_2 Gzhelian		逍遥阶C_2	奥尔吐组C_2		枇杷园组C_2		太原组(下段)C_2		崔家沟组S_1	马平组(下段)C_2		黄龙组C_2			

5.4 中生界

5.4.1 中国的三叠系

1. 概况

三叠系是距今2.52亿~1.99亿年、经历了5300万年的三叠纪(Triassic)时期所沉积的地层。命名地点在德国南部，因其岩性特征具有明显的三分性而得名。国际地层委员会三叠系分会已于1992年最后表决确定将三叠系划分为3统7阶，由于中国三叠系南海北陆的地层格局，海陆地层划分对比面临许多困难，因而全国地层委员会提出分别建立海、陆两套年代地层系统，以满足基础地质研究工作中的实际需要。海相三叠系划分为3统6阶，自下而上分别是下统：印度阶、巢湖阶；中统：关刀阶、新铺阶；上统：亚智梁阶、佩枯错阶。陆相三叠系划分为3统7阶，分别为下统：大龙口阶、和尚沟阶；中统：二马营阶、铜川阶；上统：胡家村阶、永坪阶、瓦窑堡阶。

我国三叠纪地层分布广泛，生物类群比较丰富。由于古生代后期的褶皱运动和地壳上升，使得我国三叠纪时期大致以昆仑—秦岭—大别山一线为界，形成南海北陆的古地理格局。北方区(除南祁连山个别地区外)形成了一系列大小不等的内陆河湖盆地，其中大型河湖盆地主要有鄂尔多斯盆地、宁武—沁水盆地、准噶尔盆地、塔里木盆地等。华北东部、东北地区以及西北的祁连山、天山等地，主要是一些零星分布的小型山间盆地。只有华北地块南缘和黑龙江东部的完达山北段(那丹哈达岭)有中、晚三叠世海相地层，其中的生物群属热带、亚热带特提斯生物组合，古地磁和古构造研究表明它们是来自于特提斯区的外来地体，是中生代晚期才增生拼贴上来的。南方区除海南、云、贵等省部分地区下、中三叠统为陆相或海陆交互相沉积外，全区主要为海相沉积。华南地区在中三叠世晚期大规模海退，浅海范围退缩到黔桂及龙门山前一隅，其后的晚三叠世则以海陆交互相含煤沉积或陆相沉积为特征。

扬子地块西侧西藏—滇西地区由特提斯多岛洋中的一系列小块体组成，三叠纪为海相沉积，直到三叠纪末期以后与扬子等地块拼合。

2. 地层区划

根据中国三叠纪岩石地层发育情况、生物组合特征、构造运动、古地理格局等多种因素的综合分析，中国三叠系划分为10个地层区，33个地层分区(图5.8)。

1) 北疆—北山地层区(Ⅰ)

该区西界、北界与哈萨克斯坦、俄罗斯相邻，东界与蒙古相邻，南界沿中天山向东延入甘肃北山地区。区内下部为红色碎屑岩，上部灰绿、黑色为主的碎屑岩沉积，下、中统产水龙兽—肯氏兽为代表的脊椎动物群，中、上统含 *Danaeopsis-Bernoullia* 植物群，孢粉化石丰富。可分为4个地层分区：①阿尔泰地层分区($Ⅰ_1$)，区内未发现三叠系；②准噶尔地层分区($Ⅰ_2$)，区内三叠系主要为河流相、湖泊相沉积，地层发育齐全，化石丰富；③北天山地层分区($Ⅰ_3$)，发育于吐鲁番盆地，地层和古生物特征与准噶尔地层分区极为相似；④北山地层分区(Ⅰ$_4$)，区内三叠系为下红、上灰、灰绿色山麓—河流相碎屑岩沉积。

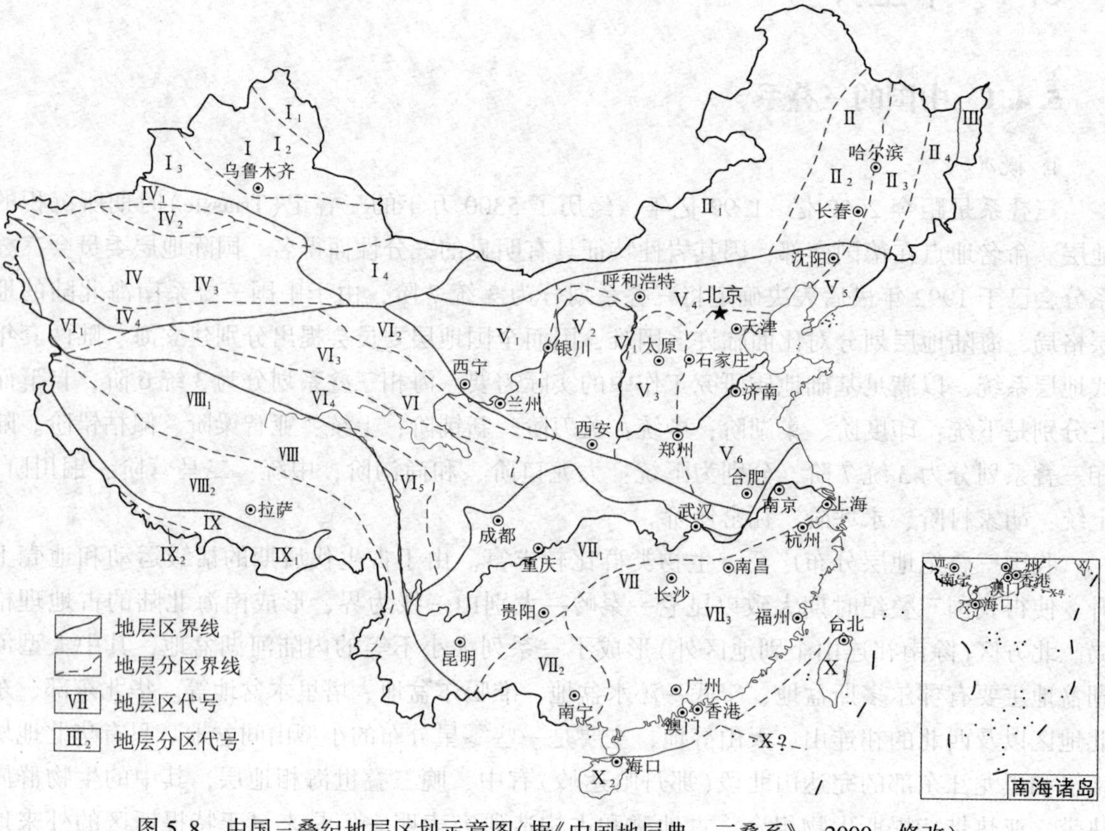

图 5.8　中国三叠纪地层区划示意图(据《中国地层典 · 三叠系》, 2000, 修改)

2）内蒙古—兴安地层区(Ⅱ)

西与北山地层分区的东界相接，北与蒙古、俄罗斯相邻，东到同江市—密山市一带，南界由北山地层分区的南界向东北经河套—赤峰—西丰一线，并向东延到浑江与临江之间。区内三叠纪地层发育不全，出露较少，火山碎屑沉积较多。可分为 4 个地层分区：①内蒙古—大兴安岭地层分区(Ⅱ$_1$)，区内三叠系出露少，研究程度低，在白城地区存在有争议的下三叠统，洮安地区的上三叠统交流河组为一套火山碎屑沉积；②松辽地层分区(Ⅱ$_2$)，区内尚未发现三叠系；③小兴安岭—南楼山地层分区(Ⅱ$_3$)，区内下三叠统为灰色、紫色、灰黑色碎屑岩，中统不发育，上统为一套灰黄色、灰绿色、深灰色碎屑岩夹凝灰岩和煤线；④鸡西—延吉地层分区(Ⅱ$_4$)，区内仅见上统，为火山碎屑岩和火山岩。

3）那丹哈达岭地层区(Ⅲ)

范围仅包括黑龙江东北一隅。区内仅发育有以海相火山喷发岩及沉积岩为主的上三叠统，部分地区为海陆交互相。生物群包括双壳类、牙形石和古植物，属环太平洋区系。

4）塔里木地层区(Ⅳ)

西与吉尔吉斯斯坦相邻，北与北疆—北山地层区的南界相接，南以昆仑山北缘—阿尔金断裂带为界。上统含煤，可能还受到多次海泛影响。生物群中未见水龙兽—肯氏兽动物群；上统所含植物具有南、北方植物群的混生现象。可划分为 5 个地层分区：①南天山地层分区

($Ⅳ_1$)，区内仅在局部地区有下三叠统或中—上三叠统，均为河、湖相碎屑岩沉积，含较丰富的叶肢介，双壳类、古植物及孢粉化石；②库车地层分区($Ⅳ_2$)，区内三叠系分布广泛，沉积特征、含化石情况与南天山地层分区相似；③塔中地层分区($Ⅳ_3$)，区内三叠系分布广泛，以湖泊沉积为主，地表无出露；④塔西南地层分区($Ⅳ_4$)，区内和田地区存在下三叠统上部地层、阿克陶地区有晚三叠世的沉积；⑤塔东南地层分区($Ⅳ_5$)，区内仅发现了上三叠统。

5) 华北地层区(Ⅴ)

西界与塔里木地层区相邻、北界与内蒙古—兴安地层区的南界相接，南界沿北祁连山、秦岭、大别山一线向东与郯庐断裂相接。区内下、中三叠统下部一套以紫红色、棕红色细砂岩、砂质泥岩和泥岩为主的沉积，产 *Pleuromia-Voltzia*(伏脂杉)植物群；上统主要以灰色、灰绿色砂岩、泥岩为主夹煤层和油页岩，产 *Danaeopsis-Bernoullia* 植物群。包括 6 个地层分区：①北祁连地层分区($Ⅴ_1$)，以河湖相为主，下、中统为较粗的紫色碎屑岩，上统为灰绿色碎屑岩夹煤；②鄂尔多斯地层分区($Ⅴ_2$)，以河湖相为主的沉积，下、中统为干旱—半干旱环境的红色细碎屑沉积，上统为灰绿色为主的湖沼相含煤沉积；③晋—豫西地层分区($Ⅴ_3$)，三叠系比较发育，岩性特征与鄂尔多斯地层分区相似；④阴山—燕山地层分区($Ⅴ_4$)，三叠系出露少，为下红、上灰的内陆干燥盆地至河湖相及后期湖泊相沉积，含煤少；⑤辽东—吉南地层分区($Ⅴ_5$)，三叠系出露少，以河流相为主，主要是下红、上灰的粗碎屑沉积，夹煤线；⑥冀鲁皖地层分区($Ⅴ_6$)，钻孔中见到有争议的早三叠世砂岩、泥岩。

6) 昆仑—秦岭地层区(Ⅵ)

本区包括昆仑山—祁连山—桐柏山一线以南，金沙江—红河以北的广大地区，向东收缩呈一窄带进入陕南、鄂北等地。本区三叠系分布广泛，为典型的活动型沉积，岩石变质程度高，上三叠统上部为海陆交互相含煤岩系。生物群以北极型和特提斯型相混合为特征。可划分 5 个地层分区：①喀喇昆仑地层分区($Ⅵ_1$)，中、上统发育完整，以碎屑沉积为主，生物群以双壳类为主；②南祁连地层分区($Ⅵ_2$)，三叠系发育良好，下统和中统安尼阶为海相沉积，缺失拉丁期沉积，生物以菊石类、双壳类、腕足类为主，上统为海陆交互相沉积，生物以植物和双壳类为主；③东昆仑山南坡—秦岭地层分区($Ⅵ_3$)，三叠系普遍缺失拉丁期沉积，下、中统为海相沉积，上统为海陆交互相、陆相沉积，以混生菊石群为特征，晚三叠世混有北方型植物；④可可西里—巴颜喀拉—马尔康地层分区($Ⅵ_4$)，三叠系在东部发育较完整，为巨厚的海相碎屑沉积，仅在最顶部出现海陆交互相、陆相沉积。⑤义敦地层分区($Ⅵ_5$)，上统有"火山弧"特点。化石门类繁多，属种庞杂。

7) 华南地层区(Ⅶ)

本区北邻昆仑—秦岭地层区，西部以金沙江为界，向东、向南延展至大陆边缘。本区三叠系分布较广泛，下、中统为海相沉积，上统为海陆交互相、陆相含煤沉积，动物群以特提斯型为主，植物群以南方型为主。可划分 3 个地层分区：①扬子地层分区($Ⅶ_1$)，三叠系为稳定型咸化海沉积，以浅海碳酸盐岩为主，碎屑岩为辅，早三叠世晚期至中三叠世早期海水普遍咸化，晚三叠世为海相、海陆交互相至陆相含煤沉积，生物群以双壳类为主，菊石、牙形石次之。②右江地层分区($Ⅶ_2$)，三叠系发育于江南古陆和云开古陆之间，范围狭小，属活动型复理石沉积。下统为浅海碳酸盐岩、碎屑岩组合；中统为活动型陆源碎屑浊流沉积和稳定型碳酸盐岩沉积并存；上统为海陆交互相含煤地层、山前磨拉石和内陆湖相红层。生物群早三叠世以菊石类为主，中三叠世以双壳类为主。本区火山活动频繁。③东南地层分区（$Ⅶ_3$），属稳定型滨浅海碎屑岩相，下统及中统以滨—浅海碎屑为主，碳酸盐岩为辅；上统为海陆交互相含煤碎屑沉积。生物群以双壳类为主，还分布有南方型植物群。

8）西藏—滇西地层区（Ⅷ）

本区介于郭扎错—若拉岗日—金沙江一线和雅鲁藏布江之间。分为两个地层分区：①羌塘—昌都地层分区（$Ⅷ_1$），本分区西部的羌塘地区属较稳定的台型沉积；羌北下、中统出露零星，上统分布较广；羌南三叠系发育不全，缺失拉丁期及卡尼期沉积；唐古拉山及左贡地区缺失下统。中三叠统为浅变质沉积岩系，上三叠统包括海相、海陆交互相及海相火山—沉积岩系。昌都—思茅地区三叠系属活动型沉积。②冈底斯—念青唐古拉地层分区（$Ⅷ_2$），三叠系仅出露于本分区的东南和东北边缘，发育较完整。在拉萨—波密一带，下、中三叠统为火山岩和碎屑岩，上统主要是碳酸盐岩；在班戈、比如—洛隆一带，为巨厚的变质碎屑岩夹少量火山岩，岩性单调，褶皱复杂，断层发育，化石稀少。

9）喜马拉雅地层区（Ⅸ）

本区的北界大致西起噶尔藏布河，向东顺雅鲁藏布江延伸，南界可跨越国界。本区的三叠系有稳定型、过渡型和活动型三种类型，划分为两个地层分区：①北喜马拉雅地层分区（$Ⅸ_1$），本分区北区为活动型厚度较大的砂泥和火山砂泥浊流沉积；南区为过渡型，岩性单调，厚度较大，夹有火山角砾岩和放射虫硅质岩，受到中高强度的区域变质作用。②高喜马拉雅地层分区（$Ⅸ_2$），为浅海碳酸盐岩—碎屑岩沉积，生物群以菊石和牙形石为主，属特提斯动物区系。

10）南海地层区（Ⅹ）

该区位于我国东南部海域，包括台湾、海南岛等岛屿，大体分为台湾地层分区（$Ⅹ_1$）和海南地层分区（$Ⅹ_2$）。区内仅在海南岛东部琼岛县新昌盆地发现三叠系的灰至深灰色碎屑沉积。

3. 地层划分与对比

我国南方各省三叠系下统及中统均为海相沉积，上统为海陆交互相或陆相沉积，只有少数地区才是海相地层。其中我国南部三叠系以贵州、云南三叠系分布最广、最完全，化石丰富，研究也最详细。黔西南贞丰剖面为华南的典型剖面，现将地层划分及组成特征自上而下描述如下：

上覆地层　古近系

不整合接触

上三叠统

二桥组　上部为灰、黄灰、褐灰色厚夹薄层中—细粒岩屑石英砂岩，夹薄层泥质粉砂岩、炭质泥岩和煤线。下部为黄灰、灰绿色薄层砂质泥岩、炭质页岩、粉砂岩，夹岩屑石英砂岩和薄煤层。产植物化石 *Clathropteris*、*Pterophyllum* 及双壳类。>455m

火把冲组　灰、灰绿色石英砂岩、粉砂岩，夹炭质页岩和煤层。产双壳类化石及腕足类

Lingula 和大量植物化石。687m

把南组 黄灰色石英砂岩、粉砂岩与灰绿色砂质泥岩、钙质泥岩不等厚互层，夹泥灰岩。产双壳类 *Myophoria*(*Costatoria*)。463m

中三叠统

法郎组 上部为灰、灰绿色泥岩与砂岩、粉砂岩互层；下部为深灰色钙质泥岩夹瘤状灰岩、泥灰岩和灰岩。产菊石 *Protrachyceras*(前粗菊石)及双壳类。970m

杨柳井组 灰、浅灰色白云岩、角砾状白云岩，具石膏假晶。化石稀少，含有孔虫化石。200m

关岭组 上部为深灰色灰岩、白云质灰岩和白云岩，下部为白云岩、灰岩、泥岩，底部含“绿豆岩”。产双壳类、腹足类等化石。814m

下三叠统

永宁镇组 深灰色灰岩，紫色、黄绿色黏土岩、白云岩，顶部发育有膏岩假晶等。产双壳类 *Eumorphotis*，菊石 Tirolites(提罗菊石)等。833m。

飞仙关组 海相紫红色、暗紫色页岩、泥岩、砂岩为主，夹泥灰岩、灰岩。产双壳类 *Claraia*、*Pseudoclaraia* 及菊石 *Ophiceras*(蛇菊石)。516m。

整合接触或平行不整合接触

下伏地层 上二叠统大隆组

华北地层区内，鄂尔多斯盆地的三叠系发育较全，代表性剖面位于陕北一带，隶属鄂尔多斯地层分区。

上覆地层 下侏罗统富县组

平行不整合

上三叠统

瓦窑堡组 黄绿、灰黑色泥岩与灰、深灰色砂岩、粉砂岩互层，夹煤层和煤线，产植物 *Danaeopsis*、*Neocalamites*、*Cladophlebis* 等，以及介形虫、双壳类。224m

永坪组 灰绿、黄绿色中—细砂岩、粉砂岩、泥岩互层。产植物 *Danaeopsis*、*Cladophlebis* 及叶肢介、双壳类。99m

中三叠统

铜川组 下段为黄绿、灰绿、肉红色砂岩，上部为灰黑色页岩及粉砂质泥岩；上段为灰绿、灰黑色细砂岩和泥质粉砂岩互层，顶部夹多层油页岩。产植物 *Neocalamites*、*Danaeopsis*、*Bernoullia* 及叶肢介、鱼、介形类化石等。596m

二马营组 下段为灰绿、黄绿色块状细砂岩，夹粉砂质泥岩；上段为浅灰、浅肉红色砂岩与暗紫色粉砂质泥岩互层。产植物 *Neocalamites*、*Danaeopsis* 及介形虫。550m

下三叠统

和尚沟组 以紫红色、棕红色泥岩、粉砂质泥岩为主，富含钙质结核。产双壳类、叶肢介、介形虫、鱼化石。248m

刘家沟组 灰红、紫红及紫灰色砂岩，夹不稳定的紫红色粉砂岩、砂质页岩及多层不稳定的砾岩。产植物、叶肢介等化石。600m

整合接触

下伏地层　乐平统孙家沟组

中国三叠纪各地层区地层划分与对比见表 5.8。

表 5.8　中国三叠纪地层分区对比表(据曾勇等，2008，改编)

统	国际地层表(2018)	中国海相地层	中国陆相地层	华北地层区	华南地层区			西藏高原	塔里木地层区	北疆–北山地层区
		中国地层表(2014)		陕北	南京	黔西黔北	闽西南	江达	库车	吐鲁番盆地
上覆地层	赫塘阶 Hettangian	佩枯错阶	八道湾阶	鄜县组J_1	象山组 J_{1-2}	古近系	梨山组J_1	普普嘎组J_1 格米格组	阿合组J_1	八道湾组 J_1
上统	瑞替阶 Rhetian		瓦窑堡阶	瓦窑堡组			文宾山组	德日荣组 曲龙贡巴组	塔里奇克组	赫家沟组
	诺利阶 Norian		永坪阶	永坪组	范家塘组	火把冲组	大坑组	达沙龙组		
	卡尼阶 Carnain	亚智梁阶	胡家村阶	胡家村组		把南组		扎木热组	黄山街组	黄山街组
中统	拉丁阶 Ladinian	新铺阶	铜川阶	铜川组	黄马青组	法郎组	安仁组	赖布西组	克拉玛依组	克拉玛依组
	安妮阶 Anisian	关刀阶	二马营阶	二马营组	东马鞍山组 马山桥组	杨柳井组 关岭组				
下统	奥伦尼克阶 Olenekian	巢湖阶	和尚沟阶	和尚沟组	南陵湖组 和龙山组	永宁镇组	溪尾组	康沙热组	俄霍布拉克群	烧房沟组
	印度阶 Induan	印度阶(殷坑阶)	大龙口阶	刘家沟组	殷坑组	飞仙关组	溪口组			韭菜园组
下伏地层	长兴阶 Changhsingian	长兴阶 P_3	孙家沟阶 P_3	孙家沟组 P_3	大隆组 P_3	大隆组 P_3	大隆组 P_3	曲布日喀组P_3	比尤勒包谷孜P_3	P_3–T_1

5.4.2　中国的侏罗系

1. 概况

侏罗系是距今 1.99 亿~1.45 亿年、经历了 5400 万年的侏罗纪(Jurassic)时期所沉积的地层。名称来源于法国与瑞士交界处的汝拉山脉。国际侏罗系以欧洲海相划分为标准，划分为 3 统 11 阶，而非海相侏罗系研究程度不高，至今没有可供大范围对比的阶，中国非海相侏罗系的分布比海相侏罗系广泛得多，《中国地层指南及中国地层指南说明书》修订版(2001)以新疆准噶尔盆地早—中侏罗世和冀北—辽西晚侏罗世年代地层划分为依据，将中国非海相侏罗系分为 3 统 7 阶(其中一个待建阶)，2014 版中国地层表修订为 5 个阶(表 5.9)。

三叠纪末的印支运动导致古特提斯带最终闭合，引起中国南方普遍海退和古中国大陆形成。侏罗纪起古中国大陆主体处于陆地环境，东部地区结束了三叠纪前以秦岭—大别山为界的南海北陆的古地理格局，华南和华北—东北联成一片，并分布着许多大小不同的沉积盆地。由于古太平洋板块与古亚洲大陆东缘之间的斜向俯冲，导致兴安岭—太行山—武陵山一线以东地域出现强烈的构造、岩浆活动，与西侧的大型稳定内陆盆地形成鲜明对照，使得古中国大陆从侏罗纪起开始呈现东西分异的新构造格局。但是，新特提斯带的迅速扩张和环太平洋带的活动，使古中国大陆西南缘和东缘仍然为海洋环绕，海侵继续达到毗邻地带。

表 5.9 中国侏罗纪地层分区对比表(据曾勇等，2008，改编)

统	国际地层表(2018)	中国地层表(2014)	西北地层区		东北地层区	西南地层区	东南地层区	完达山地层区	青藏地层区
			准噶尔盆地	鄂尔多斯盆地	辽宁北票	川中	南京	虎林-密山	西藏聂拉木
上覆地层	贝里阿斯阶 Berriasian	冀北阶	清水河组 K_1	罗汉洞组 K_1	义县组 K_1	城墙岩群 K_1	葛村组 K_1		古错村群 K_1
上统	提塘阶 Tithonian	未建阶		环河-华池组		蓬莱镇组	大王山组	曙光组	门卡墩组
	基默里奇阶 Kimmeridgian		喀拉扎组	洛河组			云合山组		
				宜君组					
	牛津阶 Oxfordian		齐古组	芬芳河组	土城子组	遂宁组	龙王山组		
				安定组			西横山组	朝阳屯组	
中统	卡洛维阶 Callovian	玛纳斯阶	头屯河组	直罗组	髫髻山组	沙溪庙组	北象山组	红星城组	
	巴通阶 Bathonian				海房沟组			七虎林河组	曲米勒组
	巴柔阶 Bajocian	石河子阶	西山窑组	延安组		新田沟组		裴德组	聂聂雄拉组
	阿伦阶 Aalenian								
下统	图阿尔阶 Toarcian	硫磺沟阶	三工河组	富县组	北票组	自流井组	南象山组	白鹤山组	普普嘎组
	普林斯巴赫阶 Pliensbachian							大架山组	
	西涅缪尔阶 Sinemurian	永丰阶	八道湾组		兴隆沟组				
	赫塘阶 Hettangian							大秃山组	格米格组 T_3
下伏地层	瑞替阶 Rhetian	瓦窑堡阶	郝家沟组 T_3	瓦窑堡组 T_3	坤头波罗组 T_3	须家河组 T_3	范家塘组 T_3	T_3	

侏罗纪时期的中国古地理面貌呈现明显的三分性：东南沿海地区，以小型断陷盆地为特征，并发育火山岩沉积；川、滇及西北地区，以大型盆地(多为盆地湖泊沉积)和山脉间列为特征；青藏地区以及云南西部、广东(局部)和东北那丹哈达岭地区，仍为海洋环境(图 5.9)。

2. 地层区划

根据侏罗纪的大地构造格架、古地理、古气候、盆地性质和生物群的分布特征等，中国侏罗系划分为 7 个地层区和 33 个地层分区(图 5.9)，现分述如下。

1）西北地层区(Ⅰ)

主要为大型盆地和各种山间盆地、山前坳陷。下统和中统下部多为暗色岩系和含煤沉积，尤其是中统下部是我国最重要的含煤地层，含 *Coniopteris-Phoenicopsis* 植物群；中统上部则逐渐变为红层沉积，化石较少，主要含脊椎动物和介形类等少量化石；上统主要由以红色为主的红、灰、绿等杂色沉积物组成，在该区的东部含以 *Lycoptera - Eosestheria - Ephemeropsis* 为代表的化石群。本区分为东、西准噶尔地层分区($Ⅰ_1$)、准噶尔盆地地层分区($Ⅰ_2$)、天山地层分区($Ⅰ_3$)、塔里木地层分区($Ⅰ_4$)、昆仑地层分区($Ⅰ_5$)、北山—阿拉善地层分区($Ⅰ_6$)、祁连山地层分区($Ⅰ_7$)、柴达木地层分区($Ⅰ_8$)、鄂尔多斯盆地地层分区($Ⅰ_9$)、山西地层分区($Ⅰ_{10}$)和秦岭地层分区($Ⅰ_{11}$)。

2）东北地层区(Ⅱ)

为古亚洲大陆东部陆缘区的一部分，多为断陷盆地。主要特征是由一系列火山—沉积岩组成。沉积岩的层序特征与西北地区相似，下统和中统下部由暗色岩层或含煤岩层组成，也

含有 *Coniopteris-Phoenicopis* 植物群；中统上部除大兴安岭及其以东地区外，也都变为红层沉积。上侏罗统的岩石组成中火山岩更多，几乎由火山岩与沉积岩的互层组成，沉积岩层为暗色岩石，下部含叶肢介组合，上部含 *Lycoptera-Eosestheria-Ephemeropsis* 动物群。本区分为兴安地层分区（$Ⅱ_1$）、阴山—燕山地层分区（$Ⅱ_2$）、松辽地层分区（$Ⅱ_3$）、吉辽东部地层分区（$Ⅱ_4$）、冀鲁皖地层分区（$Ⅱ_5$）、鲁东地层分区（$Ⅱ_6$）。

图 5.9　中国侏罗纪地层区划示意图（据《中国地层典 · 侏罗系》，2000，修改）

3）完达山地层区（Ⅲ）

为古亚洲大陆东部陆缘区的一部分。侏罗系下统为深海相沉积；中统为陆相夹海相沉积，含北极海区的菊石；上统为海、陆交互相夹火山岩，含有北极海区的双壳类。各时期的植物化石群与东北地层区类似。沉积盆地展布大多呈北东向。本区分为双鸭山地层分区（$Ⅲ_1$）和乌苏里地层分区（$Ⅲ_2$）。

4）青藏地层区（Ⅳ）

为冈瓦纳大陆的北部，中生代裂解为羌塘、念青唐古拉和喜马拉雅三部分，中间被雅鲁藏布江和班公—怒江两个洋盆隔开，属于特提斯海域。侏罗系主要由海相沉积组成，包括深海、半深海和陆棚区及滨海相沉积，含有菊石、箭石、双壳类、腕足类等各类海相化石，局部地区夹有陆相沉积，含非海相双壳类、介形类等化石。本区分为羌塘—唐古拉地层分区（$Ⅳ_1$）、冈底斯—念青唐古拉地层分区（$Ⅳ_2$）和喜马拉雅地层分区（$Ⅳ_3$）3 个地层分区。

5）西南地层区（Ⅴ）

除四川盆地北缘地带的下统为暗色岩层外，侏罗系几乎全部由红层组成，含有丰富的 *Lufengosaurus*、*Mamenchisaurus* 爬行类动物群和双壳类、叶肢介、介形类等无脊椎动物群，植物化石稀少，仅发现少量孢粉化石。在本区西部的昌都—思茅分区，中统夹有少量海相层，含海生双壳类等化石，表明与特提斯有联系。本区分为巴颜喀拉山地层分区(V_1)、四川盆地地层分区(V_2)、昌都—思茅地层分区(V_3)、西昌—楚雄地层分区(V_4)和禄丰—大方地层分区(V_5)。

6）中南地层区(Ⅵ)

本区侏罗系下、中统比较发育，大部分地区缺失上统。广东、湘南和闽西南的下统下部为海、陆交互相沉积，含菊石、双壳类等海相化石；而湘中、湘东、赣中地区以陆相沉积为主，夹有半咸水沉积，上部变为陆相，含煤线和薄煤层。全区中统为陆相，以红、灰、绿杂色沉积为主，含双壳类等动物化石，上统主要发育在粤东和广西的十万大山地区，前者主要由火山岩组成，后者为碎屑岩。本区分为鄂湘赣地层分区($Ⅵ_1$)、十万大山地层分区($Ⅵ_2$)和广东地层分区($Ⅵ_3$)。

7）东南地层区(Ⅶ)

为古亚洲大陆陆缘区的一部分。侏罗系全部为陆相沉积，其下统为暗色岩系夹煤线或薄煤层，含 *Ptilophyllum-Coniopteris* 植物群；中统下部由灰、灰绿、黄绿色砂、泥岩组成，向上部过渡为红色岩层，含双壳类等动物化石；上统由火山岩与沉积岩的互层组成，它与东北地层区、完达山地层区的火山岩构成环太平洋火山—岩浆弧的主要组成部分，在沉积岩中含有丰富的双壳类、叶肢介、昆虫、介形类及鱼类等动物化石。本区分为长江中、下游地层分区($Ⅶ_1$)、天目山—武夷山地层分区($Ⅶ_2$)和雁荡山—戴云山地层分区($Ⅶ_3$)。

3. 地层划分与对比

东北地层区的沉积背景以发育许多含有火山岩沉积的小型断陷盆地为特征。辽西(松辽地层分区)侏罗系剖面是该区地层的典型代表，自上而下地层划分及特征如下：

上覆地层　义县组(K_1)

不整合接触

上侏罗统下部

土城子组　紫红、黄褐、灰绿色泥岩、砂岩、砾岩夹粉砂岩及凝灰岩。产植物 *Onychiopsis*、介形虫、叶肢介、爬行动物等化石。>844m

平行不整合接触

中侏罗统

髫髻山组　中性粗安山质熔岩、角砾凝灰岩夹凝灰质砂岩、凝灰质砾岩。>2700

海房沟组　灰黄色砾岩夹灰、灰黄、淡紫色凝灰质砂泥岩、火山碎屑岩、偶夹中酸性熔岩、集块岩及薄煤层。产 *Coniopteris-Phoenicopsis* 植物群及昆虫等化石。654~1400m

不整合接触

下侏罗统

北票组　黄褐色砂岩、灰黑色泥岩夹砾岩及煤层。产植物 *Coniopteris-Phoenicopsis* 植物群、昆虫、孢粉等化石。1312m

兴隆沟组　玄武岩、玄武安山岩、安山质角砾岩及集块岩夹沉积岩。403m

平行不整合接触

下伏地层　坤头波罗组(T_3-J_1)

西北地层区主要大型盆地包括准噶尔盆地、塔里木盆地、柴达木盆地和鄂尔多斯盆地等。这些盆地均发育河、湖相沉积体系。陕西延安—千阳剖面可作为代表，现介绍如下：

上覆地层 保安群(K_1–J_3)

不整合接触

上侏罗统

芬芳河组 棕红、紫灰色砾岩、巨砾岩夹棕红色砂岩及泥质粉砂岩。产植物化石 *Coniopteris* 等。1174m

安定组 中下部为灰黄、紫红色砂岩、泥岩夹灰黑色页岩，上部紫红色薄板状泥灰岩夹钙质泥岩。产双壳类、介形虫、孢粉及鱼类等化石。67m

中侏罗统

直罗组 下部绿黄色细砂岩、粉砂岩、泥岩，上部紫红、褐色、灰绿色泥岩、粉砂岩，产植物 *Coniopteris hymenophylloides*，双壳类以及孢粉。71~125m

延安组 下段为宝塔山砂岩段。由灰白、肉红色粗砂岩、细砂岩组成，上部夹灰黑色粉砂岩及页岩，上段为枣园段，为灰、灰绿、灰黑色砂岩与泥岩互层夹煤层或含油层，产植物 *Coniopteris*、*Phoenicopsis*，双壳类 *Hunanella*、*Unio* 及孢粉化石。296m

下侏罗统

富县组 以紫红色粉砂质泥岩为主，夹黄绿色细砂岩，粉砂岩，底部为灰褐色细岩。产植物化石 *Coniopteris*、*Phoenicopsis*，孢粉等。21m

平行不整合接触

下伏地层 瓦窑堡组(T_3)

中国侏罗纪各地层分区地层划分与对比见表 5.9。

5.4.3 中国的白垩系

1. 概况

白垩系是距今 1.45 亿~0.65 亿年、经历了 7200 万年的白垩纪(Cretaceous)时期所沉积的地层，其名称来源于英吉利海峡两岸的白垩峭壁。白垩是一种由钙质超微化石颗石藻和浮游有孔虫形成的白色、质软、极细的碳酸钙沉积。

中国白垩纪古地理总体格局与侏罗纪相似，古地中海仍占据着西藏大部、东喀喇昆仑、昆仑南缘和塔里木西缘等我国西部地区。这一海区的雅鲁藏布江地带是一深海槽区，并有中基性岩浆喷溢，海槽以南和以北是稳定浅海区。此外，古太平洋曾淹没了台湾岛和东北乌苏里江一带。除上述海区外，中国白垩系以火山岩—火山碎屑岩沉积及内陆盆地沉积为主(图 5.10)。其研究程度和古生代各系相比，无论是生物地层还是岩石地层都比较薄弱，统与阶的划分长期不能形成统一的意见。2000 年第三届全国地层会议后，中国地质年表首次将中国白垩系列出 12 个阶，自下而上为下统 6 个阶：义县阶、九佛堂阶、沙海阶、阜新阶、泉头阶；上统 6 个阶：青山口阶、姚家阶、嫩江阶、四方台阶、明水阶、富饶阶。众所周知，陆相地层中各门类生物演化比较缓慢，延续时限一般较长，上述各阶很难与国际上 12 个海相阶的化石带进行确切对比，只能根据国际海陆交互相层型剖面上的陆相化石确定中国阶的大致时限。2013 年第四届全国地层会议后修订了白垩系的划分，划分为 2 统 6 阶，即下统：冀北阶、热河阶、辽西阶；上统：农安阶、松花江阶、绥化阶(表 5.10)。

表 5.10 中国白垩纪地层分区对比表(据曾勇等，2008，改编)

<table>
<tr><th rowspan="2">统</th><th rowspan="2">国际地层表
(2018)</th><th rowspan="2">中国地层表
(2014)</th><th colspan="2">塔里木—天山地层区</th><th>昆仑—滇西地层区</th><th colspan="5">兴安—长白地层区</th><th>晋冀鲁豫地层区</th><th colspan="3">扬子地层区</th><th>西藏地层区</th></tr>
<tr><th colspan="2">喀什</th><th>思茅</th><th colspan="2">燕辽</th><th colspan="3">松辽</th><th>皖东</th><th colspan="2">浙西</th><th>滇中</th><th>岗巴</th></tr>
<tr><td>上覆地层</td><td>丹尼阶
Danian</td><td>上湖阶
E_1</td><td></td><td>吐依洛克组E_1</td><td>勐野井组E_1</td><td colspan="2">第四系 Q</td><td colspan="3">依安组E</td><td>定远组E_1</td><td colspan="2">上湖组E_1</td><td>赵家店组E_1</td><td>基塔拉组E_1</td></tr>
<tr><td rowspan="6">上统</td><td>马斯特里赫特阶
Maastrichtian</td><td rowspan="2">绥化阶
K_2^3</td><td rowspan="6">英吉沙群</td><td rowspan="2">依格孜牙组</td><td rowspan="4">曼宽河组</td><td colspan="2" rowspan="6"></td><td rowspan="8">松花江群</td><td rowspan="2">上部</td><td>明水组</td><td rowspan="5">张桥组</td><td colspan="2">桐乡组</td><td rowspan="4">江底河组</td><td rowspan="3">宗山组</td></tr>
<tr><td>坎潘阶
Campanian</td><td>四方台组</td><td colspan="2">衢县组</td></tr>
<tr><td>桑顿阶
Santonian</td><td rowspan="2">松花江阶
K_2^2</td><td rowspan="2">乌依塔克组</td><td rowspan="6">下部</td><td>嫩江组</td><td colspan="2">金华组</td></tr>
<tr><td>科尼亚克阶
Coniacian</td><td>姚家组</td><td colspan="2">中戴组</td><td rowspan="2">岗巴村口组</td></tr>
<tr><td>士仑阶
Turonian</td><td rowspan="2">农安阶
K_2^1</td><td rowspan="2">库克拜组</td><td rowspan="2">虎头寺组</td><td>青山口组</td><td rowspan="3">横山组</td><td rowspan="2">朝川组</td><td rowspan="4">马头山组</td></tr>
<tr><td>赛诺曼阶
Cenomanian</td><td>泉头组</td><td rowspan="2">邱庄组</td><td>冷青热组</td></tr>
<tr><td rowspan="6">下统</td><td>阿尔必阶
Albian</td><td>辽西阶
K_1^3</td><td colspan="2" rowspan="6">克孜勒苏群</td><td rowspan="2">南新组</td><td rowspan="3">热河群</td><td>孙家湾组
阜新组</td><td rowspan="2">登楼库组</td><td>馆头组</td><td>察且拉组</td></tr>
<tr><td>阿普特阶
Aptian</td><td rowspan="2">热河阶
K_1^2</td><td>沙海组
九佛堂组</td><td rowspan="2">新庄组</td><td colspan="2">寿昌组</td><td rowspan="4">岗巴东山组</td></tr>
<tr><td>巴列姆阶
Barremian</td><td rowspan="4">景星组</td><td>义县组</td><td colspan="3">营城组</td><td colspan="2">黄尖组</td><td rowspan="3">普昌河组</td></tr>
<tr><td>欧特里沃阶
Hauterivian</td><td rowspan="3">冀北阶
K_1^1</td><td colspan="2">大北沟组</td><td colspan="3" rowspan="2">沙河子组</td><td rowspan="2">毛坦厂组</td><td colspan="2">劳村组</td></tr>
<tr><td>凡兰吟阶
Valanginian</td><td colspan="2" rowspan="2">张家口组</td><td colspan="2" rowspan="2"></td></tr>
<tr><td>贝里阿斯阶
Berriasian</td><td colspan="3">火石岭组</td><td>周公山组</td><td>高峰寺组</td><td rowspan="2">古错村组
J_3–K_1</td></tr>
<tr><td>下伏地层</td><td>提塘阶
Tithonian</td><td>未建阶</td><td colspan="2">库孜贡苏组J_3</td><td>坝注路组J_3</td><td colspan="2">前白垩系</td><td colspan="3">二叠系P</td><td>圆筒山组J</td><td colspan="2">蓬莱镇组
J_3</td><td>妥甸组
J_3</td></tr>
</table>

2. 地层区划

根据地层的发育与分布特征，中国白垩系划分为 10 个地层区、21 个地层分区(图 5.10)，简介如下。

1）北疆地层区(Ⅰ)

该区位于新疆北部，南以艾比湖断裂为界，向东、西延伸出国境，分别至蒙古、俄罗斯境内。地层发育较齐全，主要分布于准噶尔和吐鲁番盆地，早白垩世为一套以紫红色为主的杂色泥岩的湖相沉积，含介形虫、鱼类、双壳类、叶肢介等化石。晚白垩世发育红色为主的较粗碎屑河湖相沉积，含恐龙蛋、脊椎动物及介形虫化石群。阿尔泰及邻近以南地区缺失。

2）塔里木—天山地层区(Ⅱ)

该区位于新疆南部，包括甘肃的北部和内蒙古的西端。南以卡拉其口—泉水沟—茫崖北—肃北—银根出境至蒙古，向东与阿尔金断裂相接。中天山—北山地区下白垩统中下部发育一套红色夹杂色碎屑岩含煤地层，上部为碎屑岩夹泥质岩、泥灰岩及含油层的山麓—河湖相沉积，含双壳类化石群。普遍缺失晚白垩世沉积；塔里木地区下白垩统发育一套红色砂、砾岩、泥质岩，含叶肢介化石群和孢粉组合带。塔里木盆地西南端，早白垩世晚期至晚白垩世发育海相和海陆交互相的杂色砂岩、泥岩、灰岩，夹石膏层，含菊石、有孔虫、介形虫和双壳类化石群。塔里木北缘，晚白垩世为一套紫红色河湖相碎屑岩沉积，介形虫化石丰富。

3）阿拉善—秦祁昆地层区(Ⅲ)

该区包括东昆仑、柴达木、祁连山、秦岭、阿拉善、大别山等地。南以木孜塔格峰—昆仑山口—修沟—玛沁、玛曲—南坪—略阳一线，沿东昆仑—西秦岭南缘断裂向东与扬子地台北缘相连，西与塔里木—天山地层区相接，东接鄂尔多斯地层分区沿华北地台南缘断裂与晋冀鲁豫地层区分界。可分为 3 个地层分区：①阿拉善地层分区(Ⅲ$_1$)，区内早白垩世至晚白垩世早期发育一套紫红色、杂色砂砾岩、泥岩、泥灰岩的山麓—河湖相沉积，含介形虫化石群。晚白垩世中晚期为红、杂色碎屑岩的河流—湖滨相沉积，含爬行类动物群。巴丹吉林地区的早白垩世地层夹油页岩，并伴有火山活动，晚白垩世地层夹有石膏层。②东昆仑—祁连地层分区(Ⅲ$_2$)，区内祁连山地区发育一套红色碎屑岩及泥灰岩，局部夹石膏层，含油砂岩或火山岩的河湖相沉积。在甘肃境内下部为红、杂色泥岩夹石膏的湖相沉积。在六盘山地区下部为紫红色砂岩，局部夹油页岩和石膏层的湖相沉积。③秦岭大别地层分区(Ⅲ$_3$)，在陇东、陕西及其以东地区早白垩世早期为紫红色砂砾岩的山麓河流相沉积，中期为杂色细碎屑泥岩河湖相沉积，晚期为灰绿、灰黑色含煤碎屑岩的湖泊相沉积，局部夹中基性火山熔岩。在大别山地区，早白垩世发育一套碱性玄武岩—白榴石响岩、滨湖相的火山碎屑岩；晚白垩世发育一套棕红色碎屑岩河流—冲积扇沉积。

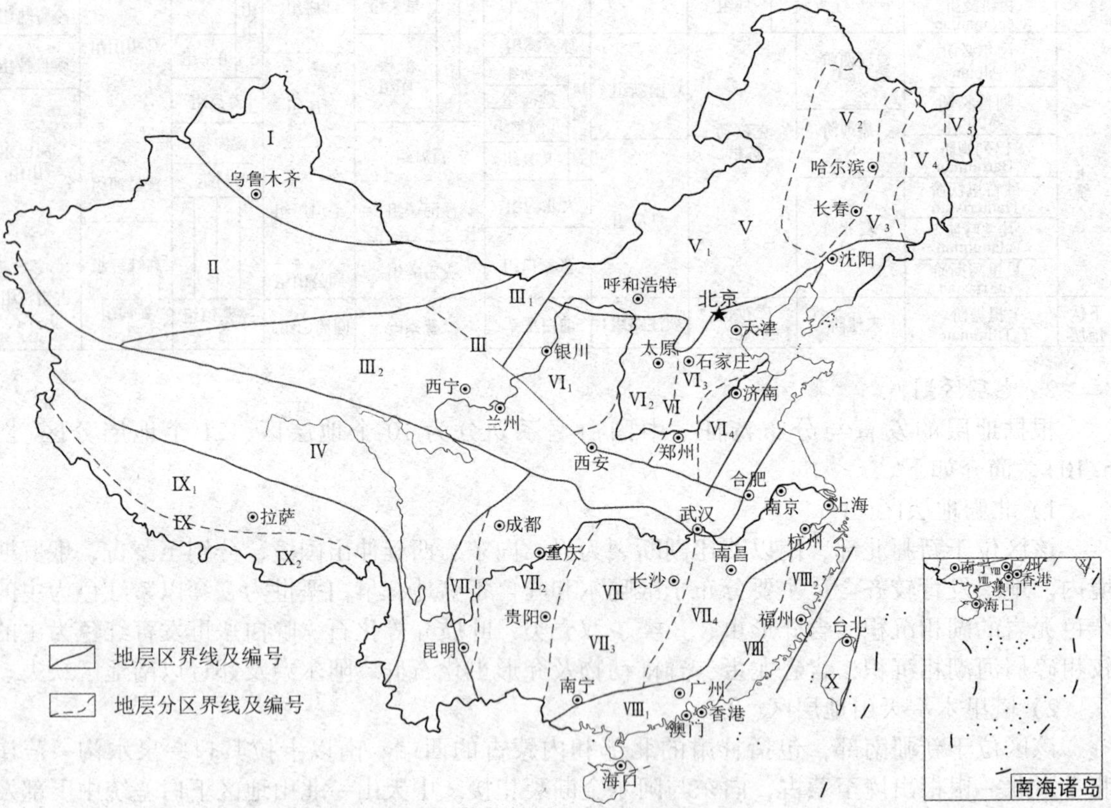

图 5.10　中国白垩纪地层地层区划示意图(据《中国地层典·白垩系》，2000，修改)

4)昆仑—滇西地层区(Ⅳ)

该区位于扬子地层区西侧，包括新疆南部、西藏北缘、青海南半部及四川、云南西部地区。喀喇昆仑山地区发育早白垩世晚期至晚白垩世灰、红色灰岩夹砂泥岩，局部含石膏的海相沉积。巴颜喀拉地区发育次稳定—非稳定型碎屑岩、火山岩为主夹碳酸盐岩沉积，沿断裂带有蛇绿岩分布。在玛多—马尔康地区零星分布暗紫红色粗碎屑岩含煤地层，局部夹石膏层。羌塘—昌都思茅地区发育以陆相为主夹海陆交互相稳定型碎屑岩及泥质碳酸盐岩沉积。在昌都—察雅地区为一套紫红色河湖相稳定型粗碎屑岩及泥质岩沉积。保山地区仅零星分布下白垩统红、黄色砂砾岩为主的地层。德钦西南部地区发育下白垩统海陆交互相紫红色碎屑岩夹灰绿色泥岩。

5)兴安—长白地层区(Ⅴ)

该区位于东北地区，包括内蒙古、黑龙江、吉林、河北北部及辽宁西部等省(区)的广大区域，南以临河—阴山—燕山南缘与晋冀鲁豫地层区为界，北及东面分别进入俄罗斯和朝鲜境内。发育一套陆相火山—沉积岩和断陷盆地沉积，具北东向相间分布的特征。分为以下5个地层分区：①大兴安岭—燕山地层分区($Ⅴ_1$)，区内早白垩世发育两套火山岩、火山碎屑岩与两套含煤或含油页岩的沉积，下部火山岩为中基性，上部火山岩为酸碱性；普遍缺失晚白垩世地层，仅在海拉尔地区发育红色碎屑岩。②松辽地层分区($Ⅴ_2$)，区内早白垩世早中期为火山岩—火山碎屑岩夹煤层沉积。早白垩世晚期至晚白垩世为一套河湖相杂色、红色碎屑岩，含两套深黑色油页岩层。③张广才岭—南楼山地层分区($Ⅴ_3$)，区内为一套过渡带盆地沉积。下白垩统为沉积火山岩系，中部含煤层。北缘与松辽地层分区相接处，上白垩统为一套以灰，灰绿色为主的湖相碎屑岩沉积。④鸡西—延吉地层分区($Ⅴ_4$)，区内下白垩统为一套山麓—河湖相含煤沉积夹凝灰岩，局部地区夹海相地层。上白垩统为一套中酸性火山岩夹沉积岩系。延吉地区顶部有红色碎屑岩和含油页岩沉积。⑤那丹哈达岭地层分区($Ⅴ_5$)，区内早白垩世早期为一套海陆交互相含煤碎屑岩沉积—火山碎屑岩沉积，晚期在局部地区为海相深色碎屑岩—中酸性火山岩沉积。

6)晋冀鲁豫地层区(Ⅵ)

该区位于兴安—长白地层区与秦祁昆地层区之间。根据沉积类型，沉积物组合和火山岩活动程度，划分为以下4个北东向分布的地层分区：①鄂尔多斯地层分区($Ⅵ_1$)，区内早白垩世发育一套河湖相红色碎屑岩夹泥灰岩，晚期为灰绿色细砂泥岩的湖相沉积，缺失晚白垩世沉积。②山西地层分区($Ⅵ_2$)，在洛阳盆地为一套杂色砂砾岩沉积，局部夹玄武岩及火山碎屑岩。三门峡盆地仅有砖红色砂质黏土岩砾岩沉积。在山西、内蒙古交界地区早白垩世为一套红色，砂泥岩河湖相沉积夹火山岩、火山碎屑岩。晚白垩世为一套紫红色、杂色较粗碎屑河湖相沉积。③平原地层分区($Ⅵ_3$)，区内除边缘地区有零星的白垩系出露外，均被巨厚的新生界地层所覆盖。临城、丘城、确山一带，下白垩统为一套灰、紫灰色砂泥岩，上部夹泥灰岩、油页岩的湖相沉积。上白垩统主要见于井下，为紫红色夹杂色砂泥岩，局部夹泥质白云岩及石膏层，上部夹有玄武岩或火山碎屑岩。④辽鲁徐淮地层分区($Ⅵ_4$)，在辽东仅发育一套中酸性火山岩与灰绿色、灰黑色细碎屑岩河湖相沉积，在山东发育一套河湖相碎屑岩—中酸性或中基性火山岩系，间夹沉积岩—红色细碎屑岩沉积。在鲁东地区下部为灰绿、紫红色碎屑岩滨湖相沉积夹多层中基性火山岩，上部为红色砂泥岩滨湖相沉积。

7)扬子地层区(Ⅶ)

包括四川、重庆、云南、贵州、湖北、湖南、广西、江西、江苏、上海等省(区、市)及陕西、河南、安徽的南部，浙江、广东北部等的广阔区域。主要发育具北北东向分布的断裂或拗陷盆地沉积，东部地区含火山岩系。分为以下4个地层分区：①康滇地层分区($Ⅶ_1$)，区内发育一套断陷盆地沉积，为紫红色、杂色砂泥岩，下部夹含铜页岩，上部夹石膏层，在丽江地区缺失。②上扬子地层分区($Ⅶ_2$)，区内发育一套拗陷盆地沉积。由于白垩纪以来盆地缩小，沉积物分布不广，仅在川西雅安地区发育较全，下部为紫红色砂泥岩，上部夹泥灰岩，石膏及钙芒硝。川北、川中地区仅有下白垩统出露，为一套紫红色夹灰色砂泥岩湖相沉积，宜宾地区缺失早白垩世早期地层。③中扬子地层分区($Ⅶ_3$)，区内发育一套山间盆地和断陷盆地沉积。在江汉盆地、沅麻盆地内发育一套紫红色砂砾岩、砂泥岩的河湖相沉积。在衡阳地区发育一套河湖相砂泥岩，下部夹玄武岩，局部夹含铜砂岩和石膏层。区内普遍缺失早白垩世早期地层。④下扬子—诸广地层分区（Ⅶ$_4$），本分区发育一套断陷盆地沉积。在苏浙皖地区下部为火山碎屑岩—中性火山喷发岩系，底部为紫红色砂砾岩，上部为滨湖相杂色泥岩含石膏、芒硝、岩盐等。诸广地区南雄盆地下部为一套中酸性火山岩、火山碎屑岩、红色碎屑岩，上部为红色碎屑岩沉积。

8）东南地层区（Ⅷ）

该区位于我国东南部，包括浙江东部、福建、广东、海南、广西东部等省（区）的广大区域。北与扬子地层区相接，东与台湾地层区相连，南以保亭—黄流一线与南海地层大区（仅包括三亚地层分区）分界。西段发育红色碎屑岩夹中酸性火山岩，中段下部为红色碎屑岩夹石膏或泥灰岩、油页岩，东段早期火山岩发育，晚期为正常河湖相沉积。分为2个地层分区：①武夷山—云开地层分区（Ⅷ$_1$），区内云开地区为一套红色碎屑岩夹中酸性火山岩；闽西地区下部为火山岩、火山碎屑岩、红色细碎屑岩，上部地层为红色碎屑岩。武夷山地区为一套陆相碎屑岩夹安山岩、英安岩、流纹岩，局部夹玄武岩；早期火山活动最强烈，晚期火山活动微弱。②沿海地层分区（Ⅷ$_2$），本分区早期发育一套以安山岩—英安岩—流纹岩组合为主的火山喷发沉积岩系及独特的酸（中酸）性粒状斑熔岩，由北东向南西火山活动减弱，晚期为正常河湖相红色碎屑岩。海南白沙、儋县、琼海等地区，早白垩世为一套紫红色粗碎屑岩，夹火山碎屑岩沉积。晚白垩世沉积仅见于乐东地区，为一套紫红色砂岩夹粉砂岩、砾岩沉积。三亚地区仅发育一套中酸性火山岩。

9）西藏地层区（Ⅸ）

该区位于我国西南部，包括西藏及云南西部地区，南以喜马拉雅山为界与印度地层区为邻，北与昆仑—滇西地层区相接。可分为2个地层分区：①冈底斯—腾冲地层分区（Ⅸ$_1$），区内发育海陆交互相次稳定型含煤碎屑岩，碳酸盐岩夹火山岩建造。在措勤—申扎、班戈—拉萨地区早白垩世为浅、深海非稳定型硅质岩、火山岩及泥质碎屑岩建造，腾冲地区缺失。②喜马拉雅地层分区（Ⅸ$_2$），区内发育一套海相沉积。在普兰—聂拉木地区为浅海稳定型砂泥质及碳酸盐岩建造，在康马-隆子地区为深海次稳定型硅质岩、碳酸盐岩、碎屑岩局部夹火山岩建造，在雅鲁藏布江为浅海、深海次稳定型泥质岩、碎屑岩建造，洋底非稳定型滑塌蛇绿混杂岩建造及蛇绿岩。

10）台湾地层区（Ⅹ）

该区西与东南地层分区相连，东以台湾纵谷为界，东部为台湾东部地层区。在西部云林—北港—澎湖等地，下白垩统为一套灰白、灰色砂岩、粉砂岩、页岩及薄层灰岩，夹玄武岩。东部发育一套石英云母片岩、千枚岩，其余地区未见出露。

3. 地层划分与对比

白垩纪时，我国大兴安岭—太行山—武陵山一线东侧的岩浆活动，较晚侏罗世相对减弱，并有向东转移的趋势，使东部沿海一带成为火山岩浆活动带，并在此区域分布着一系列小型盆地。侏罗纪后期至白垩纪逐渐出现了北北东方向的松辽、华北、江汉等重要含油气盆地。此线西侧的大型稳定内陆盆地，如陕甘宁、四川等盆地从白垩纪起趋向萎缩。

白垩纪，我国长江沿岸及其以南的中小型盆地以及塔里木盆地、柴达木盆地多为红层沉积，黄河沿岸以及吐鲁番、准噶尔、松辽等盆地多杂色碎屑沉积，但东北阜新、鸡西、鹤岗等少数小型盆地仍有重要煤田形成。

松辽盆地是位于我国东北的大型中、新生代沉积盆地，地跨黑、吉、辽三省，白垩纪是盆地主要发育时期。典型剖面位于松辽地层分区的古龙—长岭一带，地层厚度巨大、层序完整、化石丰富，并含有重要的煤、油页岩等矿产，地层划分及特征如下；

上覆地层 古近系依安组

不整合接触

上白垩统

明水组 下段为灰绿、灰棕色砂岩、砂质泥岩及黑色泥岩；上段为灰、棕红色泥岩、粉砂岩夹砾岩。产介形虫 *Cypridea apiculata*，双壳类 *Pseudohyria*，孢粉等化石。233m

四方台组 棕红、灰绿、灰白色泥岩夹砂岩、粉砂岩。产介形虫 *Talicypridea*（类女星介），双壳类，孢粉等化石。160m

不整合接触

嫩江组 灰黑、灰绿色泥岩、页岩、粉砂岩夹灰白色细砂岩，可分5段。产介形虫 *Cypridea ordinata*，双壳类 *Sphaerium*，孢粉等化石。1010m

姚家组 灰绿、灰黑、灰色泥岩、砂岩夹页岩，可分3段。产介形虫 *Cypridea exornata*，叶肢介，双壳类等化石。174m

青山口组 黑、灰黑、灰绿色砂质泥岩、粉砂岩夹油页岩，可分3段。产叶肢介等化石。183m

下白垩统

泉头组 红、杂色泥岩与灰白色砂岩、粉砂岩互层。产双壳类 *Nippononaia*（富饰蚌），介形虫，孢粉等化石。615m

登楼库组 灰、灰白、灰绿、灰黑色砾岩、粉砂岩、泥岩，可分4段。产孢粉，植物等化石。1547m

营城组 中酸性火山岩系含煤地层、上部夹煤层。产植物 *Coniopteris onychioider*、*Cladophlebis*，双壳类 *Ferganoconcha* cf. *daqingshanensis*、*Sibireconcha golovae*，昆虫等化石。861m

平行不整合接触

沙河子组 灰白色砂岩、灰黑色泥岩、粉砂岩夹煤层，产双壳类 *Ferganoconcha* sp.，鱼类 *Lycoptera* sp.，植物 *Elatocladus manchurica*（满洲里枞型枝）、*Coniopteris*、*Gleichenites* sp.（似里白）等化石。422m

火石岭组 灰绿色安山岩、凝灰岩、凝灰质砾岩夹粉砂岩、砂岩、泥质岩及煤线，产植物 *Elatocladus* sp.。427m

不整合接触

下伏地层 二叠系

扬子地层区康滇地层分区的滇中盆地白垩系发育齐全，厚度巨大，其地层划分及特征如下：

上覆地层 赵家店组(E_1)

整合接触

上白垩统

江底河组 杂色泥岩及紫色粉砂岩，上下部夹杂色泥灰岩条带层，含铜及盐类沉积，化石主要保存在杂色层中，从下而上可分4段：下杂色泥岩段、下紫色粉砂岩段、上杂色泥岩段、上紫色粉砂岩段。产介形虫 *Cypridea houmafangensis*，叶肢介，轮藻及淡水鱼类等化石。2574m

整合接触或平行不整合接触

马头山组 上部为紫红色中—厚层石英砂岩夹粉砂岩和泥岩，下部为暗紫色砂岩、砂砾岩、砾岩。泥岩中产丰富的双壳类 *Trigonioides-Plicatounio-Nakamuranaia*(TPN 组合)，同时还产叶肢介、介形虫、轮藻等化石。151 m

平行不整合接触

下白垩统

普昌河组 紫红色泥岩夹杂色泥灰岩、砂岩和泥质砂岩条带。局部地区含铜，化石极丰富，尤以双壳和介形类最丰富，例如双壳类 *Nakamuranaia elongata*、*N. Chingshanensis*，属典型的 TPN 组合；介形虫 *Cypridea*，叶肢介 *Orthesthriopsis*(直线叶肢介)，轮藻等化石。1311m

高峰寺组 灰黄、灰绿色厚层石英砂岩夹紫红色泥岩、杂色砂质泥岩、粉砂岩和细砾岩。底部出现砾岩，为主要含铜层位。产双壳类 *Nakamuranaia*(中村蚌)、*Trigonioides antiquus*，叶肢介 *Orthestheria* 以及介形虫，轮藻等化石。702m

平行不整合接触

下伏地层 妥甸组(J_3)

中国白垩纪各地层区地层划分与对比见表 5.10。

5.5 古近系和新近系

5.5.1 中国的古近系

1. 概况

古近系是距今 0.65 亿~0.23 亿年、经历了 4200 万年的古近纪时期所沉积的地层。从老到新古近系分为古新统、始新统和渐新统，国际与中国古近系均划分为 9 个阶，中国古近系陆相地层发育，根据哺乳动物化石的分布，以及将海相化石共生的孢粉组合与其他陆相化石等资料对比后，进行各阶与国际海相阶的对比(表 5.11)。

2. 地层区划

古近系地层区划划分为三级：大区、区和地区，大区的划分主要依据沉积类型及其反映出的古气候特征，即古气候带划分。如广泛发育暗色沉积、煤系和相应生物群的东北—华北大区(包括阿尔泰区)，广泛发育红层与蒸发岩的华南—西北大区，以热带海相、滨海相地层为特征的雅鲁藏布—南海大区，大区下划分为 14 个地层区，分述如下。

1) 东北—华北大区(Ⅰ)

贺兰山、六盘山以东，南秦岭以北。大部地区广泛发育暗色沉积和煤系，但华北南部和西部以及下辽河地区也见有红层或膏岩沉积。太行山、大兴安岭以东常见火山岩。新疆北端阿勒泰地区产古近系的暖湿气候植物群。本区的沉积类型与植物孢粉类型说明属亚热带、暖温带潮湿气候带。下分 3 个区：①阿尔泰区($Ⅰ_1$)，主要包括阿勒泰地区($Ⅰ_{1-1}$)，下部为灰白色砂砾岩，中部为灰白色黏土岩夹砂质黏土岩，上部为杂色砂质黏土岩，中部发现古新世“阿勒泰植物群”；②东北区($Ⅰ_2$)，包括小兴安岭地区、张广才岭北部地区、张广才岭南部地区、沈北地区、下辽河地区、辽东地区；③华北区（$Ⅰ_3$），包括内蒙古中西部地区、河套地区、燕山太行山地区、华北平原地区、鲁西地区、鲁中—鲁东地区、晋南地区、汾渭地区、豫西北地区、豫西南地区。

图 5.11　中国古近纪地层区划示意图（据《中国地层典·总论》，2009，修改）

2）华南—西北大区（Ⅱ）

西段的南界沿冈底斯—念青唐古拉山系，东段的南界沿右江上游至南岭以南，再沿闽浙近海北上并向南折向台湾北部。广泛发育红层与膏岩或天然碱，但东西两端有海相与海陆交互相沉积（东海与塔里木西缘），西南部与东部有火山岩。本大区属副热带干旱气候带，间有湿润气候期。下分 8 个区：①北疆区，包括准噶尔地区和吐鲁番—哈密地区；②南疆区，包括喀什—莎车地区、拜城—库车地区；③祁连—贺兰区，包括柴达木地区、祁连山—河西走廊地区、六盘山—贺兰山地区、兰州—西宁地区；④青藏高原滇西区，包括羌塘—藏东地区、藏北地区、巴颜喀拉—川西地区、滇西地区；⑤西南区，包括四川盆地地区、贵州地区、滇东地区；⑥鄂苏皖区，包括江汉盆地边缘地区、江汉盆地地区、鄂西北地区、皖南地区、皖中—苏北地区、苏北盆地地区；⑦江南南岭区，包括湘东—湘中地区、粤北—赣南地区、赣中地区；⑧东海闽浙区，包括浙东地区、浙东坳陷地区。

3）雅鲁藏布—南海大区（Ⅲ）

由于西南红层区的阻断，本大区东西两段在我国境内不能连接，东西两段的共同特征是以热带海相、滨海相沉积为主，雅鲁藏布江流域的西南部以特提斯型灰岩为主，西北部以中酸性—偏基性火山岩夹海相灰岩为特征，南海区以海相、海陆交互相和滨海相碎屑岩为主，常含煤、油页岩、石油或菱铁矿，间有红色沉积或膏岩。本大区古气候特征是热带潮湿气候带，但濒临副热带红层分布区。分为3个区：①藏南藏中区，包括藏南地区、冈底斯南坡地区、藏中地区；②南海珠江区，包括右江地区、珠江地区、云开地区、珠江口盆地地区、雷琼地区、海南五指山地区、莺琼盆地地区；③台湾区，包括台北坳陷地区、北港—澎湖地区、西部山麓及滨海平原地区、雪山山脉北部地区、雪山山脉中南部地区、脊梁山脉地区。

3. 地层划分与对比

我国古近系发育齐全，分布广泛。但海相沉积分布局限，仅见于台湾、喜马拉雅山、塔里木盆地西南缘和雷琼半岛等地。陆相沉积则几乎遍布于全国各大小盆地，古近系大致以贺兰山—龙门山为界，划分为东西两大部分，各地区地层的对比见表5.11。

表5.11 中国古近纪地层分区对比表(据曾勇等，2008，改编)

地层单位		国际地层表(2018)	中国地层表(2014)	陆相							海相	
				华北区	青滇区藏中	东北区松辽	华北区鲁西	扬子区江汉	南方区	南疆区	藏南区	台湾台北
上覆地层		阿基坦阶	谢家阶	通古尔组(N_1)	芒多组(N_1)	邱家屯群(N_1)	馆陶组(N_1)	第四系(Q)	翁哨组(N_1)	克孜洛依组(N_1)		翁哨组(N_1)
古近系E	渐新统E_3	夏特阶 Chattian	塔本布鲁克阶	伊肯布拉格组	日贡拉组	洋河组 ?	东营组		?	巴什布拉克组		珠海组
		吕珀尔阶 Rupelian	乌兰布拉格阶	乌兰布拉格组								四棱组
	始新统E_2	普利亚本阶 Priabonian	蔡家冲阶	乌兰戈楚组	帕那组	耿家街组	沙河街组	牌楼口组	蔡家冲组	卓尤勒干苏组	遮普惹组	平湖组
		巴顿阶 Bartonian	垣曲阶	河堤组		西露天组			那读组	乌拉根组		瓯江组
		路特阶 Lutetian	伊尔丁曼哈阶 阿山头阶	卢氏组	年玻组	计军屯组			路美邑组下部	卡拉塔尔组		
		伊普尔阶 Ypresian	岭茶阶	玉皇顶组		古城子组	孔店组	洋溪组	岭茶组			明月峰组
	古新统E_1	塔内特阶 Thanetian	池江阶	脑木根组	典中组	栗子沟组		龚家冲组	池江组	齐姆根组	宗浦组	灵峰组
		塞兰特阶 Selandian										
		丹尼阶 Danian	上湖阶	樊沟组		老虎台组			上湖组	阿尔塔什组	基堵拉组	石门潭组
下伏地层		马斯特里赫特阶 Maastrichtian	绥化阶	明水组 K_2	设兴组 K_2		前古近系	跑马岗组 K_2	桐乡组 K_2	吐依济克组K_2	宗山组 K_2	桐乡组 K_2

东部华北盆地最大的沉降区是渤海湾沿岸地区，其中包括下辽河、大港和胜利几个大油田，其古近系发育情况可以胜利油田为例，将其地层划分及特征简述如下：

上覆地层 中新统馆陶组

不整合接触

渐新统

东营组 自下而上分为三段：第三段以灰色泥岩为主，有灰质页岩和砂岩夹层；第二段为灰绿色泥岩夹砂岩；第一段为棕红色、灰绿色泥岩夹砂岩或成互层，顶部时有火山岩分

布，含丰富的介形类及轮藻、腹足类化石。300~1500m

渐新统—始新统

沙河街组 自下而上分为四段，灰色、深灰色泥岩为主的暗色砂、泥岩层，夹油页岩、生物灰岩、白云岩。各门类生物化石丰富，淡水、半咸水种类共生。>2000m

整合接触或平行不整合接触

始新统—古新统

孔店组 自上而下分为三段：第三段为红色泥岩与砂岩互层、底部为砾岩；第二段以灰色、深灰色泥岩为主，中、上部夹有煤层、炭质页岩、油页岩和砂岩；第一段为红色泥岩与砂岩交互层。1500m

不整合接触

下伏地层 白垩系

古近纪时，我国东部海岸线位于现在的海岸线以东，当时自北而南分布渤海、黄海、东海、台湾、珠江口、北部湾、莺歌海及南海北部等以新生代为主的近海的陆相沉积盆地。新近纪时，太平洋海水西侵，第四纪海侵进一步扩大，除台湾以外，以上地带均被现代海水所淹，成为今天的大陆架海域。因此，东部大陆架海域经历了由陆变海的演变过程，并成为我国古近纪和新近纪主要聚煤地带之一，也是我国重要的海上石油远景基地。现以台北坳陷地区海相地层为例，其剖面划分如下：

上覆地层 玉泉组 N_1

不整合接触

渐新统 缺失

始新统

瓯江组 浅灰色粉、细砂岩、灰质砂岩，含砾砂岩夹砂质白云岩，生物碎屑灰岩及泥岩。缺失顶部地层。底栖有孔虫发育，含有介形虫、钙质超微化石和孢粉化石。444~992.6m

明月峰组 灰色细砂岩、粉砂岩与灰色泥岩呈不等厚互层夹沥青质煤。含有孔虫、钙质超微化石、介形虫、沟鞭藻、孢粉等化石。400~500m。

古新统

灵峰组 深灰色泥岩、灰白色粉、细砂岩、粗砂岩，底部浅灰白色生物碎屑灰岩。含有孔虫、钙质超微化石、介形虫、沟鞭藻、孢粉等化石。200~700m

石门潭组 棕红色泥岩夹灰色砂岩、浅灰色长石岩屑砂岩，长石石英砂岩为主夹黑色泥岩和砂质泥岩。含有孔虫、钙质超微化石、介形虫、沟鞭藻、孢粉等化石。414m

不整合接触

下伏地层 白垩系安山岩

浙东地区的古近系主要为陆相沉积、海陆过渡半封闭海湾相含煤沉积。古新统地层未钻穿，始新统八角亭组为火山岩夹碎屑岩，厚达140.64~395.7m，中始新统至上始新统平湖组岩性为深灰色泥岩夹砂岩及沥青质煤的地层，是主要生油层，厚达204~1550m。渐新统花港组为一套灰白色砂岩夹深灰色泥岩和煤，厚达1191m。

我国西部的古近系有两种沉积类型：陆相盆地广泛分布，海相沉积仅局限于喜马拉雅地区和塔里木盆地的西南缘。西部内陆的大、中型盆地有准噶尔盆地、吐鲁番盆地、柴达木盆地、塔里木盆地。现以准噶尔盆地玛纳斯地区古近系为例，简介如下：

上覆地层　中新统塔西河组

整合接触

渐新统

沙湾组　为棕红色或褐红色泥岩、砂质泥岩、砂岩和含团块状灰岩及灰绿色砂岩、砾岩组成的杂色岩系。无化石。359m

平行不整合接触

始新统

安集海河组　为灰绿色泥灰岩、泥岩、介壳灰岩及薄层砂岩，含丰富的介形类、双壳类、腹足类化石，脊椎动物有鱼类弓鳍鱼、爬行类三爪鳖科及哺乳类沟齿兽等。500~600m

古新统—始新统

紫泥泉子组　上部为红色泥岩与砂岩、粉砂岩互层，夹砾岩透镜体；下部为红色泥岩、砂岩和砾岩互层；中部为红色砂质泥岩夹绿色砾岩、泥灰岩及钙质结核。461m

整合接触

下伏地层　白垩系东沟组

5.5.2 中国的新近系

1. 概况

古近系是距今2303万~258.8万年、经历了4200万年的古近纪时期所沉积的地层。新近系从老到新分为中新统、上新统，国际上新近系划分为8个阶，中国新近系划分为7个阶(表5.12)，2013年第四届全国地层会议修订了中国陆相阶的划分，中新统划分为谢家阶、山旺阶、通古尔阶、灞河阶、保德阶，上新统划分为高庄阶、麻则沟阶。中国新近系陆相地层发育，根据哺乳动物化石的分布，以及与海相化石共生的孢粉组合与其他陆相化石等资料对比后，进行各阶与国际海相阶的对比。

表5.12　中国新近纪地层分区对比表(据曾勇等，2008，改编)

<table>
<tr><td colspan="2" rowspan="2">地层单位</td><td rowspan="2">国际地层表
(2018)</td><td rowspan="2">中国地层表
(2014)</td><td colspan="4">陆相</td><td>海相</td></tr>
<tr><td>中国北方</td><td>中国南方</td><td>青藏高原</td><td>华北区鲁西</td><td>台湾区台北</td></tr>
<tr><td colspan="2">上覆地层</td><td>格拉斯阶
Gelasian</td><td>泥河湾阶</td><td>第四系</td><td>第四系</td><td>第四系</td><td>第四系</td><td>东海群Q</td></tr>
<tr><td rowspan="8">新近系N</td><td rowspan="2">上新统N_2</td><td>皮亚琴察阶
Piacenzian</td><td>麻则沟阶</td><td>麻则沟组</td><td rowspan="2">沙沟组</td><td rowspan="2">札达组</td><td rowspan="2">青龙场组</td><td rowspan="2">三潭组</td></tr>
<tr><td>赞克尔阶
Zanclean</td><td>高庄阶</td><td>高庄组</td></tr>
<tr><td rowspan="6">中新统N_1</td><td>墨西拿阶
Messinian</td><td>保德阶</td><td>保德组</td><td>石灰坝组</td><td>托林组
沃马组</td><td rowspan="6">凉水井组</td><td rowspan="2">柳浪组</td></tr>
<tr><td>托尔托纳斯阶
Tortonian</td><td>灞河阶</td><td>灞河组</td><td>小河组</td><td rowspan="3">上油砂山组</td></tr>
<tr><td>塞拉瓦勒阶
Serravallian</td><td rowspan="2">通古尔阶</td><td rowspan="2">通古尔组</td><td rowspan="2">小龙潭组</td><td rowspan="2">玉泉组</td></tr>
<tr><td>兰海阶
Langhian</td></tr>
<tr><td>布尔迪加尔阶
Burdigalian</td><td>山旺阶</td><td>山旺组
下草湾组</td><td rowspan="2">翁哨组</td><td>车头沟组</td><td rowspan="2"></td></tr>
<tr><td>阿基坦阶
Apuitanian</td><td>谢家阶</td><td>索索泉组</td><td>谢家组</td></tr>
<tr><td colspan="2">下伏地层</td><td>夏特阶</td><td>塔本布鲁克阶</td><td>巴什布拉克组</td><td>珠海组</td><td>康托组</td><td>东营组</td><td>瓯江组</td></tr>
</table>

2. 地层区划

新近系地层区划划分三级：大区、区和地区。大区的划分主要依据沉积类型和综合生物群类型，以沉积气候标志和古生态气候标志所反映的气候带归属为依据，划分为4个大区(图5.12)。

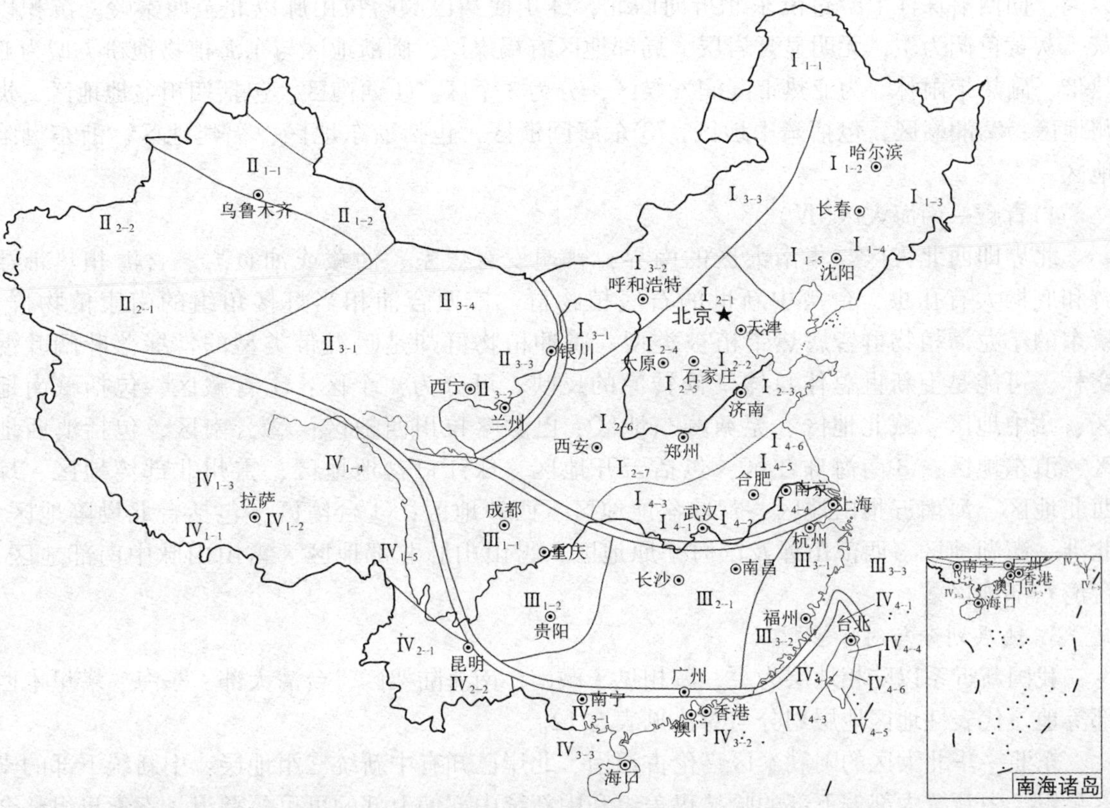

图5.12　中国新近纪地层区划示意图(据《中国地层典·总论》，2009，修改)

1)东北—华北大区(Ⅰ)

南界东起东海与黄海之间，至长江口南，沿长江中下游再至西秦岭。西界北起内蒙古、宁夏之间，过贺兰山、六盘山以东，向西南折向西秦岭。常见褐煤层，植被类型为中生混交林(如山旺植物群)或北方硬木混交林(如吉林富锦组秋梨沟植物群)，主要反映的是温带湿润气候。与古近纪时期亚热带、暖温带潮湿气候相比，气温明显下降。可划分为四个区：①东北区，包括小兴安岭地区、松嫩平原地区、张广才岭地区、沈北地区、下辽河地区；②华北区，包括燕山—太行山地区、华北平原地区、鲁中鲁东地区、晋西地区、晋东地区、汾渭地区、豫西南地区；③内蒙古区，包括河套地区、内蒙古中西部地区、内蒙古东部地区；④鄂苏皖区，包括江汉边缘地区、江汉盆地地区、鄂西北地区、南京地区、徐淮地区、苏北盆地地区。

2)西北大区(Ⅱ)

东界即为东北—华北大区南界，南界为昆仑山脉、巴颜喀拉山脉以北至西秦岭。多膏岩，大植物化石不多，孢粉谱反映中新世早中期较温暖，但晚中新世—上新世趋冷并荒漠化，属内陆干旱气候区。可分为3个区：①北疆区，包括准噶尔地区、吐鲁番—哈密地区；

②南疆区，包括喀什—莎车地区、拜城—库车地区；③祁连贺兰区，包括柴达木地区、兰州—西宁地区、六盘山—贺兰山地区、祁连山—河西走廊地区。

3）华南大区（Ⅲ）

北界即东北—华北大区南界，南界东起台湾以北的东海南部，然后沿浙闽沿海折向南岭以南，向西沿珠江上游过滇东北折向西北，经川西达巴颜喀拉山脉以北至西秦岭。沉积以灰、灰黄色调为主，无明显膏岩层，局部地区有褐煤层，闽浙地区与东海植物孢粉类型为亚热带、副热带雨林。为亚热带湿润气候区，分为3个区：①西南区，包括四川盆地地区、贵州地区；②湘赣区，包括赣中地区；③东海闽浙区，包括浙东地区、福建地区、浙东坳陷地区。

4）青藏—南海大区（Ⅳ）

北界即西北大区与华南大区的南界，普遍发育煤系、油藏或油页岩。含海相热带浮游和底栖大有孔虫，台湾中新世的石底植物群、广西合浦相当灯楼角组的南康植物群、滇东的小龙潭植物群皆属热带植被类型。腾冲植物群却是暖温带类型的常绿落叶阔叶混交林，可能是上新世总体总体气候转凉的反映。可分为4个区：①青藏区，包括藏南地区、藏中地区、藏北地区、羌塘藏东地区、巴颜喀拉川西地区；②云南区，包括滇西地区、滇东地区；③南海珠江区，包括云开地区、珠江口盆地地区、雷州北部湾地区、琼西北地区、海南五指山地区、莺琼盆地地区、西沙地区；④台湾区，包括台北坳陷地区、北港—澎湖地区、西部山麓及滨海平原地区、雪山山脉北部地区、雪山山脉中南部地区、台湾东部地区。

3. 地层划分与对比

我国新近系以陆相地层为主，海相见于藏南、南海陆架区、台湾大部、东海、塔里木西部等地。代表性地区地层划分与对比见表5.12。

东北—华北大区的阿勒泰区乌伦古河南、北岸已知有中新统三组地层：中新统下部的索索泉组、中新统中部偏下部的哈拉玛盖组和中新统中部偏上部的可可买登组。索索泉组整合或假整合于渐新统上部的铁尔斯哈巴河组之上，为棕红、橘红色细砾岩、砂砾岩、粉砂岩、泥岩不等厚互层，夹灰白、灰黄色砂岩、灰绿色粉砂岩和绿色泥岩团斑，厚60~115m，含哺乳动物化石。假整合于索索泉组之上哈拉玛盖组为灰白、灰褐色砾岩、粗砂岩、砂岩夹灰绿色砂岩和绿色泥岩，厚55m。假整合于哈拉玛盖组之上的可可买登组底部为黄绿色砂岩，向上变为褐黄色砾岩、砂砾岩、砂岩互层，砂岩中斜层理发育，可见厚14m。

华北区华北平原地区在渐新统东营组之上，不整合覆盖着中新统馆陶组，为灰白色砾状砂岩、细砂岩、灰绿色细砂岩、棕红色泥岩，上段为含砾砂岩与泥岩互层，下段为厚层块状砂砾岩夹泥岩，底部为含石英、黑色燧石的砂岩、砾状砂岩，局部为玄武岩。含介形虫、古脊椎动物、孢粉等化石，一般厚100~500m，最厚达1100m。连续上覆的是上新统明化镇组，为土黄、棕红色泥岩、粉砂质泥岩、灰白色砂岩，上段较粗、颜色浅，含铁锰质、灰质结核，下段较细、颜色深，偶见玄武岩夹层，含介形虫，一般厚600~1200m，向渤海湾方向厚度可增至2500~3000m，第四系平原组不整合其上。

西北大区祁连—贺兰区的柴达木地区在始新统上部—渐新统的上干柴沟组之上，连续覆盖着中新统下中部的下油砂山组，为棕红、棕褐、灰黄、灰色细砂岩、粉砂岩、泥质砂岩夹砂质泥岩、泥岩及砾岩。钻井剖面厚2482m。中新统上部的上油砂山组整合于下油砂山组之上，为灰、灰棕、浅棕黄色细砾岩、砂岩与棕褐色泥质粉砂岩、砂质泥岩和泥岩互层，局部夹泥灰岩，厚200~300m。整合于上油砂山组之上的是上新统的狮子沟组，在露头剖面为灰、褐灰色细砾岩夹砂岩、粉砂岩和砂质泥岩，盆地中心为灰褐、黄灰色砂质泥岩、泥膏岩夹灰色砂岩及浅棕灰色砾岩，含哺乳动物、介形虫、腹足动物、轮藻等化石，厚372~1806m。其上被第四系七个泉组连续覆盖。

青藏—南海大区南海—珠江区的莺琼盆地地区陵水组为渐新统至中新统底部的以海相为主的过渡层，假整合于陵水组之上的是中新统偏下中部的三亚组，为灰白色砂砾岩夹杂色泥岩，向东过渡为海相灰白色砂岩、含砾砂岩、粉砂岩与灰色泥岩互层。含浮游有孔虫和底栖有孔虫，厚88~429m。整合于三亚组之上的是中新统中部的梅山组，以既含钙质浮游类又含大有孔虫的灰岩为特征，下段为灰白色礁灰岩、礁白云岩及砂砾岩，上段为灰色有孔虫砂质灰岩、白垩质砂岩和含砾石英砂岩夹灰质泥岩，厚100~450m。不整合于梅山组之上的是中新统中上部的黄流组，为灰色钙质泥岩夹含有孔虫的砂质灰岩、砂质白垩、白垩质泥晶灰岩和石英粉砂岩，含浮游有孔虫、底栖有孔虫、介形虫等化石，厚280~638m。整合于黄流组之上的是中新世晚期至上新世的莺歌海组，为灰色泥岩夹粉砂岩、砂砾岩，富含生物介壳碎屑，含有孔虫、介形虫等化石，厚576~1445m。其上被第四系湛江组假整合覆盖。

本章思考题

1. 中国地层学近年来有哪些研究新进展？
2. 地层区划的划分与构造、古地理有什么关系？
3. 简述我国南华系和震旦系分布区域、典型剖面岩性特征及地层划分。
4. 简述中国寒武系地层区划。中国寒武系的沉积类型有几种？以典型剖面说明各有什么特征。
5. 通过典型剖面总结华南和华北石炭纪地层发育特征的差异性。
6. 简述中国石炭纪、二叠纪地层区划概况。
7. 通过典型剖面分析晚古生代中国古地理、沉积环境和构造运动的演变过程。
8. 简述中国三叠纪、侏罗纪、白垩纪地层区划概况。
9. 简述中国古近纪、新近纪地层区划概况及典型分布地区地层划分与对比关系。
10. 中国含煤地层和含油气地层的赋存有什么规律？

本章主要参考文献

[1] 杜远生，童金南．古生物地史学概论(第二版)[M]. 武汉：中国地质大学出版社，2009，113-187.

[2] 高林志，张传恒，尹崇玉，等．华北古陆中、新元古代年代地层框架SHRIMP锆石年龄新依据[J]. 地球学报，2008，29(3)：366-376.

[3] 高林志，尹崇玉，丁孝忠，等．华南地区新元古代年代地层标定及地层对比[J]. 地球学报，2015，36(5)：533-545.

[4] 高林志，张恒，张传恒，等．滇东昆阳群地层序列的厘定及其在中国地层表的位置[J]. 地质论评，2018，64(2)：283-298.

[5] 刘本培，全秋琦．地史学教程[M]. 北京：地质出版社，1996.

[6] 全国地层委员会．中国地层指南及中国地层指南说明书[M]. 北京：科学出版社，2013.

[7] Swisher C C，汪筱林，周忠和，等．义县组同位素年代新证据及土城子组$^{40}Ar/^{39}Ar$年龄测定[J]. 科学通报，2002，46(23)：2009-2012.

[8] 王思恩，高林志，万晓樵，等．辽西—冀北地区土城子组的地质时代、年龄及其国际地层对比[J]．地质通报，2013，32(11)：1673-1690.
[9] 王思恩，高林志，庞其清，等．中国陆相侏罗系—白垩系界线及其国际地层对比——以冀北—辽西地区侏罗系—白垩纪年代地层为例[J]．地质学报，2015，89(8)：1331-1351.
[10] 王泽九，黄枝高，姚建新，等．中国地层表及说明书的特点与主要进展[J]．地球学报，2014，35(3)：271-276.
[11] 姚益民，梁鸿德，蔡治国，等．中国油气区第三系(Ⅳ)渤海湾盆地油气区分册[M]．北京：石油工业出版社，1994.
[12] 中国地质调查局地层古生物研究中心．中国各地质时代地层划分与对比[M]．北京：地质出版社，2005.
[13] 中国地层典编委会．中国地层典[M]．北京：地质出版社，2009.
[14] 曾勇，胡斌，林明月，等．古生物地层学[M]．徐州：中国矿业大学出版社，2008：111-250.
[15] International Stratigraphic Chart 2018. IUGS & ICS website, 2018.
[16] Jin Y G, Wardlaw B R, Glenister B F, et al. Permian chronostratigraphic subdivisions[J]. Episodes, 1997, 20(1): 10-15.
[17] Smith P E, Yok D, Chang M M, et al. Dates and rates in ancient lakes: $^{40}Ar/^{39}Ar$ evidence for an Early Cretaceous age for the Jehol Group, Northeast China[J]. Earth Science, 1995, 32: 1426-1431.
[18] Zhang C, Wu Z, Gao L, et al. SHRIMP U-Pb zircon age of tuff from the Kunyang Group in central Yunnan: Evidence for Grvillian orogeny in South China[J]. Chinese Science Bulletin, 2007, 52(11): 289-294.

6 山东省岩石地层划分与对比

山东省自20世纪90年代完成地层清理、建立多重地层划分方案之后，随着1：5万、1：20万、1：25万区域地质调查和地质科研工作的开展，取得了一系列新资料、新认识和新进展。2013年全国地层委员会重新修订了《中国地层指南及中国地层指南说明书》《中国地层表》，2014年山东省国土资源厅印发了《山东省地层、侵入岩、构造单元划分方案》，对部分地层进行了重新划分(命名)与对比。

6.1 山东省地层区划

根据地质演化历史的阶段性，全国从太古宙至第四纪划分出6个阶段的基本地层区划：太古宙—古元古代，中元古代—新元古代青白口纪，南华纪—三叠纪，侏罗纪—古近纪，新近纪—第四纪。山东省地处华北板块(陆块)，地层断代划分与全国基本相同，地层区划共分为地层大区(Ⅰ级)、地层区(Ⅱ级)、地层分区(Ⅲ级)、地层小区(Ⅳ级)四级。

山东省地层属华北地层大区晋冀鲁地层区。山东省地层区以沂沭断裂带(安丘—莒县断裂)为界，分为东西两部分；西部区域再以聊城—兰考断裂及齐河—广饶断裂为界，进一步分为鲁西地层分区和华北平原地层分区；东部区域称为鲁东地层分区，再以牟平—即墨—五莲断裂带为界，分为胶北地层小区(狭义的鲁东地层分区)和胶南地层小区(与狭义的鲁东地层分区并列时，也称胶南—威海地层分区)(图6.1)。

6.2 山东的太古宇

6.2.1 地层岩性特征与分布

山东省太古宙地层在结晶基底中呈大小不等残片状分布，均为一套中酸性—中基性火山岩、火山碎屑岩、陆源碎屑岩等火山—沉积建造，经历角闪岩相—麻粒岩相中高级区域变质，韧性变形强烈，大部分层理已被置换，有层无序，故多数为构造岩石地层单位。其岩石以黑云(角闪)变粒岩、斜长角闪岩、麻粒岩为主，次为黑云斜长片麻岩、磁铁石英岩、黑云(二长)片岩、阳起透闪片岩、浅粒岩及相应的混合岩和构造岩。

(1)鲁东地层分区：南以海州—泗阳断裂为界，西以安丘—莒县断裂为界。发育有晚太古代胶东(岩)群，呈近东西向的复式向斜或背斜构造集中分布，以高角闪岩相黑云(角闪)变粒岩和斜长角闪岩为主，次为麻粒岩相的麻粒岩(图6.1)。

(2) 鲁西地层分区：东以安丘—莒县断裂为界，北西以聊(城)—(兰)考断裂、齐(河)—广(饶)断裂为界，至广饶县南侧转向东南，经青州、昌乐、潍坊北，至昌邑南与安丘—营县断裂相接，该界线以北西即为华北平原地层分区。鲁西地层分区以晚太古代济宁岩

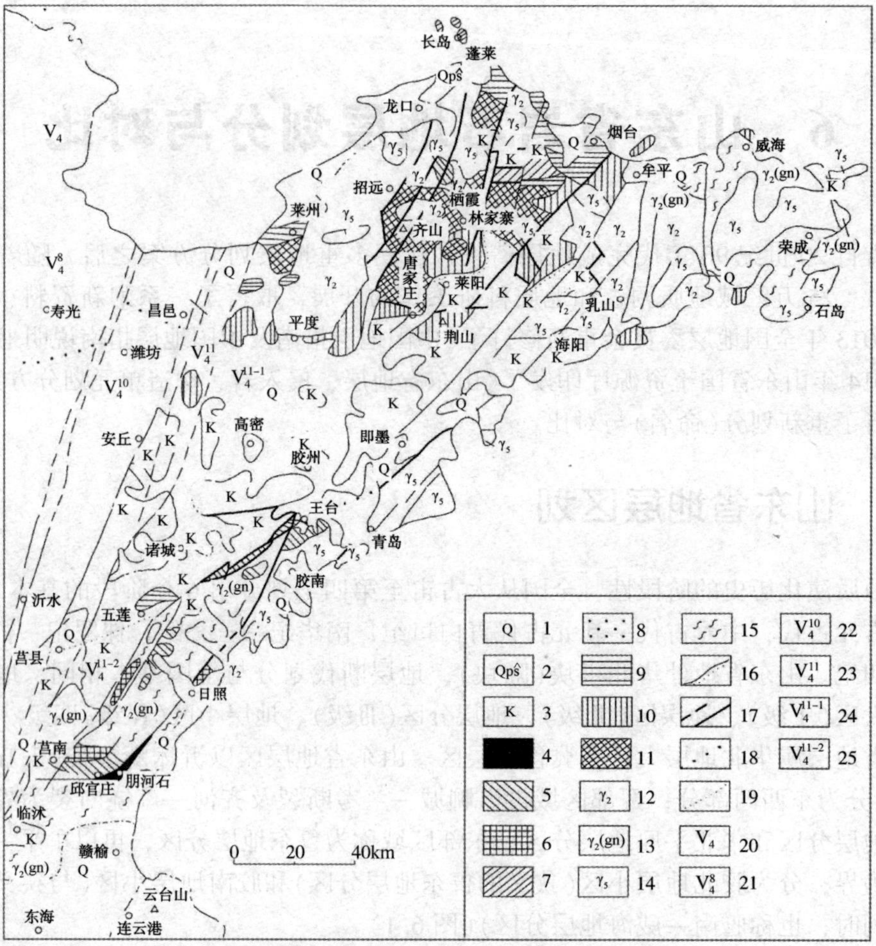

图 6.1　鲁东地层分区太古宇、下元古界露头分布及

地层区划图(据山东省地质矿产局，1996)

1—第四系；2—第四纪史家沟组；3—白垩系；4—震旦纪朋河石组；5—早元古代胶南(岩)群；6—新太古代大山沟(岩)组；7—南华纪—震旦纪蓬莱群；8—早元古代芝罘群；9—早元古代粉子山群；10—早元古代荆山群；11—新太古代胶东(岩)群；12—元古宙花岗岩；13—元古宙花岗质片麻岩；14—燕山期花岗岩；15—片麻理；16—不整合界线；17—重要断层；18—三级地层分区界线；19—四级地层分区界线；20—华北地层大区晋冀鲁豫地层区；21—华北平原地层分区；22—鲁西地层分区；23—鲁东地层分区；24—胶北地层小区；25—胶南地层小区

群、泰山(岩)群为主，呈孤岛状广布鲁西，主要岩性为黑云(角闪)变粒岩和斜长角闪岩，少量石榴石英岩、磁铁石英岩、变质砾岩、阳起片岩等。角闪岩相变质。次为中太古代沂水岩群，仅在沂水附近小面积出露，为暗色麻粒岩类、紫苏变粒岩类、斜长角闪岩类和黑云变粒岩类等岩石组合，为一套麻粒岩相变质的上壳岩系(图 6.2)。

(3)华北平原地层分区：北北侧与河北省相接，南东侧与鲁西地层分区相邻。据钻孔揭露，岩石为黑云变粒岩、黑云石英片岩、磁铁石英岩、含磁铁斜长角闪岩等。在陵县、乐陵、无棣三县部分地区，主要为灰黑色云母石英片岩，推测主要应属泰山(岩)群。可与鲁西地层分区合并。

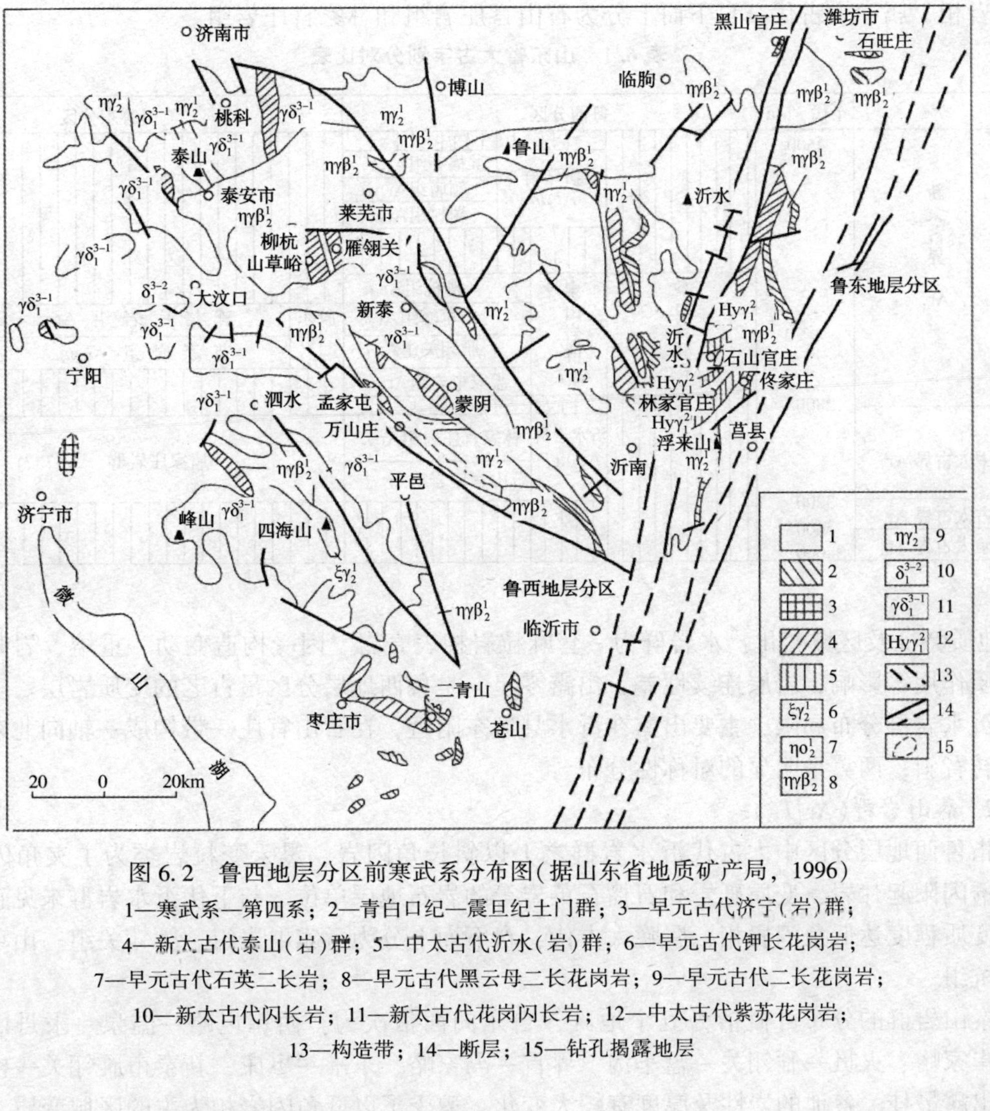

图 6.2　鲁西地层分区前寒武系分布图(据山东省地质矿产局，1996)

1—寒武系—第四系；2—青白口纪—震旦纪土门群；3—早元古代济宁(岩)群；4—新太古代泰山(岩)群；5—中太古代沂水(岩)群；6—早元古代钾长花岗岩；7—早元古代石英二长岩；8—早元古代黑云母二长花岗岩；9—早元古代二长花岗岩；10—新太古代闪长岩；11—新太古代花岗闪长岩；12—中太古代紫苏花岗岩；13—构造带；14—断层；15—钻孔揭露地层

6.2.2　岩石地层单位划分及对比方案

山东省太古宙地层以变粒岩、斜长角闪岩和麻粒岩三类岩石为其划分主要依据，再考虑到其区域延展与对比乃至地质构造差异性，清理后的山东省太古宙岩石地层单位分为 5 个(岩)群和 11 个(岩)组或组：沂水岩群—石山官庄岩组、林家官庄岩组；泰山岩群—孟家屯岩组、雁翎关组、山草峪组、柳杭组；济宁群—翟村组、颜店组、洪福寺组；唐家庄岩群；胶东岩群—苗家岩组、郭格庄岩组等 16 个正式岩石地层单位。年代地层分为中太古界和新太古界(表 6.1)。

各群或组岩性特征及分布如下。

1. 沂水岩群($Ar_2Y.$)

指分布于鲁西地层分区沂水附近，以暗色麻粒岩类、紫苏变粒岩类、斜长角闪岩类及黑云变粒岩类岩石为主的岩石地层单位。呈岛状、透镜状及带状等零星分布于太古宙 TTG 系列、紫苏花岗岩和早元古代钾质系列花岗岩体之间。与泰山岩群未见直接接触，变质程度达麻粒岩相，属中太古代，自下而上分为石山官庄岩组和林家官庄岩组。

表 6.1　山东省太古宇划分对比表

宇	界	年代 /Ma	鲁西分区			鲁东分区	
太古宇 AR	新太古界 Ar_3	2500		济宁群 Ar_3Jn	洪福寺组Ar_3h		
					颜店组Ar_3yd		
					翟村组Ar_3z		
			泰山岩群 $Ar_3T.$	泰山岩群 $Ar_3T.$	柳杭组Ar_3l		
					山草峪组Ar_3s	胶东岩群 $Ar_3J.$	郭格庄岩组 $Ar_3g.$
					雁翎关组Ar_3y		苗家岩组 $Ar_2mj.$
					孟家屯岩组Ar_3m		
	中太古界 Ar_2	2800		沂水岩群 $Ar_2Y.$(?)	林家官庄岩组$Ar_2l.$	唐家庄岩群 $Ar_2T.$(?)	
					石山官庄岩组$Ar_2s.$		
	古太古界 Ar_1	3200					
	始太古界 Ar_0	3600 4000					

地质特征及区域变化：水岩群为一套麻粒岩相表壳岩。因受构造变动、重熔、岩浆侵入及变质作用等影响，岩层连续性差，出露零星，是鲁西地层分区最古老的变质岩层。

沂水岩群分布局限，主要出露在沂水县城东附近，在石山官庄一带构成一轴向北东东向的倒转背斜，两翼呈明显的对称性分布。

2. 泰山岩群（$Ar_3T.$）

指鲁西地层分区中太古代沂水岩群之上以斜长角闪岩、黑云变粒岩类为主夹角闪变粒岩、透闪阳起片岩、变质砾岩和石榴石英岩等的岩石地层单位。与下伏沂水岩群未见直接接触，变质程度达低角闪岩相，属晚太古代，自下而上分为孟家屯岩组、雁翎关组、山草峪组和柳杭组。

泰山岩群的分布可概括为五个地区，自东向西依次为：西崔邑峪—温泉—汞丹山、韩旺—崔家峪、火贯—雁翎关—盘车沟、界首—冯家峪、东平—枣庄，新泰市雁翎关—桃花峪附近出露最佳。各地的岩性及厚度有较大变化，遭受了以低角闪岩相为主的区域变质，其岩石组合为绿泥透闪阳起片岩—斜长角闪岩—磁铁石英岩—变粒岩建造（组合）。原岩形成约在 2800Ma 前后，是大陆边缘浅海环境的火山沉积岩系。

3. 济宁岩群（$Ar_3Jn.$）

指鲁西地层分区济宁北东至嵫阳山一带被覆于千米盖层之下，由板岩、千枚岩、变英安玢岩及赤（磁）铁矿层组成的岩石地层单位。南北长约 20km，东西宽 10km。岩石组合为板岩+千枚岩+条纹状假象赤铁矿+变质火山岩。上部以暗色铁质板岩为主，中部为浅绿色绿泥石绢云母千枚岩夹薄层铁质千枚岩及赤铁矿层，下部主要为变质火山岩。与上覆寒武纪长清群不整合接触，与下伏泰山岩群未见直接接触，推测为不整合接触。低绿片岩相变质，原岩属浅海相泥砂沉积夹中基性火山岩及硅铁沉积建造，分为翟村岩组、颜店岩组、洪福寺岩组三个岩组。

济宁（岩）群发现有数种微古植物化石，有 *Leiomonucula minuta*、*Lophominuscula* sp.、*Margominuscula* sp.、*Leiopsophosphaera densa* sp. 等。其组合特点如下：全部为球形藻类，以

小于 10 μm 的光面球藻、厚缘小球藻及瘤面小球藻为主的超微体最多。其膜壳纹饰较简单，组合面貌简单，属种较少，较长城系更原始。

山东省鲁西地层分区的济宁岩群不整合在新太古代泰山岩群之上、寒武纪长清群之下，采自济宁(岩)群中变质英安玢岩全岩 K-Ar 年龄为 1709.5Ma，千枚岩 Rb-Sr 全岩等时线测定为 1753Ma，可能反映的是变质年龄。济宁群碎屑锆石 SHRIMPU-Pb 年龄为(2609±3)Ma，变质长英质火山岩结晶锆石 SHRIMPU-Pb 年龄为(2561±15)Ma，变英安玢岩中锆石 SHRIMP U-Pb 年龄为(2522±7)Ma。时代为新太古代晚期。

4. *唐家庄岩群*($Ar_2T.$)

分布于莱西市唐家庄，黑云变粒岩夹磁铁二辉麻粒岩、角闪二辉麻粒岩、石榴二辉麻粒岩、磁铁紫苏麻粒岩及少量斜长角闪岩岩石组合，为麻粒岩相变质，同位素年龄为 2900Ma，时代为中太古代。

5. *胶东岩群*($Ar_3J.$)

指分布于鲁东地层分区的变粒岩、斜长角闪岩夹麻粒岩岩石组合，与上覆荆山群或粉子山群呈韧性剪切带接触，自下而上分为以厚层斑点状斜长角闪岩和条纹条带状变粒岩为主的苗家岩组，中厚层斜长角闪岩、变粒岩夹浅粒岩岩石组合的郭格庄岩组。角闪岩相局部麻粒岩相变质，属新太古代。

胶东岩群主要分布于鲁东地层分区胶北地层小区的栖霞、招远、蓬莱南部及莱阳、莱西以北和莱州以南地区。总体呈近东西向展布，普通发育有尖顶、同斜的无根小褶皱，后期褶皱叠加构成了较紧闭的复式向斜和背斜，是胶北地块最古老的结晶基底，系一套变形程度较强的中高级变质岩系，厚约 4588m。在栖霞林家寨胶东岩群剖面上，见有斜长角闪岩—黑云变粒岩—斜长角闪岩—黑云变粒岩共两套中基性—中酸性火山喷发旋回，按两个旋回分为苗家岩组和郭格庄岩组。原岩系一套中基性—中酸性火山喷出岩，变质程度不均一。总体上自下而上为高角闪岩相—低角闪岩相变质趋势，与上覆荆山群(莱阳旌旗山)或粉子山群(栖霞)为韧性剪切带接触，推测原为不整合接触。从目前取得的同位素年龄值看，多集中在 2600Ma 左右，高者达 2858Ma，加之与早元古代荆山群和粉子山群关系分析，其应属于新太古代。

胶东岩群在鲁东地层分区分布广但零星，而且各组分布范围不同。郭格庄岩组仅分布于栖霞林家寨、高家附近和莱州市朱马一带，只有苗家岩组分布最广。在栖霞寺口剖面上，胶东岩群苗家岩组和郭格庄岩组发育，厚约 4047.5m。

山东省在地质构造位置上隶属于华北克拉通。这个稳定区出露大量刚性不同的前寒武纪结晶基底，山东省便是这些众多古老结晶基底裸露区之一。因此，山东省太古宇在形成时间、原岩建造及变形变质等方面既有自身特点，也与相邻省存在共性。

山东省太古宙地层在鲁西地层分区为沂水岩群、泰山岩群、济宁群，鲁东地层分区为胶东岩群。上述地层序列同位素年龄主要集中为两组：其一，在鲁西沂水岩群中取得的同位素年龄为 3020~2900Ma(钐—钕模式和钐—钕等时线法)，并在 2800Ma 前后发生一次麻粒岩相变质，它们的原岩形成年龄在 3000Ma 前后，唐家庄岩群的真正表壳岩，亦可能属该时代变质地层。其二，在鲁西的泰山岩群以及鲁东的胶东岩群中取得的同位素年龄均在 2700Ma 左右(变粒岩中锆石 U-Pb 法和斜长角闪岩中钐-钕等时线)。侵入它们的新太古代 TTG 岩系中锆石 U-Pb 等时线年龄多在 2700~2600Ma 之间。因此，泰山岩群、胶东岩群形成时间在 2700Ma 左右。

根据岩层自身和侵入岩层的侵入岩同位素年龄分析，前述沂水岩群、泰山岩群、济宁群和胶东岩群均属太古宇。若从三分考虑，山东省太古宇可分为中太古界(沂水岩群、唐家庄岩群)和新太古界(泰山岩群、济宁群和胶东岩群)。

山东省太古宇原岩建造为超基性—基性—中酸性火山岩和陆源碎屑岩，经历角闪岩相—麻粒岩相区域变质作用。鲁西地层分区沂水岩群和鲁东地层分区唐家庄岩群属太古宙高级变质区，泰山岩群和苗家岩组、郭格庄岩组大部分地段为花岗—绿岩区。因此，山东省中太古代沂水岩群可与冀东迁西岩群、登封岩群石牌河组及吉南龙岗群对比。晚太古代泰山岩群和胶东岩群可与冀东单塔子岩群、双山子岩群、吉南夹皮沟岩群、吕梁地区界河口岩群、吕梁岩群、五台—太行地区阜平岩群、五台岩群、豫西登封岩群郭家窑组和老羊沟组、淮南霍丘岩群均可对比。

6.3 山东的元古宇

6.3.1 地层岩性特征与分布

山东省早、中元古代地层为一套中高级变质岩系，广泛分布于鲁东地层分区和胶南—威海地层分区。

(1)鲁东地层分区：西部以安丘—莒县断裂为界，南部以海州—泗阳断裂为界，以发育一套经受中高级变质的泥砂质碎屑岩—钙镁质碳酸盐岩建造为主。其次有少量中级变质的中基性火山碎屑岩，常含石墨矿、滑石矿和菱镁矿。据原岩建造、变质程度和含矿性的不同分为两个岩石地层序列：荆山群、粉子山群、芝罘群、五莲群。

(2)胶南—威海地层分区：以中级变质的泥砂质碎屑岩为主，次有少量钙镁质碳酸盐岩。该套岩系变形改造较强，多数有层无序，零星残存于晚元古代片麻状花岗岩中，称胶南(岩)群。

(3)鲁西地层分区和华北平原地层分区：埋藏较深，资料不详。

山东省新元古代地层发育青白口系、南华系和震旦系，分布亦较局限，主要集中在沂沭断裂带及其西侧、蓬莱和莒南等地。鲁西、华北平原、鲁东和胶南—威海四个地层分区中都有分布。

(1)鲁西地层分区：发育有青白口纪至震旦纪土门群，分布面积广但露头零星。以砂岩、灰岩、页岩的旋回性沉积为特征，未变质。

(2)鲁东地层分区：以岩层的浅变质为特征区别于鲁西地层分区。

发育有南华纪—震旦纪蓬莱群，主要分布在栖霞、蓬莱、龙口及庙岛群岛。主要岩性为板岩、大理岩、石英岩与千枚岩、泥灰岩及灰岩。低绿片岩相变质。

(3)胶南—威海地层分区发育有震旦纪朋河石岩组，为一套变质砂岩、千枚岩、板岩组合。低绿片岩相变质。

(4)华北平原地层分区：无露头，仅钻孔发现新元古代地层，与鲁西地层分区一致。

6.3.2 岩石地层单位划分及对比方案

山东省早元古代岩石地层分为2个群、8个组、6个(岩)段共16个正式岩石地层单位。荆山群自下而上为禄格庄组(安吉村片岩段、光山大理岩段)、野头组(祥山变粒岩段、定国寺大理岩段)、陡崖组(徐村石墨岩系段、水桃林片岩段)；粉子山群分为小宋组、祝家夼组、张格庄组、巨屯组、岗嵛组；张格庄组自下而上分为3个段，巨屯组自下而上分为2个段；胶南(岩)群分为邱官庄(岩)组、于家岭(岩)组。

山东省中元古代岩石地层分为2个群、5个组共7个正式岩石地层单位。芝罘群自下而上分为老爷山组、兵营组、东口组，五莲群分为海眼口组、坤山组。

山东省新元古代岩石地层分为2个群、10个组及11个非正式段：青白口纪至震旦纪的土门群自下而上包括青白口纪的黑山官组，南华纪的二青山组、佟家庄组，震旦纪浮来山组、石旺庄组，蓬莱群包括属于南华纪的豹山口组、铺子夼组，属于震旦系的南庄组、香夼组；震旦纪的朋河石组(表6.2)。

表6.2 山东省元古宇划分对比表

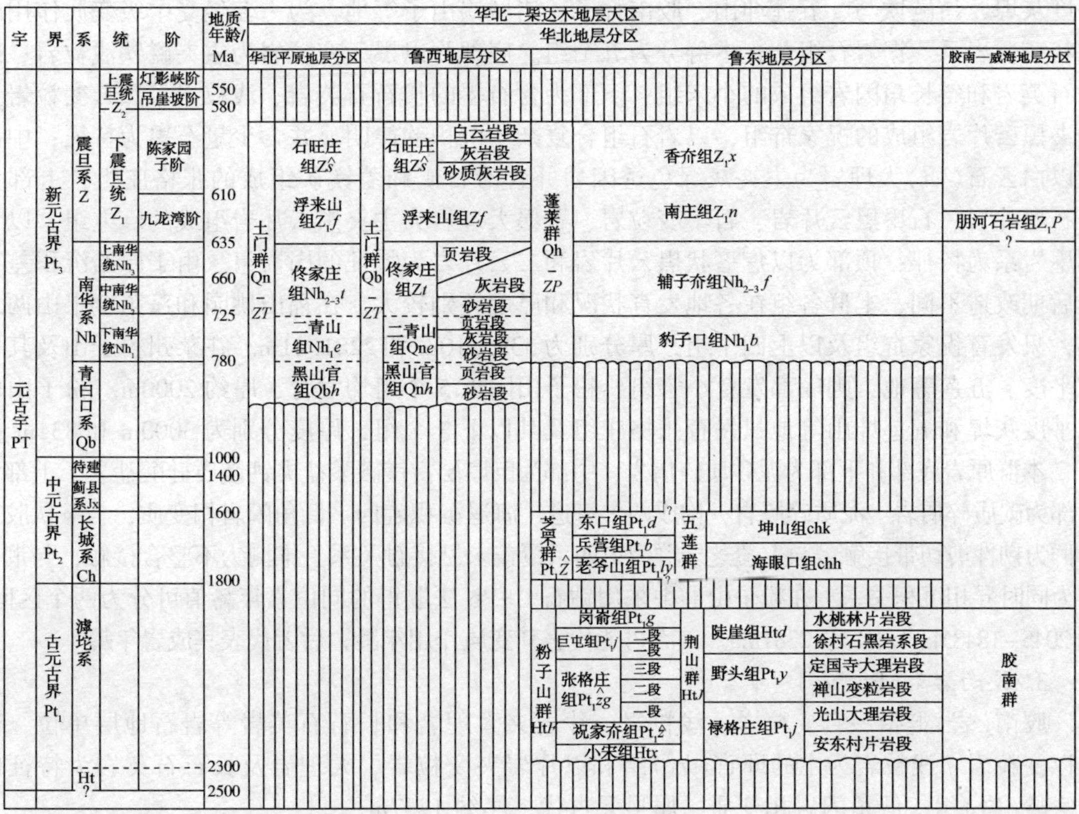

各群岩性特征及分布如下。

1. 荆山群(Pt_1J)

指鲁东地层分区一套高铝片岩、变粒岩、大理岩、含石墨岩系、片麻岩、透辉岩等岩石组合，富含晶质石墨矿，高角闪岩相—麻粒岩相变质，与下伏胶东岩群呈韧性剪切带接触，属早元古代。据原岩沉积旋回性，自下而上分为以高铝片岩和大理岩为主的禄格庄组、灰绿色透辉岩和大理岩为主的野头组、含石墨岩系和高铝片岩为主的陡崖组。

荆山群以含石墨的矽线石榴黑云片岩、石榴二云片岩、黑云变粒岩、透辉岩、石墨透辉变粒岩、蛇纹大理岩、白云大理岩为主，夹黑云斜长片麻岩、斜长角闪岩、长石石英岩等。在平度和莱西等地夹有石榴紫苏斜长角闪岩、石榴紫苏斜长片麻岩、二辉麻粒岩等，富含晶质石墨矿。其原岩系一套多旋回的富铝泥砂质碎屑岩—钙镁质碳酸盐岩建造，间夹基性火山岩，属中压相系高角闪岩相—麻粒岩相区域变质。按照高铝片岩—蛇纹大理岩、透辉岩—白云(蛇纹)大理岩、含石墨变粒岩(片麻岩)—高铝片岩三个旋回性而分为禄格庄组、野头组和陡崖组。

2. 粉子山群(Pt_1F)

指分布于鲁东地层分区的一套含磁铁岩系、变粒岩、高铝片岩、长石石英岩、大理岩、含石墨岩系、透闪岩等并夹菱镁矿层的复杂岩石组合。与下伏胶东岩群呈韧性剪切带接触，与上覆芝罘群因第四系覆盖而关系不明。低角闪岩相变质，属早元古代，自下而上分为小宋组、祝家夼组、张格庄组、巨屯组、岗嵛组。

粉子山群主要分布于栖霞—福山、蓬莱金果山、莱州粉子山三个地区，另外零星分布于平度灰埠、昌邑饮马、五莲坤山、胶南林子、诸城锡山子等地，为一套经受中级变质作用的层状变质岩系。据岩石组合，本群分为五个组。底部为以黑云变粒岩为主夹磁铁浅粒岩、磁铁石英岩和斜长角闪岩组成的小宋组；下部为含石墨的长石石英岩、浅粒岩、黑云变粒岩为主夹黑云片岩组成的祝家夼组，以岩石组合复杂、沉积韵律明显并含少量石墨为特征；中部为以白云石(质)大理岩为主夹灰绿色透闪岩并含滑石矿和菱镁矿组成的张格庄组；上部为以石墨片岩、石墨黑云片岩、石墨变粒岩、石墨大理岩为主夹黑云片岩组成的巨屯组，以含石墨岩系为特征；顶部为以疙瘩状黑云片岩和二云片岩为特征的岗嵛组。由于原始沉积差异及后期改造不同，本群各组在各地发育状况和厚度差别较大。在福山桃园和蓬莱金果山两地区，只发育祝家夼组及以上四个组，厚分别为3393.10m和2281.41m。在莱州粉子山及其以南平度、五莲等地，则底部发育小宋组。粉子山附近5个组均发育，厚约2000m。粉子山以南平度灰埠和五莲坤山等地只发育张格庄组及其以下3个组，厚度分别为3000m和831m。

本群原岩底部和下部为泥砂质碎屑岩，中部为巨厚层富镁碳酸盐夹钙镁质硅酸盐岩，上部和顶部为碳质碎屑岩、泥质碎屑岩，构成两个海进、海退沉积旋回。低角闪岩相变质，与下伏胶东岩群为韧性剪切带接触，与上覆芝罘群因第四系覆盖未见接触关系，推测为不整合接触，与荆山群为同时异相沉积关系。在粉子山群中采用锆石U-Pb法取得的同位素年龄值可分为两个区间，即2045~1848Ma及2478~2381Ma。前者可能代表其变质作用年龄，后者代表其成岩年龄。

3. 胶南岩群($Pt_1Jn.$)

胶南(岩)群指一套变粒岩、浅粒岩、片岩夹大理岩和长石石英岩等岩石地层单位，分为以变粒岩、浅粒岩为主的邱官(岩)组和以片岩夹变粒岩、大理岩及长石石英岩为特征的于家岭(岩)组，低角闪岩相变质，属早元古代，厚约1737m。

该(岩)群以黑云变粒岩为主，夹浅粒岩、黑云片岩、长石石英岩、大理岩、石墨大理岩、透闪透辉大理岩。下部以变粒岩为主，上部为片岩夹变粒岩、大理岩和长石石英岩。原岩为浅海相的陆源碎屑—碳酸盐—火山岩沉积建造，地处活动性的大陆边缘区，经历中—高温、中—高压角闪岩相变质，后期遭受韧性剪切作用的改造，原岩层序已失。胶南岩群与其上震旦纪朋河石岩组呈断层接触。

该(岩)群发育于胶南—威海地层分区的胶南、诸城南部、莒南东部及日照等地。但仅在莒南县坪上一带发育齐全，邱官庄(岩)组和于家岭(岩)组原为连续沉积，总厚度为1736.58m。此外，在诸城市及胶南市一带则残存于片麻状二长花岗岩之中，总厚度为693.7m。该岩群多被元古代晋宁期片麻状二长花岗岩侵入，呈大小不等残片或包体状出现，总体上呈北东向长条状分布。

该岩群邱官庄(岩)组和于家岭(岩)组的黑云变粒岩中锆石 U-Pb 法不一致曲线上交点年龄，分别为 1912Ma 和 2125Ma(顾德林等，1992)，代表源区岩石形成年龄。侵入其中的片麻状二长花岗岩锆石 U-Pb 法不一致曲线上交点年龄为 854Ma 和 840.53Ma(陈允福等，1988)，属晚元古期晋宁阶段产物，代表胶南(岩)群第一期区域变质的年龄。此外，加之与鲁东地层分区粉子山群和荆山群地质特征区域对比，胶南岩群的形成年龄应小于 2125Ma 而大于 833Ma，地质时限为早元古代。

4. 芝罘群(Pt_1Z)

指分布于鲁东地层分区烟台芝罘岛附近的一套以石英岩为主夹钾长石英岩并含镜铁矿的岩石组合。因海水淹没和第四系覆盖而未见顶底，低角闪岩相变质，属早元古代，以含镜铁矿、钾长石和电气石及纯石英岩为特征，分为下部以含砾、含石英条带、含镜铁矿钾长石英岩和石英岩为主的老爷山组，上部以纯石英岩为主夹钾长石英岩的兵营组。岩石成层性好，原生构造发育。原岩为一套铁质含砾陆源碎屑岩及陆源碎屑岩，遭受低角闪岩相变质。该群石英岩的锆石 U-Pb 不一致曲线同位素年龄为 2171Ma(地质矿产部地质研究所，1991)。

鲁东地层分区荆山群锆石 U-Pb 同位素年龄均在 2100~1800Ma 之间，粉子山群锆石 U-Pb 同位素年龄在 2042Ma，胶南(岩)群锆石 U-Pb 同位素年龄值为 2125~1921Ma。

芝罘群锆石 U-Pb 同位素年龄为 2171Ma。从接触关系分析，鲁东地层分区荆山群和粉子山群与胶东(岩)群不整合接触，与新元古代地层亦为不整合接触。变质程度方面也与晚太古代胶东(岩)群相似，所以它们形成时间应相近。

因此，山东省荆山群、粉子山群、胶南(岩)群均属下元古界，芝罘群、五莲群属中元古界。华北克拉通内地层形成及后期的热事件具有相似性，只是各地保存不同而已。从区域对比分析，它们亦应属下元古界，如山东荆山群、粉子山群可与燕山地区朱杖子群、五台—太行山区的滹沱群、豫西的嵩山群、蚌埠地区凤阳群相对比。

5. 土门群(Qb-ZT)

指鲁西地层分区安丘—莒县断裂以西附近地区，新太古代泰山(岩)群与寒武纪长清群之间以砂岩、页岩、灰岩的旋回性沉积为特征的岩石地层单位。与下伏泰山(岩)群不整合接触，与上覆长清群平行不整合接触，属新元古代，自下而上分为黑山官组、二青山组、佟家庄组、浮来山组和石旺庄组。

岩性基本稳定，下部和上部稍有变化。主要岩性有砂岩、粉砂岩、页岩、灰岩、白云岩及其过渡岩石类型等。厚度变化大，自几米到数百米不等，具自南东向北西逐渐变薄趋势。总体上反映自南东向北西逐渐超覆沉积格局，以岩石和颜色旋回性沉积为特征，每个完整的沉积旋回，一般是下部为砂岩，中部为页岩，上部为灰岩。土门群颜色下部以紫红、暗紫色调为主，中部以黄绿、黄灰色调为主，上部以浅灰色调为主。寒武纪长清群覆盖于该群不同层位之上。

6. 蓬莱群(Qh-ZP)

指鲁东地层分区一套大理岩、千枚岩、板岩夹石英岩，顶为灰岩，底为砾岩的岩石组合。不整合于粉子山群之上，低绿片岩相变质，属南华纪—震旦纪，自下而上分为豹山口组、铺子夼组、南庄组和香夼组。

蓬莱群主要分布在栖霞豹山口、辅子夼、香夼，福山东龙夼一带，在龙口屺姆岛、黄城附近，蓬莱及庙岛群岛亦有分布，是一套浅变质岩系，主要岩性有千枚岩、板岩、大理岩及灰岩等，岩性稳定。下与芝罘群或粉子山群不整合接触，底部常见 0~1.5m 厚的砾状石英岩，上与白垩系不整合或第四系覆盖。

7. 朋河石岩组(ZP)

张增奇、迟守祥、宋志勇等1994年建朋河石岩组，取名于莒南县团林乡朋河石。原始定义指胶南—威海地层分区莒南朋河石附近一套变质长石石英砂岩、变质长石砂岩、变质粉砂岩为主夹石英岩、变质含砾砂岩、变质砾岩、二云千枚岩、板岩等岩石组合。以变质砂岩夹千枚岩、板岩等浅变质岩系为特征，不整合于新元古代片麻状二长花岗岩之上，未见顶，低绿片岩相变质，属震旦纪。

6.4 山东的下古生界

6.4.1 地层分区

山东省下古生界发育寒武系和奥陶系，在山东省鲁西地层分区广泛发育，露头较好。主要为一套海相碳酸盐岩，即灰岩为主，次为白云岩、页岩及少量砂岩，含丰富的三叶虫和角石类化石，地层厚达1800余米。矿产丰富。

山东省境内的寒武纪—奥陶纪地层，属华北地层大区(Ⅴ)内的晋冀鲁豫地层区(V_4)。以怀远间断为界，将其分为上、下两部分，即上部以奥陶系灰岩夹白云岩为主地层系统，下部以寒武系灰岩、页岩夹砂岩为主地层系统。由于沉积环境和地层特征的差异，故需按上、下两个层次进一步分区。

1. 怀远间断之下寒武系—下奥陶统

在山东省为连续沉积，厚度为750~1100m左右，代表滨海—浅海近岸的沉积环境，属稳定区沉积类型。沉积物有紫色、红色等杂色页岩、砂质页岩、砂岩、灰色鲕状灰岩、砾屑灰岩、藻灰岩、白云岩，具泥裂、帐篷构造和波浪构造，产石膏矿并见石盐假晶印痕。由于寒武纪早期沉积继承了震旦纪沉积环境，只是海侵范围进一步扩大，所以在山东省形成了自东南向西北不断超覆的沉积格局。据地层发育程度不同，山东省寒武系—下奥陶统分布在下述地层分区。

(1)华北平原地层分区(V_4^8)：均被巨厚的中、新生代地层覆盖，在钻孔中揭示的地层与鲁西地层分区的可以对比。

(2)鲁西地层分区(V_4^{10})：西北侧以聊(城)—(兰)考断裂、齐(河)—广(饶)断裂为界，至广饶县南侧向南经青州市向东，经昌乐、潍坊北至昌邑南与安丘—营县断裂相接，东南侧以安丘—莒县断裂为界。寒武系—下奥陶统广泛分布，地层连续，露头较好，研究程度最高，晋冀鲁豫地层区寒武系层型多在该分区。据沉积特点分为三个地层小区。

①潍坊—临沂地层小区(V_4^{10-1})：其范围大致包括安丘—莒县断裂以西附近地带。其西界就是朱砂洞组下灰岩段(原称五山灰岩)或李官组在西北部尖灭点的连线，大体北自昌乐，经蒙阴界牌、费县石井，南至枣庄。李官组、朱砂洞组下灰岩段、余粮村(页岩)段均主要分布在该小区，三山子组最下部c段白云岩在该小区厚度最大。

②淄博—新泰地层小区(V_4^{10-2})：西界就是张夏组盘车沟段页岩在西部尖灭点的连线。大体北以周村，南经泰安、宁阳南驿、泗水、平邑至费县石井为界。盘车沟页岩段主要分布在该小区，馒头组洪河段砂岩在该小区厚度最大。

③济南—滕州地层小区(V_4^{10-3})：其范围就是上述两个小区之西北部的济南、济宁、滕州地区，该小区张夏组沉积以灰岩为主，不见或极少见有余粮村页岩段沉积。馒头组洪河段砂岩在该小区厚度较小，常为粉砂岩夹砂质页岩，而且穿插于馒头组中间，致使馒头组石店段之上的页岩分为上、下两部分。朱砂洞组上灰岩段在该小区厚度较小，并且自东向西大量被丁家庄白云岩段代替。

(3)鲁东地层分区(V_4^{11})：目前尚未发现寒武系露头。推测该区可能属剥蚀区。

2. 怀远间断之上下、中奥陶统

这个阶段的沉积属陆表海相碳酸盐岩建造，故与华北地台大多数地区一样，山东省只发育奥陶系中、下统，缺失上统，该套地层区域分布非常稳定，一般具有大套白云岩与灰岩相间出现的六分性，根据各段发育程度、含矿性、研究程度和后期改造(即覆盖或剥蚀)程度不同而划分为三个分区，分区界线同寒武系—下奥陶统(图 6. 3)。

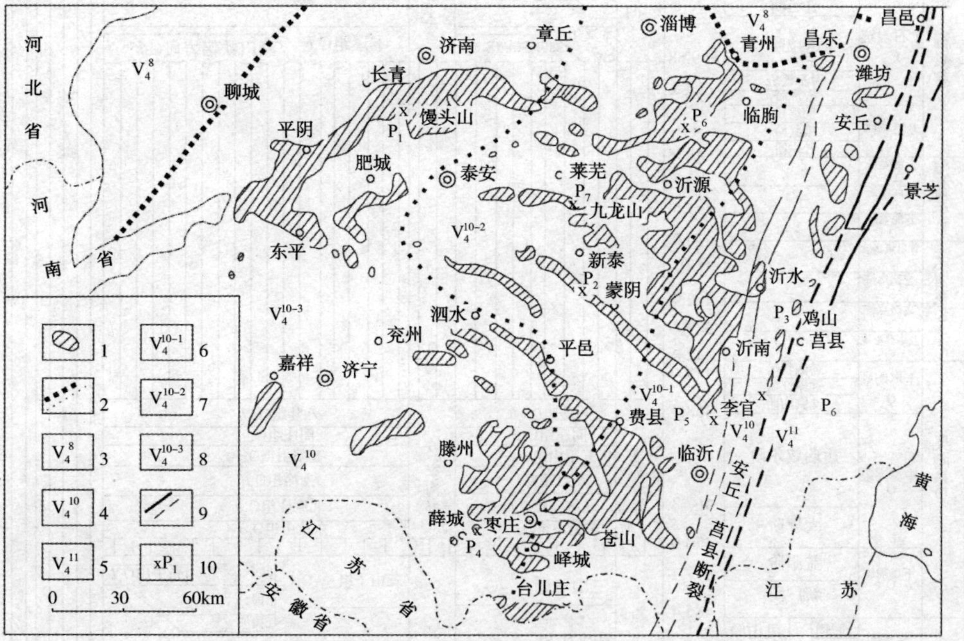

图 6. 3 山东省怀远间断之下寒武系—下奥陶统露头分布及地层区划图(据山东省地质矿产局，1996)

1—露头；2—三、四级地层区划界线；3—华北平原地层分区；4—鲁东地层分区；5—鲁西地层分区；6—潍坊-临沂地层小区；7—淄博-新泰地层小区；8—济南-滕州地层小区；9—重要断层；10—主要剖面位置及编号；P1—张夏剖面；P2—盘车沟剖面；P3—鸡山剖面；P4—薛城剖面；P5—李官剖面；P6—淄河剖面；P7—九龙山剖面

(1)华北平原地层分区(V_4^{8})：均被巨厚的中、新生代地层覆盖。未见露头，仅据钻孔揭示，主要为灰岩、白云岩夹大量的石膏层，厚约500m。

(2)鲁西地层分区(V_4^{10})：露头较好，研究程度较高，主要为灰岩和白云岩，偶见黄绿色砂岩和砖红色泥岩，具膏溶现象。地下新鲜岩石夹层中有无石膏夹层尚待证实。

(3)鲁东地层分区(V_4^{11})：未见露头，根据鲁东地区白垩系莱阳群中的砾石怀疑为寒武系和石炭系灰岩砾石，推测原来可能也有奥陶纪沉积，可能属剥蚀区。

6.4.2 岩石地层单位划分及对比方案

山东省寒武系—奥陶系划分如下(表 6.3)。

表 6.3 山东省古生界划分对比表

中国年代地层							山东岩石地层						
							华北—柴达木地层大区						
							华北地层区						
宇	界	系	统	阶		地质年龄/Ma	华北平原地层分区			鲁西地层分区			鲁东及胶南—威海地层分区
显生宇 PH	古生界 Pz	二叠系 P	乐平统 P_3	长兴阶		251.14							
				吴家坪阶		260.4	石盒子群 $P_{2-3}\hat{S}$	孝妇河组P_3x		石盒子群 $P_{2-3}\hat{S}$	孝妇河组P_3x		
			阳新统 P_2	冷坞阶				奎山组P_2k			奎山组P_2k		
				孤峰阶				万山组P_2w			万山组P_2w		
				祥播阶				黑山组P_2h			黑山组P_2h		
				罗甸阶			月门沟群 C_2-P_2Y	山西组$p_{1-2}s$		月门沟群 C-$_2P_2Y$	山西组$p_{1-2}s$		
			船山统 P_1	隆林阶									
				紫松阶		259.0		太原组C_2P_1l			太原组C_2P_1l		
		石炭系 C	上石炭统 C_2	逍遥阶									
				达拉阶		359.58		本溪组C_2b	湖田铁铝岩段C_2b^h		本溪组C_2b	湖田铁铝岩段C_2b^h	
				滑石板阶		318.1 ± 1.3							
				罗苏阶									
			下石炭统 C_1	德坞阶									
				维县阶									
				杜内阶		359.58							
		泥盆系 D	上泥盆统 D_3			385.3							
			中泥盆统 D_2			397.5							
			下泥盆统 D_1			416.0							
		志留系 S	普里道多统 S_4			418.7							
			拉德洛统 S_3			422.9							
			文洛克统 S_2			428.2							
			兰多弗里统 S_1			443.8							
		奥陶系 O	上奥陶统 O_3	赫南特阶		445.6							
				钱塘江阶									
				艾家山阶		458.4	马家沟群 $Q_{2-3}M$	八陡组$O_{2-3}b$		马家沟群 $Q_{2-3}M$	八陡组$O_{2-3}b$		
			中奥陶统 O_2	达瑞威尔阶				阁庄组O_2g			阁庄组O_2g		
								五阳山组O_2w			五阳山组O_2w		
								土峪组O_2t			土峪组O_2t		
						467.3		北庵庄组O_2b			北庵庄组O_2b		
				大坪阶		470.0		东黄山组O_2d			东黄山组O_2d		
			下奥陶统 O_1	益阳阶		477.7	九龙群 $\in_3$-Q_3J	三山子组$\in_4$-$\hat{O}_1s$		九龙群 $\in_3$-O_3J	三山子组$\in_4$-O_1s	a段O_1s^a	亮甲山O_1l
				新厂阶		485.4						b段O_1s^b	
		寒武系 $\in$	芙蓉统 $\in_4$	牛车河阶	$\in_3$ 凤山阶			炒米店组$\in_4$-O_1c			炒米店组$\in_4$-O_1c	c段$\in_4s^c$	
				江山阶	长山阶								
				排碧阶									
				古丈阶	崮山阶	497.0		崮山组$\in_{2-3}g$			崮山组$\in_{2-3}g$		
			苗岭统 $\in_3$	王村阶	$\in_2$ 张夏阶		长清群 $\in_{2-3}\hat{C}$	张夏组$\in_3\hat{z}$	上灰岩段$\in_3\hat{z}^u$	长清群 $\in_{2-3}\hat{C}$	张夏组$\in_3\hat{z}$	上灰岩段$\in_3\hat{z}^u$	
									盘车沟段$\in_3\hat{z}^p$			盘车沟段$\in_3\hat{z}^p$	
									下灰岩段			下灰岩段$\in_3\hat{z}^1$	
				台江阶	徐庄阶			馒头组$\in_{2-3}m$	上页岩段$\in_3m^u$		馒头组$\in_{2-3}m$	上页岩段$\in_3m^u$	
									洪河段$\in_3m^h$			洪河段$\in_3m^h$	
					毛庄阶	509.0			下页岩段$\in_{2-3}m^1$			下页岩段$\in_{2-3}m^1$	
									石店段$\in_{2-3}m^s$			石店段$\in_{2-3}m^s$	
			第二统 $\in_2$	都匀阶	$\in_1$ 龙王庙阶			朱砂洞组$\in_2\hat{z}$			朱砂洞组$\in_2\hat{z}$	下灰岩段$\in_1\hat{z}^u$	
												下灰岩段$\in_1z^1$	
				南皋阶	沧浪铺阶			李官组$\in_2l$			李官组$\in_2l$	页(泥)岩段$\in_1z^{ms}$	
												砂岩段$\in_1l^{ss}$	
					笻竹寺阶	521.0							
			纽芬兰统 $\in_1$	梅树村阶	梅树村阶								
				晋宁阶		541.0							

寒武系岩石地层(含怀远间断之下下奥陶统三山子组)以灰岩、白云岩、页(泥)岩作为划分主要依据，再参考砂岩厚度及区域延展性，分为2个群、7个组、4个段等13个正式岩石地层单位，以及11个非正式段。以山东济南市长清区张夏镇馒头山剖面为标准，剖面描述参见第5章第2节。正式岩石地层单位包括：寒武系长清群—李官组、朱砂洞组、馒头组；九龙群—张夏组、崮山组、炒米店组、三山子组；朱砂洞组自下而上分为下灰岩段、余粮村段、上灰岩段、丁家庄段，馒头组自下而上分为石店段、下灰岩段、洪河段、上灰岩段；张夏组自下而上分为下灰岩段、盘车沟段、上灰岩段；三山子组自下而上分为c段、b段、a段；寒武纪生物地层厘定为21个三叶虫带、4个牙形石带、3个笔石层，寒武纪年代地层分为下统的沧浪铺阶、龙王庙阶，中统的毛庄阶、徐庄阶、张夏阶，上统的崮山阶、长山阶和凤山阶。

山东省奥陶纪怀远间断之上奥陶系岩石为碳酸盐岩，其岩石地层称为马家沟群，自下而上分为东黄山组、北庵庄组、土峪组、五阳山组、阁庄组、八陡组6个组。奥陶纪生物地层厘定为7个角石带、6个牙形石带(表6.4)，奥陶纪年代地层厘定为下统新厂阶、益阳阶、大坪阶、达瑞威尔阶和上统的艾家山阶。

表6.4　山东省奥陶系多重划分对比表(据山东省地质矿产局，1996)

年代地层			岩石地层			生物地层	
系	统	阶	群	组	段	头足类生物带	牙形石生物带
奥陶系	中统	赫南特阶 / 钱塘江阶	马家沟群	八陡组		7.*Gonioceras badouense* R.Z.	6.*Belodina compress–Microcoelodus symmetricus* Z.
奥陶系	中统	艾家山阶	马家沟群	阁庄组			
奥陶系	下统	达瑞威尔阶	马家沟群	五阳山组		6.*Tofangoceras pauciannulatum–Diderocreas* C.R.Z. 5.*Stereoplasmoceras pseudoseptum–Bassleroceras* A.Z.	5.*Aurilbodus serratus* Z. 4.*Plectodina onychodonta* Z. 3.*Eoplacognathus suecicus–Acontiodus? linxiensis* Z.
奥陶系	下统	达瑞威尔阶	马家沟群	土峪组			
奥陶系	下统	达瑞威尔阶 / ? / 大坪阶	马家沟群	北庵庄组		4.*Ordosoceras quasilineatum* R.Z. 3.*Polydesmia zuezshanensis* R.Z.	2.*Tangshanodus tangshanensis* Z. 1.*Aurilobodus leptosomatus–Loxodus dissectus* Z.
奥陶系	下统	大坪阶	马家沟群	东黄山组			
奥陶系	下统	益阳阶	九龙群	三山子组	a段	2.*Coreanoceras–Yehlioceras* A.Z.	
奥陶系	下统	新厂阶	九龙群	三山子组	b段	1.*Barnesoceras–Dakeoceras* A.Z.	
寨武系	上统	凤山阶	九龙群	三山子组	c段		

注：表中Z为带，R.Z.为延伸带，A.Z.为组合带，C.R.Z.为共存延伸带。

鲁西寒武系与奥陶系界线将三山子组和炒米店组都作为跨寒武纪—奥陶纪的岩石地层单位处理。山东中、上奥陶统分界位置略高于马家沟群八陡组之底界，其顶界接近艾家山阶顶部，山东省奥陶系缺少赫南特阶、钱塘江阶和艾家山阶上部层位。

6.5 山东的上古生界

6.5.1 地层分区

山东省石炭系—二叠系仅分布在安丘—莒县断裂以西地区，露头较好。石炭系只发育上统；二叠系较发育，包括下统、中统和上统，分布在如下地层分区和地层小区(图 6.4)。

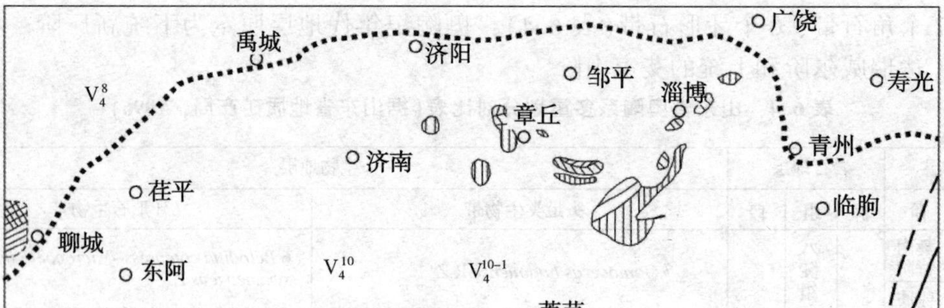

图 6.4 山东省石炭系—三叠系露头分布及地层区划图(据山东省地质矿产局，1996)

1—月门沟群；2—石盒子群；3—石千峰群；4—二马营组；5—重要断层；
6—二级、三级地层分区界线；7—鲁西地层分区；8—济南—淄博地层小区；
9—济宁—临沂地层小区；10—华北平原地层分区；11—鲁东地层分区

(1)华北平原地层分区(V_4^{8})：均被中、新生代地层覆盖，据钻孔和物探资料揭示其特征与鲁西地层分区类似。

(2)鲁西地层分区(V_4^{10})：根据太原组的岩性、含矿性及煤的可采性和二叠系发育状况及山西组含煤特征的差异，以梁山、汶上、泗水、莒县一线为界分为两个地层小区。

①济南—淄博地层小区(V_4^{10-1})：太原组5~6层灰岩，含煤12~13层，一般只有5层可采；二叠系发育较好，山西组含煤3~6层，最多达11层，可采煤层2层。

②济宁—临沂地层小区(V_4^{10-2})：太原组10~15层灰岩，含煤15~20层，一般只有3~4层可采；二叠系发育较差，大部分地区石盒子组都遭受不同程度剥蚀，山西组含煤2~3层，可采煤2层，为该区主要可采煤层。

③鲁东地层分区(V_4^{11})：仅在诸城、胶州、即墨、莱阳等地莱阳群砾岩中发现有石炭系含䗴类化石的石灰岩砾石，但尚未发现露头。

6.5.2 岩石地层单位划分及对比方案

结合山东省岩石特征，石炭系—二叠系岩石地层厘定为2个群、7个组、1个段：月门沟群—本溪组、太原组及山西组；石盒子群—黑山组、万山组、奎山组及孝妇河组；本溪组下部为湖田铁铝岩段(表6.3)。

其中石炭系—二叠系的界线位于太原组下部，以牙形刺 *Streptognathodus isolatus* 和䗴类 *Pseudoschwagerina* 带(包括 *Sphaeroschwagerina* 带)的首现面为二叠系的底界(李守军等，2015)。因此太原组是一个跨时代的岩石地层单位。

山东(华北地区)的二叠系长期以来使用二分方案，由于是陆相地层，虽然进行了一些孢粉地层学研究(李守军等，2013、2014)，但其三分问题并未完全解决，目前所列的地层对比方案(表6.3)是一个暂行方案，要精确确定三个统之间的界线还需要今后进一步研究。

6.6 山东的中生界

6.6.1 地层分区

山东省三叠纪地层分区与石炭系、二叠系一致，局限于鲁西隆起北缘，鲁西地层分区淄博—章丘，华北平原地层分区聊城一带。

侏罗系—白垩系岩石地层分布在如下3个地层分区。

(1)鲁西地层分区，包含新泰—淄博地层小区、菏泽—济宁地层小区、临清—冠县地层小区、滨州—东营地层小区。

(2)鲁东地层分区，包含诸城—胶州地层小区、莱阳—海阳地层小区。

(3)沂沭断裂带地层分区，包含郚部—马站地层小区、潍坊—郯城地层小区、景芝—大店地层小区(图6.5)。

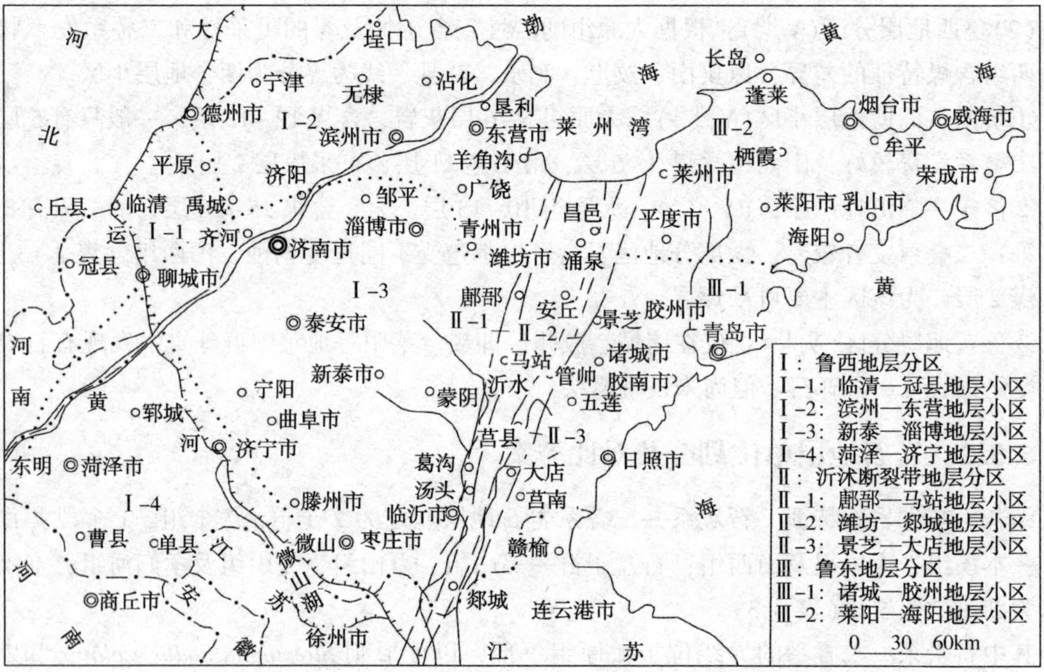

图 6.5 山东省侏罗系—白垩系区划图(据李守军等，2007)

6.6.2 岩石地层单位划分及对比方案

三叠系岩石地层单位为下统石千峰群孙家沟组(归为上二叠统)、下三叠统刘家沟组，中统二马营组(李守军等，2010)。侏罗系—白垩系岩石地层单位计有 6 群 27 组(表 6.5)。侏罗系称淄博群，自下而上分为坊子组、三台组。白垩系分为莱阳群、青山群、大盛群、王氏群、官庄群。莱阳群自下而上分为瓦屋夼组、林寺山组、止凤庄组、水南组、龙旺庄组、曲格庄组、杨家庄组、杜村组、法家茔组；青山群自下而上分后夼组、八亩地组、石前庄组、方戈庄组；大盛群自下而上分马朗沟组、田家楼组、寺前村组、孟疃组；王氏群自下而上分林家庄组、辛格庄组、红土崖组、金岗口组、胶州组。鲁西地层分区官庄群原全部归入古近系，自下而上分为固城组、卞桥组、常路组、朱家沟组、大汶口组，现固城组和卞桥组底部为上白垩统，为跨白垩系和古近系的岩石地层单位，鲁西地层分区另有蒙阴组和西洼组。上述各地层单位在全省分布很不均衡，有的地区发育较全，分布广泛，有的地区则分布零星。主要岩石地层单位岩性及分布如下。

1. 淄博群(JZ)

指不整合或平行不整合于古生界或三叠系之上、白垩系之下的一套杂色砂岩、页岩、黏土岩及砂砾岩沉积，夹煤层。下部粒度偏细，以灰色调为主，夹煤层，称坊子组；上部粒度偏粗，以紫、红色为主，称三台组。主要分布于鲁西地层分区和沂沭断裂带地层分区(图 6.6)。

表 6.5　山东省侏罗系—白垩系划分对比表(据李守军等，2007；山东省国土资源厅，2014)

中国年代地层 系	中国年代地层 统	中国年代地层 阶	鲁东地层分区	鲁东地层分区	鲁东地层分区	沂沭断裂带地层分区	沂沭断裂带地层分区	沂沭断裂带地层分区	鲁西地层分区	鲁西地层分区
古近系	古新统	上湖阶		胶州组				五图群(E_2)	官庄群	下桥组
白垩系	上白垩统	绥化阶	王氏群	金岗口组		王氏群			官庄群	固城组
				红土崖组				红土崖组		
		松花江阶		辛格庄组				辛格庄组		“王氏组”
		农安阶		林家庄组				林家庄组		
	下白垩统	辽西阶	青山群	方戈庄组		青山群	大盛群	孟疃组		西洼组
				石前庄组				寺前村组		
								田家楼组		
								马郎沟组		
				八亩地组				八亩地组		
				后夼组						
		热河阶	莱阳群	曲格庄组	法家茔组					蒙阴组
					杜村组					
				龙旺庄组	杨家庄组					
				水南组						
				止凤庄组						
				林寺山组						
				瓦屋夼组						
侏罗系						淄博群		坊子组	淄博群	三台组
										坊子组
下伏地层			元古宇			元古宇—古生界			古生界—三叠系	

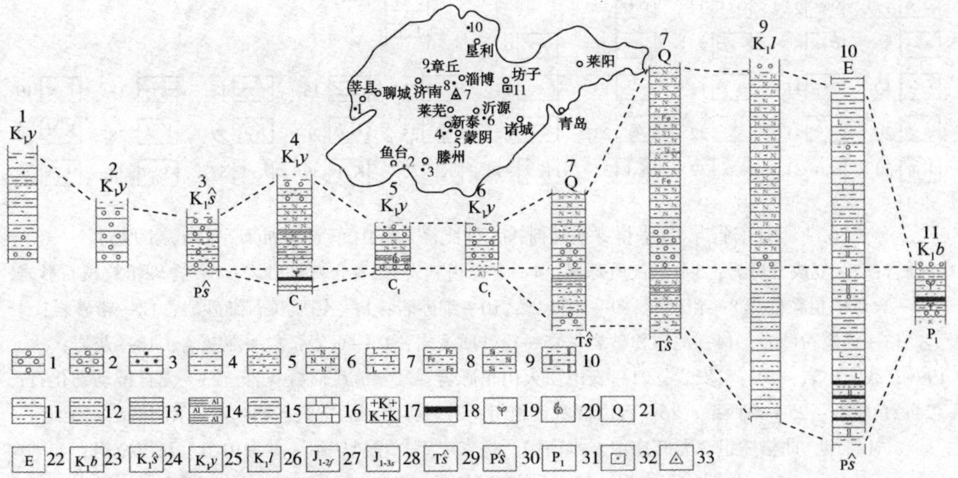

图 6.6　山东省淄博群综合柱状对比图(据山东省地质矿产局，1996)

1—砾岩；2—砂砾岩；3—中粗粒砂岩；4—细粒砂岩；5—石英砂岩；6—长石砂岩；7—钙质砂岩；8—铁质砂岩；9—硅质砂岩；10—白云质砂岩；11—粉砂岩；12—泥质粉砂岩；13—页岩；14—铝土页岩；15—泥岩；16—灰岩；17—钾长花岗岩；18—煤层；19—植物化石；20—叶肢介化石；21—第四系；22—古近系；23—白垩纪青山群八亩地组；24—白垩纪莱阳群水南组；25—杨家庄组；26—林寺山组；27—侏罗纪淄博群坊子组；28—三台组；29—三叠纪石千峰群；30—二叠纪石盒子群；31—石炭纪—二叠纪太原组；32—坊子组；33—三台组层型

2. 莱阳群(K_1L)

指不整合于元古宇、古生界或平行不整合于侏罗系之上，整合于青山群之下的一套河湖相沉积，各地岩性变化较大，分组情况也不一致，以莱阳、海阳、诸城比较发育。根据岩性、旋回特征，自下而上分为瓦屋夼组、林寺山组、止凤庄组、水南组、龙旺庄组、曲格庄组、杨家庄组、杜村组、法家茔组(图 6.7)。

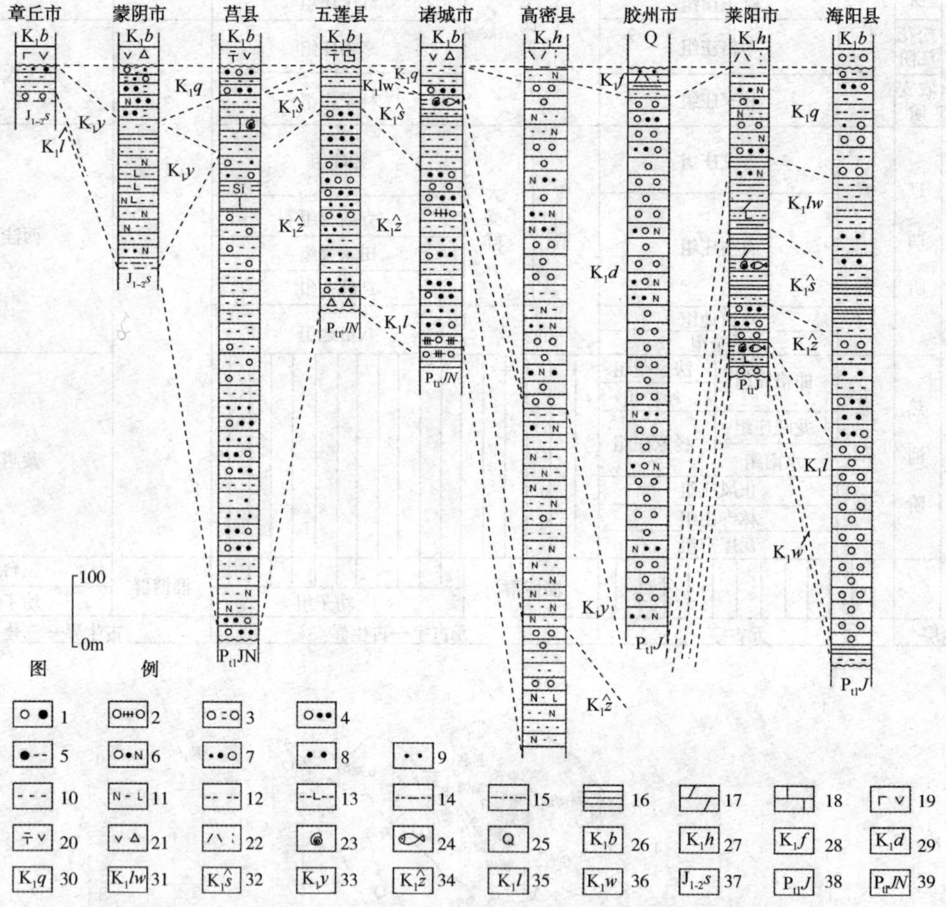

图 6.7 山东省早白垩世莱阳群柱状对比图(据山东省地质矿产局，1996)

1—砾岩；2—复成分砾岩；3—凝灰质砾岩；4—含砾粗砂岩；5—含砾细砂岩；6—含砾粗粒长石砂岩；7—含砾中粗粒砂岩 8—粗砂岩；9—中砂岩；10—细砂岩；11—钙质长石细砂岩；12—粉砂岩；13—钙质粉砂岩；14—泥质粉砂岩；15—粉砂质泥岩；16—页岩；17—泥灰岩；18—灰岩；19—玄武安山岩；20—粗安岩；21—安山质火山角砾岩；22—流纹质凝灰岩；23—无脊椎动物化石；24—鱼化石；25—第四系；26—青山群八亩地组；27—青山群后夼组；28~36—莱阳群法家茔组、杜村组、曲格庄组、龙旺庄组、水南组、杨家庄组、止凤庄组、林寺山组、瓦屋夼组；37—侏罗纪三台组；38—元古宙荆山群；39—元古宙胶南(岩)群

莱阳群分布广泛，山东省三个地层分区皆有分布，但各地发育程度不等。鲁东地层分区是该群最发育地区，地层发育全，从山麓洪积相至河流相、湖泊相皆很发育，露头良好，含丰富的热河生物群动、植物化石。

鲁西地层分区分布比较零星，发育也较差，以蒙阴盆地为代表，主要发育河流相、浅湖相沉积。与莱阳群层位相当的地层为蒙阴组和西洼组(下部)。

3. 青山群(K_1Q)

指位于莱阳群之上、王氏群之下的一套火山岩系，间夹正常沉积岩层。沂沭断裂带以西为中性—基性火山岩，断裂带内南部为中性—基性、北部为中性—基性夹酸性火山岩，断裂带以东则为中性—基性与酸性火山岩相间。自下而上包括后夼组、八亩地组、石前庄组、方戈庄组，有时夹大盛群马朗沟组或田家楼组。

青山群以火山岩发育为特征，根据火山活动及岩石学、岩石化学等特征可以分为4个旋回，分别对应4个组级单位。第Ⅰ旋回：后夼组，以酸性火山碎屑岩发育为标志，层位稳定，与下伏岩系关系清楚，主要分布于鲁东地层分区；第Ⅱ旋回：八亩地组，以中性—基性火山岩发育为标志，局部出现过渡岩性—沉火山碎屑岩和火山碎屑沉积岩，分布全省，层位稳定；第Ⅲ旋回：石前庄组，以酸性熔岩和火山碎屑岩发育为标志，火山碎屑岩常矿化而成膨润土、沸石矿床，并常见珍珠岩矿床，主要发育于鲁东地层分区，鲁西地层分区局部可见；第Ⅳ旋回：方戈庄组，中性—基性、偏碱中性—基性火山岩发育为标志，与下伏岩层关系较复杂，但与上覆岩层关系清楚，层位稳定，是鲁东地层分区青山群与王氏群分界标志层位。

4. 大盛群(K_1D)

指分布于沂沭断裂带内的一套早白垩世正常碎屑岩，整合于青山群之上，平行不整合于王氏群之下，内常夹火山岩层，断裂带两侧常以单组形式出现于青山群中。自下至上分马朗沟组、田家楼组、寺前村组、孟疃组。时代属早白垩世，与青山群准同时沉积。

大盛群总体上可分为四大套岩性，分别划分为四个组。下部称马朗沟组，岩性以灰色砾岩与紫红色安山质岩屑凝灰岩及紫红色细砂岩互层为特征，砾石成分受物源区控制，区域上有一定变化。中部称田家楼组，以杂色调细碎屑岩发育为特征，主要为黄绿色、暗紫色、紫红色细砂岩、粉砂岩、夹安山岩及白云岩。上部称寺前村组，岩性以紫灰色复成分砾岩为主，夹少量黄绿色细砂岩及粉砂岩。顶部孟疃组，主要岩性为紫色、黄绿色细砂岩、泥质粉砂岩夹灰紫色泥质粉砂岩。

该群主要发育在沂沭断裂带地层分区郚部—马站地层小区、潍坊—诸城地层小区及鲁东地层分区的景芝—大店地层小区，其他地区一般以单组形式夹于青山群内。

5. 王氏群(K_2-E_1W)

指位于青山群或大盛群之上、五图群之下的一套红色碎屑岩系，区域上分布较稳定，可分为五个岩性组合，组成两个沉积旋回。自下而上分林家庄组、辛格庄组、红土崖组、金岗口组、胶州组。

王氏群由粗—细—粗—细两大沉积旋回组成，分别划分为五个组。下旋回分为林家庄组和辛格庄组，林家庄组主要岩性为灰紫色、灰色砾岩和砂砾岩夹紫红色细砂岩、粉砂岩，砾石成分主要为火山岩；辛格庄组以紫红、灰绿色粉砂岩互层为特征，含大量泥灰岩团块及少量灰岩夹层。上旋回分为红土崖组、金岗口组和胶州组，红土崖组以砖红、紫红色调和粗—细互层为主要特征，发育河流相二元结构；金岗口组和胶州组分布局限，色调和粒度较杂，有时可见膏盐及白云岩沉积。胶州组现暂归入古近系，但也可能是一个跨界岩石地层单位，具体分界正在研究中。

从区域上看，王氏群以鲁东地层分区的莱阳、胶州、诸城地区最发育，地层完整，露头良好，各单位容易划分。鲁西地层分区仅局部可见，并且发育不全。

6.7 山东的古近系和新近系

6.7.1 地层分区

山东省古近系—新近系很发育，主要属陆缘碎屑岩建造，亦有蒸发岩建造和玄武岩建造。古近系主要分布在鲁西泰山—蒙山地区一些单断盆地和华北平原新近系和第四系之下；新近系地表主要零星分布在沂沭断裂带北部临朐—昌乐一带新生代断陷盆地中，在鲁东栖霞、蓬莱有玄武岩平顶山或台地，华北平原之下亦有大面积分布。

据山东省新生代地层发育特征，将古近系—新近系地层划分为 3 个分区、7 个小区，各地层分区、地层小区划分见图 6.8，各地层小区地层序列见表 6.6。

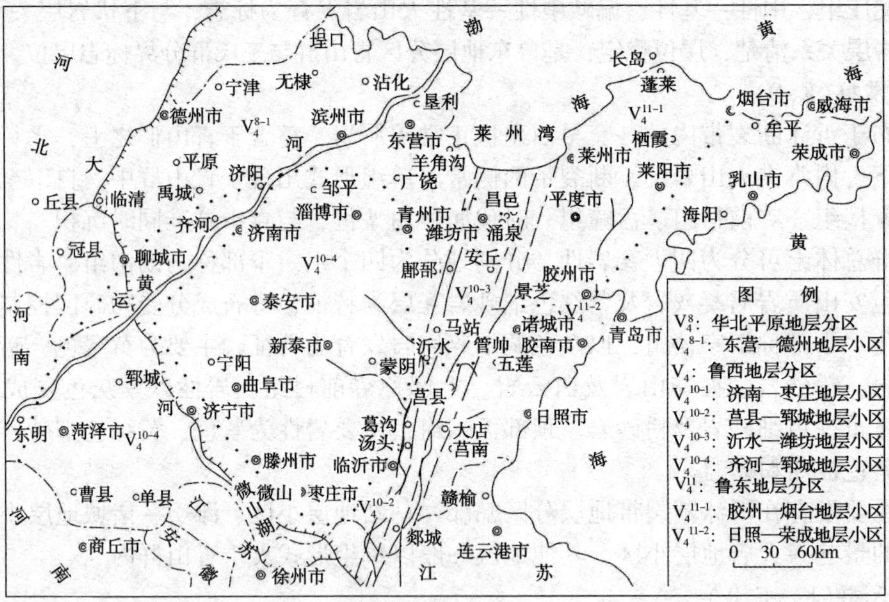

图 6.8 山东省新生界区划图(据山东省地矿局，1996)

6.7.2 岩石地层单位划分及对比方案

古近系—新近系岩石地层单位共 23 个，其中古近系 14 个(3 群 11 组)，新近系 9 个(2 群 7 组)。古近系有官庄群、五图群、济阳群。官庄群包含固城组、卞桥组、常路组、朱家沟组、大汶口组；五图群包含朱壁店组、李家崖组、小楼组；济阳群包含孔店组、沙河街组、东营组。新近系有临朐群和黄骅群。临朐群包含牛山组、山旺组、尧山组；黄骅群包含馆陶组、明化镇组。另外还有巴漏河组和白彦组。岩石地层单位对比见表 6.6。

各群主要岩性特征及分布如下。

1. 官庄群(E*G*)

上被第四系不整合覆盖，下与白垩系或更老地层呈不整合接触，岩石组合为含膏盐的红色、灰色山麓洪积—河湖相碎屑岩系，自下而上包括固城组、卞桥组、常路组、朱家沟组和大汶口组，时代属晚白垩世—早渐新世。

官庄群各组岩石、生物特征及含矿性不同，反映它们为不同时代、不同沉积盆地、不同沉积环境的产物。从鲁西地区各盆地岩性分布看，盆地边缘为粗碎屑相沉积，向内部变细并出现膏盐、岩盐矿产，各盆地沉积相对独立，互不贯通。从官庄群岩石地层特征分析，在古近纪由早期至晚期发生了由南东向北西的构造迁移，可分为三个构造沉积旋回：晚白垩世，在平邑、枣庄底阁等盆地发育了第Ⅰ构造沉积旋回，沉积了固城组(粗碎屑岩)、卞桥组(细碎屑岩)，其砾石成分以中生代火山岩为主，代表性化石为 *Cypridea*、*Latochara*、*Peckichara* 等，形成半咸水相石膏矿床。古新世第Ⅱ旋回形成蒙阴盆地，沉积常路组河流—浅湖相红色、杂色砂—砾岩(下段)、砂—泥岩地层(上段)，而此时平邑盆地湖水变浅，继承性沉积了百余米杂色砂泥岩地层(常路组)。常路组砾石成分为石英岩、燧石、安山岩、灰岩、片麻岩等，见零星炭屑、煤线等。轮藻以 *Neochara* 为主，介形虫以 *Eucypris*、*Darwinula sinensis* 多见，哺乳动物以 *Propalaeotherium sinensis*、*Coryphodon flerowi*，*Breviodon minutus* 等为代表。始新世到渐新世早期第Ⅲ旋回发育全区，朱家沟组山麓堆积相砾岩广泛超覆，导致平邑、蒙阴盆地消亡，同时在大汶口、汶东、莱芜等地形成新的沉积盆地，在朱家沟组之上沉积了3000*m* 厚的大汶口组含膏盐矿产地层。该旋回砾石以古生代灰岩为主，次为片麻岩，形成石膏、岩盐、自然硫、钙芒硝、杂卤石、油页岩等咸化湖相沉积矿产。代表化石有 *Cyprinotus*、*Cypris*、*Lymnocythere*、*Obtusochara*、*Gyrogona* 等。

表 6.6 古近系—新近系划分对比表(据李守军等，2003；姚益民等，2007)

地层年代			华北平原地层分区		鲁西地层分区		鲁东地层分区	北黄海盆地	苏北-南黄海盆地
系	统	阶	渤海湾盆地	昌潍坳陷	平邑、蒙阴、莱芜	汶口盆地	乐昌、临朐、龙口		
新近系	上新统	麻则沟阶	明化镇组	明化镇组				上新统	盐城组上段
		高庄阶					尧山组		
	中新统	保德阶					山旺组	中新统	盐城组下段
		灞河阶							
		通古尔阶							
		山旺阶							
		谢家阶	馆陶组	馆陶组			牛山组		
古近系	渐新统	塔本布鲁克阶	东营组					渐新统	
		乌兰布拉格阶	沙一段						
		蔡家冲阶	沙二段						
	始新统	垣曲阶	沙三段	沙三段		大汶口组上段			三垛组
		伊尔丁曼哈阶	沙四段	沙四段		大汶口组中段			
		阿山头阶							
		岭茶阶	孔一段	孔一段		大汶口组下段	小楼组		戴南组
			孔二上	孔二上	朱家沟组		李家崖组 朱壁店组		
	古新统	池江阶	孔二下	孔二下	常路组			古新统	阜宁组二段至四段
		上湖阶	孔三段	孔三段	卞桥组				阜宁组一段
下伏地层			上白垩统	上白垩统	卞桥组底部 固城组	?	上白垩统	上白垩统	上白垩统

2. 五图群(E_2W)

不整合于中生代或前中生代地层之上，不整合于临朐群牛山组之下的一套含煤、油页岩的碎屑岩沉积。自下而上分朱壁店组、李家崖组、小楼组。

五图群为含煤和油页岩的山间小盆地沉积，从下至上可分为三大套岩性，分别划分为三个组。早期河流相粗碎屑沉积，形成朱壁店组的一套杂色砂砾岩；中期湖水变深，在湿润气候下形成李家崖组煤层和油页岩等沉积矿产，岩石以灰色调的砂岩和页岩为主；晚期湖盆沉降停止，水体变浅，形成小楼组河湖相粗—细碎屑交替沉积。

五图群主要发育在鲁西地层分区沂水—潍坊地层小区和鲁东地层分区胶州—烟台地层小区。鲁西沂水—潍坊地层小区见于昌乐县五图、小楼、北岩、北郿部和临朐县牛山、罗家树以及安丘市李家埠，各地分布均比较零星，岩性及厚度变化较大。昌乐县北郿部和安丘市李家埠主要为碎屑岩和黏土岩，不含煤及油页岩，昌乐县五图和临朐县牛山含煤和油页岩。鲁东地层分区胶州—烟台地层小区的五图群见于龙口至蓬莱一带的钻孔中，地表很少出露。该区朱壁店组厚度大于350m，由灰色、红色砂砾岩和砂质页岩等组成，不含煤；李家崖组厚200~250m，由煤层、油页岩、泥岩、泥质灰岩、白云岩、白云质灰岩等组成；小楼组厚300~700m，由泥岩、泥质灰岩、钙质泥岩等组成，不含煤。该区五图群碳酸盐岩发育，厚度大而分布稳定。

3. 济阳群($E_{2-3}J$)

指华北平原区不整合于中生界或古生界之上、新近系黄骅群之下的一套色调、成分都很复杂的碎屑岩系，含有丰富的石油和天然气，有时夹有石膏、薄层煤及中性—基性火山岩。自下至上分为孔店组、沙河街组、东营组。

济阳群厚度巨大，接近4000m，是一套含丰富石油和天然气的湖相沉积。下部称孔店组，是一套红色、灰色砂、泥岩，有时含煤，与前古近系不整合接触，厚约1500m。中部称沙河街组，是一套灰色泥岩夹砂岩组合，有时夹灰岩、白云岩、油页岩及石膏、盐岩等，含丰富石油和天然气，厚约2000m，与下伏孔店组为平行不整合或整合接触。上部称东营组，为一套杂色泥岩夹砂岩及碳质页岩，厚大于300m，与下伏沙河街组整合接触。

4. 临朐群(Nl)

主要岩性为玄武岩，夹有砂砾岩、黏土岩及硅藻土，自下而上包括牛山组、山旺组、尧山组。其中山旺组分布局限，为一特殊层位，大部分地区为牛山组和尧山组。

临朐群以新近系玄武岩发育为特征，玄武岩多沿平原边部发育，明显受沂沭断裂构造控制，随构造运动自SW向NE迁移，属多期次喷发(至少四期)，形成玄武岩台地。一般以裂隙式喷发的宁静溢流为主，局部为中心式喷发，在临朐—昌乐盆地内有许多孤立山包，如擦马山、黄山、苍山、桃花山、方山等，其顶部呈浑圆状或水平状，主要岩性为橄榄玄武岩，柱状节理发育。在昌乐县五图一带发现蓝宝石砂矿和尧山组中的蓝宝石原生矿。山旺组是一个特殊的地层单位，虽然分布局限，但其影响和地层学意义重大，其所产精美动、植物化石闻名世界。

5. 黄骅群(NH)

指华北平原区不整合于古近系、中生界或古生界之上的一套以杂色泥岩为主、夹砂岩及少量含砾或砾状砂岩组成的地层，可分上、下两部分。下部称馆陶组，粒度偏粗，色调较杂，主要为灰白色砾状砂岩、含砾砂岩和灰绿色细砂岩、粉砂岩及棕红色泥岩，厚150~

1100m，与下伏东营组不整合接触。上部称明化镇组，粒度偏细，主要岩性为土黄、棕红色泥岩、砂质泥岩和灰白色细砂岩组成，底部含石膏，厚600~1000m，下与馆陶组整合接触，其上与第四系平原组不整合接触。

山东的第四系在鲁北平原区称为平原组，其他地区则各有具体的岩石地层单位名称。由于各地命名剖面比较零散，高精度的对比尚未达到，在此不再细述。

本章思考题

1. 山东省地层学研究近年来有什么新进展？谈谈今后的发展方向或研究重点。
2. 从山东任选一个系，列出其岩石地层与国际、国内年代地层的对比方案，并说明存在的问题和解决的简要方案。
3. 组成山东基底和盖层(包括似盖层)的地层分别是哪些？
4. 以山东为例简要叙述华北板块的地质发展历史。
5. 郯庐断裂对山东地层的发育有什么控制作用？
6. 选择山东中、新生界的一个系，分析其沉积旋回。

本章主要参考文献

[1] 李守军．综合地层学在山东省中生代地层研究中的应用[J]．山东地质，1998，14(4)：31-36.

[2] 李守军，贺淼，杨犇，等．山东省中生代地层分区、划分与对比[J]．地层学杂志，2010，34(2)：167-172.

[3] 李守军，洪铭，徐永梅，等．关于鲁西侏罗纪—白垩纪岩石地层单位使用之我见[J]．地质论评，2007，53(1)：6-10.

[4] 李守军，田臣龙，徐凤琳，等．山东二叠系石盒子组孢粉特征及古气候意义[J]．地质论评，2014，60(4)：765-770.

[5] 李守军，原丽媛，殷天涛，等．山东淄博太原组有孔虫及石炭系—二叠系界线[J]．高校地质学报，2015，21(2)：196-202.

[6] 李守军，郑德顺，蔡进功，等．鲁北和鲁西南地区古近纪盆地沉积特征与控制因素探讨[J]．地质论评，2003，49(3)：225-232.

[7] 李守军，赵秀丽，殷天涛，等．山东彭庄早、中二叠世孢粉组合特征[J]．地质学报，2013，87(12)：1819-1825.

[8] 全国地层委员会．中国地层指南及中国地层指南说明书[M]．北京：科学出版社，2013.

[9] 山东省地质矿产局．山东省区域地质志[M]．北京：地质出版社，1991.

[10] 山东省地质矿产局．山东省岩石地层[M]．武汉：中国地质大学出版社，1996.

[11] 山东省地质矿产局区域地质调查队．山东莱阳盆地地层古生物[M]．北京：地质出版社，1990.

[12] 山东省国土资源厅．山东省地层、侵入岩、构造单元划分方案[S]. 2014.

[13] 王泽九，黄枝高，姚建新，等．中国地层表及说明书的特点与主要进展[J]．地球学报，2014，35(3)：271-276.

[14] 姚益民，贺振建，姚盛，等．山东胜利油区侏罗纪—白垩纪天文地层和磁极性年代划分与对比[J]．地层学杂志，2017，41(2)：153-165.

[15] 姚益民，徐道一，张海峰，等．山东东营凹陷新生代天文地层表简介[J]．地层学杂志，2007，31(增2)：423-429.

[16] Forke H C. Biostratigraphic subdivision and correlation of uppermost Carboniferous/Lower Permian sediments in the southern Alps：Fusulinoidean and conodont faunas from the Carnic Alps（Austria/Italy），Karavanke Mountains（Slovenia），and southern Urals（Russia）[J]．Facies，2002，47：201-276.

[17] International Stratigraphic Chart 2018. IUGS & ICS website，2018.

7 沉积学的发展历史、现状与展望

自沉积学的概念提出以来，其发展经历了以下四个阶段：理论形成阶段、理论成熟阶段、理论升华阶段、学科综合与交叉阶段。在沉积学发展的每一个阶段，都为世界经济的发展做出了巨大贡献，同时各个发展阶段又受到了当时科学技术的制约。从概念的提出至今，沉积学作为重要的理论依据，不仅可以指导人们寻找矿物，同时沉积学与其他学科的交叉渗透又诞生了许多新的学科，帮助人们更好地研究地球。沉积学自诞生以来，有着由定性向定量、宏观向微观、手工向计算机、多学科交叉渗透的发展趋势(于兴河等，2004)。在全球地质学家的不断努力下，沉积学获得了不断的发展和完善。

7.1 沉积学的四大发展阶段

7.1.1 形成阶段(1830—1930 年)

沉积相作为沉积学的重要内容，1669 年，斯坦诺(N. Steno)第一次提出了“相”的概念；1837 年，莱伊尔(C. Lyell)发表著作《地质学原理》，提出“将今论古”的理论，该理论成为了后来沉积学研究的行动指南；1838 年，格雷斯利(A. Gressly)在《阿尔卑斯的地质调查》一文中，把相定义为“相是沉积物变化的总和”，这是首次运用相这一概念，由于他提出的观点比较全面，故这一概念延续至今；1857 年，索比(H. C. Sorby)在分析沉积岩时首先使用了偏光显微镜，标志着岩石学研究的重大转折；1881 年，地质学家开始用显微镜研究重矿物，这为在沉积学中使用重矿物来分析物源的方法奠定了基础；1894 年，瓦尔特(J. Walther)提出了“相序”的概念，即著名的瓦尔特相律，“相序”的概念在沉积学中的地位十分重要；1905 年，化学家范特霍夫(J. H. VantHoff)通过研究海水蒸发，提出化学沉淀的理论；1934 年，吉尔伯特(G. K. Gilbert)首次将不同粒径的砂和不同的水流强度进行了水槽实验，这为水动力条件的研究提供了实验的基础；1922 年，温特沃思(C. K. Wentworth)提出以 2mm 作为砂的粒级上限，从而使砂岩和砾岩的分类走向了定量化，这些都为沉积学的发展奠定了基础。到了 1932 年，沃尔德(H. A. Wadell)首次提出了沉积学的概念，简单的将沉积学概括为“研究沉积物的科学”，沉积学自此正式成为一门单独的学科，而且不断取得新的研究成果。

7.1.2 理论成熟阶段(1931—1970 年)

伴随着社会及科学技术的进步，在该阶段沉积学领域中，一些新的技术开始运用到沉积学研究领域，如差热分析、X-衍射等，沉积学家开始专注于研究沉积过程及沉积作用，提出了众多的沉积模式，出版与发表的专著和文献也逐年增多，沉积学进入现代沉积学阶段，在该阶段过程沉积学作为主导研究，突出的进展有浊流的模式化研究、粒度分析结合水动力条件、水槽实验解释沉积构造，相模式的建立及碳酸盐岩的新研究阶段。

1940 年，霍尔布蒂（M. T. Halbouty）等研究了墨西哥湾沿岸的第三系沉积，率先将沉积学的理论系统地应用于油气勘探领域；1948 年，斯洛斯（L. L. Sloss）提出了“层序”的概念；1949 年裴蒂庄（F. J. Pettijohn）发表的著作《沉积岩石学》标志沉积学进入理论成熟阶段；1934 年，克伦宾（W. C. Krumbein）对沉积环境作了定量研究，并将数理统计学引入到沉积学领域；1950 年坤宁（P. H. Kuenen）等发表了《浊流为形成递变层理的原因》。1962 年，鲍马（A. H. Bouma）研究了浊流沉积模式，建立了著名的“鲍马序列”，随后发表著作《浊积岩》，打破了牵引流是碎屑岩形成的主要水动力方式的认识；1962 年西蒙斯（D. B. Simons）等应用水力学的概念进行水槽实验成功的解释了各种构造，为沉积构造特征指示沉积环境奠定了基础；1964 年帕塞加（R. Passega）提出了 C—M 图，随后维舍尔（G. S. Visher）又提出了解释牵引流搬运方式的累积概率图，1965 年他从垂向沉积序列的角度建立了 13 种相模式，为沉积相的识别分析奠定了基础；在该阶段福克（R. L. Folk）对碳酸盐岩进行了分类和解释，使碳酸岩研究进入了新阶段。

7.1.3 理论升华阶段（1971—1990 年）

在该阶段沉积学更趋向于系统研究，总结性专著大量涌现，建立了各种沉积环境的相模式，开启了以全球为规模的沉积相研究，沉积学理论大量用于油气勘探，并且诞生了储层沉积学，对特殊沉积物的研究也进入了新的高度。此时，我国的地学研究主要是应用国外的先进理论，对我国的地质特征进行较为系统的总结与上升。

20 世纪 60~70 年代出现了地震地层及“Vail 曲线”等重要研究成果（刘宝珺，2001）；相模式研究作为沉积学的重要组成部分，1976 年沃克（R. G. Walker）提出并认为相模式为“除去细节性的东西，保留其本质”。从此，人们对相模式有了进一步的认识，认为相模式要具有概括性和代表性，发现了丘状交错层理，开始对风暴沉积进行研究；1978 年，弗里德曼（G. M. Friedman）研究了复理石沉积模式；70 年代末，雷丁（H. G. Reading）发表《沉积环境和相》，同年弗里德曼（G. M. Friedman）等出版的《沉积学原理》，这两本著作系统归纳了各种沉积环境的地质特征与形成机理，将沉积学研究推入新的高度；1977 年，韦尔（P. R. Vail）在 AAPG 上发表了地震地层学的论文；1988 年瓦戈纳（J. C. Van Wagoner）在 SEPM 上主编了层序地层学特刊；韦尔（P. R. Vail）主编了《层序地层学工作手册》和《层序地层学基础》，层序地层学由此诞生。1981 年，我国学者孙枢等对豫陕沉积盆地进行了系统研究；1984 年，迈阿尔（A. D. Miall）指出盆地分析是地层学、构造地质学和沉积学等研究的综合，研究不同类型盆地沉积作用及演化规律，是解决构造与沉积作用之间内在联系的重要课题。各国学者对不同沉积盆地的沉积作用进行了较为系统的研究，研究各种沉积体系在盆地中的展布规律。1984 年，苏丹（R. C. Surdam）等发表了《次生孔隙的化学演化》一文；克罗西（L. J. Crossey）发表了《有机/无机成岩作用在孔隙预测中的应用》，使碎屑岩的成岩作用研究取得了突破性进展。

1971—1990 年是沉积学的快速、全面发展阶段，诞生了许多新系统性成果，很多著名学者为此对前期的著作进行了修订，添加了该阶段的新认识，使得其更加理论化及系统化。

7.1.4 学科综合与交叉阶段（1991 至今）

随着社会的发展，如今的科学技术手段与沉积学刚诞生时期相比有了突飞猛进的发展，尤其是计算机技术及许多分析实验技术，许多新方法新技术被运用在沉积学研究中，使沉积学变得更系统、更科学，沉积学研究不再局限于某一狭小的地区，而是从全球范围来分析和研究盆地、地层及积体系的演化。沉积学也与其他相关学科相互渗透，出现了许多交叉学科，如资源沉积学、储层沉积学、大地构造沉积学、事件沉积学等，交叉学科的大量出现作为该阶段的主要特点，每一个交叉学科的出现都给沉积学注入了活力，使沉积学的研究范围更深、更广。

资源沉积学逐渐成为全球研究的热点，主要是对各类矿产进行沉积学研究，分析矿产资源分布规律，进而指导勘探并研究资源与生态的联系，促进资源的可持续开发。

沉积学与地球物理、地球化学等交叉渗透产生了储层沉积学(徐强等，2000)，前人已对其做了很多研究。该学科是以沉积学原理为基础，结合沉积相、储层特征等方面来对储层进行预测。为提升油气采收率，该学科发展迅速，并将非均质性储层作为研究重点。

沉积学和板块构造学相结合出现了大地构造沉积学，运用两个不同学科的基本原理，研究不同构造背景下形成的沉积岩，目的在于研究地壳演变规律，指导沉积矿产资源的勘探。

从“灾变论”演变而来了事件沉积学。该学科把沉积物作为地质事件的记录(王清晨，1991)，把事件沉积作为研究对象并研究不同事件沉积之间的联系(龚一鸣，1988)。

我国沉积学研究也有突飞猛进的发展，在许多方面的研究达到了国际领先水平，但也有许多方面如事件沉积、深水沉积等的研究水平较为落后(龚一鸣，1988)。中国沉积学在今后应该时刻关注国外研究现状，注重多学科交叉。沉积学已发展成为一门综合性学科，随着时代的发展社会的进步，未来的沉积学一定会蓬勃发展，大有可为。

7.2 沉积学研究现状

7.2.1 事件沉积学新进展

20世纪80年代，在地学领域中出现了一个引人注目的焦点，那就是“灾变论”复活。随着多项计划GSGP(全球沉积地质计划)、CREC(白垩纪地质记录与全球地质作用、资源、韵律和事件)和PGP(联合古陆计划)的提出和实施，事件沉积学成为了新兴边缘学科。事件沉积学包括的范围很广，其内涵也在不断地演变，事件沉积既可以反映盆地内部的地质作用(自旋回沉积、局部因素控制的沉积)，又可以反映盆地外部的地质作用(区域或全球因素控制的沉积)，其往往在地层中重复出现，有些表现为周期性特点，即在一定时限内重复出现，有些则表现为不规律的再现性。“事件”一词被用于描述地球科学领域中许多不同类型的地质现象，将风暴及其他类似突发沉积事件、季纹泥沉积物、不整合事件或沉积物漫流面事件、大洋缺氧事件、大洋分层事件及海洋环流等事件认为是一种区域性甚至洲际性事件(覃建雄等，1995)。另外，磁极倒转事件、气候突变事件、构造巨变事件、全球海平面上升事件、星球撞击事件(陨击事件)、凝灰沉降事件(火山灰事件)、全球冰川事件、全球生物事件(革新、辐射、播散及绝灭事件)、全球化学事件、复合事件以及包括陨石在内的其他事件等已确认为全球地质事件(曾允孚等，1999)，其已经成为地学领域研究的热门话题。

在众多事件沉积记录中，记载着有关地球和太阳等相关的灾变事件信息。因为事件沉积学不仅对地球上生命的起源和演化带来巨大影响，还对预测全球环境变迁、全球水文循环和全球气候变化等具有重大的现实意义。随着人们对环境和地质灾害的重视，该领域事件沉积和极端事件沉积(鲜本忠等，2014)的研究日渐成为沉积学研究的热点。

1982年，《Cyclic and Event stratification》文集出现，艾瑟勒(G. Einsele)和赛拉赫(A. Seilacher)主编将作者们的内容进行整合，其主要研究了沉积层的旋回性记录与事件性记录的相互关系与区别，并把沉积物分为旋回沉积物和事件沉积物(王清晨，1991)。文中指出事件沉积物易于在地层中识别，它们在各种沉积事件中形成，包含了侵蚀和沉积两种作用留下的沉积构造。

1983年，许靖华以“现实主义灾变论”为题，在国际沉积学家协会发表了理事长卸任致词，他表示：沉积学家必须要接受现实主义灾变论作为研究哲学，因为它们庞大的规模必然会完全改变事情的面貌或引起灾变，而大的灾变必然将其记录遗留在沉积物中。

2014年，穆德尔(T. Mulder)教授研究并记录了洪水相关浊流的过程、特征、意义及其在露头、钻孔和地震反射剖面中地质记录(Mulder，2014)，斯特拉瑟(M. Strasser)等也长期从事事件沉积学的研究——水下块体运动沉积及其与构造过程、地震、海啸的关系(Strasser，2014)。同年，塔林(P. J. Talling)等指出，识别地震成因浊积岩就是将其与其他成因的浊积岩区分开。2004年和2005年苏门答腊的地震中没有形成于深水盆地对应的浊积岩(Sumner等，2013)。因此，未来的研究中需要加强大型地震是否可以提供完整浊积岩的研究。基于CT技术的微观结构分析和基于成分和粒度的物源构成判断，被认为是目前判断地震与非地震成因浊积岩的唯一方法。

地震与海啸之间存在着千丝万缕的联系。一般情况下我们把地震成因的、富含滑动块体、滑塌变形的沉积称为震积岩(seisimites)，而将海啸成因的、富含流动构造的再搬运粗—中粒沉积(含部分重力流)称为海啸岩(tsunamites)。其实在一些情况下是很难将二者进行区分的，故将其称为震积—海啸岩(seisimites-tsunamites)(Liu等，2014)。自1169年以来Ionian海地区沉积物厚度的增加大多来自于海啸岩(Polonia等，2014)。2011年，日本发生多次海啸事件，其沿岸到深海盆地受到海啸作用的影响，从含砾粗砂到底栖生物扰动的细砂—泥的砂质海啸沉积，厚度大约在50~100cm(Suzuki等，2014)。

火山沉积学学者将火山喷发产生的火山碎屑流及伴生垮塌、滑坡等作用触发的流体称为火山碎屑密度流(Pyroclastic Density Currents，PDC)。海底火山作用会引起海底沉积物波(sediment waves)，其特征与斜坡失稳(slope failure)型海底沉积物波不同(Shreeve等，2014)。

不同地质历史时期气候的极端变化会导致海、陆面积和沉积环境的快速变化，在稳定沉积区可记录其完整的变化过程。对极端事件沉积学的研究有以下三个方面：①极端暖期或冰期气候快速演变的沉积记录；②极端气候导致的洪水事件的沉积记录；③地质历史中大型海啸事件的沉积记录。

近几年来，随着事件沉积学不断的发展，其范围越来越广、研究内容也越来越深，通过与现代地质事件进行对比，朝着事件沉积作用的过程、机理的研究方向发展。中国沉积学家对事件沉积也做了越来越深入的研究，特别是最近几年对震积岩、海啸岩、震浊积岩及地震相关的软沉积变形的研究取得了不错的成果，不仅丰富了事件沉积的多样性，也为事件沉积学的发展做出了卓越的贡献。

7.2.2 碳酸盐岩与微生物沉积领域新进展

碳酸盐岩指的是由沉积形成的碳酸盐矿物组成的岩石的总称，主要为石灰岩和白云岩两类。近年来国内外学者通过对碳酸盐岩的深入研究取得了以下进展。

1. 深水碳酸盐

对深水碳酸盐的认识，特别是对大陆坡的认识，非常有助于我们对古老大陆边缘的认识和分析。深水碳酸盐沉积包括深水重力流作用形成的异地沉积和非重力流沉积，在非重力流沉积中又有深水牵引流(等深流、内波、内潮汐等)沉积和静态原地碳酸盐沉积。深水碳酸盐沉积与重力流及等深流活动有关，也受控于表层水碳酸盐产率、陆源物质的稀释作用及深水对碳酸盐的溶解作用。最新研究表明，深水碳酸盐沉积对海平面升降与气候变化响应明显，无论是重力流或非重力流沉积均有体现，通过深水碳酸盐沉积研究可以提取地质历史时期环境变化的信息，同时，某些深水碳酸盐沉积岩中蕴藏着丰富的石油、天然气和其他沉积矿产(江茂生等，2001)。

2. 冷水碳酸盐岩

冷水碳酸盐沉积是指在(古)纬度约30°~35°以上的温带及寒带地区、温度约20℃以下的沉积水体中，沉积特征与暖水碳酸盐岩不同，沉积形态以缓坡为主。研究发现，冷水碳酸盐沉积物中的生物颗粒组合以底栖有孔虫、软体动物、苔藓虫等异养生物和钙质红藻为主，缺乏造礁珊瑚和钙质绿藻，缺乏鲕粒、集合颗粒等非骨架颗粒，而且沉积物中灰泥基质含量较少，矿物成分以方解石为主，氧同位素较重，胶结作用弱，以破坏性成岩作用为主(苏旺等，2017)。

3. 风暴流沉积

1975年克林(G. Kelling)提出风暴岩的概念，用以描述受风暴作用后再沉积的浅海盆地风暴沉积浊积岩，随后艾格纳(T. Aigner)将其含义扩充为风暴沉积。我国从20世纪80年代起陆续开展风暴沉积的研究。严钦尚(1984)注意到风暴沉积，并参考国外学者对风暴沉积的研究成果，提出了滨岸和浅海风暴沉积的层理特征、形成机制、区域差异和沉积模式。孟祥化(1986)提出了风暴潮的概念，并将风暴岩划分为原地型和异地型风暴岩。1997年刘宝珺等提出风暴沉积序列中的结构剖面变化受风速、风暴持续时间和海水深度等因素的影响。国内外在风暴沉积的结构构造、序列模式、动力机制、区域差异等方面进行了有意义的探讨。近期对碳酸盐风暴沉积的理想相序、风暴沉积与风暴能量的变化、遗迹化石在识别碳酸盐岩风暴沉积中的应用等问题进行有意义的探讨。

当前碳酸盐岩沉积学领域的研究热点主要包括：①现代和地质历史时期微生物碳酸盐类比研究；②从纳米级到可见缝洞系统孔隙网络的宏微观定量化表征；③碳酸盐和蒸发盐沉积体系和建模；④碳酸盐成岩作用和古流体模型；⑤深层、超深层碳酸盐岩储层在构造—流体耦合变化下的形成与保存机制(倪新锋等，2018)。

随着微生物沉积学的诞生与发展，微生物碳酸盐岩近几年作为国内外的研究热点一直受到广泛的关注。微生物成因与纯化学成因的碳酸盐类矿物相比具有不同的矿物特征(如形貌、微量元素含量及碳同位素等)(王红梅等，2013)。微生物碳酸盐岩的研究在揭示古生物与沉积环境关系以及对岩相古地理重塑发挥着重要的作用，对碳酸盐岩的成因与分类做出了很大的贡献(王文之等，2016)。福克(R. L. Folk)提出巨厚的隐藻类碳酸盐岩微生物岩这一概念，伯恩（R. V. Burne）在前人研究的基础上，首次提出了微生物岩是由底栖微生物群落（BMC）捕获和黏结碎屑沉积物，并且形成矿物沉淀位点，通过这种方式加积的生物成因沉积即为微生物沉积岩。最新研究表明微生物岩在地史时期和现代生物礁的建造过程中皆为常见，微生物群落约占地球现代生物圈中生物总量的 80%，也约占地球生命史时间段的 80%（史晓颖等，2008）。

微生物碳酸盐沉积是由底栖的原核或真核微生物（细菌、藻类、真菌）生长、新陈代谢等过程引发碳酸盐沉淀、自身发生钙化或者产生细胞外聚合物质黏结捕获周围的碎屑颗粒而形成的碳酸盐沉淀物。依据形成机制和宏观构造可将微生物碳酸盐岩划分为叠层石、凝块石、树形石和均一石，此外，应将同样具有特殊宏观构造和重大地质意义的核形石、纹理石与叠层石、凝块石、树形石和均一石并列。按照尺度大小和结构含义可以将微生物碳酸盐岩划分为 4 个构造层次，包括巨型构造、大型构造、中型构造和微型构造（Shapiro，2000）。巨型构造是指微生物碳酸盐岩所形成的岩层特征，如生物丘、生物层等；大型构造是描述微生物碳酸盐岩的总体特征，如柱状、穹状等；中型构造则是来描述在大型结构内部用裸眼能够观察到的微生物岩的结构与构造（一般为厘米级），如纹层状、凝块状、树枝状等；微型构造是指在显微镜下可以观察到的显微结构与组分，包括钙化微生物残留体、沉积物、胶结物等。微生物碳酸盐岩可根据中型构造和大型构造将微生物碳酸盐岩按梅冥相（2007）的观点划分为六类，然而自然界中的微生物碳酸盐岩远比这六类多，需根据实际情况来进行描述和分类研究（韩作振等，2009；王龙等，2018）。

目前虽然对于微生物沉积碳酸盐的成因尚未有统一的认识，但有不少研究人员认为以下几个方面会导致碳酸盐沉积作用的发生：①微生物或微生物席（Microbial mat，存在于叠层石和其他岩石表面由微生物群落组成的毫米级别的薄层）对沉积物颗粒的捕捉和黏附。②生物膜（Biofilm，一种存在于胞外聚合物基质中由细菌群体组成的亚毫米级别的薄层）对微小颗粒的捕捉以及通过生物膜内部微生物的新陈代谢等过程而钙化。③胞外聚合物（EPS）不断吸附 Ca^{2+}，使碳酸盐微晶体在生物膜表面沉淀并导致钙化。④在溶解无机碳（DIC）含量较高而 Ca^{2+} 含量较低的环境中 EPS 的降解会促进碳酸盐沉淀。⑤一些微生物可以通过光合作用、氨化作用、反硝化作用、硫酸盐还原作用和厌氧硫化物氧化等过程诱导胞外碳酸盐的沉积。⑥尿素分解细菌在降解尿素的过程中引起环境 pH 值和碱度的升高，从而促进碳酸盐的沉积。⑦微生物自身的钙化作用。一般的晶体生长概括起来可以分为四个过程，即溶质溶解、生长基元的形成、生长基元在界面上的叠合、晶体形成。

结合近年来国内外微生物沉积学文献以及现代微生物碳酸盐岩沉积考察，分析了微生物碳酸盐岩沉积学研究前沿及进展，主要包括以下几方面。

（1）微生物席矿化产物及序列。2017 年，塔克（M. Tucker）等人在会议上指出微生物席中发现的原生白云石使得沉积与微生物活动、细胞外聚合物（EPS，呈黏液状）联系起来，同时含有其他沉淀矿物，包括方解石、文石、含铁、锰和钙的碳酸盐岩，黄铁矿等产物，分析矿化产物序列。还将超盐环境中微生物矿化划分成三个阶段。

（2）微生物碳酸盐岩的元素记录。虽然微生物碳酸盐岩中微量元素、稀土元素经常受到成岩作用的影响（Li 等，2014），但碳、氧、氮、磷、硫、铁、硅、砷等元素及同位素特征可能保留了微生物碳酸盐岩沉积和早期成岩的信息（杨孝群等，2018）。

（3）纹层、凝块等微生物碳酸盐岩沉积结构机理及指示意义。

(4)微生物碳酸盐岩是沉积环境和微生物共同作用的结果，主要受到地理/环境类型演变、盆地/台地构造—充填演化和地史演化等影响，具有不同沉积结构的微生物碳酸盐岩同样具有很好的沉积相带分异性(杨孝群等，2018)。

(5)微生物引起的沉积构造，是表栖蓝绿菌等微生物所形成的微生物席或微生物膜与其他物理作用(如沉积作用、搬运作用、剥蚀作用和变形作用)相互作用的产物。诺夫克(N. Noffke)等为了解释微生物形成原生沉积构造的过程总结了5种生物作用过程，即夷平作用、生物稳化作用、生物模印记作用、微生物颗粒分离作用和由微生物障积、捕获和黏结作用(Noffke等，2001)。其中由微生物引起的沉积构造被归为第5类原生沉积构造(梅冥相等，2006)，主要发育在前寒武纪和显生宙的一些未受到后生动物强烈改造的潮坪和潟湖等环境中，因此，对由微生物引起的沉积构造研究对于前寒武纪沉积环境重塑具有重要的意义(韩作振等，2009)。

(6)微生物礁丘：微生物礁是由底栖固着菌藻类钙化格架障积或结灰泥和碳酸盐骨骼颗粒形成的、三维空间上具一定隆起的碳酸盐岩体。研究证实，微生物是生物礁丘建造的重要贡献者(穆西南等，2003)，其造礁生物主要为在生长过程中不断钙化的蓝菌类，这些造礁微生物分泌胞外黏液质形成生物膜胶结沉积质点，构成微生物席黏接生物骨骼或微生物沉积构造体及它们的碎片形成格架，组成叠层石加固生物礁，并充填孔隙和空洞(王月等，2011)。

微生物碳酸盐沉积的研究涉及到多门学科相互交叉，对其研究可以促进地质微生物学、古生物学、沉积学、石油地质、地球化学及气候环境等相关学科的融合，同时又从全新的角度探讨这些相关学科的研究意义及应用价值。因此，加强地质学科与多学科的结合，是推动微生物碳酸盐岩油气地质研究和勘探开发生产工作的重要途径。

7.2.3 陆源碎屑岩沉积领域新进展

1. 混积岩

传统观点认为碳酸盐沉积物和陆源碎屑沉积物是不会产生混合的，长期以来陆源碎屑和碳酸盐岩经常被分割开来自成系统进行研究，两者之间的过渡类型常被忽视。国外学者在20世纪50年代已经注意到在同一岩层内陆源碎屑岩与碳酸盐岩两种组分相互渗透掺杂这种混积现象是普遍存在的，而在80年代才开始研究。随后许多学者开始对混积岩进行了深入的探索，从而推动了这一特殊体系的研究(梁薇等，2016；George等，2013)。20世纪末杨朝青等(1990)提出采用三端元组分的混合岩分类方案。21世纪初董桂玉等(2007)采用两端元法对混积岩进行分类和命名，其两个端元分别为陆源碎屑和碳酸盐岩。混积岩的概念、命名、分类现在还不统一，这不仅不利于借鉴别人的研究成果，还会导致理解的偏差。各主控因素如何影响混合沉积作用的过程不明确，导致成因类型划分仍不够完善。沙庆安(2001)对滇东震旦系陡山沱组砂质砂屑白云岩的成因进行过研究，但在地球化学方面的研究还比较少。梁薇等系统总结了混积层系类型与组合方式、分布范围、成因与沉积环境(梁薇等，2016)。混积物中混入大量的陆源碎屑具有极其重要的意义，其陆源碎屑的来源、物源区的性质等问题都值得进一步探讨。

2. 陆源碎屑岩物源分析

物源分析作为盆地与造山带研究的重要环节，也是研究盆山相互作用的切入点，在确定沉积物物源位置、性质及沉积物搬运路径甚至整个盆地的沉积作用和构造演化方面具有重要意义(赵红格等，2003)。

萨帕塔(S. Zapata)等在研究地层物源时，应用带状计数法统计了所采砾岩样品的成分、含量数据，分析获得了主要的物源区，并在物源区的信息解读上有了新的进展(Zapata 等，2014)。1983 年，狄金森(W. Dickinson)等依据大量的砂岩碎屑成分统计数据，建立了砂质碎屑矿物成分与物源区之间的系统关系，绘制了多个经验判别三角图解。虽然利用砂岩分析沉积盆地物源早已成为一种常用手段，但是也出现过由于未考虑混合岩化以及其他因素与现实不符的状况。综合利用图解法进行分析，值得注意的是要尽量减小误差。在重矿物分析中，付玲等(2013)在研究柴达木盆地古近系路乐河组物源时发现全盆地 ZTR 指数由盆地边缘向内部递增，并结合盆地东北部和西部地区的两条典型连井剖面图对比分析后认为柴达木盆地路乐河组物源来自于盆地边缘的多个方向。余烨等(2014)利用多元统计分析法(Q 型聚类分析、因子分析)仔细研究了惠州凹陷 M 层物源体系，取得了较好的效果。

张本琪等研究了渤南油田义 3-7-7 井岩心薄片的阴极发光特征，并与其母岩性质对比后判断物源源自该井东南方向的孤岛突起(张本琪等，2003)。陈蓉等(2009)在分析鄂尔多斯盆地中西部延长组碎屑岩薄片的石英阴极发光特征后发现，在研究区不同位置的受控物源不同。郝强等(2014)对川西坳陷须家河组二段若干口井的石英进行了阴极发光特征分析后认为中部和北部地区可能为同一个主物源控制，而南部两井的发光性差异较大，可能是其物源来源的复杂性所导致的结果。

元素地球化学法已被国内外学者广泛运用，包括常量元素、特征元素及其比值法、微量元素(含稀土元素)法，这些方法经常用于地质构造复杂地区的研究(Friis 等，2007；Yan 等，2007；Kasanzu 等，2008；Dostal 等，2009)。近年来，一些学者还利用电子探针、激光剥蚀等离子体质谱仪(LA-ICP-MS)、激光感生火化电感耦合等离子体质谱(LINA-ICP-MS)、电子顺磁共振(EPR)等成分分析仪器，测得重矿物中的常量元素、石英颗粒微量元素(Mcqueen 等，2001；Markus 等，2001)。年代学方法、地球物理学方法、黏土矿物学方法、化石及生标化合物方法这些传统的方法同样对分析物源有着重要的作用。U-Th/He 定年出现的年代较早，直到近几年才出现了比较快的发展(常远等，2010)。

近些年来有学者利用 LA-MC-ICP-MS 进行了相关的测试，得到了很理想的测试结果，矿物磁性特征分析此方法的敏感度最高(杨岳衡等，2009)。磁学方法具有灵敏度高、样品用量少、非破坏性等特点，但受仪器技术水平及理论水平的限制，此方法仍有待完善。对重矿物表面结构的研究是对物源和沉积演化研究的细化和补充，它不仅可以验证通过其他方法指示的物源区，而且还可以区分物源演化历史中的不同时期，阐释影响重矿物颗粒从母岩剥落到最终沉积的一系列进程(Cardona 等，2005)。

物源分析虽然取得了不小的进步，但是还有许多需要改进的方面，每一种物源的分析方法均具备自身的优点，同时也有一定的局限性，在以后的研究中，不能是单一手段的运用，而必须是多种方法的结合。未来物源分析的发展会呈现由传统方法向现代方法转变、多学科交叉、由定性分析转向定量分析的趋势(杨仁超等，2013)。

7.2.4 储层沉积学研究新进展

1. 储层沉积学研究新进展

随着储层沉积学的发展，与其他学科的交叉和渗透不断深入，其研究的领域不断扩展，研究方法不断增多。从碎屑岩、碳酸盐岩、火山岩、页岩等储层类型方面综述了近年来储层沉积学的新进展，结合各个储层类型的研究内容和研究方法，对储层沉积学今后的发展方向进行了探讨。

储层沉积学是运用沉积学的理论和研究方法，研究储集层(体)的沉积学分支学科，属于沉积学的范畴。随着油气资源不断地勘探与开发，在当前能源日趋紧张的条件下，储层沉积学的研究不断深入，其研究领域越来越广，研究内容越来越丰富，除碎屑岩储层和碳酸盐岩储层外，火山岩储层、页岩气储层等储层类型的研究得到延伸，研究方法也越来越多样，目前研究较热的主要有储层模拟研究、储层孔隙度、渗透率研究、储层流体力学研究以及储层中包裹体研究等。储层沉积学已经成为油气专家开展科学研究不可规避的课题。伴随着一些相关学科的交叉与融合，其应用在储层沉积学领域取得了新进展，同时也面临着巨大挑战。

1)碎屑岩储层

碎屑岩储层作为一种传统的油气储层类型，经大量专家学者深入研究，碎屑岩储层的评价技术取得了突破性的发展与进步。碎屑岩储层的研究热点集中表现在对次生孔隙成因和储层非均质性的研究。碎屑岩储层成岩相测井识别方法和碎屑岩储层流动单元识别方法是研究油藏非均质性的有效方法，如精细沉积学方法、岩石组构描述法、孔隙几何形状分析法、水力单元流动分层指标 FZI 法、生产动态资料法、非均质综合指数法等各种研究方法，均为碎屑岩储层的研究提供了基础。

碎屑岩储层质量在此指其渗透率和孔隙度的大小。影响储集层质量的因素主要是沉积方面和成岩方面。当今全球能源需求急剧增加，低孔低渗、致密等非均质碎屑岩储层所占比例越来越多，引起了国内外学者和石油公司的高度重视。非均质碎屑岩储层的孔隙结构与物性、渗流、电性等特征密切相关，是影响储层品质及流体性质的重要因素。国内外缺乏系统的非均质碎屑岩储层孔隙结构定量评价技术，饱和度计算、流体性质及油水界面识别和产能评价也缺乏有效的处理方法。富有机质页岩微观孔隙结构是影响页岩油气富集的重要因素，但热演化过程中的孔隙结构变化特征不甚清楚，是当前领域研究的难点。

刘志军等(2018)采用热重分析与低温氮气吸附(LTNA)手段，定量分析了压力及不同热解终温下油页岩孔隙结构特征。冯旭等(2017)将面孔率等同于孔隙度、将机械压实损失孔隙度全部归结为成岩早期、不考虑岩石表观体积的变化等缺陷的存在，使得在利用“反演回剥法”恢复孔隙度时会存在很多的问题。将压实作用造成的岩石表观体积变化考虑在内，并将压实作用分期列入计算，推导了每一期成岩作用中对应不同岩石表观体积的压实和胶结损失孔隙度、溶蚀增加孔隙度、对应古埋深孔隙度的计算公式。陈佩佩等(2018)为探讨 SDG 地区储层孔隙演化，在对储层特征、储集空间及成岩作用研究的前提下，结合薄片鉴定成果，采用定性分析与定量计算的方法分析孔隙演化过程，孔隙演化结果与误差分析具有较高的吻合性。王升等(2018)提出的新脆性评价方法可以连续地描述岩石从超脆性到韧性变形的力学演化过程，致密碎屑岩储层岩石破裂特征及脆性评价方法对致密油压裂优化设计具有重要意义(王升等，2018)。

潘荣等(2014)认为原生孔隙、次生孔隙的保存与形成是深层、超深层碎屑岩研究的关键。冯佳睿等(2016)认为有效储层形成的主控因素成为深层、超深层碎屑岩领域研究关注的热点问题。

2）碳酸盐岩储层

碳酸盐岩储层是碳酸盐岩沉积学领域研究的重点。目前，碳酸盐岩储层的非均质性，深层、超深层碳酸盐岩储层的形成与保存机制，一直以来都被国际学术界高度关注（倪新锋等，2018）。王小垚等（2018）阐明了断裂体系对缝洞储集体发育的控制作用，建立了不同构造样式的缝洞储集体发育模式，是碳酸盐岩缝洞储集体研究的重要内容，采用地质测井和三维地震资料的叠前和叠后多属性联合分析，是定量预测缝洞储集体发育规律的有效手段。郝雁等（2018）也认识到微生物碳酸盐岩储集空间包括常规储集空间和特有储集空间两大类，储层主控因素包括沉积、成岩和构造，其中微生物组构在储层形成中具有重要作用。结合地震、测井、钻录井等静态资料，在前人研究的基础上，现在重点研究试井、酸压、试采等判别缝洞型碳酸盐岩储层储集类型的动态方法（李阳等，2018）。其中，酸压是碳酸盐岩储层的一种增产增注措施，而酸液滤失控制方法已经成为酸压设计所考虑的一项重要内容。

3）火山岩储层

随着碎屑岩、碳酸盐岩储层研究的不断深入，其开发形势日益严峻，火山岩油气藏的兴起引起了国内外学者的广泛关注。火山岩储层的研究内容主要包括储层地质特征、储层物理性质及储层非均质性、储层孔隙类型与孔隙结构、孔隙演化模式及其控制因素、储层地质模型、储层敏感性、储层预测与储层综合评价等 7 个方面。目前火山岩储层地质研究中的关键问题有：火山岩储层地层划分、建立在火山岩体追踪识别基础上的岩性岩相研究、火山岩储层裂缝表征、火山岩储层预测技术和综合评价方法研究等（陈欢庆等，2012）。韩作振等（2018）认为惠民凹陷商 741 区沙一段火山岩储层具有孔隙度较高、渗透率差别较大、非均质性较强的特点，分析火山岩储层物性的垂向差异，并通过火山岩储集性能的分析预测商 741 区火山岩储层的勘探有利层位。由此看出，火山岩储层的研究打开了油气勘探领域的新视野。

4）页岩气储层

页岩气储层作为一种非常规储层，近年来被众多专家学者关注。蒲泊伶等（2014）认为页岩储层非均质性很强，根据矿物组成、岩石学特征和结构可以精细划分为多套页岩层段，每套页岩层段的含气性能有很大差别。页岩储层的岩性和物性是评价储层有效性的主要地质参数，通常与矿物组成、有机碳含量、热演化程度、温度压力、成岩后生作用等因素有关。赵金洲等（2018）综合分析了页岩储层缝网的可压性、缝网扩展理论与模拟、压裂改造体积理论评价及应用、新型压裂工艺和压裂液的研发等理论与技术方面的进展，构建并完善了页岩气储层缝网压裂理论与技术体系，以期为我国后续页岩气高效开发提供理论与技术指导。乔辉等（2018）认为我国页岩气储层非均质性较强，各测井方法都有一定的适用条件，同一种页岩储层测井评价方法对不同地区、不同类型的页岩储层评价中的普适性受到制约，故应结合我国不同页岩气区块的实际储层特征建立与之相适用的测井评价体系。

2. 交叉学科的应用

1）层序地层学在储层沉积学中的应用

层序地层学是一种划分、对比、分析沉积岩的新方法，特别是高分辨率层序地层学，将其全新的理论、概念和技术方法应用在储层沉积学中，具有高精度、可预测性和显著的实际应用效果。以高分辨率层序地层学理论为指导，综合露头、岩心、测井和高分辨率地震反射剖面等资料进行全面分析，进行不同级次基准面旋回的识别和划分，建立目的层段高分辨率等时地层格架，从而对储集层进行精细描述，以达到储层预测的目的。运用高分辨率层序地层学还可以在精细的沉积相划分和沉积序列分析的基础上进行地层分析。因此，层序地层学在储层沉积学中的应用对油气勘探具有重要的现实意义。

2）地震储层学的应用

地震储层学是近年来发展的一门新兴边缘交叉学科。卫平生等(2014)提出地震储层学是利用地震和地质资料，包括地质、测井、钻井、测试、采油、分析化验等各种资料，研究储层的岩性、空间几何形态、储集空间、物性、所含流体，实现储层建模和三维可视化的一门学科。综合储层地质学、层序地层学等一些交叉学科信息的发展，地震储层学这门学科具有较大的开发潜力，比如现有的地震分辨率对薄储层、储层物性、储层流体性质等方面还有待进一步精细研究；同时，也可以利用现代科学技术，进行地震相关的软件开发，提高工作效率。

3. 储层沉积学发展方向

1）由理论研究向应用实践转变

现代沉积考察与沉积过程物理模拟是储层沉积学成因分析的重要手段，现代沉积是天然的实验室，是宏观沉积过程的实际表现，而物理模拟(如水槽模拟实验)是微观沉积过程的再现。重视这两方面的研究不仅使研究与学习更加直观，更易理解复杂的沉积过程并建立正确的地质模式，而且更易体现“将今论古”的地质哲学思想，为地下地质体的形成过程与储层分布的研究提供借鉴。

2）由定性向定量方向发展

储层沉积学与计算机、数学等学科深入交叉，储层沉积学由定性描述向定量计算发展，对储层的认识不仅仅是简单的评估，而是利用数据对储层做出科学的评价。有利孔、渗带分布的预测不再局限于一些规律性的总结，而是依靠计算机技术对数据指标的处理进行定量研究与评价。

3）由二维向三维立体方向发展

随着计算机技术的高度发展、储层沉积学理论的不断完善，对储层的研究不再局限于二维平面或简单的三维模型展示，高度发达的计算机技术让储层模型变成高度精细而逼真的三维立体模型，油气的运移和储存将会一目了然。

4）从宏观向微观方向发展

为了更好地进行油气的勘探与开发，要求储层的研究必须掌握单个砂体的几何学特征和连续性，即宏观非均质性的研究。为此，开展储层沉积学的研究和建立储层地质模型越来越受到人们的重视。然而，储层的微观孔隙结构、孔隙中的黏土杂基及自生黏土矿物不仅对驱油效率有明显的影响，还不同程度地对储层产生损害。这就要求研究储层的微观非均质性，采取合理的措施为储层保护提供可靠的地质依据。目前宏观非均质性的描述技术已经过关，主要难点是层内规模更细、更微观一级非均质性的深入研究，以及一些地质现象的三维空间描述，即井间预测问题。基础理论的发展与各种测井技术的发展使得非均质性的研究更精细、更微观。

5）从单学科向多学科综合方向发展

学科之间的交叉不仅仅局限于某个领域内的学科，储层沉积学不单单与其他地学学科交叉，而是学科之间跨领域交叉，计算机、数字化等学科与储层沉积学交叉深入。

6）从深层领域向超深层领域方向发展

随着浅层能源的减少，深层能源逐渐被研究和利用，因此，有效储层形成的主控因素成为深层、超深层碎屑岩领域研究关注的焦点。对超深层领域的研究将会由陆地转向深海，立足于陆地，加强深海的勘探和研究，重视技术创新和方法的应用。

7)从浅层认识向成因机理反演方向发展

对储层的认识不再是基本规律的寻找，而是逐渐了解和掌握油气的成因机制，运用计算机技术模拟油气的成因机制。

7.2.5 层序地层学新进展

层序地层学是基于地层学与沉积学之间的一门交叉学科，是在地震地层学的基础上发展起来的。1977 年，韦尔(P. R. Vail)等首次提出经典层序地层学的概念，发展至今，形成了 Vail 层序地层学、Cross 高分辨率层序地层学、Galloway 成因地层学三大主要流派。

层序地层学的诞生和发展首先得益于层序概念的提出，早在 18 世纪赫顿(J. Hutton)就认识到侵蚀作用、沉积搬运和沉积作用具有周期重复性，并第一次指出不整合面是区分隆起剥蚀和沉积旋回的物理界面，并建立了"地质旋回"，这是地层旋回的第一次科学解说；19 世纪中叶，莱伊尔(C. Lyell)等提出了冰川理论，其中就初步讨论了海平面升降与构造间联系；1906 年，休斯(E. Suess)进一步探讨了海平面变化与沉积物之间的关系；1909 年，钱伯林提出地壳运动控制了世界范围内的海平面变化的理论；1949 年，斯洛斯(L. L. Sloss)等才提出了"层序"的概念，其含义是"以地面上不整合为界的地层单元"，并利用该理论将北美克拉通盆地的显生宙地层进行了划分；1975 年，国际地层分类委员会把"层序"从岩石地层系统中分了出来并命名为构造层。

20 世纪 70 年代晚期，随着层序地层学理论研究的深入，韦尔(P. R. Vail)等提出了地震地层学概念体系，地震地层学成为层序地层学发展的第二个重要时期。此后，地质学家们相继推出了《海平面变化综合分析》《应用层序地层学》《层序旋回和事件》《活动边缘的沉积作用、构造运动和全球海平面变化》等著作，掀起了地质学领域理论性的变革。

随着层序地层学研究的不断深入，层序地层学对油气的勘探开发起到了举足轻重的作用。层序地层学不但可以研究区域海平面升降，还可对油气储层等进行研究。得益于各类科学技术的进步及能源勘探需求，层序地层学的发展速度日益加快，理论体系已经基本形成，发展至今，研究层序地层学发展出以下几个流派：①以韦尔(P. R. Vail)为代表的经典层序地层学流派，该学派认为不整合面为层序边界，也可以是能够对比不整合面的整合面；②以盖洛威(W. E. Galloway)为代表的成因地层层序，该学派认为最大海泛面是层序界面；③以约翰逊(J. G. Johnson)为代表的旋回沉积层序，该学派主张海进(transgressive)海退(regressive)旋回，该学派认为的层序边界其实属于地层不整合，也可以是海进时产生的冲刷不整合，约翰逊(J. G. Johnson)等将完整层序划分为海进体系域、海退体系域；④以克罗西(T. A. Cross)为代表的高分辨率层序地层学派，该学派主要考虑地形、沉积负荷、海(湖)平面变化等因素，克罗西(T. A. Cross)等将沉积基准面和可容纳空间的演变存在影响及过程响应原理当成层序成因的理解、层序划分等的基本参照；⑤强制海退楔形体系域学派，该学派对经典层序地层划分进行了修补，该学派是把海退划分为强制海退与正常海退两种类型，且将前者的沉积层序分成高位体系域、海侵体系域、晚期低位体系域及早期低位体系域四类。

在 20 世纪 80 年代，中国就引进了层序地层学理论，且率先应用在"海相层序地层学"

领域，在对陆相湖盆的层序地层研究领域中取得了较快的进展，并发展出许多流派。如徐世策等对地震时频层序地层学及二级构造层序进行了研究；李思田等对盆地充填与构造层序进行了分析，认为层序地层研究的基础是高精度地震探测(李思田等，1995)；邓宏文等研究了高分辨率地震层序及基准面分析层序，认为湖平面、构造基准面等作为划分标准(邓宏文，1995；邓宏文等，1996)。层序地层学原理逐步运用在各类构造背景基础上所形成的沉积盆地中，而从油气勘探等方面来看，运用层序地层学原理也极为重要。孟祥化等研究了辽河油田古近纪沙河街组，进行了等时性、短时限、高分辨率岩相古地理图的编制(孟祥化等，2004)；樊太亮等(1999)运用层序地层学原理成功划分了济阳坳陷胜海地区东营组地层，分析了在层序地层体系中，储层在地层中的分布，预测出的浊积水道及有利的储油砂体，并通过钻井进行了验证；朱如凯等(2011)针对中国陆相沉积复杂多变的特点，提出了可以利用多种手段进行高精度层序划分的观点，通过识别三级层序界面及洪泛面，建立露头—钻井—地震三位一体的层序地层格架，从而实现生产的指导。总而言之，在中国各大油气勘探区中，层序地层学原理都得到了广泛的应用，并取得了较大的实践成果(樊太亮等，2000；邵龙义等，2009)。

进入90年代，层序地层学进入了理论研究和生产应用全面发展的时期，理论上出现了多种学派。当前层序地层学已成为国际地质科学研究的热门课题，成为国际地质大会的重要讨论内容。

如今的层序地层学，在研究范围以及研究方法上取得了明显的进步。其研究范围从海相碎屑岩扩展到碳酸盐岩以及陆相地层，从被动大陆边缘逐渐扩展到前陆盆地，其研究方法从依靠地震剖面分析，发展到运用露头、岩心、地震、测井等相关资料的高分辨率层序地层等。近期的层序地层学研究出现了许多新的进展，例如研究层序地层和沉积环境的关系、大陆边缘盆地沉积体系与层序地层的关系、利用露头剖面进行层序地层划分等，但其前沿内容主要集中在层序地层标准化的建立与层序地层识别划分方法的运用。层序地层学在实际应用中也取得了新的进展，例如地质学家将古土壤和遗迹化石应用在层序识别中；通过研究巴西 Paraná 盆地的泥盆系 Ponta-Grossa 组深水页岩层序地层，将层序地层运用到非常规油气勘探中；在意大利 Monte Camposaura 的白垩系碳酸盐岩成岩作用与层序地层研究中，提出了成岩矿化度旋回的概念，将层序地层与成岩作用相结合；加拿大阿尔伯塔的阿萨巴斯卡油砂矿是全球最大的油藏之一，利用地质学家层序界面(包括洪泛面)可以建立年代学模型，协助油砂勘探(吴因业等，2011)。

层序地层研究在国际上的进展明显，在碎屑岩研究领域中已非常成熟，但在碳酸盐岩气藏方面，还处于探索阶段(许仕策等，1995)。与国际上相关研究领域相比较，对于陆相层序地层与前陆盆地的研究，中国还存在一定的差距，如在沉积机理、露头沉积学以及一些新技术方法等方面的研究中，尽管中国地质学家有不同程度的涉足，但与国际研究现状相比，还有一定的不足。

7.2.6 地震沉积学研究新进展

随着电子技术的高速发展、地震勘探仪器的更新换代，地震勘探技术日益成熟，在油气勘探领域的作用有增无减。收集地震资料是地震勘探工作开展的前提，地震勘探工作的成效很大程度上取决于地震技术的不断进步，而地震解释技术的不断进步促成了地震沉积学这个新的学科领域的发展。

地震沉积学(Seismic Sedimentology)是继地震地层学和层序地层学之后出现的一门新兴交叉学科。地震沉积学是建立在地球物理学、沉积学、地震地层学及层序地层学等学科的基础上，是基于高精度三维地震资料、露头和钻井岩心资料建立的沉积环境模式的联合反馈，是用以识别沉积单元的三维几何形态、内部结构和沉积过程的一项新的方法体系，是以地质规律为指导利用三维地震信息和现代地球物理技术进行沉积相平面展布及沉积发育史研究，是进行高频层序三维可视化的有效工具。

1994年，曾洪流在其博士论文中第一次讨论了地层切片的概念，提出了地震沉积相成像在复杂地层环境下实现的方法。1998年，曾洪流首次提出了“地震沉积学”的概念，在那以后越来越多的学者对其进行了多角度的阐述，地震沉积学概念的提出是对地震同相轴等时性及其地质意义的重新认识。曾洪流与其同事在2004年提出了地震沉积学详细定义，指出地震沉积学是用地震资料研究沉积岩和沉积作用的一门学科，是地震岩性学和地震地貌学的综合(Zeng等，2004)。2005年2月，是地震沉积学国际会议在美国休斯敦召开，在这次会议上提出了将地震沉积学列为一门正式的学科，并在会后出版了专集，这标志着地震沉积学进入了一个崭新的发展阶段。2008年，美国石油地质学家协会(AAPG)圣安东尼奥年会设地震沉积学专场。2009年4月CPS/SEG 2009会议在北京召开，在此次会议上学者们就地震沉积学的研究现状和发展趋势进行了热烈的讨论，其在油气勘探和开发领域广泛应用到了地震沉积学的知识并取得了显著的成效，使得地震沉积学成为地质学界研究的热点问题。2010年底，美国沉积学会海湾地区分会(GCSSEPM)研究年会第一次召开沉积体系地震成像国际会议，这次会议针对国际上主要的研究动向(地震岩性学方法)对地层切片的方法、露头地貌与地下地震地貌的类比研究、沉积体系地貌形态演变的三维模拟、定量地震地貌学的讨论与分析，展示了30多篇关于地震地貌学和地震沉积学的研究论文。

最近几年，地震沉积学在中国石油地质界获得了相当程度的认知，众多学者投入到这个新的学科领域中来进行学术思想、关键技术等方面讨论(Zeng等，2010；刘化清等，2018)，部分研究员就该学科的归属及其与其他相关学科的关系进行了讨论(王建功等，2010)，有关的研究和讨论的文章大量增加(李全等，2010)。地震沉积学经过十几年来不断的发展已经初具规模，学术界和工业界对这一新学科的兴趣和支持在不断增加。特别是针对我国复杂的陆相储层这一现实情况，地震沉积学为其开辟了新的研究思路。它倡导的这种新的研究思路和核心技术已经在众多地质勘探行业中发挥了独特优势，不光提高了高级别层序地层划分与对比、沉积(微)相、储层分布等成果图件的精度，降低了勘探开发的风险，相信随着研究工作的不断深入和在生产实践中的不断应用，这门学科包括其基础理论在内的诸多基础问题的研究将会不断取得新的进展，从而更好地服务于油气勘探开发的各项研究工作。

7.2.7 环境沉积学新进展

随着社会经济建设的不断发展，生态、环境、灾害、全球变化等重大问题相继出现，直接威胁着人类的生存与进步。沉积地球科学自19世纪初从地层学中分离出来成为独立的地球科学分支学科以来，经历了沉积岩石学、沉积学和沉积地质学三个发展阶段(何起祥，2003；曾允孚等，1999)，当今沉积学的研究逐渐从沉积记录的古气候信息及全球变化信息研究向各种沉积作用的全球性与成因研究转变，并围绕资源、环境、灾害和全球变化4个主题展开(刘宝珺等，2002；鲜本忠等，2005)。环境沉积学是沉积学与环境科学相渗透而发展起来的新兴学科，面对生态、环境、灾害、全球变化等重大问题，结合环境科学、沉积学的理论和技术，环境沉积学应运而生(刘宝珺等，2006)。着重研究人类活动与沉积循环(包括风化作用、侵蚀作用、沉积作用和早期成岩作用)相互间的影响，寻求人类与自然协调发展的最佳方式。环境沉积学的出现也与当代人类所面临的环境问题直接相关联，目的在于改善人类生存环境，促进可持续发展。

1. 环境沉积学的兴起

20世纪60年代末期至80年代是环境沉积学的萌芽阶段。这期间，国内外逐渐加强对湖泊、河流等沉积环境中污染和生态问题的重视，已初步认识到沉积环境的恶化(如富营养化)及沉积物污染对人类生存、生活的影响，认识到人类活动对沉积环境和沉积循环过程的反作用。其中，20世纪80年代我国对湘江污染的研究中，讨论到沉积物中重金属的迁移转化模型、生态效应(鲜本忠等，2005)等重金属的环境沉积学问题。

20世纪80年代开始进入环境沉积学的兴起阶段，国内外越来越多的学者和学术会议开始对环境沉积学进行研究讨论。覃建雄等(1995)构建了一个“广义环境沉积学”的研究框架，认为环境沉积学以现代沉积物或现代沉积环境中沉积物来源、搬运、沉积、压实、胶结及成岩作用为研究基础，按地质环境可分为河流沉积学、湖泊沉积学和海洋沉积学等，按照研究领域可细分为农业沉积学、灾害沉积学、水动力沉积学、生态沉积学、旅游沉积学、城市工程沉积学、环境地球化学沉积学和气候沉积学等(鲜本忠等，2005；刘宝珺等，2006)。2002年召开的第十六届国际沉积学大会指出，与人类生活环境密切相关的全新世沉积物及其过程的研究，如由沉积作用引起的泥石流、滑坡灾害、河道及湖泊的淤积导致的洪水灾害等，是今后有关组织和沉积学家更加关注的问题。沉积学对于人类生存环境的高度关注是最近20多年的事，特别是Snowbird会议将环境地质学明确地列为沉积学的应用领域，并指出未来的机遇包括环境工业、自然灾害和全球变化国际沉积学会、美国沉积地质学会等国际组织于1997年在威尼斯联合召开环境沉积学学术会议，对以下五个方面有关海岸带环境进行专题讨论：河流作用、相对海平面变化及控制因素、海岸带侵蚀作用、海床的不稳定性和污染。中国在2013年召开的以“沉积学创新与能源”为主题的第五届全国沉积学大会吸取了国际沉积学大会的思想，将“环境与应用沉积学”列为会议的专题之一，可见环境与沉积学相结合的研究逐渐得到重视。

2. 环境沉积学研究现状

环境沉积学是环境科学与沉积学的交叉学科，其研究内容必然由两门学科中相关联的研究内容交叉而定，既包括沉积学中的环境问题，又包括环境科学中的沉积问题。环境沉积学的主要研究内容大致上表现为环境科学和沉积学内容的结合和交叉，主要有4个方面的内容：原生环境(自然灾害)沉积学、污染物环境沉积学、生态环境沉积学和全球变化环境沉积学。

1)原生环境(自然灾害)沉积学

地质灾害沉积学是环境沉积学研究的重点，它以自然地质灾害(如泥石流、滑坡)为主要研究对象，研究各种地质灾害的物质基础、成因及来源、搬运的动力及介质、水沙运动学特征、沉积物分异及沉积作用，以预防和减轻灾害对人类的影响，主要涉及到沉积学中的风化、搬运及沉积三个过程。

近年来全球环境不断恶化，极端气候异常，灾害性天气如长时间干旱、降雨、强暴雨等导致的地质灾害严重，人们对地质灾害发生的地质背景、过程和机理研究得比较透彻。基于地质灾害环境沉积学的思想，近年来的研究重点主要是针对灾害信息的采集、处理等方面，如构建基于现代通信及遥感技术的数据库，实现现场灾害信息的采集、传送和后方信息的分析预测；加强地质灾害信息管理系统的建设，建立应急决策指挥系统，为地质灾害的防治提供有力的技术支撑等。目前，中国地质调查局在四川巫山县建立了具有国际先进水平的滑坡监测示范站，实现了信息发布和预警功能。从 2001 年起中国在三峡库区、四川雅安等地开始建设专业滑坡监测站，2007 年前后，云南、陕西、四川等地也开始了专业的地质灾害监测预警示范建设(侯圣山等，2007)。

2)污染物环境沉积学

污染物环境沉积学是环境沉积学最主要的研究内容，主要研究各种沉积过程和沉积环境中沉积介质及与之密切相关的污染物质，为沉积环境污染的评估与治理奠定基础。

随着人们对环境污染机理认识的不断深入、计算机性能和数值技术的不断提高与创新，数值模拟方法逐渐成为定量研究污染物环境沉积学问题的重要手段。韩涛等(2005)以 MATLAB 为工具，建立了评价湖泊水体富营养化状态的 BP 神经网络模型，并应用此模型对中国 9 个湖泊富营养化程度进行评价，取得了良好的效果。伍尔(T. A. Wool)等用 EFDC 和 WASP6 的富营养化模块对美国北卡罗来纳州纽斯河口的水质进行了分析(Wool 等，2014)。

3)生态环境沉积学

生态环境沉积学以遭受人为活动直接或间接破坏的各种生态环境(如乱砍滥伐森林和植被破坏造成的水土流失、超采地下水造成的地面沉降等)为研究对象。生态环境沉积学的研究内容包括生态环境的物质基础，营养物质和污染物质的搬运、沉积、再搬运、再沉积的循环，以及生态破坏导致的自然环境或沉积环境的变化。面临生态功能退化、生物多样性锐减等生态恶化问题，生态环境沉积学的研究有助于从沉积学的角度科学地认识人与生态环境的相互影响，保护生态环境，协调人类与生物圈间的相互关系(覃建雄等，1995)。

4)全球变化环境沉积学

全球变化环境沉积学以现代沉积学理论为基础，结合气候学、第四纪地质学、灾害沉积学、生态学、生物学、水文学、物理化学等自然及工程学科，对沉积记录中近两百万年来有关气候、环境等全球事件的成因、过程及后果进行研究，其内容涉及气候历史的高精度再造、海平面变化、米兰科维奇旋回、非轨道力驱动旋回、温室—冰室气候、季风系统的动力过程等全球环境变化中的沉积学及沉积记录研究。全球变化环境沉积学可再造过去全球变化历史及其对生物圈的影响，并借以验证其他研究方法所提出的区域性或全球性气候等预测模型，从而提高人类预测未来全球变化的能力。

7.3 沉积学前瞻

7.3.1 深水沉积过程与沉积动力学研究

深水沉积环境是指位于风暴浪基面之下的半深海和深海环境，包括大陆斜坡和深海盆地。深水沉积根据沉积过程中搬运动力的不同主要分为深水重力流沉积和深水牵引流沉积。

深水重力流是指在重力作用下将浅水沉积物搬运至深水环境的高密度流体。它并不是特定沉积环境的产物，而是一种特定流体所形成的沉积物及其组合类型，可出现在湖泊、冲积扇中，但主要出现在半深海、深海中，在搬运过程中会对海底造成强烈的侵蚀作用(李云等，2011)。其形成一般具备诸如构造背景、物源供给、沉积水深和地形坡度等方面的条件：①足够的水深。一般认为重力沉积水深是 1500～1800m，最小水深 100m，最深达 8000m。足够的水深是相对而言的，湖泊中形成重力流的水深较浅，与海洋差异较大，但无论水深大小，沉积深度必须在风暴浪基面以下。②足够的坡度角。足够的坡度是造成沉积物不稳定和易受触发而做块体运动的必要条件，一般认为最小坡度角为 3°～5°，但重力流的密度对坡度有补偿作用，只要有足够的密度差，最小坡度为 2°～3°即可。③充沛的物源。洪水注入的碎屑物质、火山喷发的熔岩物质、浅水碎屑物以及碳酸盐物质等为深水重力流沉积提供了充足的物质来源，在其重力作用下向深水地区运输。④一定的触发机制。重力流沉积的发生需要一定的触发机制，在洪水、火山喷发、地震等因素的诱发下，浅水沉积物以重力为主要搬运动力向深海盆地输送。

根据沉积过程中浓度、密度、支撑方式和流变学特征的不同可将重力流沉积分为块体搬运体系及浊流沉积体系(Moscardelli 等，2008)。块体搬运体系一般分为滑动、滑塌和碎屑流三种沉积类型。除了洪水密度流直接入海或入湖外，一般斜坡沉积物需达到一定的重量，当重力的剪切力大于沉积物抗剪强度时，半固结状态的沉积物作为一个整体沿平直滑动面以连续或不连续形式做平移剪切移动，因此沉积物内部不发生变形，是一种弹性流体。当沉积物沿平直滑移面发生移动后会沿弯曲滑移面旋转滑动，沉积物内部会发生一定的形变，发育一些变形褶皱等沉积构造，是一种弹性流体向塑性流体过渡的相态。滑塌发生后会出现塑性流态的碎屑流沉积，是一种砾、砂、泥和水混杂的高密度流，泥和水混合组成杂基，砾和砂悬浮，以颗粒支撑，依靠杂基的浮力运动内部呈线性层状流动，整体呈块状流动，杂乱堆积，分选差，无定向构造，有一些差的粒级递变层。

浊流是一种黏滞性流(高红灿等，2012)，与块体流不同的是沉积物在重力的作用下主要是以悬浮湍动的方式运移，浊流在运动过程中头部不断对深水底部沉积物侵蚀，使其再悬浮重新被浊流获得。随着浊流能量的减弱，流速逐渐减小，粗粒部分比细粒部分沉降速度大，因此粗粒部分比细粒部分先沉降，形成代表浊流沉积标志的正粒序岩层。1962 年，鲍马(A. H. Bouma)根据野外观察，系统总结了一次性浊流沉积在垂向上的结构、构造和岩相组合特征，建立了一套浊积岩沉积序列，即鲍马序列：由自下向上变细的五个层段组成，a 段为最底部具递变层理的杂砂岩，底面具有槽模，沟模等冲刷铸模；向上为 b 段，具有平行层理的砂岩；c 段为具小波痕交错层理、变形层理的粉砂岩；d 段为具有水平纹理的粉砂岩；粉砂质泥岩；最顶部为 e 段，为块状泥岩。

近几年来，异重流作为一种将浅水沉积物跨陆架搬运到深海的重要流体类型引起了国内学者的极大关注(Bourget 等，2010)。例如付金华等(2015)建立了鄂尔多斯盆地陇东长 7 段沟道型重力流沉积体系；杨仁超等在鄂尔多斯盆地发现了不同于激发型重力流的异重流沉积砂体(杨仁超等，2015)；在鄂尔多斯盆地南部晚三叠世湖盆沉积中，从滑动、滑塌、液化、砂质碎屑流至浊流可形成一个完整的重力流演化过程，其中发育有异重流沉积的产物——异重岩(杨仁超等，2014)。

作为一种洪水成因的持续性浊流，异重流无需前期沉积物的积累、再搬运以及一定的触发机制，而是由携带大量碎屑物的洪水河流直接搬运至汇水盆地，因其密度大于汇水盆地水体密度形成明显的分异，潜入汇水盆地后沿着水体底部分层流动形成。异重流形成的前提是洪水携带的碎屑流与汇水盆地水体之间存在密度差异，必须达到形成异重流的临界密度值。其沉积过程一般分为早期侵蚀、侵蚀过路、后期沉积三个阶段(杨田等，2015)。受洪水水动力变化的影响，洪水流速呈现先增大后减小的趋势，当流体密度达到形成异重流的临界密度时开始沉降，随着洪水流速的不断增大，达到对沉积物侵蚀的临界流速时开始发生侵蚀和过路，此时早期沉积物已被部分或完全侵蚀。随着洪水流速的进一步增大到最大值后开始减小，当洪水流速小于发生沉积物侵蚀的临界流速时开始对前期侵蚀形成的水道进行充填，直到洪水流速减小至消失后，沉积物渐渐沉积下来。

滑动、滑塌、碎屑流以及浊流可以是同一沉积块体在不同阶段的表现形式，也就是说不同流态的重力流类型，沿斜坡向下，具有滑动—滑塌—碎屑流—浊流的转变过程。

深水牵引流沉积是在半深海和深海环境中由牵引流形成的碎屑沉积。主要分为两种类型，即等深流沉积和内潮汐、内波沉积。

等深流是由于地球旋转的结果而形成的温盐环流，不仅可以对海底产生侵蚀作用，还可以搬运沉积物，形成沉积—等深流沉积或沿大陆边缘发育的大型等深岩丘。这种环流平行于海底等深线做稳定低速流动，流速一般为5~20cm/s，一般出现在陆隆区，主要发育于海平面上升时期，物源区逐渐远离沉积盆地，粗碎屑物质的注入减少，重力流活动减弱，等深流沉积得以保存(韩小锋等，2008)。在低海平面时期，大量的粗粒碎屑物质从大陆坡直接注入深水盆地，以重力流沉积为主，等深流沉积不易形成或保存。高海平面时期，大量的碎屑物质在大陆架上无法注入深水盆地，等深流可以保存下来，但沉积物供给不足，等深流沉积不发育。

内波、内潮汐是深水牵引流沉积的另一种类型。主要发育于深水斜坡、峡谷、海台及深水盆地。内波是存在于两个不同密度的水层界面上或具有密度梯度的水体之内的水下波，只要水体密度稳定分层并有扰动源存在，就会产生内波。因此，在深水沉积环境中，内波普遍发育。内潮汐是内波的一种特殊而又重要的类型，其周期等于半日潮或日潮的周期。主要受表面潮、层化的海水以及跃变的地形影响。通常在潮差较大的地区，这种沿峡谷上下交替流动的平均周期，在深度超过250m时趋近半日潮或日潮，在潮差较小的地区，则需要更大的深度才能趋近表面潮汐的周期。内波、内潮汐的沉积机理为：低海平面时期，陆坡、陆隆地带物源供给充足，发育高能量、高密度的粗屑重力流沉积，此时也存在内波、内潮汐，由于其搬运的沉积物粒度较细，故其能量很低；高海平面时期，沉积区远离物源区，陆源物质变细，浊流强度减弱，内波、内潮汐能量增强(王振涛等，2015)。

深水沉积涵盖了泥级、砂级、砾级等各种粒径的沉积物。在深水沉积过程中，伴随着地形，流体能量等的变化，碎屑流、浊流、牵引流之间可以相互转换，从而可以形成碎屑流沉积、浊流沉积等多种深水沉积及其组合类型，其中组合类型的变化体现了流体性质与流态的变化。

7.3.2 沉积学模拟研究

1. 沉积物理模拟

沉积模拟是沉积学理论研究的一种重要的实验手段和技术方法，主要分为数值模拟和物理模拟两个部分。物理模拟是在实验室中对沉积物物理过程进行的模拟，借助仪器模拟当时的沉积条件，在实验室还原当时自然界的沉积环境与沉积物的沉积过程。最早的物理模拟实验较多地应用于水文和河流地貌的恢复，近 20 年才重点对湖盆沉积砂体的形成过程及演变规律进行模拟研究(李敏，2010)。

通过对前人的成果研究，一般将沉积物理模拟技术总结为三个阶段。但随着现代科学技术的发展，计算机技术的迅猛进步，计算机数值模拟作为沉积物理模拟的新型技术，对沉积物理模拟的影响越来越重要，所以将计算机技术划归为沉积物理模拟技术的第四发展阶段。因此，沉积物理模拟技术发展阶段划分如下。

(1)19 世纪末至 20 世纪 60 年代，以现象观察描述为主的初级阶段，该阶段是以西蒙斯(D. B. Simons)等首次在一条玻璃水槽中观察到泥沙运动形成的波痕作为沉积模拟研究的开端。

(2)20 世纪 60~80 年代，以底形研究为主的迅速发展阶段，其中索瑟德(J. B. Southand)有关速度—粒径—水深的图形、艾伦(J. R. L. Allen)通过流体力学和松散边界水力学的研究所提出来的物理学方法和贝斯特(J. L. Best)河道交汇处的流体动力学及其对沉积物搬运和床底形态控制的研究，给沉积模拟打下了稳定的基础。

(3)20 世纪 80~90 年代，以湖盆砂体形成过程模拟研究为主的阶段，该阶段建立了许多适合砂体形成模拟的大型实验室。

(4)21 世纪至今，沉积模拟进入半定量—定量化的阶段，借助现代科学技术的发展与计算机技术的广泛应用，将沉积物理模拟和数值模拟紧密结合，运用现代化高精度、高准确度的测试技术，使得沉积过程的记录和沉积体时空分布特征的描述更加详细并具有说服力。

2. 沉积物理模拟实验方法

沉积物理模拟是对沉积物在大自然的物理过程在室内进行模拟，其关键是原型与模型的相似性。该方法的基本步骤如图 7.1 所示。

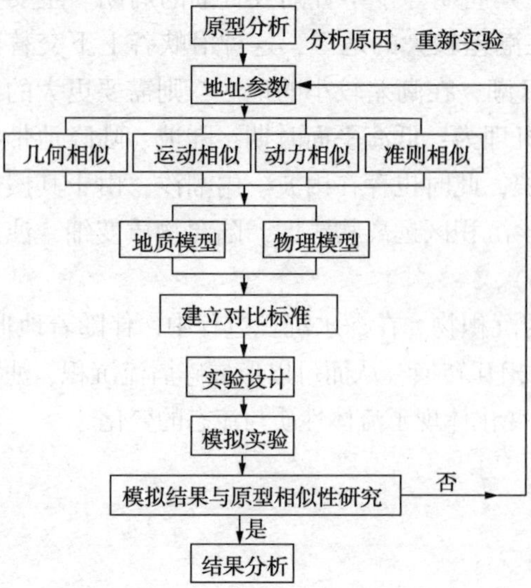

图 7.1　沉积物理模拟实验步骤示意图(据李敏，2010)

在分析地质原型的基础上设计实验参数，在几何、运动、动力等相似理论的约束下，建立地质模型、物理模型，进而建立原型和模型之间的对比标准，然后进行实验设计并展开模拟实验，实验过程应进行严格控制，实验完成后，对沉积砂体的横、纵剖面进行研究，开展实验结果与原型相对比的相似性研究，以检验实验的准确性。而在具体的实验过程中，应根据模拟区的具体情况，如模拟区的规模、层位等因素进行实验设计，包括对模型比例尺、实验装置的有效范围、原始底形、加砂组成、加砂量、水流量、湖水位、河道类型、河岸组成等参数的确定及对含砂量、活动底板等因素的把控。沉积物理模拟实验得到的各种资料和数据将为后续开展的数值模拟参数的设置提供必要的参考信息。

3. 沉积物理模拟技术发展现状及进展

尽管物理模拟技术应用于湖盆沉积砂体形成过程及演变规律的时间不长，但随着我国沉积物理模拟技术的发展，通过对一些碎屑沉积体的模拟实验，也取得了一些成果。

1）对冲积扇沉积的实验研究

冲积扇是河流流出峡谷后在山口区堆积形成的粗碎屑沉积体。在冲积扇，研究主要集中在了解冲积扇形态、流量、粒径之间的关系，如迈阿尔（A. D. Miall）、迪特里希（W. E. Dietrich）等都强调在天然体系中流量对冲积扇坡度的影响。1992年，霍克（R. L. Hook）等经过对冲积扇的物理模拟实验，得出冲积扇的几何形态受流量和粒径的影响。张春生（2001）在模拟冲积扇形成过程的实验中对冲积扇做了较为全面的研究，给出了流量和粒径对扇体坡度影响的实验数据，指出粒径对控制流量大小的影响，讨论了坡度随方位产生变化，并解释了扇体表面的不规则性，但由于此实验仅考虑了河道对冲积扇形成的影响，所以据此建立起来的沉积模型并不适用于碎屑流沉积占很大比例的天然扇体的形成过程。

2）对三角洲沉积的实验研究

三角洲是河流进入相对静止、稳定的海盆或湖盆水体时形成的沉积体，具有有利的生储盖条件，迄今为止发现的许多大型油田均为三角洲沉积。

自从赖志云等（1994）在美国科罗多州立大学的实验室进行了舌状三角洲和鸟足状三角洲形成及演变的沉积模拟实验后，提出了入湖斜坡区的坡度控制着两类三角洲的形成演变等观点，国内对三角洲沉积的模拟研究因此才逐渐丰富和全面起来。刘忠保等（1995）进行了湖泊三角洲砂体形成及演变的水槽实验，得出了湖水深度可以控制三角洲砂体形态和进积速率等认识，对油气的勘探具有重要意义。

3）对扇三角洲沉积的实验研究

扇三角洲是以冲积扇为沉积物供给体系的粗粒级端元，以近源短流为基本特征，是一种重要的砂体类型，也是我国含油气盆地的一种重要储层类型。扇三角洲的沉积物理模拟研究也取得了一定数量的成果，如刘忠保等（1994）对以河流作用为主的扇三角洲砂体进行了模拟，在仅仅考虑湖面水位下降这一因素的条件下，探讨了其形成条件、分布规律、演变机制和非均质性，得出三角洲在平面上表现为纵向和横向同步扩展，在湖平面下降时横向发育更快等结论；张春生等（2002）模拟了扇三角洲的形成过程及演变规律，根据实验结果分析了扇三角洲的沉积过程、沉积作用及演化特征。

4）对河道沉积的实验研究

河流沉积是自然界分布最广的一种沉积，对河道的模拟研究历史较久，但主要是用于水利等部门，而沉积方面的模拟也是近20年来才开始的。由于实验场地限制等原因，常常是对某段河流或河流某个亚相进行模拟。张春生（2001）对沙丘发展过程、拓宽河道心滩形成演变、长江百里洲段洲滩、定床变弯度曲流河边滩和交汇河道沉积物搬运进行了模拟研究，从不同侧面反映河流沉积作用的特征；王随继等（2004）开展的网状河流多重河道形成过程的实验模拟，填补了网状河水槽实验的空白，实验模拟了天然网状河流的形成、发展和演变过程，是很好的尝试；刘忠保等(2006)在不同实验条件下模拟了深切谷的形成，分析了其发育特征，并给出了形成深切谷的有利条件和外部动力，最后建立了坡折带上深切谷的沉积模式(刘忠保等，2006)。

5)对重力流沉积的实验研究

重力流是一种密度流，是将沉积物从浅水搬运到深水的一种最重要的地质营力，深水粗碎屑大多都是在重力流的搬运下形成的。近年来，我国学者也做过一些重力流的沉积模拟实验，对其形成演化取得了一些认识。如张春生等(2002)在对涌流型浊流形成及发展的实验研究中，发现涌流型浊流主体运动速度比头部快、流体密度在其底部比较大等底流型浊流所不具有的特点；刘忠保等(2006)进行了沉积物重力流砂体形成及分布的沉积模拟实验研究，分析了沉积物重力流的形成条件、控制因素及其砂体分布和演化特征；刘忠保等(2008)又开展了洪水型浊流砂体形成及分布的沉积模拟实验，通过实验认为斜坡带的坡度和高度、湖底地形、湖水位等参数对洪水型浊流沉积有重要影响，洪水型浊流的泥沙含量决定了其流动行为及沉积结构。

4. 沉积物理模拟技术发展趋势

1)沉积物理模拟技术与其他技术和学科相融合

①物理模拟与数值模拟日益结合。

数值模拟是利用计算机对沉积体的物理过程进行模拟。相对于数值模拟，物理模拟具有一些难以避免的缺点，如物理模拟受比例尺和实验条件的限制，直接导致原型和模型之间相差较大；物理模拟抗干扰性能不如数值模拟，受外界影响大，多次模拟得到的实验结果可能不相同，且物理模拟成本较高，而且效率低，这相对于高效低成本的数值模拟，实用性大大降低。但不可否认的是物理模拟也具有数值模拟所不具备的优势，如要进行有效的数值模拟，就必须为其建立整套的控制方案和有效的计算方法，物理模拟为其提供定量的参数是必不可少的。因此，物理模拟是数值模拟的基础，并可验证数值模拟的准确性；反过来，数值模拟在一定程度上又能指导物理模拟，两者相辅相成，相互补充，相互促进(Kubo 等，2003；Van 等，2001)。现在已有很多模拟研究将两者结合起来，并取得了很好的成果，物理模拟与数值模拟的日益结合无疑仍是未来物理模拟技术发展的一个重要趋势，也必定是今后定量化研究的必然趋势。

②物理模拟与高精度的摄影、测量技术相结合。

物理模拟旨在让人们能更直观地了解沉积体的形成、发展及演化过程，是对历史沉积作用的重现，所以运用高精度的摄影技术详细记录和精细描述沉积过程是必需的，由定性的描述到定量的记录，结合数字图形显示进行直观的解释，是沉积物理模拟的一种必然趋势。如荷兰乌特列支大学物理模拟实验室就具有高精度的记录系统及配套的显示软件，能够将模拟结果即时地转换成图形显示，进行直观的地质解释。我国现有的物理模拟实验室所采用的摄影和测量系统远远达不到实验所需的要求，特别是模拟测得的数据精度不够高，这也使得实验的成果大打折扣。

采用高精度的摄影和测量技术、提升实验品质和效果也将是物理模拟技术取得突破、由定性型转化为定量型的一个关键。

2)沉积物理模拟技术的进步

对复杂沉积体和复杂地质因素的模拟。刚开始进行沉积模拟实验时由于实验条件的限制，实验仅能对一些简单的沉积过程进行较好程度的模拟，而对于复杂沉积体的形成过程的模拟效果则相对较差。自然界中的沉积现象往往都是在多种复杂地质控制因素共同作用下形成发展的，不但沉积过程复杂，而且影响该过程的地质控制因素也存在很大的不确定性，对于不同类型、不同地质背景的盆地，其沉积过程的控制因素不会完全一致，同时，这些控制因素本身随时间、外界条件的改变而变化。目前，很多因素(如板块运动、气候变化)都无法在实验室进行模拟，这些都使得实验效果与实际情况有一定的出入，从而制约了物理模拟技术的发展。因而，改善实验条件、改进实验设备、完善实验设计、优化数据测量和分析方法，对较复杂沉积体和在复杂地质因素作用下沉积体的沉积过程进行精细模拟，是今后物理模拟技术取得发展和广泛应用必须攻克的一个难题，也是沉积模拟实验未来发展的一个方向(Smedsrud，2001；Widera 等，2009)。

3)物理沉积模拟是实践教学改革的必然趋势

物理沉积模拟实验在沉积学研究中占有十分重要的地位。从 19 世纪具有代表性的西蒙斯(D. B. Simons)等关于水槽实验的系统研究报告开始，沉积模拟研究就开始出现在沉积学研究领域。沉积模拟研究的每个阶段都有其研究重点和热点，并带动了当时沉积学发展的总体趋势。从沉积学的发展历史来看，沉积模拟实验最早出现水文和河流地貌的恢复，在近些年对湖盆沉积砂体的形成过程及演变规律的模拟研究则成为重点。

沉积学的研究和发展与沉积模拟研究息息相关，将物理沉积模拟融入沉积学的实践教学之中，必然会带来更好的教学效果。通过沉积学模拟研究，可以直接观察沉积物的搬运过程和搬运方式、沉积构造的形成过程、典型沉积相类型的形成过程和演变历史等。通过合理、完善的方案设计和实验准备，完全可以将部分成熟的模拟实验作为沉积学课程的实验教学内容，这样可以进一步增强学生的主观认识，促进学习内容的掌握，提高学生分析和判断沉积现象的能力。

4)加强物理沉积模拟，完善沉积学实践教学体系

从我国目前的教学情况来看，物理沉积模拟并没有被系统作为沉积学的实践教学内容之一，原因有两点：一是大部分高校不具备可用于教学的实验室和实验模拟条件，二是缺少与之配套的参考材料和辅助教材。如果能解决这两个问题，将物理沉积模拟真正用于实验教学之中，必将会进一步完善沉积学实践教学的教学体系。

①加强实验室建设，保障物理模拟实验教学条件。

我国目前专门用于教学的沉积物理模拟实验室很少，学生对这类沉积物理模型实验的认识仅仅处于书本阶段，了解不深，希望可以尽快建设专门为教学而设立的实验室，现阶段已有的实验室主要服务于科研，后期才逐渐扩展到本科生毕业设计和研究生培养之中。因此，为保障物理沉积模拟实验的教学条件，需要一定的改变。一个完善的教学实验室需具备可以获得精确实验参数测量的齐全设备，而且设备的操作流程为方便实验教学不宜烦琐，同时还要保障实验参数的可调节性、实验流程的实时记录和实验结果的准确性。

②自编实验教材，完善实践教学体系。

实验指导教材是师生上实验课程的参考，也是学生预习自学和课后消化复习必不可少的

资料来源。物理沉积模拟实验本身的操作过程较为烦琐，因涉及到原型分析、参数选择、方案设计、实验模拟和结果分析等多个环节，然而真正用于教学的部分则主要是实验模拟和结果分析这两个环节。因此，教材的参考价值就显得格外重要，在编写实验教材时应首先系统介绍物理沉积模拟实验的基本原理、主要实验参数的选择依据以及模拟实验的基本流程，在此基础上，针对不同的实验目的设计出具体的实验内容，明确实验的重点和难点，并对可能出现的实验结果进行分析。

5. 总结

沉积模拟是沉积学理论研究的一种重要的实验手段和技术方法，通过在室内对物理过程进行沉积过程的观察与模拟研究，在分析地质原型的基础上，运用设计好的实验参数，参考相似的理论条件，建立起对应的物理模型，还原原型的条件约束，然后进行实验设计，并展开模拟实验，最后得到实验结果与原型相对比，以检验实验的准确性。借助可以改变的限制条件，准确再现各种沉积地质作用的过程，并且获得不同限制条件下的沉积结果，再结合古代沉积观察和现代沉积研究资料，使所见沉积模式更具科学依据。

从以上分析可以看出，近年来中国在沉积地质学研究方面飞速发展取得了大量的研究成果，有力地推动了相关学科的迅速成长，在油气、煤炭及沉积矿产勘探开发中发挥了巨大的作用。但中国沉积学研究发展并不平衡，在沉积过程模拟、沉积过程观测等方面的研究还处于较低层次，重视程度不高，可利用资源较少，条件限制较大，与国外当前的研究水平相比还存在较大的差距。

7.3.3 实验仪器与新技术

1. 实验研究发展历史

我国沉积学实验研究发展主要经历的三个阶段：1950—1980 年起步阶段、1980—2010 年快速发展阶段和 2010 年以来稳步发展阶段。

(1) 1950—1980 年为我国沉积学实验研究的起步阶段。这一阶段我国沉积学实验室数量增长较慢，沉积学相关实验室从原有的 6 个增长至 19 个。这一阶段前期(1950—1970 年)沉积学实验室设备简单并且实验室大多以研究小组或者研究室的形式出现，是沉积学实验室最初的组织形式，例如中国科学院海洋地质与环境重点实验室追溯至初期为 1956 年成立的中国科学院海洋地质研究小组。该阶段实验室主要由设有地质专业的各高等院校设立，这些实验室同时兼具了实验研究与教学的任务。

(2) 1980—2010 年为我国沉积学实验研究的快速发展阶段。这一时期沉积学相关实验室数量增长速度快，截至 2010 年年底沉积学相关实验室从原有的 19 个增长至 85 个，是目前为止我国沉积学相关实验室数量增长最快的 20 年。这一阶段全国范围内地质科学研究中心和高校相继建立实验室，如 1984 年原国家计委组织实施了国家重点实验室建设计划，在教育部、中科院等部门的有关大学和研究所中，依托原有基础建设一批国家重点实验室；1998 年由教育部开始启动建设教育部重点实验室，重点针对高校实验室建设。

(3) 2010 年以来我国沉积学实验研究进入了稳步提升阶段。该阶段沉积学相关实验室数量保持较为稳定的增长速度，相比上一阶段增长速度有所下降，截至 2016 年 12 月全国共有 101 个与沉积学相关的实验室，包括国家级、省部级、中科院、地科院等重点实验室，可以开展沉积学相关的专业分析测试工作。根据调研结果发现该阶段沉积学相关实验室数量增加主要来源于国土资源部新增重点实验室，如沉积盆地与油气资源重点实验室、东北亚古生物演化重点实验室、沉积盆地与油气资源重点实验室等。

2. 主要的实验设备

我国共有沉积学相关实验仪器 62 种 717 个，根据对相关实验仪器的调研结果，将实验仪器按功能分为 7 大类(表 7.1)，分别是：矿物成分分析、化学成分分析、有机地球化学分析、结构组构及物性分析、地质年龄测定、古地磁分析和过程模拟(刘岫峰等，1991)。

表 7.1 实验仪器在我国沉积学领域应用情况

大类	类型	常见型号	沉积学应用
矿物成分分析	激光拉曼光谱仪	RenishawRM 2000	流体包裹体气体成分分析，非破坏性地测量代原始成矿溶液流体包裹体的成分，适用于测量 CH_4、CO_2、H_2S 等气体
	阴极荧光光谱仪	MonoCL4+	通过获取矿物的阴极发光图像，可以鉴定矿物、研究矿物中的微量元素研究矿物成因，研究矿物的蚀变程度，分析储矿空间的形成、演化及矿产在空间的分布规律
	穆斯堡尔光谱仪	MS-96	可以分析某些含有 Fe、Sn 等岩石的微观结构、物质组成、化合价等，从而推断形成岩石结构时的地质条件
	X 射线衍射仪	XRD-6000	黏土矿物、沸石、盐类矿物等定性与定量分析，间层比计算，全岩 X 射线定性和定量分析(主要测定以下非黏土矿物)，黏土矿物与沸石矿物的高温 X 射线研究
	透射电子显微镜	CM12	微区内部观察，结构与成分分析，可用于界面成分分析、元素赋存状态分析及各种形貌、粒度、孔隙度分析，测定晶胞参数、晶体取向关系，测定位错的柏格斯矢量等
	扫描电子显微镜	JSM-35CF	微区内部观察和成分定性分析，主要应用于碎屑岩储层研究中，通过晶体形态分析，即可初步判断黏土矿物的类型，在碳酸盐沉积物(岩)中应用于储层、体化石、超微化石的鉴别、胶结物成分的鉴别，以及石英颗粒表面特征的研究
	环境扫描式电子显微镜	Quanta200	用于固态样品的表面形貌分析和表面微区成分分析；可观测物质的微区形貌和微观结构，可观测导电的、干燥的固体样品，同时还可以观察非导电、干燥的固体样品和非导电的、含微量水、少量油及放气的固体样品
	场发射扫描电子显微镜	Quanta450FEG	低真空状态下可以观察含水或含油样品，进行样品表面微细节的观察与研究，二次电子成像观察与分析以及对小于 0.1μm 的细节进行成分的点、线和面分析

续表

大类	类型	常见型号	沉积学应用
矿物成分分析	原子力显微镜	NanoscopeⅢa	矿物表面成像观察与结构研究，可用于矿物及环境颗粒物的表面结构及其微观形貌观测，黏土矿物表面原子分辨图像观察研究，黏土矿物结构弛豫与层状硅酸盐矿物吸附重金属离子的表面形貌研究，以及观察煤中显微组分镜质组和惰性组的表面形貌，并且可以利用 AFM 的量化功能分析显微组分表面的粗糙度和硬度
	激光扫描共聚焦显微镜	Visi Tech	对包裹体、孢粉、原油等内部结构进行研究，例如储层孔隙和微裂缝的三维结构重建、储层中原油形态、裂缝中次生包裹体特征及形成期次研究，以及微体化石内部构造的研究
	偏光显微镜	Axio Lab. A1pol	可用于对各种矿物及结晶体的偏光检测，鉴别岩石和矿物的成分与各成分含量以及观察岩石和矿物间的结构
化学成分分析	原子吸收光谱仪	AA-7050	测定样品中的微量金属元素硼、锶、镓、镍等元素的含量及 Sr/Ga、B/Ga、Cr/V 等元素含量的比值等
	电感耦合等离子体	IRI Advantage	可测定 SiO_2，Al_2O_3，Fe_2O_3，MgO，CaO，Na_2O，K_2O 等氧化物含量，以及矿物、岩石中的微量元素，特别是 15 种稀土元素及 Zr、Hf 元素
	原子发射光谱仪	JYULTIMA-2	测定每种化学元素的气态原子或离子受激后所发射的特征光谱的波长及强度来确定物质中元素的组成和含量
	原子荧光光谱仪	AF-7500	测定样品中痕量元素 As、Sb、Bi、Hg、Se、Te 等的含量
	红外光谱仪（IR 红外光谱仪、傅里叶变换红外光谱仪）	VERTEX70	测定样品化学组成、结构特点和生烃能力
	火焰光度计	F-300	监测样品中钠和钾的含量，沉积学中常用于检测硅酸盐、无机矿、金属矿中的钠和钾含量
	紫外分光光度计	Cary300	对物质的组成、含量和结构进行分析、测定、推断
	X 射线光电子能谱仪	INCA	对矿物或岩石样品表面的元素进行定性或定量分析，以及其中所含元素化学态和电子态的研究
	俄歇电子能谱仪	PHI710	确定矿物或岩石样品表面元素组成和微形貌研究
	X 射线荧光光谱仪	Rigaku100e、XRF	对岩矿石的原生露头、块状岩石矿石、土壤、运动的矿浆、不同颗粒度的粉末样品进行常量元素分析、稀土元素分析
	岩心扫描 X 荧光光谱仪	AVAATECH	对海洋沉积物柱状岩心进行快速、无损的元素成分分析，测量元素范围 Al-U

续表

大类	类型	常见型号	沉积学应用
化学成分分析	电子探针	JEOLJXA-8100	测定样品的化学成分、各元素的成分与含量，根据这些信息确定矿物的类型，如沸石、长石、石膏、石盐、黄铁矿等矿物；对各种门类的古生物的钙质壳、硅质壳进行成分测定
	稳定同位素质谱仪	Micromass Isoprobe GC	C、N、O、H等元素的同位素分析，例如通过测定有机物如石油、天然气中的碳和氢等轻同位素、原油进行分类、对比和鉴别，从而确定原油的性质和来源；通过研究深海有孔虫、淡水介形虫、溶洞钟乳石、地表黄土的碳氢氧同位素，特别是碳同位素，可以追溯近几百万年以来的全球气候变化规律
	热电离质谱仪	Triton TI	Rb-Sr、Sm-Nd、U-Pb、Re-Os、238U-234U-230Th和B、Cl等同位素体系或稳定同位素分析，进行同位素示踪与定年，例如通过测定Re-Os同位素体系可以进行金属硫化物定年、岩浆物质来源示踪及陨石研究
	离子色谱仪	DionexICS-1500	定量测试氟离子、氯离子、溴离子、硝酸根离子、硫酸根离子、磷酸根离子等多种离子及甲酸、乙酸、柠檬酸等酸根离子，在沉积学中可用于检测矿物气液包裹体的气相和液相成分、含煤的样品中的氟等
有机地球化学分析	气相色谱质谱联用仪	HP6890GC	可以对岩石、矿石、矿物、沉积物、包裹体、土壤、黄土、水、雪、冰、大气、生物体、石油、化石等介质中的超痕量有机质进行富集、分离和纯化；能对各种量级(超痕量、痕量、微量、常量等)有机化合物进行分析鉴定，并提供各种有机化合物的定性、定量数据及系列图谱
	气相色谱仪	Agilent6460	对C_1-C_6、CO_2、H_2S、O_2、N_2、饱和烃、芳烃、非烃、沥青质等进行分析，沉积学中可用于包裹体气体成分分析、井场随钻分析、油气成分及性质分析等
	高效液相色谱仪	WatersE2695 Alliance	测定油页岩、含油砂岩、现代沉积中的高沸点化合物、难挥发及热不稳定的化合物、离子型化合物及高聚物等有机化合物，如芳香化合物、甾萜烷、卟啉，可有助于了解油气的化学组成，评价烃源岩的地球化学特征和烃源岩的生烃能力
	凝胶色谱仪	Waterse2695-2414RIDetector	通过对油田水聚丙烯酰胺的分析，可以有效鉴别组成和性质不同的原油
	有机碳硫分析仪	HCS-KRA	用于测定土壤、水系沉积物、岩石样品中碳、硫的含量
	有机元素分析仪	EA1110	测定地质样品的有机元素，分析无机碳的组成，沉积学中用于测定沉积物中总N、C、S的含量和干酪根样品中的氧元素含量

续表

大类	类型	常见型号	沉积学应用
结构组构及物性分析	核磁共振波谱仪	BrukerA400	确定样品的内部结构，例如确定岩石孔隙尺寸的分布，研究岩石孔隙尺寸决定的渗透性，分析干酪根结构，探测地层中水的分布信息
	CT 扫描与驱替装置	UltraXRM-L200	对物体内部裂缝及孔喉等结构进行研究，可用于对实验岩心的非均质性和每一驱替过程不同驱替时刻的微观剩余油进行定量分析
	激光粒度分析仪	MS-2000	测试颗粒尺寸及各级颗粒百分含量、平均颗粒大小，并通过计算得到颗粒表面积，从而可以进行沉积环境、水动力条件以及气候因素等方面的分析
	全自动比表面和孔径分析仪	Autosorb-iQ2	可进行固体样品比表面积、孔径、孔体积及孔分布测定
	流体包裹体显微测温仪		可针对透明矿物、半透明矿物和部分不透明矿物中的流体包裹体、熔融包裹体和油气包裹体进行流体包裹体岩相学观察和温度—盐度测定
	同步热分析仪	STA449F3	用于研究物质的熔融、结晶、相变、氧化还原、吸附解吸等物理化学变化
	地震 CT	MiniSeis24	获取岩性分布、断裂构造、矿体位置及形态的结构图像，通过地震波走时及地震波能量变化的观测，经计算机处理重现地下岩体的岩性分布、断裂构造、矿体位置及形态的结构图像
地质年龄测定	全自动光释光/热释光系统	TL/OSL-DA-20	沉积物地质年代测定，可以对黄土地层、沙漠沙丘活化、海岸砂体变化、湖泊沉积物、地震事件、古洪水沉积物、河流阶地等进行地质年龄测定
	稀有气体同位素质谱仪	GVI-5400Ar	K-Ar、Ar-Ar 测年及惰性气体 He 等的分析，地幔流体示踪，成矿流体来源分析，陨石宇宙暴露年龄测定
	电感耦合等离子质谱仪	ThermoXSeries2	样品微区原位微量元素分析及 U-Pb 定年测定，准确测定稀土元素、部分过渡族元素、碱金属和碱土金属元素
	激光加热(U-Th)/He定年设备		测定各种富含 U、Th 元素的矿物中的 He 的含量，此方法可用于地质体定年、低温热年代史演化、地形地貌演化等研究
	二次离子探针质谱仪	IMS-1280	U-Pb/Pb-Pb 定年，锆石、石英、橄榄石、磷灰石、方解石等氧同位素分析
	电子顺磁共振仪	AXM-09	对顺磁性物质内部结构分析、地质年龄测定，可应用于矿物中类质同象置换，矿物颜色起因与矿物中微量杂质的分布状态或存在形式的研究，以及测定地质体所含有机质中自由基的含量和结构来探讨它们的地质意义
	裂变径迹仪	AutoscanFTD-AS3000B	应用于三大岩类的磷灰石、锆石裂变径迹的密度、长度等分布进行年龄测定，热历史模拟与沉积物源示踪等
	γ 能谱仪	PGS-6000G	探测样品中放射性衰变过程中释放的伽马射线强度，通过不同能级的伽马射线强度来确定放射性核素的活度，沉积学中应用于近现代沉积物定年

续表

大类	类型	常见型号	沉积学应用
古地磁分析	磁化率仪	SM-30	测定岩石、矿物等材料的磁化率，沉积学中可通过测定各类岩石磁化率特征对地层划分起到辅助作用，还可用于测定磁铁矿床矿石品位，以及研究中国黄土地层磁化率值与成壤作用的关系等
	热退磁仪	MMTD80	主要用于古地磁强度研究，对岩石样品进行加热，将岩石样品中不稳定的剩余磁性去除而只保留岩石样品中稳定的原生剩余磁性
	交变退磁力仪	LDA-3A	用于黏滞剩磁较弱的岩石样品退磁(如松散的现代沉积物样品等)
	超导岩石磁力仪	C-110	可防止各种电磁干扰用于测定各种不同岩性的岩样的剩余磁性，能测定体积很小或磁性极弱的样品，并且可用超导磁力仪测量无磁性的碳酸盐类岩石等的天然剩余磁性
	SQUID 磁强计	77KVHF	可精确测量样品在确定磁场下的磁化强度随温度的变化，测量样品在确定温度下的磁化曲线和磁滞回线
	旋转磁力仪	JR-6A	旋转磁力仪主要用来测量岩石剩磁方向和强度，应用于大地构造、地层年代对比及地下岩心方位恢复等方面
过程模拟	湖盆沉积模拟水槽		主要应用于沉积模拟、现代沉积、古代露头、储层非均质性、精细地质描述、砂体建筑要素分析、储层建模及界面识别等领域，可以进行长江现代沉积、扇三角洲与辫状河沉积物理模拟、洪水流砂体形成及分布的模拟实验、盆地陡坡带储层沉积体系模拟实验、三角洲砂体形成及分布的模拟实验、曲流河沉积等的模拟
	河流相沉积单向水流水槽		实验装置主要由储水箱、水槽主体、动力系统组成，水槽长 5.62m、宽 0.25m、高 0.792m，属于中小型单向水槽。实验室主要研究河流沉积物底形如何形成，通过改变水流速度观察沉积物底形变化情况，探究水流速度与沉积物底形的关系
	风—浪—流实验水槽		可开展机械波、风浪、流动实验，机械造波系统可编程实现规则波、不规则波、不同组成波叠加产生破碎、以靶谱形式造波等多种造波功能
	内波实验水槽		针对层化海洋中海洋内波生成、传播、相互作用及耗散作用过程模拟研究
	热力学旋转平台系统		可用于研究旋转效应下热力强迫流体的普遍规律，如地幔对流、海洋深对流等问题
	高温高压成岩成矿实验装置		用于水—岩反应、硅酸盐熔体合成演化、水热体系的流体—矿物相互作用以及壳幔演化相互作用研究
	盆地构造变形物理模拟设备		构造物理模拟是构造研究的重要手段，可用于造山带和盆地构造的研究，为构造形成过程和成因机制研究提供依据，在油气勘探中可为地震剖面解释提供模式和思路
	油气生成与排驱物理模拟系统		能迅速产生高温高压，既可以模拟开放系统又可以模拟封闭系统，可模拟地层温压条件下的油气生成排驱过程
	储层成岩模拟系统		可开展成岩物理模拟实验研究，为储层成岩演化和孔隙演化过程的定量表征及储层成因机理分析提供基础参数，为储层评价预测和有效储层的评价提供理论基础
	高温高压溶解动力学物模装置		可用于高温高压条件下对碳酸盐储层进行流动式溶解动力学实验研究，以寻找良好储层的主控因素和时空分布规律

7.3.4 多学科综合交叉

当前，人类的需求发生了重大转变，除了对能源与资源的需求和可持续发展之外，全球变化和人居环境的改善正越来越多地受到社会和科学界的共同关注，这些因素促进了沉积学界在新世纪以来取得了丰硕的研究成果(曾允孚等，1999)。近年来，沉积学与多个学科综合交叉、相互渗透，使沉积学研究取得重大进展，主要表现在沉积地球化学、地震沉积学、环境沉积学、层序地层学等。

沉积地球化学(Yan 等，2010)是沉积学与地球化学相互渗透、环境地球化学互相渗透，并结合环境地球化学、生物地球化学、海洋地球化学等研究内容的交叉学科，来揭示沉积物的来源、分布、转化和循环过程，并解析相关的资源环境效应。在研究方法方面，沉积地球化学多采用稳定同位素、微量以及稀土元素、生物标志物等常规手段。在研究对象方面，主要关注烃源岩、硅质岩和碳酸盐等，同时兼顾沉积环境、物源分析、古地理和古气候等传统研究内容。沉积地球化学作为研究方法，在地质学、环境科学以及油气矿产资源等领域发挥日益重要的作用。

地震沉积学是基于高精度地震资料、现代沉积环境和露头古沉积环境模式的联合反馈来识别沉积单元三维几何形态、内部结构和沉积过程的一门新兴学科(林承焰等，2007)。地震沉积学利用地震信息研究沉积相、沉积体系及沉积岩形成过程，其理论基础在于对“地下沉积体系任何纵向和横向的变化都会引起地震波属性变化”的重新认识(刘保国等，2008)。地震沉积学的主要研究手段是90°相位转换、地层切片分析技术和地震储层反演技术。很多学者利用地震沉积学对三角洲进行识别，取得了良好的效果。典型实例有刘书会、宋国奇等(2014)在东营凹陷东营三角洲中的应用，朱筱敏等(2013)在中亚某盆地、松辽盆地、饶阳盆地等的应用。地震沉积学能够解决高级别层序的沉积相展布规律问题，以定量属性参数刻画沉积微相，与单井沉积相结合后，对砂体展布的预测更加客观，能够做到在层序、准层序组、砂层组逐级控制下的岩性圈闭预测，对于盆地分析、油气勘探以及少钻井或无钻井地区砂岩储层的表征作用明显。这将进一步促进油气的勘探与开发，从而降低油气资源勘探的风险，提高油气开发的效率。

环境沉积学是沉积学与环境科学相渗透而发展起来的新兴科学，面对生态、环境、灾害、全球变化等重大问题，结合环境科学、沉积学原理和技术，环境沉积学应运而生(刘宝珺等，2006)。它利用沉积学的数据、原理和研究方法，研究人类的活动和沉积循环(风华、侵蚀、沉积及早期成岩作用)的相互作用、相互制约的关系，以环境和灾害研究为目的，旨在解决人类在开发、利用自然环境时所碰到的地质灾害、水环境污染、海岸带破坏等问题，以实现人类社会经济繁荣与沉积环境保护的可持续发展(鲜本忠等，2005)。地质灾害沉积学是环境沉积学研究的重点，它以自然地质灾害(如泥石流、滑坡)为主要研究对象，研究各种地质灾害的物质基础、成因及来源、搬运的动力与介质、水沙运动学特征、沉积物分异及沉积作用，以预防和减轻灾害对人类的影响，主要涉及到沉积学中的风化、搬运及沉积三个过程。

层序地层学是在地震地层学的基础上发展起来的，它概括了地震地层学的基本概念和方法并综合了生物地层学、同位素地层学、磁性地层学、沉积学和构造地质学的最新发果。其基本原理是构造运动、全球绝对海平面变化和沉积物供应速度综合作用的结果产生了地层记录，这些记录反映了地质作用的规模、强弱、持续时间和影响范围。层序地层学主要根据露头、测井、地震资料和高分辨率的生物地层学现代资料进行沉积层序分析，解释层序、体系域、准层序，建立年代地层框架，根据层序边界编制构造沉降和总沉降曲线并解释盆地的地质历史。层序地层学对于圈定有利于生油和有利于形成油藏的地段，提出可供勘探的井位，圈定有利于形成其他矿产、如煤、铁、磷灰石等沉积矿床的地段，提出可供勘探的靶区等重大勘探工作有着不可替代的作用。

总之，沉积学已经发展为一门综合性学科。在"一切科学技术应服务于人类社会生存和发展条件"以及地球科学进入大综合、大交叉、大联合、大协调整合飞跃的现阶段，沉积学作为地球科学最基础的学科之一，其重点研究领域正在发生转移，并围绕着资源、环境、灾害和全球气候变化4个主题展开研究。在矿产资源越来越紧张的21世纪，沉积学会在沉积矿产和资源勘探与开发方面发挥越来越重要的作用。

本章思考题

1. 沉积学的发展历程对未来的学科发展有哪些启示？
2. 如何正确看待事件沉积层与正常沉积层之间的时空关系？
3. 碳酸盐岩与微生物沉积领域有哪些新进展？这些进展如何体现学术创新思想？
4. 如何从学科交叉的视角看待储层沉积学的发展？
5. 尽管层序地层学不同学派的表述和划分方法不同，但其中心思想都强调了什么？
6. 地震沉积学能够解决油气勘探中的哪些实际问题？
7. 如何理解环境沉积学与人类社会发展的关系？

本章主要参考文献

[1] 常远，许长海，周祖翼．(U-Th)/He 测年技术：α 离子射出效应及其校正[J]．地球科学进展，2010，25(4)：418-427.

[2] 曾允孚，覃建雄．沉积学发展现状与前瞻[J]．成都理工学院学报，1999，26(1)：1-7.

[3] 陈欢庆，胡永乐，赵应成，等．火山岩储层地质研究进展[J]．断块油气田，2012，19(1)：75-79.

[4] 邓宏文，王洪亮，李熙喆．层序地层地层基准面的识别、对比技术及应用[J]．石油与天然气地质，1996，17(3)：177-184.

[5] 邓宏文．美国层序地层研究中的新学派——高分辨率层序地层学[J]．石油与天然气地质，1995，16(2)：89-97.

[6] Dott R H，韩征，辛文杰．沉积地质学的回顾与展望[J]．地质科学译丛，1989，13(1)：64-71.

[7] 樊太亮，李卫东．层序地层应用于陆相油藏预测的成功实例[J]．石油学报，1999，20(2)：3-4，20-25.

[8] 樊太亮，吕延仓，丁明华．层序地层体制中的陆相储层发育规律[J]．地学前缘，2000，7(4)：315-321.

[9] 冯佳睿，高志勇，崔京钢，等．深层、超深层碎屑岩储层勘探现状与研究进展[J]．地球科学进展，2016，31(7)：718-736.

[10] 高红灿，郑荣才，魏钦廉，等．碎屑流与浊流的流体性质及沉积特征研究进展[J]．地球科学进展，2012，27(8)：815-827.

[11] 龚一鸣．事件沉积学中的定量分析[J]．岩相古地理，1988，35-36(3-4)：81-84.

[12] 韩小锋，陈世悦，刘宝鸿，等．深水沉积特征研究现状及展望[J]．特种油气藏，2008，15(2)：1-6.
[13] 韩作振，陈吉涛，迟乃杰，等．微生物碳酸盐岩研究：回顾与展望[J]．海洋地质与第四纪地质，2009，29(4)：29-38.
[14] 韩作振，李昊，尉鹏飞，等．惠民凹陷商 741 区沙一段火山岩储层特征[J]．山东科技大学学报(自然科学版)，2018，37(1)：47-59.
[15] 何起祥．沉积地球科学的历史回顾与展望[J]．沉积学报，2003，21(1)：10-18.
[16] 何幼斌，王文广．沉积岩与沉积相[M]．北京：石油工业出版社，2007.
[17] 侯圣山，李昂，周平根．四川雅安市雨城区地质灾害预警系统研究[J]．地学前缘，2007，14(6)：160-165.
[18] 江茂生，朱井泉，李学杰．深水碳酸盐沉积研究进展[J]．古地理学报，2001，3(4)：61-68.
[19] 赖志云，周维．舌状三角洲和鸟足状三角洲形成以及演变的沉积模拟实验[J]．沉积学报，1994，12(2)：37-43.
[20] 李敏，朱红涛，郭巧珍，等．沉积物理模拟技术进展及发展趋势[J]．地质科技情报，2010，29(4)：137-142.
[21] 李全，林畅松，吴伟，等．地震沉积学方法在确定沉积相边界方面的应用[J]．西南石油大学学报(自然科学版)，2010，32(4)：50-55，198.
[22] 李思田．沉积盆地的动力学分析——盆地研究领域的主要趋向[J]．地学前缘，1995，2(3-4)：1-8.
[23] 李阳，康志江，薛兆杰，等．中国碳酸盐岩油气藏开发理论与实践[J]．石油勘探与开发，2018，45(4)：669-678.
[24] 李云，郑荣才，朱国金，等．沉积物重力流研究进展综述[J]．地球科学进展，2011，26(2)：157-165.
[25] 梁薇，牟传龙，周恳恳，等．湖南寒武系第三统混积岩沉积特征与成因探讨[J]．地质论评，2016，62(4)：881-896.
[26] 林承焰，张宪国，董春梅．地震沉积学及其初步应用[J]．石油学报，2007，28(2)：69-72.
[27] 刘宝珺，韩作振，杨仁超．当代沉积学研究进展、前瞻与思考[J]．特种油气藏，2006，13(5)：1-3.
[28] 刘宝珺．中国沉积学的回顾和展望[J]．矿物岩石，2001，21(3)：1-7.
[29] 刘宝珺，王剑，谢渊，等．当代沉积学研究的新进展与发展趋势——来自第三十一届国际地质大会的信息[J]．沉积与特提斯地质，2002，22(1)：1-6.
[30] 刘保国，刘力辉．实用地震沉积学在沉积相分析中的应用[J]．石油物探，2008，47(3)：266-271.
[31] 刘化清，苏明军，倪长宽，等．薄砂体预测的地震沉积学研究方法[J]．岩性油气藏，2018，30(2)：1-11.
[32] 刘岫峰．沉积岩实验室研究方法[M]．北京：地质出版社，1991.
[33] 刘忠保，龚文平，王新海，等．洪水型浊流砂体形成及分布的沉积模拟实验[J]．石油天然气学报，2008，29(1)：26-30.
[34] 梅冥相，孟庆芬，刘智荣．微生物形成的原生沉积构造研究进展综述[J]．古地理学报，2007，9(4)：353-366.
[35] 孟祥化，葛铭．中朝板块层序·事件·演化——天文周期的沉积响应和意义[M]．北京：科学出版社，2004：580.
[36] 穆西南，严惠君，李越，等．华北地台东部中寒武世微生物礁的时空分布[J]．微体古生物学报，2003，20(3)：279-285.
[37] 倪新锋，沈安江，韦东晓，等．碳酸盐岩沉积学研究热点与进展：AAPG 百年纪念暨 2017 年会及展览综述[J]．天然气地球科学，2018，29(5)：729-742.
[38] 潘荣，朱筱敏，王星星，等．深层有效碎屑岩储层形成机理研究进展[J]．岩性油气藏，2014，26(4)：73-80.

[39] 蒲泊伶，董大忠，牛嘉玉，等．页岩气储层研究新进展[J]．地质科技情报，2014，33(2)：98-104.
[40] 邵龙义，鲁静，汪浩，等．中国含煤岩系层序地层学研究进展[J]．沉积学报，2009，27(5)：904-914.
[41] 史晓颖，王新强，蒋干清，等．贺兰山地区中元古代微生物席成因构造——远古时期微生物群活动的沉积标识[J]．地质论评，2008，54(5)：577-586，721-722.
[42] 苏旺，江青春，陈志勇，等．冷水碳酸盐岩研究现状与展望[J]．海相油气地质，2017，22(1)：1-13.
[43] 覃建雄，徐国盛，曾允孚．现代沉积学理论重大进展综述[J]．地质科技情报，1995，14(3)：23-32.
[44] 王红梅，吴晓萍，邱轩，等．微生物成因的碳酸盐矿物研究进展[J]．微生物学通报，2013，40(1)：180-189.
[45] 王建功，卫平生，王天琦．碎屑岩地震储层学的内涵及关键技术[J]．岩性油气藏，2010，22(4)：1-7.
[46] 王龙，Khalid L，Muhammad R，等．微生物碳酸盐岩的成因、分类以及问题与展望——来自华北地台寒武系微生物碳酸盐岩研究的启示[J]．地球科学进展，2018，33(10)：1005-1023.
[47] 王清晨．事件沉积学[J]．地球科学进展，1991，6(3)：90-91.
[48] 王升，柳波，付晓飞，等．致密碎屑岩储层岩石破裂特征及脆性评价方法[J]．石油与天然气地质，2018，39(6)：1270-1279.
[49] 王文之，杨跃明，文龙，等．微生物碳酸盐岩沉积特征研究——以四川盆地高磨地区灯影组为例[J]．中国地质，2016，43(1)：306-318.
[50] 王月，沈建伟，杨红强，等．微生物碳酸盐沉积及其研究意义[J]．地球科学进展，2011，26(10)：1038-1049.
[51] 王振涛，周洪瑞，王训练，等．贺兰山地区中奥陶统樱桃沟组深水牵引流沉积的发现及其意义[J]．地学前缘，2015，22(2)：221-231.
[52] 卫平生，雍学善，潘建国，等．地震储层学的基本内涵及发展方向[J]．岩性油气藏，2014，26(1)：10-17.
[53] 吴因业，朱如凯，罗平，等．沉积学与层序地层学研究新进展——第18届国际沉积学大会综述[J]．沉积学报，2011，29(1)：199-206.
[54] 鲜本忠，姜在兴．环境沉积学的兴起[J]．沉积学报，2005，23(4)：677-682.
[55] 鲜本忠，朱筱敏，岳大力，等 沉积学研究热点与进展：第19届国际沉积学大会综述[J]．古地理学报，2014，16(6)：816-826.
[56] 徐强，刘宝，朱同兴，等．中国沉积学研究的现状和发展方向[J]．西南石油大学学报自然科学版，2000，22(3)：1-4.
[57] 许仕策，杨少坤．层序地层学在地层对比中的应用[J]．地学前缘，1995，2(3-4)：115-123.
[58] 严钦尚．论滨岸和浅海的风暴沉积[J]．海洋与湖沼，1984，15(1)：14-20.
[59] 杨仁超，何治亮，邱桂强，等．鄂尔多斯盆地南部晚三叠世重力流沉积体系[J]．石油勘探与开发，2014，41(6)：661-670.
[60] 杨仁超，金之钧，孙冬胜，等．鄂尔多斯晚三叠世湖盆异重流沉积新发现[J]．沉积学报，2015，33(1)：10-20.
[61] 杨仁超，李进步，樊爱萍，等．陆源沉积岩物源分析研究进展与发展趋势[J]．沉积学报，2013，31(1)：99-107.
[62] 杨田，操应长，王艳忠，等．异重流沉积动力学过程及沉积特征[J]．地质论评，2015，61(1)：23-33.
[63] 杨孝群，李忠．微生物碳酸盐岩沉积学研究进展——基于第33届国际沉积学会议的综述[J]．沉积学报，2018，36(4)：639-650.
[64] 杨岳衡，吴福元，谢烈文，等．地质样品Sr同位素激光原位等离子体质谱(LA-MC-ICP-MS)测定[J]．岩石学报，2009，25(12)：3431-3441.

[65] 于兴河，郑秀娟．沉积学的发展历程与未来展望[J]．地球科学进展，2004，19(2)：173-182.

[66] 张本琪，余宏忠，姜在兴，等．应用阴极发光技术研究母岩性质及成岩环境[J]．石油勘探与开发，2003，30(3)：117-120.

[67] 赵红格，刘池洋．物源分析方法及研究进展[J]．沉积学报，2003，21(3)：409-415.

[68] 赵金洲，任岚，沈骋，等．页岩气储层缝网压裂理论与技术研究新进展[J]．天然气工业，2018，38(3)：1-14.

[69] 朱如凯，白斌，刘柳红，等．陆相层序地层学标准化研究和层序岩相古地理：以四川盆地上三叠统须家河组为例[J]．地学前缘，2011，18(4)：131-143.

[70] Bouma A H. Sedimentology of some flysch deposits a graphic approach to facies interpretation [M]. Amsterdam：Elsevier，1962：88-123.

[71] Bourget J，Zaragosi S，Mulder T，et al. Hyperpycnal-fed turbidite lobe architecture and recent sedimentary processes：A case study from the Al Batha turbidite system，Oman margin[J]．Sedimentary Geology，2010，229(3)：144-159.

[72] Cardona J P M，Gutiérrez Mas J M，Sánchez Bellón A，et al. Surface textures of heavy-mineral grains：a new contribution to provenance studies[J]．Sedimentary Geology，2005，174(3)：223-235.

[73] Dostal J，Keppie J D. Geochemistry of low-grade clastic rocks in the Acatlán Complex of southern Mexico：Evidence for local provenance in felsic - intermediate igneous rocks[J]．Sedimentary Geology，2009，222(3-4)：241-253.

[74] Folk R L，Siedlecka A. The "schizohaline" environment：Its sedimentary and diagenetic fabrics as exemplified by Late Paleozoic rocks of Bear Island，Svalbard[J]．Sedimentary Geology，1974，11(1)：1-15.

[75] Friis H，Poulsen M L K，Svendsen J B，et al. Discrimination of density flow deposits using elemental geochemistry—Implications for subtle provenance differentiation in a narrow submarine canyon，Palaeogene，Danish North Sea[J]．Marine and Petroleum Geology，2007，24(4)：210-235.

[76] George R，Odette N，Itor O. Tectonostratigraphy of the Chazyan (Late Middle-Early Late Ordovician) Mixed Siliciclastic-Carbonate Platform，Quebec Embayment[J]．Journal of Sedimentary Research，2013，83(6)：451-474.

[77] Kasanzu C，Maboko M A H，Manya S. Geochemistry of fine-grained clastic sedimentary rocks of the Neoproterozoic Ikorongo Group，NE Tanzania：Implications for provenance and source rock weathering[J]．Precambrian Research，2008，164(3)：201-213.

[78] Kubo Y，Nakajima T. Laboratory experiments and numerical simulation of sediment - wave formation by turbidity currents[J]．Marine Geology，2003，192(1)：105-122.

[79] Leu M，Baud A，Brosse M，et al. Earthquake Induced Soft Sediment Deformation (seismites)：New Data from the Early Triassic Guryul Ravine Section (Kashmir)[C]．19th International Sedimentological Congress，Geneva：University of Geneva，2014：396.

[80] Li R，Jones B. Evaluation of carbonate diagenesis：a comparative study of minor elements，trace elements，and rare-earth elements (REE+Y) between Pleistocene corals and matrices from Grand Cayman，British West indies[J]．Sedimentary Geology，2014，314(12)：31-46.

[81] Markus T，Heumann K G. Determination of trace elements in quartz glass by use of LINA-Spark-ICP-MS as a new method for bulk analysis of solid samples[J]．Fresenius Journal of Analytical Chemistry，2001，370(5)：521-526.

[82] Mcqueen K，Pwa A，Van Moort J. Geochemical and electron paramagnetic characteristics of quartz from a multistage vein environment，Cowarra gold deposit，New South Wales[J]．Journal of Geochemical Exploration，2001，72(3)：211-221.

[83] Moscardelli L, Wood L. New classification system for mass transport complexes in offshore Trinidad[J]. Basin Research, 2008, 20(1): 73-98.

[84] Mulder T. Flood record in marine sediments[C]. 19th International Sedimentological Congress, Geneva: University of Geneva, 2014: 6.

[85] Noffke N, Gerdes G, Klenke T, et al. Microbially induced sedimentary structures—A new category within the classification of primary sedimentary structure[J]. Joumal of Sedimentary Research, 2001, 71(5): 649-656.

[86] Passega R. Grain size representation by C. M. patterns as a geological tool[J]. Journal of Sedimentary Petrology, 1964, 34(4): 830-847.

[87] Polonia A, Cacchione D, Gasperini L. Historic deep sea tsunamitesin the Ionian Sea[C]. 19th International Sedimentological Congress, Geneva: University of Geneva, 2014: 557.

[88] Shapiro R S. A comment on the systematic confusion of thrombolites[J]. Palaios, 2000, 15(2): 166-169.

[89] Shreeve J W, Talling P J, Wright I C, et al. Origin of Spectacular Submarine Bedform-like Morphologies Surrounding Volcanic Islands-Slope Failure or Eruption-Fed Bedforms[C]. 19th International Sedimentological Congress, Geneva: University of Geneva, 2014: 628.

[90] Smedsrud L H. Frazilice entrainment of sediment: Large tank laboratory experiments[J]. Journal of Glaciology, 2001, 47(158): 461-471.

[91] Strasser M. Shaken and Stirred: Extreme Events Archived in the Sedimentary Records of Lakes and Continental Margins[C]. 19th International Sedimentological Congress, Geneva: University of Geneva, 2014: 7.

[92] Sumner E J, Siti M I, McNeill L C, et al. Can turbidites be used to reconstruct a paleoearthquake record for the central Sumatran margin[J]. Geology, 2013, 41(7): 763-766.

[93] Suzuki H, Tachibana T, Wakita S, et al. Third Generation Paleoseismology: Convolving Sedimentology with Site Analysis, Slope Stability and the Earthquake Source in Subaqueous Settings[C]. 19th International Sedimentological Congress, Geneva: University of Geneva, 2014: 674.

[94] Van H M, Postma G. Fluvial response to sea-level changes: A quantitative analogue, experimental approach [J]. Basin Research, 2001, 13(3): 269-292.

[95] Widera P, Toorman E, Lacor C. Research papers: Large eddy simulation of sediment transport in open-channel flow[J]. Journal of Hydraulic Research, 2009, 47(3): 291-298.

[96] Wool T A, Davie S R, Rodriguez H N. Development of three-dimensional hydrodynamic and water quality models to support total maximum daily load decision process for the Neuse River Estuary, North Carolina[J]. Journal of Water Resources Planning & Management, 2014. 129(4): 295-306.

[97] Yan D T, Chen D Z, Wang Q C, et al. Large-scale climatic fluctua-tions in the latest Ordovician on the Yangtze block, south China[J]. Geology, 2010, 38(7): 599-602.

[98] Yan Y, Xia B, Lin G, et al. Geochemistry of the sedimentary rocks from the Nanxiong Basin, South China and implications for provenance, paleoenvironment and paleoclimate at the K/T boundary[J]. Sedimentary Geology, 2007, 197(1): 127-140.

[99] Zapata S, Cardona A, Montes C, et al. Provenance of the Eocene Soebi Blanco Formation, Bonaire, Leeward Antilles: Correlations with post-Eocene tectonic evolution of northern South America[J]. Journal of South American Earth Sciences, 2014, 52(1): 179-193.

[100] Zeng H L, Hentz T F. High-frequency sequence stratigraphy from seismic sedimentology: applied to Miocene, Vermilion Block 50, Tiger Shoal area, offshore Louisiana[J]. AAPG Bulletin, 2004, 88(2): 153-174.

8　我国能源前景与能源科技前沿

8.1　我国能源结构

能源是指可以直接或经转换提供人类所需的光、热、动力等任一形式能量的载能体资源，其核心是可以通过转化而成为被人类所利用的能量(Cleveland，2004)。从不同的角度可有不同的分类：按利用的层次可分为一次能源和二次能源，按其开发利用状况分为常规能源和新能源，按其属性分类分为可再生能源和非可再生能源，按其来源分为化石能源和非化石能源。根据分类方案不同分析不同角度的能源消费结构，可以为我们了解能源资源消费状况提供更为全面的支持。

8.1.1　2017年中国和世界的能源结构对比

2017年全球一次能源消费中，石油占32.9%，约为44.45×10^8t油当量；天然气占一次能源消费的23.8%，约为32.16×10^8t油当量；煤炭占29.2%，约为38.45×10^8t油当量；核能占4.4%，约为5.94×10^8t油当量；水电占6.8%，约为9.19×10^8t油当量；其他一次能源消耗占2.9%，约为3.92×10^8t油当量。可再生能源在全球能源消费中的比重为2.8%，约为3.78×10^8t油当量，其中占比最大的是风能(52.2%)，约为1.97×10^8t油当量[图8.1(a)]。

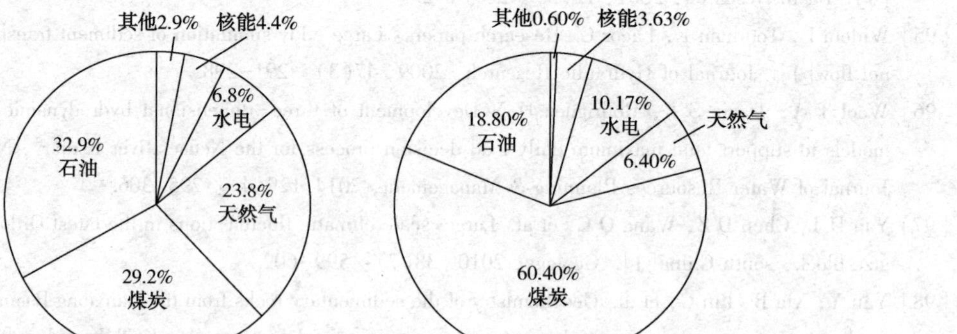

图8.1　2017年全球与我国一次能源消费构成对比图(据《世界能源统计年鉴》，2018)

我国2017年能源消费结构与全球相比有较大区别，国内能源消费仍以化石能源为主，根据统计结果显示，2017年我国能源消费总量达44.9×10^8t标准煤，同比增长2.9%，增速较前一年提高1.5%。能源消费结构不断优化，煤炭消费量占能源消费总量的比重为60.4%，同比下降1.6%。清洁能源消费占能源消费总量的比重达到20.8%，同比上升

1.3%。其中，非化石能源消费占一次能源消费比重达到 13.8%[图 8.1(b)]。

从以上统计来看，我国能源呈现出如下几大特点：①中国能源消费正在快速增长；②能源消费结构上以煤为主，石油、天然气为辅，水电、核电、风电为补充；③我国近 90%的能源需求可以自给，能源资源分布不均，需要长距离运输。

8.1.2 2030 年我国的能源结构预测

要考虑能源资源科学技术的长期发展，必须研究中长期能源消费整体构成，并做出预测。国际能源组织(IEA)预测至 2030 年，我国一次能源需求总量将达到 38.27×10^8 t 油当量，年均增长 2.72%。构成上仍然以煤为主，石油、天然气为辅，水电、核能等能源为补充。2030 年我国一次能源需求预测，煤炭 23.97×10^8t 油当量，占比从 67%下降到 64%；石油 7.58×10^8t 油当量，占比 20%；天然气 2.02×10^8t 油当量，占比 5%，略有上升；核能 1.27×10^8t 油当量，占比由 1%上升到 3%；水电 0.90×10^8t 油当量，占比 2%；生物质与废弃物 2.05×10^8t 油当量，占比从 0 上升到 5%；其他可再生能源 0.47×10^8t 油当量，占比 1%(图 8.2)。我国的能源消费结构与全球相比，化石能源的比例仍然大于全球的平均水平，以煤炭为主。

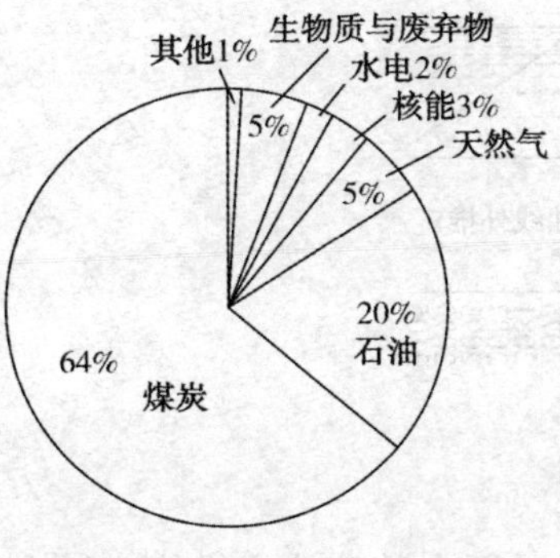

图 8.2 我国 2030 年能源消费结构预测(据国际能源组织)

IEA 的统计结果明显带有其自身的观点，贾承造带领的研究小组(2011)根据我国的基本国情对我国的能源消费结构进行了分析与预测。该研究认为，以我国能源消费年均增长 4%来计算，2030 年则需要 50×10^8t 油当量，其中石油 8×10^8t，占比 16%；天然气 3.8×10^8t 油当量($45\times10^{10}m^3$)，占比 7.6%；煤炭 30×10^8t 油当量(43×10^8t 煤)，占比 60%；核电、水电占比 10%，新能源占比 6.4%，这是一个比较乐观的估计。从对 2030 年全球范围能源消费预测来看，仍然以化石能源为主，但对新能源、可再生能源等需求量分析，IEA 和该研究的结果差别较大。

8.2 我国煤炭勘探开发现状和科技前沿

8.2.1 煤炭资源储量及地位

根据国家统计局数据，截至目前，我国煤炭基础储量为 2440.3×10^8t，资源集中分布于我国西北部地区，山西、内蒙古、新疆、陕西、贵州为煤炭基础储量规模前五大省份，储量合计占全国总储量的 73.81%。全国 2 000m 以内煤炭资源总量 5.9×10^{12}t，其中探获煤炭资源储量 2.02×10^{12}t，预测资源量 3.88×10^{12}t。

我国煤炭储量位列美国、俄罗斯之后，居世界第三，却是世界上最大的煤炭生产国和消费国，2016 年产量和消费量分别 34.1×10^8t 和 37.8×10^8t，占我国一次能源生产和消费总量的 69.6%和 62.0%，占世界煤炭产量和消费量的 45.7%和 50.6%。位居世界第一，我国能源工业对煤炭的依存十分强烈。在未来相当长的时间内，煤炭资源作为我国主体能源的战略地位依然不会动摇。

中国煤炭资源量并不是世界上最多的，但开采强度位居世界第一。新中国成立以来，煤炭在我国能源结构中一直占据绝对主导位置，近10年资料表明煤炭在一次能源生产和消费结构中一直占65%~70%左右。根据不同资料从不同方面预测分析，到2030年之前，我国对煤炭的总需求量将继续保持上升趋势，峰值需求量将达到40×10^8 t/a左右(图8.3)。

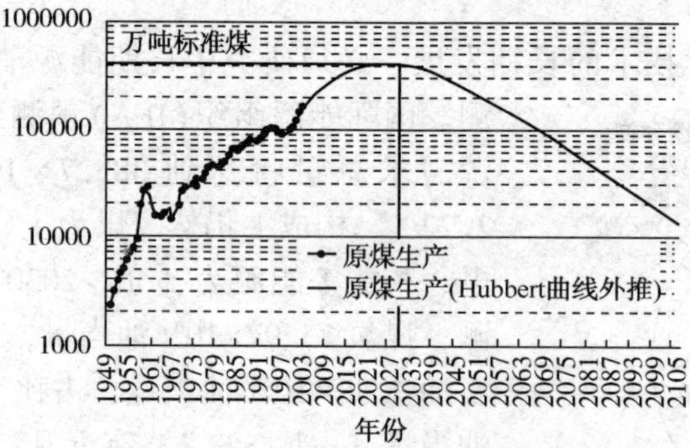

图8.3　我国原煤生产趋势预测

总之，煤炭资源相较于石油、天然气除具有储量优势外，还有其独特的优势：①由于中国煤炭开采的规模化与机械化的推进以及交通基础设施的改进，动力煤开采成本正在逐步降低。此种趋势相对于石油价格的高涨，动力煤的价格优势将更加明显；②煤炭易于储存和运输，附加成本低；③洁净煤技术和煤化工技术的发展，使煤炭正在由燃料向原料改变，煤炭既可转化为天然气、石油，也正在从中提取化工原料。以上都是石油、天然气等能源所不具备的，所以煤炭作为基础能源的地位必将长久存在，也更难以替代。

8.2.2　煤炭资源勘探特点

从我国煤炭资源未来发展来看，目前煤炭勘探开发呈现出如下4个特点：①东部条件基本查明的浅部资源急剧枯竭。统计资料显示，我国主要煤炭产地的华北地区煤矿平均采深达600m以上。每年有大量矿井因浅部可采资源枯竭而关停。预测显示，到2020年，将有超过40%的国有重点煤矿和60%的国有地方煤矿，因浅部资源枯竭面临关闭。②西部条件基本查明的煤炭资源受诸多因素影响无法大规模开采。受生态环境脆弱、基础设施落后、距消费市场遥远等因素的制约，近期完全靠开发西部资源来替代东部煤炭产量缺口不现实。③开发深部煤炭是国家煤炭工业可持续发展的出路。据最新煤田预测和第一轮“973”项目研究成果显示，吕梁山以东的华北地区埋深800~1500m有4050×10^8 t的煤炭资源可供勘探和开发利用。④东部深部煤炭资源丰富且开采基础较好。华北石炭纪二叠纪煤炭资源约13781×10^8 t，绝大部分赋存于1000~2000m埋藏深度(图8.4)。

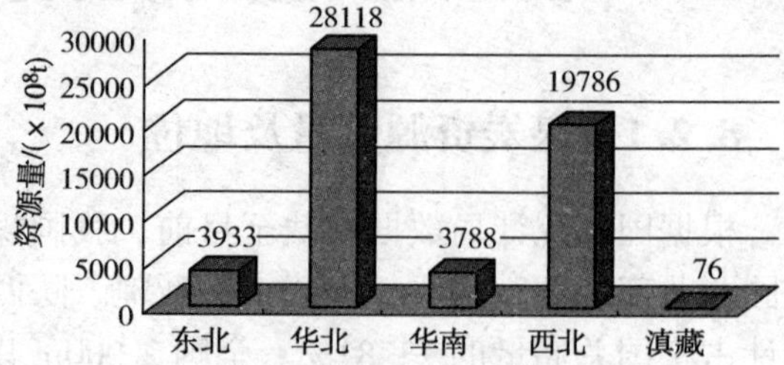

图8.4　垂直深度在2000m以内的煤炭资源分布图

目前全国煤矿平均开采深度约为540m，华北华东地区平均开采深度约为650m，每年以12~20m速度延深。超过1000m的矿井有33对，最大深度达到1400m。而印度、澳大利亚、美国露天矿比重分别高达90%、71%和69%，且其井工煤矿平均开采深度不到300m。所以，我国煤田地质构造复杂，煤矿自然灾害严重，瓦斯、水害、火灾、冲击地压等灾害一应俱全，全国高瓦斯矿井1132处、突出矿井882处、水文地质条件复杂和极复杂矿井489处、冲击地压矿井88处，灾害严重矿井约占矿井总数37.6%。随着开采深度不断增加，开采条件越来越复杂，自然灾害越来越严重，且相互交织叠加，治理难度不断加大。因此，研究解决理论上、技术上、工艺上的重大难题，安全高效开采我国(尤其是华北地区)深部煤炭资源成为当前急需、今后需要的煤炭工业可持续发展的重要出路。

截至2017年，全国保有资源量达1.95×10^{12}t，其中东部带为0.20×10^{8}t，占全国保有资源总量的10.3%；中部带为1.49×10^{12}t，占76.4%；西部带为0.25×10^{12}t，占12.8%(图8.5)。全国保有尚未利用量为1.54×10^{8}t，其中精查量为0.25×10^{12}t，占尚未利用总量的16.2%；详查量为0.30×10^{12}t，占18.5%；普查量为0.51×10^{12}t，占33.1%；预查量为0.47×10^{12}t，占30.5%。保有尚未利用量中，东部带为0.13×10^{12}t，占总量的8.4%；中部带为1.23×10^{12}t，占79.9%；西部带为0.18×10^{12}t，占11.7%。目前，全国保有已利用量为0.40×10^{12}t，其中东部带为0.07×10^{8}t，中部带为0.26×10^{12}t，西部带为0.073×10^{12}t，三带保有已利用量分别占全国的17.5%、64.2%和18.3%(图8.6)。当前和未来较短时期内，在建矿井和拟建矿井主要集中于中部晋、陕、蒙、宁和西部的北疆地区，尤其是山西和陕西省将集中大规模的煤炭开采开发活动，在未来较长时期内仍能维持产煤大省的地位。此外，北疆地区在建矿井和拟建矿井占用的资源量居全国第二位，意味着未来煤炭资源的开采活动将向西部转移，北疆地区未来将是我国煤炭资源开发活动的一个中心地区。

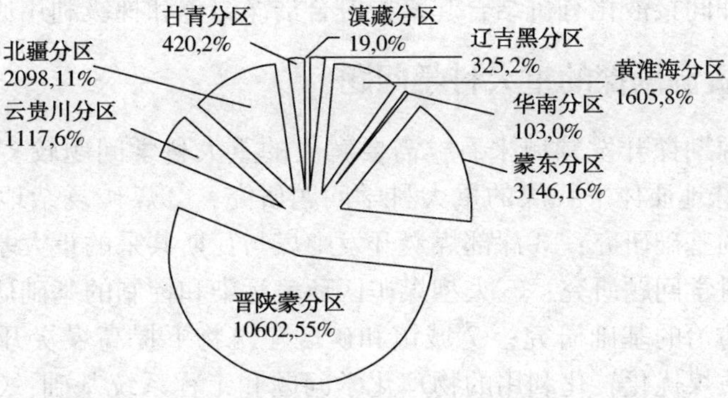

图8.5　保有资源量情况分布图(单位：$\times10^{8}$t)

因此，需要从开采条件基础理论、开采理论与开采技术、安全要素监测监控与管理三个大的层面上来进行分析研究，以解决我国深部、西部的煤炭资源勘探开发问题。

8.2.3　高效开发利用

高效开发利用技术问题也是提高煤炭资源转化利用效率的关键，如中低阶煤分级转化联产低碳燃料和化学品、褐煤洁净高效转化的催化与化学工程基础等。

(1)煤资源开发利用实例——中低阶煤分级转化联产低碳燃料和化学品。中低阶煤(褐煤/次烟煤)的高效洁净转化是我国能源领域具有重大战略意义的课题。此研究将煤结构的复杂性看成分级转化的优势，研究思路打破了传统的煤气化、再合成的煤化工路线，从煤的分子结构和自由基反应机理出发，致力于创建分级转化联产低碳燃料和化学品的新技术体系，具有明显的创新性，有望突破多年来煤化学和煤转化理论研究瓶颈。

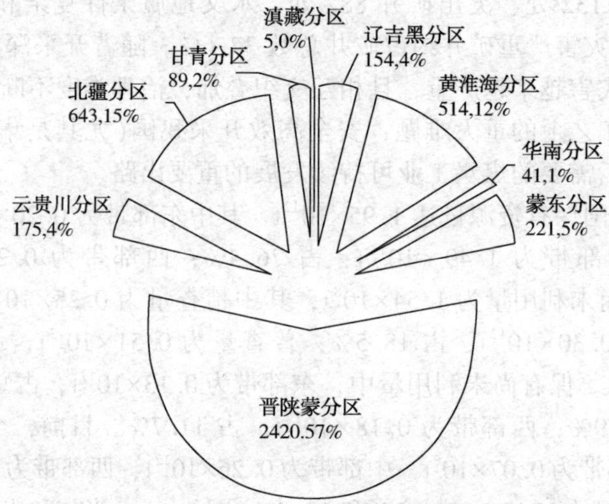

图 8.6　已开发利用资源量分区图(单位：$\times 10^8$t)

(2)煤资源开发利用实例——褐煤洁净高效转化的催化与化学工程基础。有效利用我国的褐煤资源是我国能源领域迫切需要解决的、具有重大战略意义的课题。此研究提出褐煤经部分加氢热解、提取轻油、残渣气化、FT 合成以及甲醇催化转化获得油品和相关化学品的思路，把直接液化和间接液化有机结合起来，符合洁净绿色和梯级利用原则。

8.2.4　煤炭资源勘探的重大科学问题

从整个煤炭资源勘探开发领域来看，需要解决的重大科学问题较多，总体而言有如下 10 个：①深部及特殊地质体下找煤的重大科学问题研究；②煤矿复杂地质构造和灾害源高分辨地球物理探测的基础研究；③深部煤炭开发中煤与瓦斯共采的重大基础研究；④煤炭资源绿色开采的基础科学问题研究；⑤大型煤矿区环境污染和控制的基础研究；⑥煤自燃及矿井火灾热动力灾害防治的基础研究；⑦城镇和矿区建筑物下提高煤炭开采回收率的基础研究；⑧低阶煤和劣质煤优化转化利用的物理化学问题和工程系统基础；⑨燃煤烟气硫、氮、汞(及其他重金属)综合脱除的物理化学和工程基础；⑩动力系统煤资源节能梯级利用及节能型燃煤污染物资源化治理的基础研究。

8.3　我国油气勘探开发现状和科技前沿

8.3.1　我国油气勘探开发现状

近年来，中国油气资源勘探开发形势发生了较大变化，总体保持良好势头，油气资源勘探投入保持基本稳定，“稳定东部、发展西部、加快海域”的油气勘探开发格局正在逐步形成。

1. 油气勘探开发总趋势

1)油气储量总体快速增长

进入21世纪以来，我国石油勘探发现并新增探明地质储量大于1×10^8t的大中型油田共计24个。“十二五”期间，中国发现了准噶尔盆地西北缘地层岩性油藏，柴达木盆地英东岩性构造油藏等一批亿吨级油田或规模储量区，累计新增石油探明地质储量61.26×10^8t，年均新增12.25×10^8t。2015年，中国年新增石油探明地质储量连续9年保持超过10×10^8t的高位增长(图8.7)。2016年，中国新增石油探明地质储量9.1×10^8t。21世纪以来，中国天然气勘探发现并新增探明地质储量大于千亿立方米的大中型气田共计23个。其中，“十二五”期间，在鄂尔多斯、四川、塔里木盆地和海域发现13个千亿方的气田。在东海盆地、南海琼东南盆地实现了海上天然气勘探的新突破。累计新增探明地质储量$3.92\times10^{12}m^3$，年均新增$7841\times10^8m^3$。2011—2015年，常规天然气年新增探明储量连续5年保持超过$6000\times10^8m^3$的高位增长(图8.7)。2016年，中国新增天然气地质储量$7270\times10^8m^3$。

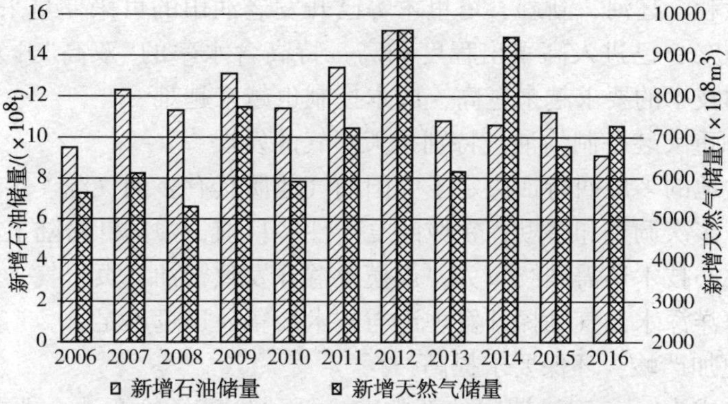

图8.7 2006—2016年我国石油及天然气新增探明储量

2)石油产量稳中略升，天然气产量明显上升

“十二五”期间，石油总产量达到10.43×10^8t，平均年产量达2.09×10^8t，较“十一五”平均年产量(1.90×10^8t)和“十一五”平均年产量(1.72×10^8t)分别增加了10%和21.5%，但增速在逐步放缓。2016年，中国石油产量首次大幅减少，全国生产石油1.98×10^8t，比上年减产约0.17×10^8t，降幅为7.9%，2017年全国石油产量1.92×10^8t(图8.8)。中国天然气在“十二五”期间总产量达到$5742\times10^8m^3$，平均年产量为$1148\times10^8m^3$，较“十一五”平均年产量($767\times10^8m^3$)和“十一五”平均年产量($375\times10^8m^3$)分别增加了49.7%和206.1%，天然气产量快速增长。近年来，随着国际油价大幅下跌，中国天然气产量增幅明显放缓，2015年全国天然气产量基本维持2014年的水平，2016年全国天然气(包括常规天然气、页岩气和煤层气)产量为$1371\times10^8m^3$，仅比上年增长1.5%，2017年全国天然气产量约为1500×10^8t(图8.8)。

2. 普遍存在的问题

油气勘探对象越来越复杂，资源品位越来越差。

随着中国油气勘探的深入，勘探对象已经由简单构造油气藏向高陡构造等复杂构造油气藏转变，由常规储层油气藏向碳酸盐岩缝洞体等复杂储层油气藏转变，由构造油气藏向岩性地层油气藏转变，由中浅层油气藏向深层—超深层油气藏转变，由常规油气向非常规油气转变。

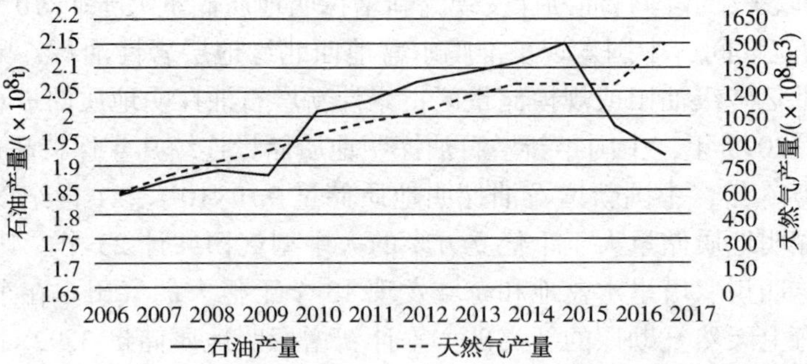

图 8.8　2006—2017 年我国石油及天然气产量

1)已开发油田整体处于“双高”阶段

目前大庆、胜利、辽河、新疆、塔里木等已开发老油田的可采储量采出程度大于 80%，综合含水率大于 80%，已进入高采出程度和高、特高含水率的“双高”开发阶段，稳产难度日益加大，对采油技术的要求越来越高，成本控制也越来越难。

2)关键技术和重大装备制约油气特别是天然气的发展

中国含油气盆地的多旋回特征决定了中国油气地质具有多油气源、多储集类型、多封闭类型、多次成藏、多次调整和多勘探领域的复杂性。目前，中国针对陆上深层、火山岩等油气藏的勘探开发核心技术还需继续攻关；规模效益开发致密油、页岩气、煤层气的关键技术体系尚未形成；海洋深水油气勘探开发理论与技术装备还远远不足。

3)外部环境更加严峻，环保要求提高

低油价可能会成为“十三五”期间的新常态。低油价已经给石油企业的上游业务发展带来了巨大冲击，上游投入大幅下降，直接影响油气的增储上产。另外，国家实施更加严格的安全生产、生态环境保护与节能减排政策，对工程技术、成本控制带来了更高要求。致密油、页岩气等非常规油气开发的经济性有待提高，“三低”(低渗、低压、低丰度)油气藏、深层、深水油气藏开发成本较高，需要国家财税政策的支持。

8.3.2　我国油气勘探开发重大科技问题

贾承造院士在 2011 年提出当前油气资源开发领域面临的重大科技问题有如下 10 个。

1)岩性地层油气藏形成机理与低渗透油气藏有效开采的基础研究

中国陆上剩余油气资源主要分布在中低丰度岩性地层油气藏领域。中低丰度岩性地层油气藏成藏机理复杂，油气富集规律不清，勘探评价难度大，目前尚未建立系统并能有效指导勘探的区带、圈闭评价与富集规律的地质理论。针对 4 类盆地(陆相断陷、坳陷、前陆和海相克拉通)、3 类储集体(砂砾岩、火山岩、缝洞型碳酸盐岩)中潜力更大的大面积中低丰度岩性地层油气藏的勘探，亟待建立系统的成藏新理论，以获得油气勘探更大的突破。

据 2016 年第四次油气资源评价结果，中国石油远景资源量中低渗透占 24%；天然气远景资源量中低渗透占 47.5%。截至 2016 年年底，全国累计探明石油地质储量中低渗透占 12%，全国累计探明天然气地质储量中低渗透占 39%。低渗透储量主要分布在大庆、吉林、辽河、大港、新疆、长庆、吐哈、胜利、中原等9个油区。与中高渗透油气藏相比，低渗透油气藏具有不同的储集层特性，表现出复杂的渗流特征。经典的低渗透油气渗流理论较为简单实用，但其只考虑了低渗透油气藏孔隙渗流的问题，而未充分考虑低渗透油气藏的相对非均质性和裂缝渗流等问题，存在一定的局限性。

2）中国深部油气藏成藏机理与海相碳酸盐岩油气富集规律基础研究

随着油气勘探向纵深发展，深层成为油气勘探的重点目标和热门区域。深部油气成藏机理在生、储、盖、运、保等方面与浅部有很大差别。

我国海相碳酸盐岩层系分布面积广。大中型油气田的发现，如普光气田、塔河—轮南大油田、靖边气田、苏里格气田、埋岛古潜山油田等，表明随着对海相碳酸盐岩层系理论认识的升华、科学技术的进步，新发现的海相碳酸盐岩层系油气田会越来越多、越来越大，展示我国海相碳酸盐岩具有良好的勘探前景和巨大的资源潜力，是我国油气勘探的一个重要接替领域。国内陆相油气勘探经验和国外碳酸盐岩油气勘探经验，都很难直接应用于我国海相碳酸盐岩油气勘探实践，必须建立起中国特色的海相碳酸盐岩成藏理论体系与勘探技术，以指导中国海相碳酸盐岩领域的油气勘探，开创中国海相碳酸盐岩层系油气勘探的新局面。

3）中国中西部石油地质理论问题与勘探新领域的基础研究

21世纪初，在中国国民经济快速增长、国内油气供给面临严峻挑战的情况下，如何针对今后的油气勘探领域和对象发展新的石油地质理论，指导新的油气勘探大发现、大突破，保持和提高国内油气的稳定供应，降低对外进口依存度，是目前摆在石油地质勘探工作者面前的重大课题。如东部含油气盆地在以构造油气藏为主的勘探阶段基本结束后，下一阶段需发展什么石油地质与勘探理论，以保持东部地区石油储量稳定增长和产量的相对稳定。中西部含油气盆地肩负着中国石油战略接替的重任，也是中国石油最有希望发现重大油气田的勘探地区，但中西部的四川、鄂尔多斯、塔里木、准噶尔等盆地石油地质条件复杂，今后需发展石油地质与勘探理论以指导油气勘探的大发现和大突破，真正实现中国石油战略接替等。

4）高含水油藏及深层稠油提高采收率基础研究

中国中东部老油田经过几十年的水驱开发，目前已整体进入高含水或特高含水阶段，但仍然有大量的剩余油无法开采出来。高含水老油田在中国的储量和产量中占据着重要的位置，改善这些老油田的开发效果是目前面临的主要问题。近年许多学者针对高含水油藏的开发问题提出了一些新的理论方法，包括气驱（蒸汽、二氧化碳或氮气）、聚合物驱等，但由于高含水储量剩余油分布状况复杂，储层内部构造各不相同，并且受到施工工艺的限制和成本问题，如何提高高含水油藏采收率仍然是摆在地质学家面前的一大难题。

我国稠油主要分布在胜利、辽河、河南、新疆等油田。目前开采稠油的主要方法为蒸汽驱和蒸汽吞吐，但是常规热采的缺点是效率低、成本高、消耗大。为了改善稠油开采效果，提高稠油采收率，还需地质学者的进一步研究。

5）复杂天然气藏有效开采基础理论研究

复杂气藏主要是指低渗气藏和火山岩气藏。低渗气藏储气量丰富，在世界天然气产量中所占比重呈现逐年上升的趋势。在我国，主要分布在鄂尔多斯盆地、柴达木盆地三湖地区、塔里木盆地库车地区、四川盆地川东和川西地区等。在已探明的气层气储量中，低渗气藏储量约占40%，在大中型气田中，低渗气藏储量约占气藏储量的60%。我国低渗气藏年产量增长迅速，年平均增幅超过20%。我国常规储层气藏数量有限，今后将较多地面临致密深层低渗油气藏。目前火山岩气藏资源量也相对较大，在松辽、准噶尔、渤海湾等地都有发现，是当前勘探开发的热点，未来勘探开发潜力巨大。

6) 油气深部钻井与地球物理探测的应用基础理论研究

深层石油资源量占比为30%，天然气资源量占比为60%，是陆上剩余资源量最多、发展潜力最大、钻井挑战最多的领域。全球油气勘探开发目标正从浅层向深层、超深层发展。在此形势下，深井超深井钻完井技术也遭遇了新的难题和挑战：深层超深层岩石致密难钻，问题岩层多、压力系统复杂，准确预测难；深度增加凸显钻机低效；Ⅱ级高温高压（压力137.9MPa，温度204℃）钻井装备工具适应能力不足，Ⅲ级高温高压（压力206.8MPa，温度260℃）钻完井技术基本属于空白；深部高研磨性地层破岩效率低、钻速慢；深层储层改造程度低；多压力系统与井身结构层次的矛盾等。

地球物理勘探技术是获取地下油气信息的重要手段和核心技术，是油气勘探开发部署决策的重要依据。目前，地球物理勘探技术发展还不完善，需要进一步提高的有如下几个方面：必须提高微弱信号的采集和分析能力，必须提高非均匀地质体的探测与描述能力，必须综合利用多种信息，减少地球物理反问题的多解性。必须从基础出发，加强地球物理探测的应用基础理论研究，指导物探技术的发展。

7) 海上油气田提高采收率关键基础理论研究

我国海域广阔，油气资源丰富，但海上油气资源开采难度大，成本高，采出率低。海上油田提高采收率潜力大，难度也大，而且技术要求高。从长远战略来看，提高原油采收率将是重点研究课题，要花大力气进行研究，并以常规提高采收率方法为主，针对不同类型的油田和油田开发的不同阶段，总结出一套行之有效的方法。

8) 深水钻完井基础理论与深水安全钻井开采基础理论研究

深水技术领域是我国石油工业未来发展的新领域，特别是未来在陆上油气资源日趋探明和有限的条件下走向海洋、走向深水，已经成为中国石油工业的必然。对于海洋深水钻井工程而言，钻井环境条件随水深的增加变得更加复杂，容易出现常规的钻井工程难以克服的技术难题，随着水深的增加和复杂的海洋环境条件，对钻井工程提出了更大的挑战，钻井技术的难度越来越大。深水勘探开发是一个复杂的系统工程，既涉及大量的工程技术问题，又涉及大量的投资问题，同时还涉及诸多基础理论研究问题，因此，还要大力开展基础理论研究工作。

9) 中低煤阶及特殊类型煤层气藏成藏机理与提高煤层气采收率的基础理论研究

我国地质条件复杂，高煤阶煤层气藏物性条件差，渗透率极低，开发难度较大，成本高；而浅层低煤阶煤层气成藏浅，渗透率高，开发成本低，更具有现实意义，中低煤阶煤储层虽然含气量较小，但其分布广、厚度大、煤层气资源量大、资源丰度高，是煤层气勘探开发潜在的接替领域。我国煤层气采出率受多种因素限制，煤层呈现的大多是低渗透率，极有可能出现煤层气产量过早衰减的情况，从而导致的结果就是停止开发，致使煤层气采收率直线降低的情形。导致煤层气采收率低的开发技术条件包含布置井网不合理、钻完井技术不成熟、排采工作技术以及增产的技术手段落后等。经济因素也限制了煤层气采收率，经济因素主要包含不同的投资成本、费用和操作成本以及气价等。

10) 非常规油气资源勘探开采的基础理论研究

非常规油气包括煤层气、页岩油气、致密砂岩气、天然气水合物等。在中国，非常规石

油资源约为 240×10^8t，非常规天然气资源约为 $100\times10^{12}m^3$，发展潜力巨大。致密油气、页岩气、煤层气等都已获得工业化开发，成为常规油气的重要补充，在未来油气供应方面所起的贡献将越来越大，其勘探开发具有重要的现实意义。非常规油气的勘探开发在美国获得了极大的成功，但在其他国家和地区却没能复制美国模式。非常规油气具有复杂的油气地质条件与勘探开发环境，必须加强非常规油气地质理论与资源评价等核心技术的研究。

8.4 中国页岩油、气的勘探开发现状和技术前沿

8.4.1 页岩油气勘探开发现状

页岩油气开发利用是化石能源领域的一次重大革命，特别是页岩气，已经成为全球非常规油气勘探开发的热点方向和现实领域(邹才能，2014)。

经过近200年的勘探开发，美国的页岩气目前已步入高速发展阶段，其理论研究及相关技术相对成熟。据美国能源信息署(EIA)预测，到2040年，页岩气产量将占到美国天然气总产量的50%。北德克萨斯州的Barnett页岩有 $1.13\times10^{12}m^3$ 的可采储量，是美国第一块大规模商业化开采的页岩气田(Loucks 等，2007)。马西拉页岩储量占美国页岩总储量的一半多，2010年6月进入大规模开发阶段。

加拿大是另一个对页岩气进行规模开发的国家，大多数产区仍处于试验或发展阶段，页岩气关键技术的不成熟制约了该资源开采的可行性。加拿大的页岩气预测资源量为 $42.5\times10^{12}m^3$，主要分布于Montney页岩、Utica页岩和Horton Bluff页岩中。页岩气有望成为加拿大重要的天然气资源之一，补充常规天然气的衰退。

欧洲页岩气勘探开发目前仍处于摇篮期，2007年欧洲启动页岩气资源潜力评价与有利盆地优选项目。2009年，先进资源国际公司(ARI)估算欧洲页岩气资源量在 $30\times10^{12}m^3$(可采资源量约 $4\times10^{12}m^3$)以上(Li 等，2010)。国际石油公司将目光投向欧洲，在部分国家取得了页岩气探矿挖掘权，但在欧洲页岩气钻探试验没有取得积极成果，波兰、匈牙利、瑞典等一些国家的页岩气井均以失败告终，加之部分国家禁止采用水力压裂技术，使得欧洲页岩气勘探和开发的前景不容乐观。

中国页岩气的勘探开发及相关领域的研究尚处于探索阶段，短期内尚无法达到商业化开采的程度。但中国拥有丰富的页岩气储量，据最新研究估算，中国页岩气可采资源量约为 $36\times10^{12}m^3$。在各大国际石油公司的技术支持下，我国勘探发现了陆相、海相、湖相等页岩区块(董大忠等，2012；邹才能等，2010)，并将水平井、滑溜多段水压裂技术应用在页岩油气钻探中，取得了巨大成功。

中国石油和中国石化在重视国内油气勘探开发，力保国内油气产量稳定并尽可能争取突破的同时，以页岩油气为突破口，向非常规油气资源进军，践行差异化发展战略，构成了油气勘探在新的历史时期的资源路线图。2011年以来，针对陆相页岩油勘探开发面临的科学问题与技术难点，相继开展了23项科技攻关研究，已在页岩油赋存机理与选区评价、地质地球物理与目标预测、优快钻井、储层改造工艺、开发设计优化等5个方面取得阶段性成果，为进一步深入开展页岩油勘探开发奠定了良好基础。

1. 中国石油页岩油气勘探开发现状

辽河油田的曙古 165 井在古近系泥页岩段获得了日产 24m^3 的工业油流。在随后的研究中发现，辽河西部凹陷沙三中亚段泥页岩中含油率为 0.44%~0.88%，远大于含油率为 0.18%页岩油产油下限(李婉君等，2014)。在松辽盆地 K2qn1 钻探的哈 14 井、古平 1 井、英 12 井、哈 18 井等，泥页岩连续厚度为 6~30m，有机质丰度>2%，0.5%<R_o<1.2%，可采资源量为 10.56×10^{8}t。2012 年 4 月中国石油集团与美国赫世公司(Hess)签署新疆三塘湖盆地马朗区块合作协议，内容包括如何划分勘探工作、勘探的时间和目标等。在三塘湖盆地已钻探 35 口井，其中一半探井发现有石油，加速了我国页岩油勘探开发工作。研究发现(吴红烛等，2014)，马朗地区页岩油富集的基本条件为：R_o 为 0.5%~0.9%，源岩有机质丰度以Ⅰ型和Ⅱ型为主。三塘湖项目合作的主要目的是引进国外在非常规油气勘探开发方面的先进技术、生产方式和管理模式，快速高效开发三塘湖盆地页岩油，并积累技术和经验。

2. 中国石化页岩油气勘探开发现状

傅成玉在谈及页岩油气发展路线图时指出(吴红烛等，2014)，页岩油气有可能成为中国石化非常规油气勘探开发的桥头堡。2015 年傅成玉在国家能源页岩油研发中心启动会上表示，加快页岩油研发工作是国家在能源领域所做的重大部署。实现发展方式的转变，核心是靠技术创新和驱动。在页岩油研发领域围绕降低成本和提高采收率加强技术攻关，实现有效益的技术突破。自 2010 年开始，中国石化开展了东部断陷盆地页岩油气老井复查复试和评价工作，并在多个凹陷古近系泥页岩段发现了丰富的油气显示，结合不同地区泥页岩基础地质条件和工程的可实施性，将东部陆相盆地泥页岩勘探集中在河南泌阳凹陷和山东济阳坳陷(马永生等，2012)。

在泌阳凹陷深凹区多口老井复查发现页岩均见连续气测显示。2010 年部署了安深 1 井，该井既是一口风险探井，又是一口兼探页岩油气的预探井，2010 年 8 月 28 日完钻，完钻井深 3510m，9 月 18 日完井，在古近系核桃园组二段—核三上段共发现页岩 89 层共 670m，岩性主要为灰色、深灰色页岩，多套泥页岩见明显气测异常获得最高日产油 4.68m^3(方锡贤等，2011)。2011 年部署了泌阳凹陷泌页 HF1 井，日产油 23.6m^3、产天然气 900m^3。至 2012 年 6 月 5 日累计产油 589m^3，产天然气 12963m^3。试采近 2 个月，泌页 HF1 井页岩油日产量稳定在 10~15m^3，进一步证实泌阳凹陷陆相页岩油具有良好的勘探开发前景。由于地质条件复杂、工艺要求高、施工难度大，压裂施工多项参数创中国石化集团乃至全国纪录，压裂段位在国内陆相页岩油水平井同类压裂施工中最高，为油田非常规勘探开发提供了强有力的技术支撑(郭耘等，2012)。此次大型分段压裂喜获工业油流，是河南油田非常规勘探领域取得的又一新突破。

济阳坳陷 320 余口探井在泥页岩中见油气显示，其中 30 余口井获工业油气流，表明具备页岩油气勘探能力。1973 年在东营中央隆起带钻探河 54 井，沙三下亚段 2928~2964.4m 泥页岩段中途测试，ϕ5mm 油嘴放喷，日产油 91.4t。2011 年对罗 69 井进行了 221m 泥页岩系统密闭取心、12000 余次化验分析，开展了烃源岩和储集性能评价以及地球物理预测方面页岩油气的基础地质研究工作。在引进国外页岩气研究理论、技术方法的同时，结合陆相页岩的实际，提出了有利目标区，在此研究基础上部署了渤页平 1 井。渤页平 1 井是胜利油田首口页岩油探井，于 2011 年 12 月 12 日顺利完钻，完钻层位沙三下，完钻井深 4335m，水平井段 559m。技术人员分析了该井第 1 段压后效果不理想的原因，从地质、钻井、工艺等方面进行了论证，最终决定采用光套管、大排量、高砂比实施缝网压裂的新方法进行渤页平1井第2段大型压裂施工。累计加入液量1218m^3，累计加砂量100t，最高砂比为50%，平均砂比为20.6%，累计放喷出液76m^3。渤页平1井压裂的成功，创造了胜利油田压裂施工排量最大、水平井单级加砂规模最大2个新记录。

8.4.2 页岩油气勘探开发技术前沿

页岩气是目前经济技术条件下天然气工业化勘探的重要领域和目标。美国首先突破了页岩气开采关键技术，带动了世界页岩气的勘探与开发(王淑玲等，2016)。随着水平钻井及分段压裂技术的进步和大规模应用，页岩气勘探开发取得了突破性进展，产量逐年快速提高。现在美国已逐步构建了以岩心实验为基础、以测井定量解释为手段、以地震预报为方向、以储集层改造为重点和以经济评价为主导的勘探开发体系，在注重页岩气开发技术创新的同时，逐步开始关注页岩气藏的地质特征与区域地质背景的研究，以期增加高产井的数量(袁桂琴等，2013)。近年全球油气勘探发现的特点有：新区新领域抢眼，富油气盆地挖潜，非常规潜力彰显。但目前多数国家的页岩气勘探和开发仍处于起步阶段，未来仍面临技术、成本和环境等方面的挑战(王淑玲等，2016)，并且世界各国均不可能完全复制美国的页岩气革命模式。

页岩气的勘探开发大致涉及资源评价、气田勘探和气层开采3个主要阶段(江怀友等，2008)。在资源评价阶段需要对页岩及其储层潜力做出评估，并综合考虑其他因素筛选出有利勘探目标区。在气田勘探阶段主要通过地质、地球物理、地球化学以及钻探试验井等多学科综合方法，确定主要产层。在气层开采阶段，通过制定开发方案大量钻探生产井，并采取增产措施，维持天然气产量增长和稳定，提高气层的采收率(郑军卫等，2011)。

页岩气的评价标准及具体的地质选区评价方法是勘探开发的前提和基础(王翠丽等，2014)。页岩气资源评价除需考虑页岩本身特点(如岩层厚度、岩石结构、矿物组成、孔隙度、渗透率、裂缝发育程度等)、页岩成烃能力(如有机质类型、丰度、成熟度、生烃潜力等)、页岩聚烃能力(如吸附能力、影响因素等)等制约因素外，从商业开采方面还应考虑页岩气藏形成的含气性及页岩的可压裂性(脆性、力学性质等)等要素。目前对页岩气资源评价因素研究主要采用实验分析、测井评价、地震解译等方法。对页岩气资源量的计算，可根据不同勘探开发阶段，采用成因法、类比法和统计法等，目前常用方法有类比法、FORSPAN法、单井(动态)储量估算法、容积法等(邹才能等，2010)。在页岩气有利区优选方面，目前多数研究者主要依据页岩层厚度、埋深、岩石结构、矿物成分、岩石物性、总有机碳含量、热演化程度、地球物理、钻井、压裂改造等关键参数来优选有利区，部分研究者在此基础上还增加等温吸附能力参数指标(郑军卫等，2011)。

在气田勘探时，与常规油气勘探类似，地球物理勘探技术是当前用于页岩气勘探的最主要方法(向葵等，2016)。从寻找页岩气开发核心区到测井识别页岩气层再到压裂裂缝监测，地球物理技术已经融入了页岩气勘探开发的各个阶段，成为页岩气勘探开发不可或缺的基本技术(袁桂琴等，2013)。而在这其中地震勘探技术又是目前从事页岩气勘探的最重要地球物理方法。由于泥页岩地层与上下围岩的地震传播速度不同，在泥页岩的顶底界面会产生较强的波阻抗界面，结合录井、测井等资料识别可以解释泥页岩，进行构造描述。在页岩气勘探中，可以通过测井解释等手段进行储层评价和裂缝预测，主要有储层评价技术、裂缝预测技术等大类(郑军卫等，2011)。

开采页岩气层时需要采取某种增产措施和特殊的钻井与完井方法，主要有压裂技术、水平钻井技术、特殊完井技术等大类，目前多采用直井用于勘探和取心获取地层参数、水平井或斜井用于开采，斜井钻进是开发透镜状气藏可选择的最佳方法，而水平井将成为开发边缘海相和海相席状砂岩的最佳方法。开采页岩的作业者应事先考虑系统渗透率，即包含页岩基质和天然裂缝的综合渗透率(江怀友等，2008)。为了更好地利用储层中的天然裂缝，并且使井筒穿越更多储层，越来越多的作业者都在应用水平钻井技术。一般来说，水平段越长，最终采收率就越高，但在实际生产中需要根据具体地质实际和成本效益等来确定最佳的水平段程度(郑军卫等，2011)。在采用水平井增产技术过程中，水平井位与井眼方位应选在有机质富集、热熟度比较高、裂缝发育程度好的区域及方位(王翠丽等，2014)。裂缝的发育程度是页岩气运移聚集、经济开采的主要控制因素之一，国外页岩气勘探主要采用地震技术，以存在于裂缝发育带中的页岩气藏为主要目标。

现今国际页岩气勘探开发技术发展趋势包括继续研究页岩气成因机理，深入探讨页岩气成藏机制，有效识别页岩气层和页岩气赋存相态，改良页岩气产层压裂，继续开发水平井和多分支井技术等方面(江怀友等，2008)。勘探开发思路必须转变，开采技术必须创新。我国通过深化综合地质研究，加强勘探工程技术攻关，突出新区新领域风险勘探，强化成熟探区精细勘探，积极推进勘探开发一体化(何海清等，2014)，现已取得的技术包括建立了页岩气富集层位地层划分标准、获得了我国页岩凝析气资源量及其分布、研制了储层深部地应力测试仪、开发了页岩气开采计算模拟系列软件等，但仍任重道远。

8.5 天然气水合物勘探开发理论与技术前沿

8.5.1 天然气水合物概述

天然气水合物是由水与气体分子(以甲烷为主)在低温高压及气体浓度大于其溶解度的条件下形成的貌似冰的结晶状固体物质，点燃可燃烧，人们俗称“可燃冰”“气体瓦斯”“气冰”(吴传芝等，2018)。详细来说，天然气水合物是在一定条件下由轻烃、二氧化碳及硫化氢等小分子气体与水相互作用形成的白色固态结晶物质，是一种非化学计量型晶体化合物，或称笼形水合物、气体水合物。自然界中存在的天然气水合物中天然气的主要成分为甲烷(含量超过90%)，所以又常称为甲烷水合物(张洪涛等，2008)。

天然气水合物的晶体结构(祝有海等，2010)有三种：Ⅰ型，Ⅱ型和H型。

如图8.9所示，它们是由水分子组成的五角十二面体配合与其他多面体组合而成。绝大多数天然气水合物的晶体都是Ⅰ型的。从结晶结构上讲，天然气水合物可以看做是冰的异形体(transformedice)，或看作为“压缩的天然气”(坚润堂等，2009)。这种冰雪状的化合物能产生和稳定存在于低温和较高压的环境中，在常压下它只能在0℃以下稳定，但在30个大气压时它能存在于0℃以上。

由于天然气水合物由甲烷等小分子天然气体与水在特定的低温高压条件下形成(饶永超等，2012)，因此从物质组成上看，水合物的形成过程是一种对气体与纯水的富集过程；从分布范围上看，水合物可广泛地形成于具备一定水深的海域、深水湖泊与永久冻土带；从稳定性上看，水合物相对易于形成与分解。天然气水合物在全球分布广泛，根据目前研究成果，地球上大约 27%的陆地和 90%的海域都可能含有天然气水合物。目前公认的水合物储量数据表明，天然气水合物的有机碳含量是煤、石油、天然气等化石能源中总有机碳含量的两倍(张永勤等，2010)。理论上来说，$1m^3$ 的天然气水合物分解能够产生 $160\sim180m^3$ 的天然气和 $0.8m^3$ 的水(标准状态下)，其密度一般在 $0.8\sim1.0g/cm^3$ 之间。天然气水合物所具备的这些性质使其研究方向不仅在于资源价值与利用领域，而且涵盖了水合物防治与对环境的潜在影响领域(杜娟等，2016)。近年来，天然气水合物引起人们越来越多的关注，其主要原因是传统化石能源如煤、石油、天然气等储量有限，而且燃烧后对环境有负面影响，天然气水合物正因其储量巨大、分布广泛、清洁被认为是一种重要的潜在能源，被视为“未来的能源”或“21 世纪新能源”(张旭辉等，2011)。目前，国际上形成了天然气水合物的研究热潮。

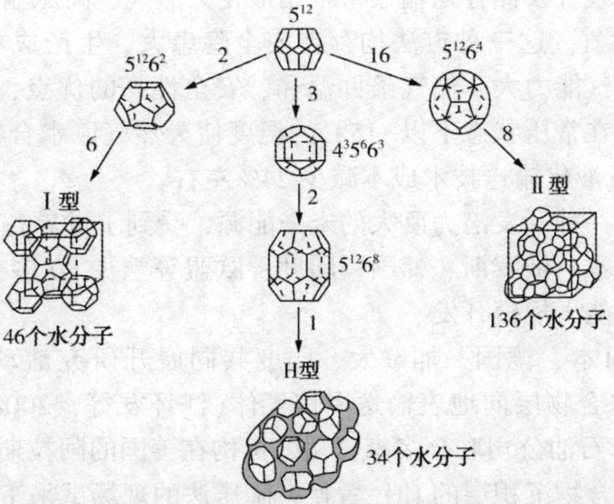

图 8.9　天然气水合物的晶体结构(据孙志高等，2001)

据估计，全球天然气水合物的总资源量约为 $2\times10^{16}m^3$，总有机碳含量高达 $10\times10^{12}t$，大约是目前全球天然气储量($187.3\times10^{12}m^3$)的 100 倍，大约是目前已知的全球常规化石能源(包括煤炭、石油、天然气)储量的 2 倍。可采年限>1000a(李芳芳等，2010)。其中，海域天然气水合物资源量占 99%，主要分布在 300m 以深的海底及海底下数百米沉积层中；陆地天然气水合物资源量仅占 1%，主要分布在地面下 200~2000m 的永久冻土层中。

我国海陆域均有天然气水合物分布。初步评价我国陆上祁连山南缘及青藏高原地区天然气水合物资源量可达 400×10^8t 左右油当量，而我国南海海域天然气水合物资源量则高达 800×10^8t 油当量(王淑玲等，2018)。目前通过海洋地质调查，已在南海北部陆坡区圈定了 6 个成矿远景区及 25 个有利区块和 24 个钻探目标区。自 2007 年以来先后通过 3 个航次的钻探，迄今已确定 2 个相当于千亿立方米以上天然气储量规模的可燃冰矿藏。

现阶段天然气水合物研究主要集中于水合物资源勘探开发、输气管道与井筒水合物防治、水合物利用以及水合物对环境的潜在危害等 4 个大的方面。其中，水合物资源层面研究，亦即水合物勘探开发技术及其应用研究是目前天然气水合物研究领域最活跃、最主要的研究方向。开采天然气水合物面临的课题还很多，主要面临四大挑战：首先，技术上。存在有效性和安全性的挑战。其次，经济上。要实现天然气水合物的商业生产，面临着降低成本和提高生产效率的挑战。第三，环境上。天然气水合物的开采会带来一些环境问题，例如二氧化碳的排放、甲烷气体的泄漏等。第四，地质灾害方面。在大规模生产过程中，要避免产生地质灾害问题(丛晓荣等，2014)。

8.5.2 天然气水合物勘探开发现状

天然气水合物的开采就是开发其中的甲烷气体，使这一潜在的巨大资源作为常规燃料加以利用。因为天然气水合物埋藏在冻土区或海底沉积物的岩层中，所以传统油气的开发技术不可能完全移植到天然气水合物的开发利用上。由于天然气水合物具有在低温高压条件下才能稳定存在的特性，我们可以采用降低压力、升高温度或改变天然气水合物相平衡的方式来促使天然气水合物分解并释放出天然气(黄霞等，2017)。

目前，传统的天然气开发储存运输通常采用液化天然气、高压输气管道和多孔介质的吸附作用(ANG)运输天然气。这三种方法均存在安全隐患大、生产成本高等问题。天然气水合物储运天然气具有储气能力大、储气条件温和、安全性高的优点，具有广阔的应用前景。目前，挪威已经开发出在常压状态下以-15℃的温度使天然气以水合物状态输送的技术，相比传统的低温(-160℃)液化输送技术成本减少24%左右。

天然气水合物作为一种开发潜力巨大的未来能源，受到了世界各国能源部门的重视，中国、美国、加拿大、日本、俄罗斯、韩国、印度、欧盟等至少30多个国家正在开展相关的研发工作，但目前还不能大规模开发。

2002年，美国、日本、德国、加拿大、印度共同展开研究活动，在加拿大第一次实现了从地下的天然气水合物层向地表输送甲烷气体(江怀友等，2008)。

2012年，美国康菲石油公司联合多家公司、机构在美国的阿拉斯加Prudhoe湾展开了全球首次针对含天然气水合物沉积层的CO_2置换—降压法的现场试采工程，向深度约650m的含天然气水合物储层中注入了大约6000m^3的含有化学示踪剂的氮气(77%)和二氧化碳(23%)。在2012年3月4日~4月11日为期38d的降压回采阶段中，实际生产天数为30d，总计产出可利用的甲烷气体将近$2.4\times10^4m^3$(张炜等，2018)。

日本虽然分别在2013年和2017年在其南海海槽东部海域实施了2次水合物试采，但第一次开采因严重出砂事故而被迫中断。2017年进行的第二次试采(水深1000m)中未遇到此问题，并累计产气$23.5\times10^4m^3$(魏伟等，2018)。事实上，日本在天然气水合物研究、勘探及开发领域已经成为世界的领先者(王力峰等，2017)。

但是，根据日本石油天然气金属矿物资源机构的估算，日本在提取天然气水合物中天然气的天然气时成本过高，大约需要花费0.4077~0.6559美元/m^3，远高于美国天然气每立方米约0.08864美元/m^3的开发成本。同时，成本过高也是世界各国一再推迟开采时间的重要原因。

虽然中国在天然气水合物研究开发上起步较晚，但在较短的时间在天然气水合物地质勘探、评价方面取得了一些成绩(苏明等，2015)，并已经制定了明确的计划(图8.10)。

在海域的水合物研究勘查与试采方面也已经取得了一定成果，在天然气水合物的试采阶段相关领域实现了全球领先。2017年5~7月，中国地质调查局在南海神狐海域通过抽取流体的方法成功实施天然气水合物的试采，从水深1266m海底以下203~277m的黏土质粉砂和粉砂质黏土储气层中成功开采出天然气，连续稳定试采60d，累计产气$30.9\times10^4m^3$，甲烷含量最高可达98.5%，创造了产气时间和产气总量的两项世界纪录。同时，这也是国际上首次针对细粒沉积物储气层实现试采(魏伟等，2018)。

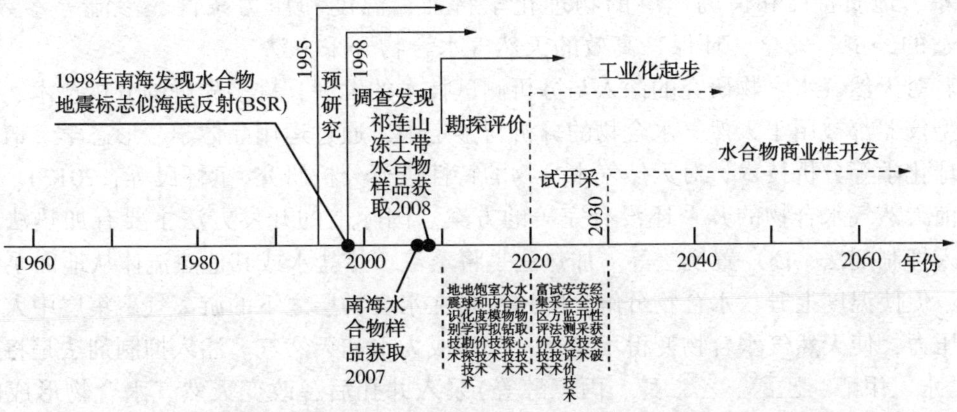

图8.10　我国天然气水合物发展战略与技术路线(据宋广喜等，2013)

虽然目前对天然气水合物勘探和开发的研究已经取得了一定进展，但从现有的各国试采结果来看，天然气水合物开采过程中的持续性与规模问题一直没有能够较为完美地解决。目前，仍需要对天然气水合物的资源特征、安全性、海底稳定性和环境污染等方面进行研究，并需进行大规模的生产测试来系统地分析天然气水合物能否供人们进行高效大规模地开采(江怀友等，2008)。

尽管开采成本巨大、开采技术尚不成熟，但目前天然气水合物开采所面临的最大问题是环境问题。天然气水合物的成分主要是甲烷，甲烷气体的温室效应要远远高于二氧化碳气体，当其浓度增加时，长波辐射进入太空的量会相应减少，地表温度会进一步升高。温室效应已经成为影响环境、经济、社会发展的重大问题，天然气水合物如果在生产过程中大量排向大气，则对环境造成的污染将会非常严重。

8.5.3　天然气水合物勘探开发技术前沿

据估计，海底天然气水合物的储量至少够人类使用1000年，是替代石油、煤炭的理想资源。但因为其矿藏压强、温度等因素的限制，天然气水合物在地层中的分布区域是复杂多样的。在这样复杂的地质环境中探矿，需要使用多种勘探手段和方法。目前，主要以地球物理勘探法为主，地球化学法等其他方法为辅来进行勘探研究，以此来判定地层中是否有天然气水合物的存在。地球物理勘探法主要包括地震与测井识别技术。地震识别技术是应用最为广泛的天然气水合物勘探调查研究方法，包括似海底反射层(BSR)、速度倒置、振幅空白反射等。其中，BSR是用来证明海底存在天然气水合物的最常见证据(唐志远等，2015)。天然气水合物所处地层常规测井大都具有高视电阻率、高声波速度、低视密度、低自然伽马值、高中子孔隙度等特征，其中又以电阻率测井、声波速度测井识别天然气水合物层的方法最为有效(宋广喜等，2013)。地球化学法是20世纪80年代中期开发的一种勘探方法，主要包括稳定同位素化学法、有机地球化学法、流体化学法、酸解烃法、海洋沉积物热释光法等。因为天然气水合物易随压力、温度的变化而分解，海底的沉积物中往往可以形成天然气地球化学异常。这些异常不但可指示天然气水合物可能存在的大致位置，而且可根据其硅类组分比值及碳同位素成分判断天然气水合物的成因(江怀友等，2008)。

具体开采方案需要结合不同的天然气水合物的成藏特点，包括水合物开采目标储量、区域大小、地质特征和、沉积层的物理化学特征、温度和压力条件、渗流等参数确定，制定合适的经济、安全、环保、高效的天然气水合物开采方法。

随着对天然气水合物研究的深入与分析测试技术的发展，许多先进的分析技术、检测方法和大型仪器都被用于天然气水合物的分析与鉴定中，通过运用晶体学、形态学、谱学、热学及地球化学等分析技术，对天然气水合物的特性进行分析研究(董怀民等，2017)。

目前天然气水合物的开采还没有完美的方案。国际上的开发方法主要有加热法、降压法、注入抑制剂法、CO_2 置换法等。加热法是将蒸汽、热盐水或其他热流体从地面泵入水合物地层，促使温度上升、水合物分解。降压法是在水合物层之下的游离气聚集层中人工降低天然气压力，使天然气水合物变得不稳定，分解成为水和天然气。注入抑制剂法是将某些化学剂(盐水、甲醇、乙醇、乙二醇、丙三醇等)泵入井孔后，改变天然气水合物形成的相平衡条件，改变天然气水合物的稳点温度，从而使其分解。CO_2 置换法，通过形成 CO_2 水合物放出的热量来分解天然气水合物(图 8.11)。

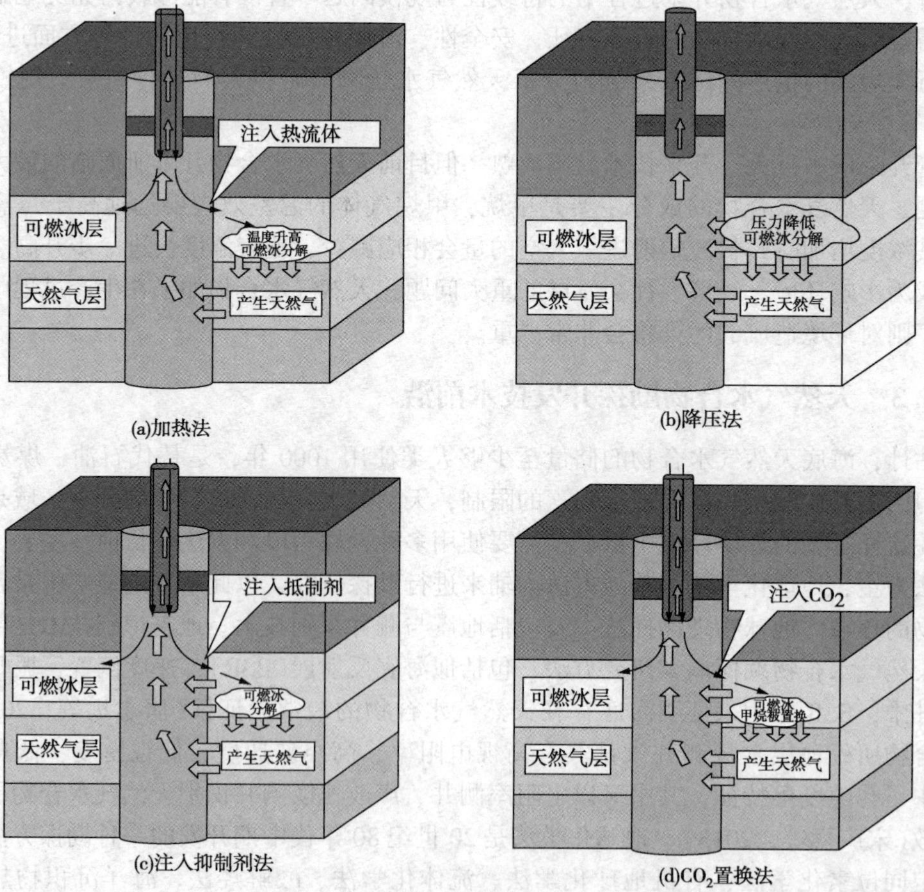

(a)加热法　(b)降压法

(c)注入抑制剂法　(d)CO_2置换法

图 8.11　天然气水合物开发原理图(据江怀友等，2008)

对比现行的4种天然气水合物开采技术(表8.1)，降压法和加热法在技术上易于实现，但加热法成本高，相比之下，降压法则具有低成本和较高的产气效率。而CO_2置换法需要更大的经济投入和更高的技术含量，但由于其兼顾对环境的考虑，既能实现可燃冰中天然气生产，又能实现碳埋藏，减少CO_2含量，已成为目前国际上研究最多的一种开采方法。

表8.1 四种水合物开采技术优缺点对比(据黄霞等，2017)

开采技术	优点	缺点	试验区
加热法	能有效控制水合物开采速度	①会造成大量热损失、效率很低，且要求向下注热和向上采气同步进行，开采成本昂贵 ②注入技术也限制了该方法的使用	加拿大更些三角洲 Mallik 地区
降压法	无热量消耗和损失，不需要连续激发，成本较低，方法简便易行、无须增加设备，适用于大面积开采，尤其适用于存在下浮游离气层的水合物矿藏的开采，是目前最常用的方法	①不适用于储层原始温度接近或低于0℃的水合物矿藏 ②单一使用减压法开采天然气很慢	苏联麦索雅哈气田、加拿大 Mallik 气田和美国阿拉斯加气田
注入抑制剂法	人为控制水合物矿层的分解速度	①化学试剂费用昂贵，开采速度缓慢，回采气体比较困难，还会带来一些环境污染问题 ②不适用于开采海洋天然气水合物矿藏	苏联麦索雅哈气田
CO_2置换法	能帮助减排工农业生产和日常生活中产生的二氧化碳温室气体	投资高，目前正处于试验开采测试阶段	

天然气水合物在开采过程中会改变海底的物理化学性质，使海底软化，由此可能引发海底地质灾害，毁坏海底输电或通信电缆等设施。如果进入海水中的甲烷量大于海水承受量，还可能造成海水汽化和海啸。天然气水合物中甲烷的温室效应是二氧化碳的20倍，如果开采过程中发生泄漏，大量甲烷气体通过海水进入大气层，全球温室效应将迅速增强；进入海水中的甲烷气体也会消耗大量的氧气，使海水氧气减少，对海洋生物带来危险。另外，天然气水合物在开采的过程中会分解产生大量的水，如何处理这些水也是一个不可忽视的问题(宋广喜等，2013)。

天然气水合物勘探开采的理论、运输储藏等问题都尚未突破，还缺少一种较为成熟的理论体系能够系统化来解释天然气水合物形成、开采等问题，故难以开展规模化商业开发生产设计。

本章思考题

1. 我国的能源结构和世界能源结构相比有什么特点？这对我国的能源工业发展有什么影响？

2. 目前我国油气勘探开发面临哪些主要的难题？重点应该在哪些方面有所突破？
3. 中国煤炭资源勘探有哪些特点？重点解决哪些重大科学问题？
4. 中国页岩气地质条件与北美相比，有哪些特点？
5. 页岩油气开发的两项关键技术是什么？
6. 天然气水合物的结构特征和成因主要是什么？
7. 商业开发天然气水合物的瓶颈是什么？

本章主要参考文献

[1] 丛晓荣，吴能友，苏明，等．天然气水合物资源量估算研究进展及展望[J]．地质学报，2014，2(6)：463-469.

[2] 董大忠，邹才能，杨桦，等．中国页岩气勘探开发进展与发展前景[J]．石油学报，2012，33（增1）：107-115.

[3] 董怀民，孙建孟．天然气水合物岩石物理实验进展[J]．科学技术与工程，2017，17(8)：1671-1815.

[4] 杜金虎，杨涛，李欣．中国石油天然气股份有限公司“十二五”油气勘探发现与“十三五”展望[J]．中国石油勘探，2016，21(2)：1-15.

[5] 杜娟，宋维源．天然气水合物综述[J]．地质学报，2016，32(8)：25-36.

[6] 方锡贤，王光鹏，梁华伟，等．气测录井资料在安深1井页岩油气评价中的应用[J]．石油地质与工程，2011，25(5)：34-37.

[7] 冯建辉，蔡勋育，牟泽辉．中国石油化工股份有限公司“十二五”油气勘探进展与“十三五”展望[J]．中国石油勘探，2016，21(3)：1-13.

[8] 郭耘，潘朝军．非常规水平井多段钻塞完井工艺在河南油田泌页HF1井的应用[J]．石油天然气学报，2012，34(7)：103-105.

[9] 何海清，李建忠．中国石油“十一五”以来油气勘探成果、地质新认识与技术进展[J]．中国石油勘探，2014，19(6)：1-13.

[10] 胡文瑞，魏漪，鲍敬伟．中国低渗透油气藏开发理论与技术进展[J]．石油勘探与开发，2018(4)：1-11.

[11] 黄霞，王平康，庞守吉，等．极地天然气水合物资源利用前景[J]．海洋地质前沿，2017，33(11)：18-27.

[12] 贾承造，赵文智，邹才能，等．岩性地层油气藏地质理论与勘探技术[J]．石油勘探与开发，2007，34(03)：257-272.

[13] 贾承造．我国能源前景与能源科技前沿[J]．高校地质学报，2011，17（2）：151-160.

[14] 贾承造，郑民，张永峰．非常规油气地质学重要理论问题[J]．石油学报，2014，35（1）：1-10.

[15] 坚润堂，李峰，王造成，等．青藏高原多年冻土区活动带天然气水合物异常特征[J]．西南石油大学学报(自然科学版)，2009，31(2)：13-17.

[16] 江怀友，乔卫杰，钟太贤，等．世界天然气水合物资源勘探开发现状与展望[J]．中外能源，2008，13(6)：19-25.

[17] 江怀友，宋新民，安晓璇，等．世界页岩气资源与勘探开发技术综述[J]．天然气技术，2008，2(6)：26-30.

[18] 金之钧，蔡立国．中国海相层系油气地质理论的继承与创新[J]．地质学报，2007，81(8)：1017-1024.

[19] 雷群，杨正明，刘先贵．复杂天然气藏储层特征及渗流规律[M]．北京：石油工业出版社，2008.

[20] 李芳芳，刘晓栋．天然气水合物开采新技术及其工业化开采的制约因素[J]．特种油气藏，2010，17

(3)：1-3，9，120.
[21] 李倩，李锦超．提高稠油采收率技术研究现状及发展趋势[J]．石油化工应用，2011，30(7)：1-6+15.
[22] 李婉君，张金川，荆铁亚，等．辽河西部凹陷页岩油聚集条件及有利区优选[J]．特种油气藏，2014，21(2)：59-63.
[23] 马永生，冯建辉，牟泽辉，等．中国石化非常规油气资源潜力及勘探进展[J]．中国工程科学，2012，14(6)：22-29.
[24] 全国煤化工信息总站．2016—2017 年中国能源的生产和消费，2018，46(2)：67-68.
[25] 饶永超，王树立，武玉宪，等．天然气水合物强化生成技术与方法研究进展[J]．油气储运，2012，31(10)：725-732.
[26] 宋广喜，雷怀玉，王柏苍，等．国内外天然气水合物发展现状与思考[J]．国际石油经济，2013，21(11)：69-76，104.
[27] 苏明，沙志彬，匡增桂，等．海底峡谷侵蚀—沉积作用与天然气水合物成藏[J]．现代地质，2015，29(1)：155-162.
[28] 孙平，王勃，孙粉锦，等．中国低煤阶煤层气成藏模式研究[J]．石油学报，2009，30 (5)：648-653.
[29] 孙志高，樊栓狮，郭开华，等．气体水合物储运天然气技术与发展[J]．化工进展，2001，1(4)：9-12.
[30] 唐志远，胡云亭，郭清正，等．天然气水合物勘探开发新技术进展[J]．地球物理学进展，2015，30(2)：805-816.
[31] 王翠丽，周文，李红波．页岩油气勘探开发现状及关键技术[J]．石油天然气学报(江汉石油学院学报)，2014，36(4)：51-55.
[32] 王海宁．中国煤炭资源分布特征及其基础性作用新思考[J]．中国煤炭地质，2018，30(7)：5-9.
[33] 汪海阁，葛云华，石林．深井超深井钻完井技术现状、挑战和“十三五”发展方向[J]．天然气工业，2017，37(4)：1-8.
[34] 王力峰，付少英，梁金强，等．全球主要国家水合物探采计划与研究进展[J]．中国地质，2017，44(3)：439-448.
[35] 王淑玲，孙张涛．全球天然气水合物勘查试采研究现状及发展趋[J]．海洋地质前沿，2018，34(7)：34-32.
[36] 王淑玲，吴西顺，张炜，等．全球页岩油气勘探开发进展及发展趋势[J]．中国矿业，2016，25(2)：7-15.
[37] 王作峰．地球物理勘探技术面临的问题与发展趋势[J]．中国新技术新产品，2010(11)：81.
[38] 王宗礼，娄钰，潘继平．中国油气资源勘探开发现状与发展前景[J]．国际石油经济，2017，25(3)：1-6.
[39] 魏伟，张金华，于荣泽，等．2017 年天然气水合物研发热点回眸[J]．科技导报，2018，36(1)：83-90.
[40] 吴传芝，赵克斌，孙长青，等．天然气水合物基本性质与主要研究方向[J]．地质学报，2018，5(4)：93-99.
[41] 吴红烛，黄志龙，杨柏松，等．马朗凹陷低熟页岩油地球化学特征及成烃机理[J]．吉林大学学报：地球科学版，2014，40(1)：56-66.
[42] 向葵，胡文宝，严良俊，等．页岩气储层特征及地球物理预测技术[J]．特种油气藏，2016，23(2)：5-8.
[43] 肖侠．低渗透资源将是中国未来油气发展的主流[J]．石油工业技术监督，2009，25(4)：42.
[44] 肖宏伟．2017 年我国能源形势分析及 2018 年预测[J]．科技促进发展，2017，13(11)：902-908.
[45] 杨进，曹式敬．深水石油钻井技术现状及发展趋势[J]．石油钻采工艺，2008(02)：10-13.
[46] 袁桂琴，孙跃，高卫东，等．页岩气地球物理勘探技术发展现状[J]．地质与勘探，2013，49(5)：

945-950.

[47] 张洪涛，张海启，祝有海，等．中国天然气水合物调查研究现状及其进展[J]．地质学报，2008，34(6)：955-961.

[48] 张吉祥．提高煤层气采收率的方法和技术进展[J]．化工管理，2017(1)：152.

[49] 张炜，邵明娟，姜重昕，等．世界天然气水合物钻探历程与试采进展[J]．海洋地质与第四纪地质，2018，38(5)：1-13.

[50] 张旭辉，鲁晓兵，李鹏，等．国际天然气水合物勘查开发研究新进展[J]．地质学报，2011，30(12)：1929-1933.

[51] 张永勤．国外天然气水合物勘探现状及我国水合物勘探进展[J]．地质学报，2010，37(10)：1-8.

[52] 张志强，郑军卫．低渗透油气资源勘探开发技术进展[J]．地球科学进展，2009，24(08)：854-864.

[53] 郑军卫，孙德强，李小燕，等．页岩气勘探开发技术进展[J]．天然气地球科学，2011，22(3)：511-517.

[54] 周宇，王锐，苟斐斐，等．高含水油藏 CO_2 驱油机理[J]．石油学报，2016，37(S1)：143-150.

[55] 朱伟林，张功成，钟锴．中国海洋石油总公司"十二五"油气勘探进展及"十三五"展望[J]．中国石油勘探，2016，21(4)：1-12.

[56] 祝有海，张永勤，文怀军，等．祁连山冻土区天然气水合物及其基本特征[J]．地质学报，2010，31(1)：9-16.

[57] 邹才能，董大忠，王社教，等．中国页岩气形成机理、地质特征及资源潜力[J]．石油勘探与开发，2010，37(6)：641-653.

[58] 邹才能．非常规油气地质学[M]．北京：地质出版社，2014.

[59] British Petroleum Company. BP statistical review of world energy 2013[R]. London: British Petroleum Company, 2013.

[60] Kang Y Z, Establishment of China′s theory of oil and gas geology[J]. Acta Geologica Sinica, 2010, 84(9): 1231-1274.

[61] Li S Z, Qiao D W, Feng Z, et al. The status of worldwide shale gas exploration and its suggestion for China[J]. Geological Buletin of China, 2010, 29(6): 918-924.

[62] Loucks R G, Ruppel S C. Mississippian Barnett Shale: lithofacies and depositional setting of a deep water shale gas succession in the Fort Worth Basin, Texas[J]. AABG Buletin, 2007, 91 (4): 579-601.

[63] Masters J A. Deep basin gas trap, Western Canada[J]. AAPG Bulletin, 1979, 63(2): 152-181.

[64] Yu W, Lashgari H R, Wu K. CO_2 injection for enhanced oil recovery in Bakken tight oil reservoirs[J]. Fuel, 2015, 159(1): 354-363.